Business Computing

Bücher und neue Medien aus der Reihe Business Computing verknüpfen aktuelles Wissen aus der Informationstechnologie mit Fragestellungen aus dem Management. Sie richten sich insbesondere an IT-Verantwortliche in Unternehmen und Organisationen sowie an Berater und IT-Dozenten.

In der Reihe sind bisher erschienen:

SAP, Arbeit, Management
von AFOS

Steigerung der Performance von Informatikprozessen
von Martin Brogli

Netzwerkpraxis mit Novell NetWare
von Norbert Heesel und Werner Reichstein

Professionelles Datenbank-Design mit ACCESS
von Ernst Tiemeyer und Klemens Konopasek

Qualitätssoftware durch Kundenorientierung
von Georg Herzwurm, Sixten Schockert und Werner Mellis

Modernes Projektmanagement
von Erik Wischnewski

Projektmanagement für das Bauwesen
von Erik Wischnewski

Projektmanagement interaktiv
von Gerda M. Süß und Dieter Eschlbeck

Elektronische Kundenintegration
von André R. Probst und Dieter Wenger

Moderne Organisationskonzeptionen
von Helmut Wittlage

SAP® R/3® im Mittelstand
von Olaf Jacob und Hans-Jürgen Uhink

Unternehmenserfolg im Internet
von Frank Lampe

Electronic Commerce
von Markus Deutsch

Client/Server
von Wolfhard von Thienen

Computer Based Marketing
von Hajo Hippner, Matthias Meyer und Klaus D. Wilde (Hrsg.)

Dispositionsparameter von SAP R/3-PP®
von Jörg Dittrich, Peter Mertens und Michael Hau

Marketing und Electronic Commerce
von Frank Lampe

Projektkompass SAP®
von AFOS und Andreas Blume

Vieweg

AFOS
Andreas Blume

Projektkompass SAP®

Arbeitsorientierte Planungshilfen
für die erfolgreiche Einführung
von SAP®-Software

Unter Mitarbeit von Georg Siebert
und Reinhard Linz

3. Auflage

Diese Veröffentlichung ist ein Ergebnis des Forschungsprojekts „Gestaltungsmöglichkeiten integrierter Standardsoftware am Beispiel der Softwareprodukte R/2 und R/3 von SAP", das im Rahmen des Programms „Sozialverträgliche Technikgestaltung" der Landesregierung Nordrhein-Westfalen gefördert wurde.

Das Projekt wurde von den folgenden, zur „Arbeitsgemeinschaft arbeitsorientierte Forschung und Schulung GbR-AFOS" zusammengeschlossenen Instituten durchgeführt:

BIT: Berufsforschungs- und Beratungsinstitut für interdisziplinäre Technikgestaltung e.V., Unterstraße 51, 44893 Bochum, Tel. 02 34-9 22 31-10, Fax 02 34-9 22 31-27

FORBA: Forschungs- und Beratungsstelle für betriebliche Arbeitnehmerfragen e.V., Dominikusstraße 3, 10823 Berlin, Tel. 0 30-7 81 97 66, Fax 0 30-4 39 82 96

FORBIT: Forschungs- und Beratungsstelle Informationstechnologie e.V., Eimsbüttelerstraße 18, 22769 Hamburg, Tel. 0 40-4 39 23 36, Fax 0 40-4 39 82 96

Wissenschaftliche Mitarbeiter der Projektgruppe waren:
Dipl.-Inform. Thomas Barthel, Forbit e.V.; Dr. Andreas Blume, BIT e.V.; Dipl.-Betriebswirt Ingmar Carlberg, BIT e.V.; Dipl.-Inform. Michael Kühn, Forbit e.V.; Dr. Reinhard Linz, BIT e.V.; Dipl.-Kaufm. Brigitte Maschmann-Schulz, Forbit e.V. (jetzt FORBIT A.O., Hamburg); Dipl.-Ing. Georg Siebert, FORBA e.V.

„SAP" ist ein eingetragenes Warenzeichen der SAP Aktiengesellschaft Systeme, Anwendungen, Produkte in der Datenverarbeitung, Neurottstraße 16, D-69190 Walldorf. Der Herausgeber bedankt sich für die freundliche Genehmigung der SAP Aktiengesellschaft, das Warenzeichen im Rahmen des vorliegenden Titels zu verwenden. Die SAP AG ist jedoch nicht Herausgeberin des vorliegenden Titels oder sonst dafür presserechtlich verantwortlich.
Weitere eingetragene Warenzeichen der SAP AG sind: R/2®, R/3®, ABAP/4®, SAP EarlyWatch®, SAPoffice®, SAP Business Workflow®, SAP ArchiveLink®

1. Auflage 1997
2. Auflage 1998
3. Auflage 1999

Alle Rechte vorbehalten
© Springer Fachmedien Wiesbaden 1999

Ursprünglich erschienen bei Friedr. Vieweg & Sohn Verlagsgesellschaft mbH, Braunschweig/Wiesbaden 1999

Softcover reprint of the hardcover 3rd edition 1999

http://www.vieweg.de

Grafische Gestaltung und Layout Robert Zgodda
Konzeption und Layout des Umschlags: Ulrike Weigel, www.CorporateDesignGroup.de
Gesamtherstellung: Hubert & Co., Göttingen

ISBN 978-3-663-07743-5   ISBN 978-3-663-07742-8 (eBook)
DOI 10.1007/978-3-663-07742-8

Vorwort

Dieses Buch hat eine lange Geschichte und führt die Erfahrungen vieler Menschen zusammen. Das Ganze begann Mitte der 80er Jahre mit ersten Beratungen zur sozialverträglichen Regelung von SAP-Einführungs-prozessen. Vor diesem Erfahrungshintergrund beantragten die Institute BIT e. V., FORBA e. V. und Forbit e. V. Anfang der 90er als AFOS GbR ein Forschungsprojekt mit dem Titel "Gestaltungsmöglichkeiten integrierter Standardsoftware am Beispiel der Softwareprodukte R/2 und R/3 von SAP". Das Projekt wurde von der Landesregierung Nordrhein Westfalen (im Programm "Sozialverträgliche Technikgestaltung") gefördert. Für dieses Projekt stellte dankenswerterweise die SAP-AG nicht nur ihre Software zur Verfügung, sondern bot in Workshops und Einzelgesprächen den Projektmitgliedern Gelegenheit zum Informations- und Erfahrungs-austausch. In den ca. drei Projektjahren konnten weiterhin über systema-tische Fallstudien in SAP-Anwenderbetrieben, Überprüfungen am eigenen SAP-System, parallele Beratungsprozesse und Schulungen Erfahrungen gesammelt werden. Darüber hinaus wurde mit Hilfe zahlreicher Ein-zelpersonen, die als Experten ihre Erfahrungen mit SAP, praktischer Organisation von betrieblichen Großprojekten und humaner Arbeits-systemgestaltung zur Verfügung stellten, ein kontinuierlicher Lernprozess organisiert, der bis heute andauert. Mit der Konzeption und dem Schreiben dieses Buches wurde Ende 1994 unter dem Arbeitstitel "Soziales Pflich-tenheft SAP" begonnen. Es wurde seitdem mehrfach konzeptionell verändert und den Entwicklungen bzw. praktischen Erfahrungen angepaßt. Neue Ideen und Konzepte wurden ausprobiert sowie der schnellen Weiter-entwicklung der SAP-Software gefolgt. Kurz, es fiel schwer, einen Schnitt zu machen. Mit der Verabschiedung des neuen Arbeitsschutzgesetzes (August 1996), dem Releasestand 3.0 C von SAP-R/3 und dem hilfreichen Druck des Verlages gelang schließlich der Sprung über den eigenen Schatten. Auch der Erfolg unseres Lesebuchs "SAP, Arbeit, Management" und nicht zuletzt die zahlreichen Leseranfragen nach dem Folgebuch halfen, die üb-lichen Mühen des Schreibens und der kritischen Überarbeitung parallel zur normalen Beratungspraxis zu überwinden.

Von daher bleibt dem Herausgeber alldenjenigen zu danken, die im Rah-men des Projektes und der betrieblichen Beratungen zum Gelingen dieses Buches beigetragen haben. Zudem hoffen wir, daß dieser Projektkompass mit dazu beiträgt, den Kreis derer zu erweitern, die mit Mut und persön-lichem Engagement SAP-gestützte Reorganisationsprozesse sozialver-träglich zu gestalten versuchen.

Einleitung

Eine gute Software macht noch lange nicht ein Unternehmen erfolgreich bzw. eine Software kann nur so gut sein, wie das Unternehmen, das sie nutzt! Diese Binsenweisheit scheint sich angesichts der Erfolgsmeldungen der SAP-AG und den - sicherlich mit Recht - stolzen Einführungsberichten von Anwenderunternehmen im "SAP-Info" alltäglich zu bestätigen. Zwar ist es mittlerweile auch gängig, auf Funktionalitätsdefizite, Einführungsprobleme, hohe Kosten oder wie jüngst auf Sicherheitslücken im R/3-System hinzuweisen, doch scheint die Kritik an der SAP-Software auch geeignet, von den Eigenproblemen und der Verantwortung der Anwenderbetriebe abzulenken.

Selbstimmunisierung der "SAP-Gemeinde" auf der einen, Versuche von Schuldzuweisungen an den Softwarehersteller im Mißerfolgsfall auf der anderen Seite, kennzeichnet aus unserer Sicht eine Situation, in der die für die Einführung, Erweiterung oder eine Migration Verantwortlichen wie in einer Falle gefangen sind. Egal was passiert bzw. wie die Einführung ausgeht, müssen sie sich am "Standard" messen lassen. Gemeint ist hier nicht der jeweils aktuelle Standard der SAP-Funktionalitäten und ihre Flexibilität - die nebenbei bemerkt nur wenige Unternehmen wirklich ausnutzen - sondern der politische Standard einer schnellen Einführung (z.Z. knapp ein Jahr für R/3). Ist man nicht so schnell, fällt es zunehmend schwerer, dem betrieblichen "Olymp" klarzumachen, daß letztlich er und seine Führungsriege es versäumt haben, die politischen Bedingungen zu schaffen und die Kapazitäten bereitzustellen, die eine produktive Einführung der SAP-Software jeweils wirklich benötigt. Mit zunehmender Installationsdichte wird zudem eine Schuldzuweisung an die Software ebenfalls schwieriger: "Firma XY hat es ja auch erfolgreich geschafft, und Sie?!" Darüber hinaus stößt eine solche Schuldzuweisung schnell an die Grenzen noch erlaubter Kritik an den Top-Entscheidern. Denn es sind ja letztlich sie, die die Entscheidung für die Software getroffen und zu verantworten haben. Allein schon das Bedürfnis, solche Fragen erst am Ende eines SAP-Projektes zu stellen, verweist auf massive Defizite in der Führungskultur des Unternehmens. Es spiegelt zudem häufig die leider noch verbreitete Auffassung wider, daß die Planung der technischen und funktionalen Aspekte einer SAP-Einführung allein schon den Erfolg einer Installation garantieren.

Machen wir es kurz: Eine SAP-Einführung ist - ob man will oder nicht - auch ein politischer Prozeß, der als solcher betrieblich zielgerichtet gestaltet und gesteuert werden muß.

Mit dieser sicherlich plakativen Aussage treffen wir - wenn auch in anderer Interpretation - die verbreitete Sicht der gesetzlichen Arbeitnehmervertretungen, also der Betriebs- und Personalräte. Aus ihrer Sicht erscheint der "Moloch SAP" hinter seiner glatten Fassade von Funktionalitäten und unabweisbaren Vorteilen als ein Mittel, die betrieblichen Kräfteverhältnisse zu verändern.

Neben den klassischen Rationalisierungseffekten als Auswirkung verstärkter Formalisierung und Automation von optimierten Geschäftsprozessen wird vor allem eine umfassende Kontrollier- und Steuerbarkeit der Abläufe und damit der MitarbeiterInnen als Bedrohung gesehen. Schlagworte wie "elektronisches Fließband" oder das "transparente Unternehmen" machen die Runde und zeichnen ein Bild zunehmend zentralisierter Entscheidungen und eines Machtgewinns des Overheads bzw. eines Verlustes von Autonomie der Mitarbeiter vor Ort.

Diejenigen Arbeitnehmervertretungen aber, die im Rahmen einer SAP-Einführung schon versucht haben, sich im Sinne der Belegschaft konstruktiv einzumischen, setzen andere Akzente. Für sie ist zunächst die Komplexität der SAP-Systeme erdrückend. Auch wenn sie die SAP-Sprache (ABAP, Dynpro etc.) für einen Small-Talk im Projekt ausreichend erlernt haben, hatten sie Schwierigkeiten, die fachliche und technische Spreu vom politischen Weizen zu trennen. Andere gingen sogar in der Projekt(gruppen)arbeit soweit auf, daß sie Gefahr liefen, die politische Linie des Betriebsrats aus dem Auge zu verlieren. Auf der anderen Seite sahen sie aber auch die Widersprüche klarer: z.B. in Form von Kämpfen zwischen Fürstentümern und Berufsgruppen, stillschweigender Opferung von Ansprüchen und Funktionalitäten angesichts drohender Projektendtermine oder technischer Schwierigkeiten bzw. mangelnder Erfahrung der EDV-Abteilung. Diese Widersprüche brechen zwar die monolitische Fassade von Befürchtungen auf, lassen jedoch bis auf vereinzelte Schadenfreude ein anderes Gefährdungsszenario entstehen. Dies setzt sich u. a. aus folgenden Mosaiksteinen zusammen: Überlastung und Überforderung der Mitarbeiter, keine Zeit für arbeitsorientierte Maßnahmen und soziale Pflichtenerfüllung im Interesse der Mitarbeiter bzw. des Betriebsrates, keine klare politische Führung des Projektes mit der Konsequenz unkalkulierbarer Machtverschiebungen im Unternehmen, mehr technisch-funktionale Integration ohne bessere Kooperation und Kommunikation der Menschen untereinander etc.

Da diese Widersprüche und Erfahrungen weder zwangsläufig auftreten müssen, noch im Kern den Produkten der SAP-AG angelastet werden können, wurde dieses Buch geschrieben.

Unser Projektkompass SAP geht entsprechend von der Erkenntnis aus, daß es zu einer erfolgreichen SAP-Einführung mehr bedarf als die Beherrschung der Software und ihrer technischen Infrastruktur. Vielmehr ist eine SAP-Einführung ein betriebspolitischer Reorganisationsprozeß, der ebenso gut geplant und organisiert werden muß wie die technische Seite.

Insofern versteht sich dieses Buch als Ergänzung zu den Einführungsempfehlungen und Werkzeugen der SAP-AG und ihrer Logopartner. Es ersetzt also beispielsweise nicht die Navigationsinstrumente des "Implementation Management Guides" bzw. des geplanten "ASAP Implementationsassistenten", sondern stellt die eher versteckten bzw. weniger öffentlich diskutierten Erfolgs- und Mißerfolgsfaktoren einer SAP-Einführung ins Zentrum der Empfehlungen.

Diese "weichen" Erfolgsfaktoren und Ziele zu erfassen, zu beschreiben und in Vorgehensempfehlungen für die betriebliche Praxis umzumünzen stößt aber in der Betriebspraxis auf vielfältige Abwehrreaktionen.

Beispielsweise sperren sich viele Geschäftsführungen nach der Grundsatzentscheidung und entsprechender Delegation der SAP-Einführung an "das Projekt", eine kontinuierliche politische Steuerungsfunktion zu übernehmen. Oder sie weigern sich, gemeinsam mit dem Betriebsrat, die "sozialen Pflichten" z.B. im Rahmen des Daten- und Gesundheitsschutzes oder Nachteilsausgleichs für betroffene Mitarbeiter auszuhandeln und als formelle Projektaufgaben einzuplanen. Deshalb wehren sich auch Projektleiter häufig zurecht, beispielsweise die Verantwortung für komplexe Reorganisationsprozesse und die Umsetzung "sozialer Pflichten" zu übernehmen, sofern sie nicht unmittelbar und eindeutig zum Projektauftrag mit entsprechenden Ressourcen gehören oder Bedingung der technisch-funktionalen Erfordernisse der Software sind.

Entsprechend bietet dieses Buch in Teil A für Geschäftsführer, Betriebsräte und Projektleiter die Möglichkeit, sich mit den "versteckten

Erfolgsfaktoren" konstruktiv auseinanderzusetzen. Über vier Praxis-beispiele und eine Darstellung der Erfolgs- und Mißerfolgsfaktoren wird die Erfordernis einer ganzheitlichen Kursbestimmung für den SAP-Einsatz entwickelt. Mit den Rahmenleitbildern "robustes Unterneh-men", "arbeitsorientierte Systemgestaltung" und einer "sozialverträg-lichen Einführungsstrategie" wird schließlich ein betriebliches Dis-kussionsmodell für die Zielentwicklung eines SAP-Projektes vorgestellt und durch eine erste Definition der "sozialen Pflichten" abgerundet.

Der Teil B dieses Buches steht ganz im Zeichen praktischer Empfeh-lungen für die Projektplanung. Es werden vor dem Hintergrund der in Teil A entwickelten Ziele und Erfolgsfaktoren verschiedene Vorgehens-modelle vorgestellt, diskutiert und das Vorgehensmodell der "kleinen Schritte" empfohlen. Ausgehend von den Empfehlungen der SAP-AG zu den aus arbeitsorientierter Sicht bedeutsamen Arbeitspaketen (Tasks) werden "sozialen Pflichten" aufgeführt und Hinweise auf häufig auftretende Probleme und Lösungswege angeboten.
Damit auf der langen Reise auch der vereinbarte Kurs gehalten werden kann, bietet der Strukturvorschlag für "Soziale Pflichtenhefte" im Anhang zu diesem Buchteil einen Ansatz, die betrieblich ausgehandelten Ziele und Anforderungen an die SAP-gestützte Arbeit, Organisation, Technik und das Personal systematisch und verbindlich zu beschreiben. Dieser Teil des Buches eignet sich besonders für diejenigen Leser, die sich in konkreten Vorüberlegungen zur Projektierung einer R/3-Einführung befinden. Er ist aber auch für die betrieblichen Entschei-dungsträger zu empfehlen, wenn sie in die konkrete Ausrichtung der Projektstruktur (Vorgehensmodell, Aufbauorganisation, Ressourcen) steuernd eingreifen wollen. Das Kapital B 2.3. - die gelben Seiten - bietet dafür arbeitsorientierte Kommentierungen zu 25 ausgewählten Arbeits-paketen (Tasks) aus den Vorgehensmodellen der SAP-AG und damit eine gute Grundlage für die Aushandlung eines detaillierten Projekt-plans unter Beachtung "sozialer Pflichten".

Der dritte Teil des Buches (Teil C) sei ohne Einschränkungen allen Leserinnen und Lesern zur Lektüre empfohlen, da hier vier zentrale Erfolgsbedingungen (Humane Arbeitsgestaltung, Qualifizierung, Beteiligung und Mitbestimmung) als Querschnittsthemen detailliert behandelt werden. Sie bieten also für Geschäftsführer, Betriebsräte und Projektverantwortliche Anregungen und Empfehlungen zum Eichen ihres betriebsspezifischen Projektkompasses.

Abschließend sei darauf hingewiesen, daß es sich im Folgenden nicht

um eine Checklistensammlung oder eine Anweisung zum arbeitsorientierten Customizing des jeweils vorliegenden R/3 Releasestandes
handelt. Vielmehr orientiert dieses Buch - entsprechend releasewechselstabil - auf eine den betrieblichen Fähigkeiten und Entwicklungszielen
angepaßte Einarbeitung von SAP-Software. Darauf sind unsere Empfehlungen ausgerichtet und erfordern deshalb für die Umsetzung ein
hohes Maß an Eigeninitiative und Transferarbeit im Betrieb.

Inhaltsverzeichnis

Teil C

Den Kompass eichen:
Zur Schnittstelle Mensch/Technik.

Den Kurs bestimmen: Zu Zielen und Leitbildern von SAP-Projekten

Schenkt man den Akquisitionsargumenten der SAP-Beraterszene Glauben, so geht es ihren potentiellen Kunden nur um das eine: Schnell, leicht, pünktlich und möglichst zum Festpreis SAP einzuführen.

Es scheint sich also herumgesprochen zu haben, daß es durchaus Schwierigkeiten geben kann, Verzögerungen eintreten, Kosten aus dem Ruder laufen.... Aber SAP kontert zur Cebit 97: "Fast 80% der Implementierungen des R/3-Systems dauern mittlerweile weniger als zwölf Monate - davon wiederum 50% weniger als sechs Monate. Eine eindrucksvolle Bilanz, die sich mit dem SAP-Business-Engineer noch weiter verbessern wird." Ohne diese eindrucksvolle Statistik in Zweifel ziehen zu wollen, erlauben wir uns, in diesem Teil des Buches die Frage zu stellen, was eigentlich eine erfolgreiche SAP-Einführung ausmacht.

Denn bevor man über Geschwindigkeit und Aufwand redet, sollte doch bei einer Kursbestimmung zunächst das Ziel auf der Tagesordnung stehen. Und wenn es stimmt, daß die Einführung integrierter EDV-Systeme kein Selbstzweck oder gar ein Sachzwang ist, so muß es noch andere Kriterien, Faktoren und Bedingungen geben, die den Erfolg von SAP-Einführungsprozessen ausmachen.

Die vier folgenden Fallschilderungen sollen helfen, für diese Faktoren und Bedingungen zu sensibilisieren, Klippen und Untiefen vorab auszumachen und so den Kurs eines SAP-Projektes besser bestimmen zu können. Die Praxisbeispiele sind nicht repräsentativ ausgewählt, sondern sollen Probleme und Lösungen pointiert charakterisieren. Gleichwohl handelt es sich um authentische Fälle, und alle Begebenheiten sind der Realität entnommen. Aus Anonymisierungsgründen wurden manche Dinge weggelassen oder Faktoren aus anderen gleichgelagerten Fällen hinzugefügt.

Im zweiten Kapitel werden wir dann diese Erfahrungen auswerten und in Form von Erfolgs- und Mißerfolgsfaktoren für SAP-Einführungsprojekte zusammenfassend beschreiben und damit erste Orientierungen geben.

Im dritten Kapitel geht es dann, gut vorbereitet und eingestimmt, um die Kursbestimmung einer SAP-Einführung. Dazu stellen wir ein Leitbildsystem vor, das sich erfahrungsgemäß bestens dazu eignet, einen groben betriebsspezifischen Zielkorridor zu bestimmen und auszuhandeln.

Doch nun zunächst zu einigen Klippen und Untiefen, die uns auf der Reise zu einer erfolgreichen SAP-Installation begegnen können.

Klippen und Untiefen: vier Beispiele aus der Praxis

Fall 1: ## SAP und die Reorganisationsguerilla

Die Mayer GmbH[①] ist ein Unternehmen des Fahrzeugbaus, das noch
bis vor kurzem in einem geschützten Verteilungsmarkt agierte und sich
von daher mit seinen über 2000 Mitarbeitern naturwüchsig - von
Marktturbulenzen und Kostenzwängen relativ unbehelligt - entwickeln
konnte.

Doch im zweiten Drittel der 80er Jahre wurde seitens des Vorstandes
die zukunftsweisende Entscheidung getroffen: Die bislang eher handwerkliche Produktion und Montage von über 30.000 Teilen soll einschließlich ihrer Logistik mittels des zukunftssicheren Software-Paketes
SAP-R/2 reorganisiert werden.

Es wurde also ein EDV-Projekt mit Lenkungsausschuß, Projektleitung
und Projektgruppen aufgelegt. Einigen war schnell klar, daß mit SAP
als integriertem Software-Paket eine neue „Struktur" das Unternehmen
durchziehen würde. Andere meinten aber, man braucht ja nur die
vorhandenen Materialstämme und Stücklisten ins System zu übertragen,
die vorhandenen Arbeitsvorgänge und Arbeitspläne einzugeben und
sie ggf. hier und da etwas ans System anzupassen. Das bedeute wohl
einen erheblichen Aufwand, aber im Wesentlichen ginge es doch nur
um eine Art von Datenerfassung, und die müßte neben dem Alltagsgeschäft zu machen sein. Denn die eigene Arbeit kennt man schließlich
genau.

Letzteres war die Sicht der Top-Etage. Und so delegierte der Vorstand
die EDV-Umstellung an das SAP-Projekt und ward nicht mehr gesehen.
Im Lenkungsausschuß entwickelte sich schnell eine Situation wie bei

① fiktiver Name

Hofe in Abwesenheit des Königs: Alle stellten Maximalanforderungen, ließen Integration nur in ihren eigenen Ländereien gelten, führten die Projektleitung vor und zogen unter der vom Vorstand gedeckten Maxime „Kunden-Aufträge gehen vor" notwendige Fachbereichsressourcen aus der Projektarbeit ab.

Damit standen die Projektmitarbeiter der EDV- und Organisationsabteilung allein im Regen. Es ging nichts mehr voran.
In einer ersten Reaktion versuchten sie, möglichst allen Wünschen - auch durch harte Modifikationen am Standard-System- gerecht zu werden und sich auf diese Weise in den Fachabteilungen Akzeptanz zu verschaffen. Es stellte sich aber heraus, daß insbesondere in den Bereichen Logistik, Produktionsplanung und -steuerung die betrieblichen Besonderheiten der Mayer GmbH als Auftragsfertiger im SAP-System nicht so einfach abgebildet werden konnten. Dafür brauchte das Projekt mehr Personal, besonders aus den Fachbereichen, und damit schloß sich ein bedrohlicher Teufelskreis.

Um das Projekt zu retten, änderte der Projektleiter seine Strategie:
Dazu mußten jedoch a) fachbereichsunabhängige Personalressourcen für das Projekt aufgebaut und b) eine offizielle Sperre für weitere Modifikationen am SAP-Standard durchgesetzt werden.
Einen Bündnispartner für die Modifikationssperre fand der Projektleiter im frisch gebackenen Leiter der EDV, der schon bald vom Nachpflegen der Modifikationen beim Releasewechsel „bedient" war. Gleichwohl konnte er nicht zuletzt gerade durch sie auf einen Stamm von intimen SAP-Kennern zurückgreifen. Die Darstellung der Millionen Kosten für über 200 „harte Modifikationen" ließ sogar den Vorstand aufhorchen und entscheiden. Dies bildete den Grundstock für eine personell erweiterte SAP-Guerilla und eine Doppelleitung des Projektes.

Als zweite gemeinsame Aktion der Projektleiter wurde nun der Lenkungsausschuß trockengelegt. Er wurde schlicht nicht mehr einberufen, nachdem die Terminkoordination der Vorzimmerdamen systematisch zu keinem Ergebnis führte. Als dritte Maßnahme wurden die in klassischer Weise nach den SAP-Modulen gegliederten Projektgruppen aufgelöst. Statt dessen definierte man über 50 Teilaufgaben und Arbeitsgruppen, deren Koordination (informell) der mittlerweile personell erweiterten Kerntruppe des Projektes übertragen wurde.

Damit war die strukturelle Basis für die erste Offensive gegen die Fürstentümer geschaffen - aber erst nach über zweieinhalb Jahren durchaus intensiver Projektarbeit.

Die Kerntruppe ging nun in die Fachbereiche, schaute sich die Lager, die Fertigung usw. an und holte sich dort das Wissen ab, zum Teil inklusive der Mitarbeiter, zum Teil aber auch nur in Form von kopierten Belegen, Computerlisten, Katalogen und dergleichen. So begann das Kernteam, „am Grünen System" die SAP- „Struktur" weiterzuentwickeln und alte Zöpfe abzuschneiden. Doch die Fachbereiche spielten immer noch nicht mit. Sie wiesen beredt nach, daß das Geplante so nicht ginge: Z.B. die vom Vorstand beschlossene Projektmitarbeit von Herrn Schmidt mit 50% seiner Kapazität mit der Erledigung der Kundenaufträge unvereinbar sei und so fort. Aber der Vorstand zeigte keine Reaktion, geschweige denn sein Direktionsrecht.
Dennoch wuchs das System stetig weiter, zwar noch recht konsequenzlos, aber mit immer mehr „Kontur und Struktur".
In dieser Phase kamen dem Projekt zwei Umstände zu Hilfe: Vom heiteren Himmel fiel die Vorstandsvorgabe „Profitcenter bilden", und ein Großauftrag hatte massive Terminprobleme, weil man sich - wie üblich - gegenseitig das Material geklaut bzw. es an aller EDV vorbei zwischen den Aufträgen verschoben hatte.

Die Profitcenter-Direktive sorgte für frischen Wind am Königshof und lenkte die Fürsten von der drohenden SAP-Integration ab. Die offensichtliche dezentrale Fehlsteuerung des Materials brachte die Handhabe, „geschlossene Läger" einzuführen und so die miserable Rückmeldedisziplin mit physikalischen Mitteln zu verbessern. Beide Ereignisse zusammen führten über viele, zum Teil schmutzige Umwege auch zu projektförderlichen Umstrukturierungen, zu personellen Einzelmaßnahmen im mittleren und gehobenen Linien-Management und hier und da zu Rissen in den Abteilungsbollwerken, in die das Projekt seine Zündsätze legen konnte.
Die Fachbereiche konnten nun Stück für Stück vom Projekt erobert und ihre Burgen mit "SAP-Strukturen" geschliffen werden. So konnten beispielsweise die Fertigungssteuerer angesichts steiler Kapazitätsgebirge zu einer SAP-gestützten Analyse und Korrektur ihres Einlastungsverhaltens von Fertigungsaufträgen bewegt und die Lageristen zu einer strikt auftragsbezogenen Materialausgabe erzogen werden. Die Arbeits-

vorbereitung mußte infolge ihrer nachweislich realitätsfernen Vorgaben für die Bearbeitungszeiten in den SAP-Arbeitsvorgängen (AVO) einer Zeitaufnahme durch eine Fremdfirma zusehen.

Die neue "Struktur" begann zu wirken: Abteilungsleiter gingen, eine koordinationsorientierte Linienebene wurde gestrichen, und in der Teilefertigung konnte bis zu 20% Personal eingespart werden.
Die Tatsache, daß in diesem Fall - zwar über viele Umwege und ohne Top-Down-Promotion durch die Vorstände - das Reorganisationsprojekt SAP doch noch die Kurve nahm, war und ist der ganzheitlichen Sicht und den unkonventionellen Strategien der Projektleiter zu verdanken. In anderen ähnlich gelagerten Fällen, bei denen solche „Integrationspersonen" bzw. "Kämpfer" nicht vorhanden waren, entstanden nur „SAP-Dauerbaustellen". Dort konnten zwar in der Regel die alten Machtzentren stabilisiert, aber weder die Geschäftsprozesse noch die Arbeitsbedingungen mit Hilfe von SAP optimiert werden.

Fall 2: SAP läuft, aber die Arbeit am System vorbei.

Bei Müller & Sohn[1], einem mittelständischen Unternehmen des Maschinenbaus, hatte man aus den vielen Fehlschlägen von komplexen, technikorientierten CIM-Projekten in den 80er Jahren die Konsequenz gezogen und sich auf den Ausbau der CAD-CAM-Schiene konzentriert. Inzwischen hatten sich Konstruktion und Fertigung nicht nur EDV-technisch, sondern auch sozial- und machtpolitisch so zusammengerauft, so daß man durchaus von einer EDV-gestützten und erfahrungsstabilisierten Kooperation sprechen konnte.

Die enger werdenden Märkte, der Kostendruck und eine neue, dynamische Geschäftsführung mit kaufmännischer Orientierung brachten SAP mit den klassischen Argumenten ins Spiel:

- Der alte EDV-Flickenteppich der kommerziellen Anwendungen muß abgelöst werden.
- Die noch magere Kostenrechnung muß sich zum Controlling entwickeln.

---

[1] fiktiver Name

- Logistik, Fertigung und Montage sollten hinsichtlich Material-verbrauch, Terminsteuerung und Kapazitätsauslastung optimiert werden.
- Die Geschäftsführung benötigt dringend bessere, d. h. zeitgenauere und umfassendere Informationen über die laufenden Geschäfts-prozesse.

Da zum Entscheidungszeitpunkt SAP-R/3 noch nicht verfügbar war und eine Eigeninstallation von R/2 personell wie finanziell nicht machbar erschien, entschied man sich für ein Service-Rechenzentrum mit Branchenreferenzen, das neben der Bereitstellung der Großrechner-Ressourcen die Einführungsberatung mit anbieten konnte. Weiterhin entschied sich die Geschäftsführung - auf Empfehlung der Berater und eingedenk vielfältiger Turbulenzen und Terminverzögerungen im CAD/CAM-Projekt- für einen modifizierten „Big-Bang": Also zur Paralleleinführung der SAP-Module Finanzbuchhaltung (RF), Kosten-rechnung (RK), Personalwirtschaft (RP) und Logistik/Produktions-planung (RM) mit der Option, RM-INST (Instandhaltung), RA (Anla-genbuchhaltung) und RV (Vertrieb) nachzuschieben.

Die Machbarkeitsstudie des Service-Rechenzentrums hatte zur Freude der Entscheider eine akzeptable Projektlaufzeit von zwei Jahren avisiert und den internen Personalbedarf für das Projekt als gering veranschlagt. Das Projekt war zwar dadurch sehr teuer, aber angesichts einer „Personalpolitik der unteren Linie" und getreu der Devise „Wir sind Maschinenbauer und keine EDV-Bude!" schien das Projekt die Bear-beitung der anstehenden Kundenaufträge jedenfalls nicht zu gefährden. Die Projektarbeit lief dann auch zügig und professionell an. Die Berater besetzten die erste Projektleitungsstelle, der auserkorene neue Con-trolling-Mann die zweite - zur Bewährung, versteht sich. Auch in den Projektgruppen dominierte das (SAP)-Fachwissen der Berater, die sich in Anlehnung an das von SAP empfohlene Vorgehensmodell (IMW) bis zum detaillierten Sollkonzept in den Fachabteilungen betrieblich schlau zu machen versuchten. Die alte EDV-Mannschaft bereitete sichtlich demotiviert neben ihrem Alltagsgeschäft Testdatensätze auf. Die jün-geren EDV-Mitarbeiter durften sich - etwas besser gelaunt - auf die ge-planten zukunftssicheren (R/3)-PC-Netze vorbereiten.
Diesem unaufhaltsamen, von Beratern und Geschäftsführern forcierten Fortschritt stellte sich niemand so offen entgegen. Vereinzelten War-

7

nungen und Bedenken, vor allem aus den fertigungs- und montage-
nahen Bereichen, konnte mit frischen Worten der Wind aus den Segeln
genommen werden: „Ein modernes Unternehmen braucht moderne
Werkzeuge" oder „Danke für diesen Hinweis zum Baugruppenproblem
in der Fertigungsstückliste" und .... „ja, ja, wir wissen schon, was wir
an Ihnen haben ....". Nur der Betriebsrat ließ sich nicht so schnell
mundtot machen. Durch die restriktive Personalbemessungspolitik aus
der Vor-SAP-Phase schon auf Krawall gebürstet, hakte er sich in
klassischer Manier bei der Leistungs- und Verhaltenskontrollpro-
blematik von RP und RM-PPS ein und verlangte, über Schulungen nach
§ 37.6 Betriebsverfassungsgesetz hinaus, einen externen Berater seiner
Wahl. Dieses aus Projektsicht hinderliche und kostentreibende Verhalten
des Betriebsrats wurde aber, wie vom Verband empfohlen, mit juristischen Mitteln kanalisiert: Schriftsätze, Beschlußverfahren, RP-Eini-
gungsstelle - auch nicht gerade kostensparend -, aber der Betriebsrat
war mit Verfahrensdingen voll beschäftigt und konnte so aus den
betriebsstrategischen SAP-Kernbereichen RK und RM herausgehalten
werden.

Da die realen Kundenaufträge Vorrang hatten, konnten die Berater im
SAP-Projekt relativ frei schalten und walten. Sie lieferten in der Reali-
sierungsphase saubere technische und logische Arbeit ab: eine feine neue
Kostenstellenstruktur, schön differenzierte Kosten- und Leistungsarten,
ein differenziertes Konzept zur Produktionsplanung und -steuerung
(PPS) mit engmaschiger und zeitnaher Rückmeldestruktur ...
Die Schulung der Disponenten, Terminierer und Planer wurde sogar
abweichend vom IMW-Vorgehensmodell vorgezogen, damit die
Massendatenerhebung und Eingabe - es gab ja vorab kein PPS-System
- nicht überteuert von den Beratern oder Fachfremden gemacht zu
werden brauchte. Diese Dateneingaben (Tausende von Arbeitsvorgängen, Arbeitsplänen etc.) wurden dann blockweise durchgezogen,
so daß sich die frisch gebackenen SAP-Fertigungssteuerer, Terminierer
und Kapazitätsplaner fast wie in einer Gehirnwäsche vorkamen.
Nach erfolgreichen Testläufen und einigen kleinen Organisations-
retuschen - vor allem was die Planungshoheit der Werkstätten hinsichtlich Losgrößen, Arbeitsreihenfolge und Maschinenbelegung anging -
wurden nach RF und RK auch RM-MAT und zum Teil RM-PPS fast
termingerecht produktiv gesetzt.
Das Resultat war für alle bis dahin Beteiligten verblüffend: Im wert-

schöpfenden Bereich des Unternehmens brach das Chaos nur kurzzeitig aus. Für eine Weile wurden Teile, Halbzeuge, Fertigungspapiere gesucht; die Meister, Vorarbeiter, Facharbeiter und Monteure wußten in der nun kundenauftragsanonymen Fertigung nicht so genau, was zusammengehörte. Dann war aber wieder Ruhe, und alles lief wie vorher, besonnen und wirksam.

Nur im SAP-System gingen die roten Lampen an: Eine Lagerinventur brachte 68% Fehlbestände; die Fertigmeldungen lagen unsystematisch und für die Planer unkalkulierbar tageweise im Rückstand; von einer Einhaltung der Reihenfolgeplanung - soweit die Rückmeldedaten eine Analyse zuließen - konnte nicht die Rede sein, und die aufwendig optimierten Losgrößen führten zu vielen Klebezetteln und Karteikärtchen in der Einzelteilfertigung, auf denen säuberlich Standardteilemengen eingetragen waren, die man fertigungsoptimal schon an SAP vorbei vorproduziert hatte.

Doch das SAP-Imperium, angeführt von der Geschäftsleitung, setzte auf Disziplin und Disziplinierung. Allen Warnungen - auch des Betriebsrats - zum Trotz, wurde die Akkordscheinausgabe an die Abgabe der Fertig-Rückmeldung gekoppelt. Die Lageristen wurden zum Teilesuchen verdonnert, wenn sie jemanden informell bedient hatten. Und was für die Produktion das Erniedrigendste war: Das SAP-System wurde so eingestellt, daß es eine Meilenstein-Rückmeldung für jeden Arbeitsgang verlangte, Rückmeldungen also, ohne die jede weitere Bearbeitung eines Auftrages im System blockiert wird.
Die Antwort war „Dienst nach Vorschrift" und der machte überdeutlich, daß das Gros der Zeit- und Kapazitätsdaten, damit natürlich auch die entsprechenden Planungen, mit der Realität der Produktion wenig gemein hatten. Die Berater waren verblüfft, hatten sie sich doch auf die Angaben und Unterlagen der Arbeitsvorbereitung und Planer verlassen. Sie hatten das aber schon vor SAP existierende Auseinanderklaffen von Abbild und Wirklichkeit nicht wahrgenommen. Sie hatten die Flexibilität und kurzen Wege in der Produktion informations- und machtpolitisch unterschätzt sowie das Steckenpferd des kaufmännischen Geschäftsführers reitend der kostenmäßigen Abbildung des Geschehens mehr Liebe geschenkt, als einer akzeptierten Reorganisation der Kernprozesse.

Das Ende vom Lied - wir machen es kurz - war eine „PPS-Ruine" mit viel zerbrochenem Porzellan im Motivationsschrank der Belegschaft, ein Controlling, das seine Daten nicht bekam und ein teures SAP-System für den restlichen Overhead.

Fall 3: Konventionell, aber solide

Ein Transportsystemhersteller hatte Ende der 80er Jahre den Neubau einer Fabrik dazu genutzt, in der Fertigung und der Montage die Arbeitsorganisation und Technik neu zu gestalten. Dabei entstanden trotz einer Linienmontage flexible Arbeitsstrukturen. Der Betriebsrat hatte sich in diesem Projekt von Anfang an konstruktiv engagiert und sich über den Daten- und Arbeitsschutz hinaus auch mit menschengerechten Arbeitszuschnitten auseinandergesetzt. Da die alten und z.T. selbst entwickelten PPS- und Logistikprogramme zunächst modifiziert übernommen wurden, waren auf dem Terrain der EDV keine Probleme aufgetreten. Parallel zu diesem Projekt hatte man jedoch schon begonnen, SAP für die kaufmännischen Grundfunktionen (RF und RK) einzuführen und damit die traditionell exzellente EDV-Mannschaft SAP-bezogen qualifiziert und motiviert. Für die Projektleitung hatte man einen großprojekterprobten Profi aus einer Unternehmensberatung herausgekauft, der mit dem eher ingenieurmäßig sozialisierten Vorstand des Unternehmens gut harmonierte.

Dann begann man mit einer soliden Planung die Einführung von RM-MAT und RM-PPS, und zwar zeitlich überlappend, um so die Integrationsmöglichkeiten zwischen diesen Bereichen ausnutzen zu können. Für den Verkauf wurde zunächst ein eigenständiges Reorganisationsprojekt aufgelegt. Von Anfang an wurden die betroffenen Fachabteilungen (Einkauf, Arbeitsvorbereitung, Fertigungs- und Montagesteuerung, Läger etc.) massiv in die Konzeptionsarbeit einbezogen, weil - so der Projektleiter - "das Fach- und Betriebs-Know-How besser über Menschen als über eine akribische Ist-Analyse in das Projekt einfließen kann". Auch die Ausbildung von SAP-Koordinatoren, die sich schon im RF- und RK-Bereich bewährt hatten, wurde von Anfang an eingeplant. Darüber hinaus begann das Projekt mit einer kleinen Projektzeitung eine eigene offensive Öffentlichkeitsarbeit im Betrieb. Die schon bewährte offene Informationspolitik gegenüber dem Betriebsrat wurde entsprechend fortgesetzt. Als Projektdevise stand über allem: "Das neue SAP-Funktionenangebot muß aus Anwendersicht besser sein als das der Altsysteme, zumindest aber nicht als Verschlechterung empfunden werden". Da dieser Grundsatz wegen des bekannten Nachpflege-aufwands bei Releasewechseln nicht über "harte Modifikationen" am SAP-Standard umgesetzt werden durfte, mußte die Standardfunk-tionalität von SAP erweitert werden, oder man verzichtete zunächst auf eine 100-prozentige Abbildung der betrieblichen Funktionen im SAP-System.

Die kurzen Wege in die Fachabteilungen, die professionelle Organisation und Steuerung des Projekts, die große Transparenz aller Aktivitäten in der Betriebsöffentlichkeit und die qualifizierte EDV-Truppe gewähr-leisteten, daß die Wunschliste nach SAP-Anpassungen einen hand-habbaren Umfang behielt und die notwendigen Änderungen und Erweiterungen tatsächlich zügig erledigt werden konnten. Die Abbil-dung der betrieblichen Vorgänge im SAP-System hatte man ebenfalls immer gut im Griff, gewiß auch deshalb, weil eine EDV-gestützte Produktion schon vor der SAP-Einführung eingeschwungen war und man parallel ständig an einer Normung und Produktstandardisierung arbeitete.

Trotz aller Pragmatik war das Projekt kein Zuckerschlecken für die Beteiligten: Überstunden, persönliche Überforderungen, die üblichen Interessenkonflikte bei der Verteilung von Zugriffsrechten, Informa-tionsressourcen und Planungskompetenzen, Datenschutzanforderun-gen sowie eine konsequente Terminüberwachung - all das belastete die Menschen gehörig. Am Ende winkten aber Prämien, für einige Beför-derungen und das gute Gefühl, etwas Funktionierendes geschaffen zu haben. Natürlich war nach dem Produktivstart nicht alles bestens, aber es gab eine gute Grundlage, auf der man organisatorisch und system-technisch aufbauen konnte.

So wurden z.B. die früher zentralen Organisationsbereiche Arbeits-vorbereitung, Produktionssteuerung und Einkauf je nach Zuständigkeit dezentralisiert und auch räumlich den einzelnen Produktionslinien zugeordnet. Im SAP-System waren dafür keine aufwendigen Ände-rungen erforderlich.
Doch auf der Ebene der alltäglichen Sachbearbeitung zeigten sich bald

einige gravierende Schwächen des nun produktiven "SAP-Prototyps". Man hatte zwar eine funktionierende Ablauforganisation geschaffen, doch die Gestaltung der einzelnen SAP-Arbeitsplätze hatte man dabei vernachlässigt. So förderte eine vom Betriebsrat initiierte und vom Projekt unterstützte schriftliche Befragung der SAP-Anwender, die zusätzlich durch exemplarische Arbeitsplatzanalysen gemäß der EU-Bildschirmrichtlinie vertieft wurde, erhebliche und zum Teil neue Belastungen zutage.

Zum einen resultierten sie aus der noch sehr inflexiblen Oberflächen-gestaltung von SAP-R/2, Version 4.3 (z.B. ständiges Suchen von Informationen in verschiedensten Bildschirmmasken und beim Ausblenden von unnötigen Datenfeldern), zum größtem Teil aber aus einer nur wenig an den Mitarbeitern orientierten Gestaltung der Aufgaben (z.B. zu viel Bildschirmarbeit). Aber die Lösung dieser Probleme und Defizite ging man im Rahmen der Umstellung auf R/2 5.0 bzw. R/3 ebenfalls gezielt und umsichtig an.

Fall 4:

Engagiert gegen den Integrationsstrom

Ein konzerngebundenes Maschinenbauunternehmen mit ca. 600 Beschäftigten bekam von der Konzernspitze die Auflage, SAP flächen-deckend einzuführen. Diese Anweisung wurde von der kaufmännischen Geschäftsleitung begrüßt und über die Einführungssequenz RF/RK/RA/RM-MAT und PPS betrieblich umgesetzt.

Schon seit mehr als zehn Jahren war jedoch in diesem Unternehmen mit Gruppenarbeit in der Fertigung und in der Montage experimentiert worden. Im Zuge der Lean-Production-Welle hatten sich schließlich in hohem Maße selbststeuernde Fertigungsinseln herausgebildet und organisatorisch sowie sozial stabilisieren können. So gehörte z.B. zu den Kernaufgaben der Ersatzteilfertigungsgruppe, eigenständig zu entscheiden, ob sie Teile selbst fertigt oder von Lieferanten, mit denen das Unternehmen Rahmenverträge abgeschlossen hatte, zukauft. Den Fertigungsinseln war außerdem mit viel technischem Aufwand der direkte Zugriff (via Bildschirm und Hardcopy) auf Werkstattzeichnungen gegeben worden. Konsequentes Lernen, Qualifizieren und Motivieren machten Job-Rotationen sowie das selbständige Managen von Eckterminen in den Gruppen nicht nur zu einem Wunschtraum der Planer. Ein altes, selbst entwickeltes Rückmeldedatenverarbeitungsprogramm ließ gruppenübergreifend eine grobe Auftragsverfolgung zu. Die Planungsstrategie beschränkte sich aber darauf, immer nur maximal 70% der Kapazität auszulasten und orientierte sich damit an Erfahrungswerten, vor allem an unkalkulierbaren Sonderaufträgen und weniger an analytisch-theoretischen Erkenntnissen. Man war organisatorisch und politisch dem Ziel einer kundenorientierten, flexiblen und humanen Qualitätsproduktion nahegekommen. Dieses Resultat war nicht zuletzt auf den unermüdlichen Einsatz und die visionär-charismatische Kraft des Fertigungsleiters sowie auf die konsequent gestaltungsorientierte, z.T. durch externen Sachverstand unterstützte Betriebsratsarbeit zurückzuführen. In diese Struktur sollten nun SAP-RM-MAT und -PPS integriert werden, mit allen Ansprüchen und Forderungen nach Realtime-Transparenz und EDV-Integration der Kostenrechnung, der Vor- und Nachkalkulation, der Rechnungsprüfung, des Einkaufs und des Verkaufs.

Die vielen Begehrlichkeiten des Overheads erschienen angesichts eines real existierenden Gemeinkosteneinsatzes von über 450% der reinen Produktionskosten aus Sicht der Fertigung kaum verständlich. Doch sowohl bei der Produktionsleitung als auch beim Betriebsrat wich die anfängliche Verunsicherung bald einer klaren Maxime: Die Weiterentwicklung des kundenorientierten und humanen Organisationsansatzes hat Vorrang; das SAP-System und die Art seiner Einbindung hat sich dieser Struktur anzupassen. "Mal sehen, was davon brauchbar ist." Und "Bloß keine Hektik!"

Dazu wurden keine formelle Projektgruppe und kein Lenkungsausschuß gebildet, sondern die vorhandenen direkten Kommunikationsverbindungen zwischen Betriebsrat, Fertigungsleitung und Werkstatt wurden um das Thema SAP-Einführung angereichert. Die DV-fachliche Koordination und Umsetzung übernahm, wie bisher, die zentrale EDV-Abteilung.

Im ersten Schritt wurden die Grundlagen und die Funktionen für die Grobplanung untersucht. Schon hier zeigte sich, daß eine Abbildung der vorhandenen Strukturen im SAP-System keineswegs problemlos war und in manchen Punkten sogar zu unsinnigen Ergebnissen führen würde.

Unter anderem stellten sich folgende Fragen:

- Wie sollte man im SAP-System eine Arbeitsplatzhierarchie aufbauen, in der sowohl die technikheterogenen Inseln als auch die noch verbliebenen technikhomogenen Werkstätten gleichsam abgebildet werden können?

- Sollten die Materialstämme auch schon Angaben über die fertigungs-nahen Lagerorte enthalten, obwohl der Aufwand sehr groß erschien und die Reorganisation hier noch im Fluß war?
- Wie sollte im SAP-System die Einlastung von Fertigungsaufträgen auf der Ebene des Gesamtbetriebes dargestellt werden, wo doch die Inseln und die Werkstätten sich gegenseitig je nach Bedarf in direkter Abstimmung als Kapazitätspuffer nutzen?
- Sollte der Ablauf über 14 Stellen, den ein Kundenauftrag zur Zeit bis zur Auftragsfreigabe durchlaufen muß, unverändert übernom-men werden?
- Welche Unterstützung bietet SAP, um die Fertigung und Montage inselintern zu planen und zu verwalten? Gibt es dazu einfachere Alternativen?
- Warum benötigt die Kostenrechnung und der Verkauf eine sofortige Fertigrückmeldung aller Arbeitsvorgänge, wo doch über die groben Planzeiten sowieso keine seriöse Kosten- und Leistungspolitik betrie-ben werden sollte und eine Lieferterminkontrolle über die verein-barten Ecktermine, z.B. von Baugruppen, möglich wäre?

Diese und viele andere Fragen führten über ein vorsichtiges Austesten des Systems zu einer realistischen Einschätzung der damaligen SAP-Funktionalität, darüber hinaus auch zu vielen Anregungen, die bisheri-gen Abläufe, vor allem in der administrativen Auftragsabwicklung und Lagerorganisation, fertigungskonform zu ändern, ohne daß in allen Fällen SAP-Funktionen verwendet werden mußten.

So konnten z.B. die 14 Stellen, an denen bislang die Kundenaufträge bürokratisch hin- und hergeschoben wurden, teilweise dank der SAP-Diskussionen und Funktionalität auf 4 Stellen reduziert werden. Ein Baugruppenlager wurde als Sichtlager direkt neben der Fertigungsinsel aufgemacht, das, nach Eckterminen organisiert, ohne EDV den Bear-beitungsstand der Aufträge für die Gruppe unmittelbar sichtbar machte. Die Rückmeldeintensität (Bearbeitungsschritt, Teil, Baugruppe und Zeitpunkt) wurde hauptsächlich zwischen Verkauf, Materialdisposition und Fertigung inselspezifisch ausgehandelt, denn eine allseitige oder generelle Transparenz der Fertigungsituation erwies sich als nicht erforderlich.

Diese hier so leicht beschriebene Kernprozeßorientierung bei der Einführung von SAP ging natürlich nicht ohne Widersprüche und Kräfte-
messen zwischen Verwaltung und Produktion vor sich. War doch die
Chance, über das SAP-Integrationsangebot die Autonomie der Fertigung
wenn nicht zu knacken, so doch in eine "kontrollierte Autonomie" zu
überführen, nie günstiger gewesen. Die Fertigung ging dennoch aus
dieser ersten SAP-Phase gestärkt hervor. Ob sich jedoch die Verwaltung
kundenorientiert, d.h. als Dienstleister der Kernprozesse selbst einer
Reorganisation stellt, ist noch offen. Inwieweit SAP im Release 6.0 von
R/2 oder 3.X von R/3 weitergehende gruppenorientierte Funktionen
anbietet, blieb ebenfalls abzuwarten.

Erste Orientierungen:
Zu Erfolgs- und Mißerfolgsfaktoren von
SAP-Einführungsprozessen

Jedes SAP-Einführungsprojekt entwickelt seine eigene Dynamik. Je nach Betrieb nimmt der Prozeß der Einführung einen anderen Verlauf, denn die Rahmenbedingungen sind nicht in jedem Betrieb dieselben. Die Fallbeispiele (s. A 1) decken daher gewiß nur einen Teil der betrieblichen Wirklichkeit ab. Dennoch läßt sich aufgrund der Beobachtung einer Vielzahl von Einführungsprojekten als Regel formulieren:

- Wenn die Einführung von SAP für ein Unternehmen erfolgreich verläuft, dann sind es vor allem die Ziele und die Strukturierung des Projektes, die diesen Erfolg sichern. Die Eigenschaften der SAP-Software sind für den Erfolg des Projektes weit weniger ausschlaggebend als die Rahmenbedingungen im Betrieb oder die Personen, die das Projekt gestalten.

- Die Einführung von SAP stellt für alle Beteiligten eine Bewährungsprobe dar. Zugleich bietet sich damit aber auch für ein Unternehmen die seltene Chance, die betriebliche Kooperation auf eine neue Grundlage zu stellen und die Führungs- und Mitbestimmungskultur weiterzuentwickeln.

Darüber hinaus treten im Verlauf der Einführung von SAP immer wieder Umstände auf, die den Prozeß vor- oder nachteilig beeinflussen. Diese "Erfolgs-" beziehungsweise "Mißerfolgsfaktoren" sind nicht nur für die Projektorganisation von Bedeutung . Vom Umgang mit diesen Faktoren hängt vor allem auch die Akzeptanz des Projekts seitens der Beschäftigten ab .

2.1   Erfolgsfaktoren einer SAP-Einführung

Aufgrund des Verlaufs der SAP-Projekte, die die Autoren mitgestalten und beobachten konnten, ließen sich sieben Faktoren definieren, die den Prozeß einer SAP-Einführung günstig beeinflussen:

A 1.1
Erfolgsfaktoren

1. Leitbildorientierung des gesamten Änderungsprozesses
Für alle Beteiligten gibt es in Folge eines Aushandlungsprozesses gemeinsam akzeptierte Ziele verschiedener Reichweite.

2. Top-Down-Promotion
Geschäftsleitung und Betriebsrat steuern den gesamten Reorganisationsprozeß auf strategischer Ebene. Sie sorgen gemeinsam dafür, daß ein Interessenausgleich unter den beteiligten Gruppen stattfindet. Im Rahmen klarer Zielvorgaben liegt die Umsetzungskompetenz beim Projekt.

3. Integration von Arbeitsgestaltung, Organisations- und Personalentwicklung in das SAP-Projekt
Neben der technischen Gestaltung werden folgende Aufgabenbereiche definiert: Verbesserung der Arbeitsbedingungen, der Qualifizierung des Personals sowie die Weiterentwicklung der Fähigkeit einzelner Betriebsteile, sich selbst zu organisieren.

4. Konstruktive Umsetzung von sozialen Pflichten aus geltenden Rechtsvorschriften
Vorschriften zum Datenschutz, Gesundheitsschutz, Beteiligung, Gleichbehandlung, Persönlichkeitsförderung usw. dienen ebenfalls als Ausgangspunkt und Rahmen für die Ausformung des technisch-organisatorischen Gesamtsystems.

5. Beteiligung und Wissensbildung
Anstelle des bloßen Abfragens des Arbeitsplatzwissens umfaßt die Beteiligung der Beschäftigten auch das Einbringen von Gestaltungsvorschlägen und wünschen. So kann sich neues Wissen über die Betriebsorganisation und deren Veränderbarkeit auf kooperativem Weg bei allen Beschäftigten bilden.

6. Behutsame Integration der Abläufe und Organisationsbereiche mittels SAP
Technische Integration ist kein Selbstzweck. Vielmehr sind die Abbildbarkeit der betrieblichen Prozesse, die Konsequenzen der technischen Integration für die Qualität der Arbeit und für die Machtverhältnisse im Anwenderbetrieb sowie angestrebte Rationalisierungseffekte gleich wichtige Entscheidungskriterien für Art und Umfang der Integration.

7. Realistische Kombination von Reorganisation und SAP-Technikgestaltung
Das Gesamtprojekt wird zeitlich entzerrt. Es wird aufgeteilt in relativ kleine Projektschritte, die aber technische und organisatorische Veränderungen miteinander verbinden und fachübergreifende Abhängigkeiten in den Vordergrund stellen.

Erfolgsfaktor 1: Leitbildorientierung des gesamten Änderungsprozesses

Bilder können manchen komplexen Zusammenhang in einfacher, präg-
nanter Weise zum Ausdruck bringen. Sie können daher in der Diskussion über Ziele und Wege umfassender Veränderungsprojekte sehr
hilfreich sein. Man spricht daher auch von "Leitbildern":

Wenn Leitbilder ihren Zweck erfüllen sollen, müssen sie über ein ge-
wisses Maß an Verbindlichkeit verfügen. Damit nicht unter Berufung
auf sie jede beliebige Entscheidung gerechtfertigt werden kann, müssen
Leitbilder genügend konkret sein; aber auch abstrakt genug, um über
einen langen Zeitraum die Zielperspektive zu umreißen. So verschaffte
das Bild von der "neuen Struktur" des Wertschöpfungsprozesses im
ersten der vier Beispielfälle dem Projektleiter überhaupt erst jenes
Durchhaltevermögen, um eine gründliche Umstrukturierung der bisherigen Arbeitsteilung herbeizuführen. Im vierten Fallbeispiel diente
das Bild von der "teilautonomen Fertigungsinsel" dem Fertigungsleiter
und dem Betriebsrat als Vision, die es möglich machte, gemeinsam zu
handeln und die klassischen Integrationsfunktionen kurz zu halten.

**Leitbilder schaffen
Zusammenhänge**

Leitbilder können auch einen besseren Zusammenhalt der Akteure
bewirken. Durch Leitbilder finden die Beteiligten leichter zu Bündnissen
und zur Kooperation. Voraussetzung dafür ist allerdings, daß sie von
allen Beteiligten anerkannt werden. Mit leeren Worthülsen läßt sich der
langwierige SAP-Einführungs- und Anpassungsprozeß nicht bestehen.
Deshalb müssen die Leitbilder ständig Gegenstand der fachlichen und
betriebspolitischen Diskussion bleiben. Im Verlauf des Restrukturie-
rungsprojektes müssen sie vor dem Hintergrund konkreter Entscheidungssituationen immer wieder erprobt werden. Unter Umständen
gewinnen sie dabei neue Konturen.

Leitbilder, die einen im Betrieb akzeptierten Ziel- und Maßnahmen-
korridor treffend beschreiben, stellen in der Hand der Geschäftsführung, der Projektleitung und auch des Betriebsrates ein geeignetes
Führungsinstrument dar. Führung über Leitbilder funktioniert aber nur
dann, wenn glaubhaft eine Beteiligung der Mitarbeiter gewollt ist und
entsprechende Ressourcen bereitgestellt werden.

Erfolgsfaktor 2: **Top-Down-Promotion**

Ein so umfassendes Vorhaben wie die Einführung von SAP kommt nicht ohne Rückendeckung "von oben" aus. Doch wenn Geschäftsführung und Betriebsrat sich gemeinsam für die Propagierung des Anliegens "von oben nach unten" einsetzen, ist der Erfolg so gut wie sicher.

Nicht alle Projektmitarbeiter werden für die Idee der "Top-Down-Promotion" Sympathie aufbringen. Sie sind häufig der Typ Mitarbeiter, der seine Ruhe haben möchte, um ungestört seine Projektarbeit zu erledigen. Heißt es nicht zu Recht: "Gehe nicht zum Fürst, wenn du nicht gerufen wirst?!"

Doch in der Regel ruft der "Fürst" gar nicht. Geschäftsführer haben meist kein Interesse an den vielen strategischen und methodischen Fragen, die die Umstrukturierung der - wie sie vielfach meinen - nur technischen SAP-Infrastruktur mit sich bringt. Die Umsetzung der Grundsatzentscheidung, integrierte Standardsoftware einzuführen, sehen Geschäftsführer als eine Aufgabe, die an die "Fachleute" zu delegieren ist (s. Beispielfall 1 und 2). Und der Betriebsrat fühlt sich meist wohler in der Rolle des Beobachters und Mahners, statt eigene Positionen in der Sache zu erarbeiten.

Glaubwürdigkeit und Verbindlichkeit

Doch bei aller Liebe zu Dezentralität und Selbststeuerung: bei einem solchen "Nichteinmischungspakt" ist jedes Integrationsprojekt zum Scheitern verurteilt. Immer wieder tauchen Fragen auf, die von gesamtbetrieblicher Bedeutung sind und von den verschiedenen Abteilungen oder Gruppen unterschiedlich beurteilt werden. Hier ist das Top-Management gefordert, eine klare Entscheidung zu treffen, sei es durch einen von ihm gefaßten Beschluß, sei es durch den Beschluß eines zuständigen Projektgremiums. Nicht weniger wichtig ist in diesem Zusammenhang: Das Management muß diesen Beschluß durchsetzen, gegebenenfalls auch gegen den Widerstand der unterlegenen Fraktion. Ähnliches gilt für die Leitbilder, Ziele und Grundsätze, die für ein Projekt formuliert wurden. Das Beste ist, wenn die Betroffenen selbst die Leitbilder diskutieren und mitbestimmen können. Aber die Verbindlichkeit der Leitbilder muß durch das persönliche Engagement der Führungsebene demonstriert werden, gegebenenfalls auch mit den Mitteln des Direktionsrechts. Das Leitbild der "Betroffenenbeteiligung" etwa (s. Beispielfall 4) kann nur dann wirksam werden, wenn es praktiziert und verteidigt wird. Leitideen müssen vor allem glaubwürdig sein. Dies sind sie aber nur dann, wenn auch die Führung eines Unternehmens hinter ihnen steht, sie mit den ihr zu Gebote stehenden Mitteln propagiert und vorlebt.

Der Betriebsrat, der wie die Geschäftsleitung zu den Top-Entscheidern zählt, ist in vergleichbarer Weise gefordert. Er muß die Initiative ergreifen, um einen Willensbildungsprozeß unter den Beschäftigten in Gang zu bringen. Er muß diesen Prozeß organisieren und vorantreiben, die Beschäftigten zur Teilnahme motivieren und dafür sorgen, daß in einem umfassenden Aushandlungsprozeß unter den Beschäftigtengruppen und zwischen Arbeitgeber- und Arbeitnehmerseite ein Interessenausgleich zustandekommt. Wie die Geschäftsleitung sollte auch der Betriebsrat seine Zuständigkeit für die kontinuierliche Steuerung des Reorganisationsprojekts anerkennen (Fall 3 und 4) und sich nicht etwa mit der Bemerkung: "Wir haben gerade eine Rahmenvereinbarung abgeschlossen. Jetzt warten wir darauf, daß Sie SAP einführen!" aus der Verantwortung stehlen. Es geht darum, sich auch bei schwierigen Fragen an der Lösungssuche zu beteiligen, die Erwägung aller wichtigen Aspekte einzufordern, schließlich aber auch selbst Farbe zu bekennen und den besten der gangbaren Wege mitzutragen und innerbetrieblich zu propagieren. Der Betriebsrat muß im Interesse des Projekterfolgs von seiner betriebsverfassungsrechtlichen und betriebspolitischen Macht tatsächlich Gebrauch machen.

Wohl gemerkt: Wir rufen hier nicht einfach nach "starken Männern", die ohne Rücksicht auf Verluste alle Fragen schnell entscheiden und einen einmal eingeschlagenen Weg geradlinig und stramm bis ans Ende gehen. Vielmehr geht es um die Verbindlichkeit, mit der sowohl die Geschäftsführung als auch der Betriebsrat am Projekt teilnehmen und zu den getroffenen Verabredungen stehen. Daß man nachträglich erkannten Korrekturbedarf auch anmeldet, ist dabei überhaupt kein Sakrileg und auch bestimmt kein Zeichen von Schwäche, sondern vielmehr ein Gebot, das aus der Verpflichtung gegenüber den Beschäftigten und dem Betrieb als Ganzes resultiert. Kontinuierliches, qualitatives Projektcontrolling könnte man die Aufgabe nennen, die der Geschäftsleitung und dem Betriebsrat gleichermaßen zufällt.

Erfolgsfaktor 3: **Integration von Arbeitsgestaltung, Organisations- und Personalentwicklung**

Die Auffassung, SAP-Einführungen lassen sich wie klassische EDV-

Projekte betreiben, ist weit verbreitet, aber falsch. Und sie gefährdet den Erfolg. Früher oder später werden die Projektverantwortlichen vor die Frage gestellt, ob die Software organisatorischen Vorgaben angepaßt werden soll oder ob sich die Vorstellungen über die Betriebsorganisation den Software-Vorgaben unterordnen sollen. Ob man will oder nicht, die Einführung des Software-Pakets hat Einfluß auf die Arbeitsinhalte, auf die Verteilung von Zuständigkeiten oder sogar auf den Zuschnitt einzelner Arbeitsplätze. Offen ist aber, welchen Stellenwert die Aspekte Arbeitsgestaltung und Personalentwicklung bei der Einführung von SAP bekommen sollen: Finden sie so gut wie gar keine Berücksichtigung (s. Beispielfall 2) oder wird ihnen eine so hohe Bedeutung zugemessen, daß sich die Ausgestaltung der Technik als Werkzeug unterzuordnen hat (s. Beispielfall 4)?

SAP-Technik als Werkzeug

Wer die Aspekte Arbeitsqualität, Organisations- und Personalentwicklung bei der Einführung von SAP außen vor läßt, weil sie angeblich nicht zur Sache gehören, verpaßt die Chance, einer lernenden Organisation näherzukommen. Schulungsmaßnahmen beispielsweise so zu konzipieren, daß die zukünftigen SAP-Benutzer die neu strukturierten Aufgaben fachgerecht und unter optimaler Nutzung des Werkzeugs SAP ausführen können, führt zu einem dauerhaften Gewinn. Der betroffene Mitarbeiter jedenfalls wird der Maßnahme mehr Sinnhaftigkeit abgewinnen als dem Bimsen von reinen SAP-Abläufen.

Die Mitarbeiter und die Organisation müssen lernen können.

In einem robusten Unternehmen wird Flexibilität zu einem Erfolgsfaktor von wachsender Bedeutung. Eine besonders wichtige Qualifikation des Personals ist deshalb seine Fähigkeit zu lernen und das eigene Arbeitssystem neu zu gestalten. Das SAP-Einführungsprojekt kann dazu genutzt werden, diese Fähigkeit weiterzuentwickeln. Es sollte deshalb trotz aller Leitbilder und Zielvorgaben nicht schon am Anfang in allen Details festgelegt sein. Die Option auf Veränderungen und Korrekturen sollte offenbleiben, damit auch im Projekt etwas ausprobiert und gelernt werden kann. Dabei sind die gesammelten Erfahrungen der Beteiligten in die Strukturierung der Projektarbeit und in die Organisation des Wandels einzubeziehen. Die Strukur des Projektes selbst kann damit die Entwicklung von Organisation und Personal gleichzeitig unterstützen (vgl. dazu die Kapitel B 3 und 4 sowie C 2).

Erfolgsfaktor 4: **Konstruktive Umsetzung sozialer Pflichten aus Gesetzen und Verordnungen**

Vorschriften zum Datenschutz oder zur menschengerechten Gestaltung der Arbeit sind gesetzliche Pflichten des Arbeitgebers. Doch wo kein Kläger ist, ist auch kein Richter. Diese verbreitete Auffassung verkennt die in diesen Vorgaben liegenden Chancen für eine effiziente und robuste SAP-Installation. Leider wird die Wichtigkeit dieses Erfolgsfaktors erst besonders deutlich, wenn er mißachtet wird. Denn wenn beispielsweise die Arbeitsbedingungen gemäß der Bildschirmarbeitsverordnung menschengerecht gestaltet sind, fällt das im Alltag viel weniger auf, als wenn Beschäftigte sich ständig über Streß, tränende Augen oder die umständliche Software beklagen. Ebenso ist ein funktionierender Datenschutz viel weniger spektakulär als etwa bürokratische Datenschutzmaßnahmen, die formal zwar den gesetzlichen Vorschriften Genüge tun, aber mangels Anpassung an die betrieblichen Erfordernisse die Arbeit stark behindern. Eine diffuse Angst vor dem Überwachungspotential des SAP-Systems spüren die Arbeitnehmer sicher wesentlich deutlicher als den Vorteil, das Programmpaket ohne Sorge vor verdeckten Verhaltenskontrollen benutzen zu können. Konstruktive Umsetzung im Sinne dieses Erfolgsfaktors bedeutet zunächst einmal, daß man als Arbeitgeber und Projektteam eine positive Grundhaltung zu den "sozialen Pflichten" einnimmt, die aus dem Betriebsverfassungsgesetz, dem Arbeitsschutzgesetz und den zahlreichen anderen Vorschriften resultieren und zugunsten der Beschäftigten gelten. Im Beispielfall 2, wo man den Betriebsrat in den Sandkasten einer rein juristischen Auseinandersetzung über den Datenschutz abdrängte, hat man diesen Erfolgsfaktor geradewegs in sein Gegenteil verkehrt. Im vierten Fall dagegen dienten die gesetzlichen Vorgaben als Ausgangspunkt und als Orientierungshilfe für die gemeinsame Gestaltungsarbeit im Projekt. Konstruktiv muß die Umsetzung der Rechtspflichten auch insofern sein, weil es darum geht, die meist recht allgemeinen Vorgaben für den eigenen Betrieb zu konkretisieren und den spezifischen Gegebenheiten anzupassen. Den geltenden Vorschriften bloß formal zu entsprechen und nur programmatische, aber kaum an den realen Abläufen orientierte Regelungen zu vereinbaren, reicht nicht aus. Insofern könne SAP-Projekte trefflich zum Anlaß einer betrieblichen Weiterentwicklung "sozialer Pflichten" genommen werden (vgl. dazu die Kapitel C 1 und C 4).

Menschengerechte Arbeitsgestaltung als Verpflichtung

Gesetzliche Vorgaben betrieblich konkretisieren

Erfolgsfaktor 5: Beteiligung und Wissensbildung

Bei SAP-Projekten ist die Beteiligung von Mitarbeitern aus den Fachbereichen in den Projektgruppen eine unverzichtbare Voraussetzung dafür, das System überhaupt in Betrieb nehmen zu können. Das Wissen über die Einzelheiten der bisherigen Arbeitsabläufe und über die Praktikabilität von Restrukturierungsvorschlägen ist nämlich in aller Regel auf die Köpfe zahlreicher Beschäftigter verteilt und muß erst erfragt werden, bevor die Automation und Integration mit Hilfe von SAP greifen kann. Insofern muß Beteiligung immer stattfinden. In unseren Fallbeispielen 1 und 2 kann man sehen, welch schwerwiegende Konsequenzen es hat, wenn die Beschäftigten aus den Fachbereichen ihr Wissen nicht in ausreichendem Maß einbringen können oder wollen. Im Einführungsprozeß kommt es aber auch immer zu neuer Wissensbildung, zumindest in den Köpfen der Berater und SAP-Spezialisten, die das zuvor nur verteilt vorhandene Wissen erheben und im SAP-System abzubilden versuchen. Doch diese übliche Minimalform der Beteiligung und Wissensbildung reicht nicht aus. Um eine dauerhaft funktionsfähige, solide Restrukturierung der SAP-gestützten Arbeitsabläufe zu erreichen, müssen die Beschäftigten auf breiter Front nicht nur ihr Arbeitsplatzwissen beitragen, sondern darüber hinaus Gestaltungsvorschläge für die Prozeßketten und Zuständigkeiten auf Grundlage eigener Fähigkeiten und Veränderungswünsche einbringen dürfen. Gemeinsames Integrationswissen über die organisatorischen Zusammenhänge und die Fähigkeit zur gemeinsamen Problemanalyse sowie zur koordinierten Reorganisation in einem kooperativen Prozeß mit vielschichtigen Interessenausgleichen gehört zu den Zielen von Beteiligung. Auf diese Weise kann sich ein breitgestreutes neues Wissen entwickeln und zugleich die Basis für einen kontinuierlichen Verbesserungsprozeß bilden. Denn Lernfähigkeit und das Vermögen, sich immer wieder selbst umzustrukturieren, ist in den heutigen Zeiten für viele Betriebe schon eine Überlebensfrage. Diese Beteiligung ist jedoch, wie unsere Fallbeispiele zeigen, nicht umsonst zu haben. Zumindest kostet sie Zeit und die Kraft derer, die sich aus dem Elfenbeinturm des Projektes oder dem SAP-technischen Spezialistentum ernsthaft in die Niederungen der Anwenderschaft begeben (vgl. dazu Kapitel C 3). Zum anderen hat ein solches Vorhaben, sei es über ein Prototyping oder eine beteiligungsorientierte Ist-Analyse, Konsequenzen für die Projektaufbau- und Ablauforganisation, auf die wir in Teil B dieses Buches konzeptionell eingehen werden.

Das Wissen der Mitarbeiter offensiv nutzen

Beteiligung gibt es nicht zum Nulltarif.

Erfolgsfaktor 6:   **Behutsame Integration der Abläufe und Organisationsbereiche**

Zweifellos steht die technische und funktionale Integration, die das SAP-System bietet, meist an erster Stelle der Einführungsgründe: Daten müssen nur einmal erfaßt werden und stehen damit potentiell allen Fachabteilungen zur Verfügung. Teuere und pflegebedürftige Schnittstellen werden minimiert. Das System bildet fach- und abteilungsübergreifend ganze Geschäftsprozesse ab und optimiert die Abläufe. Auch die flächendeckend einheitliche technische Basis und externe Weiterentwicklung ist ein Rationalisierungspotential.

Doch es gibt auch eine Vielzahl von Argumenten, Bedingungen und Erfahrungen, die die einfache Gleichung "Je mehr Integration, desto besser" relativieren: Beispielsweise erhöht die Einmaldatenerfassung die Verletzlichkeit des Systems (Fehlerdomino, Datenqualität). Es entsteht ein flächendeckender Formalisierungs- und Standardisierungsdruck, der ungleichzeitige Entwicklungen verschiedener Betriebsbereiche erschwert (s. Fallbeispiel 1). Der Datenhunger dienender

Integration ist kein Selbstzweck

Abteilungen kann nicht nur zu unangemessenen Erfassungs- und Pflegeaufwänden führen, sondern auch disfunktional die Autonomie und Flexibilität der Kernprozesse einschränken (z.B. Fallbeispiel 2 und 4) usw.

Integration ist also eine funktionale und betriebspolitische Variable und kein Wert an sich. Insofern ist der Erfolgsfaktor "Behutsame Integration" eine Wegbeschreibung erfolgreicher SAP-Installationen. Sie bezeichnet die Aufgabe und die Fähigkeit eines Unternehmens bzw. des Einführungsprojekts, den Grad der Integration über eine Abwägung der Vor- und Nachteile betriebsspezifisch zu bestimmen und auszuhandeln. Dabei spielen aber nicht nur funktionale Abwägungen z.B. entlang einer Kernprozeßorientierung (s. Fallbeispiel 4) eine Rolle, sondern es sind - wie das Fallbeispiel 2 zeigt - die betrieblichen Kräfteverhältnisse akzeptanzorientiert genauso ins Kalkül zu ziehen wie die Problematik einer Überforderung des Personals und der Organisation.

Erfolgsfaktor 7:   **Realistische Kombination von Reorganisation und SAP-Technikgestaltung**

Der von manchen Unternehmen bevorzugte "Big Bang", bei dem möglichst in einem Zug alle gewünschten SAP-Module eingeführt und alle betroffenen Betriebsbereiche neustrukturiert werden, überfordert die

Beschäftigten und die Organisation. Zu viele Aspekte des neuen Gesamtsystems müssen auf einmal bedacht werden, die Planung und Vorbereitung der neuen EDV-Infrastruktur und der neuen Arbeitsabläufe bindet - parallel zur Erledigung der normalen Arbeit auf herkömmliche Art und Weise - zu viele Kräfte, und die Umstellung auf die neue Arbeitsweise läßt die unvermeidlichen Anlaufschwierigkeiten alle auf einmal auftreten

Der Betrieb muß die Veränderungen verkraften können.

Die nach dem CIM-Desaster der 80er Jahre ausgegebene Parole "Erst reorganisieren, dann Technik einführen" ist aber als Entzerrungsverfahren genauso falsch wie die umgekehrte Reihenfolge "Erst Technik, dann Organisation", weil beide Bereiche sich zum Teil unauflöslich gegenseitig bedingen. Gegen das fachbereichsweise Vorgehen - z.B. erst Kosten- und Leistungsrechnung, dann Materialwirtschaft - spricht die Integrationsidee und die Kernprozeßorientierung, derzufolge die Geschäftsprozesse und nicht die Fachbereiche sowohl bei der Organisation als auch bei der Technik im Zentrum stehen sollten.

Erfolgreiche Projekte entwickeln daher Projektschritte, die SAP-Funktionalität mit der organisatorischen Veränderung und personellen Maßnahmen parallelisieren. Die jeweiligen Projektpakete sind zudem inhaltlich überschaubar und kapazitätsbezogen handhabbar. Sie schaffen über Prototyping und Beteiligung nicht nur Akzeptanz, sondern auch Qualität und Wirksamkeit. Zur Integration der kleinen Schritte orientieren sie sich nicht allein an dem Funktionalitätsangebot des SAP-Systems, sondern, wie in den Fallbeispielen 1 und 4, an betriebsspezifischen Leitbildern. Insbesondere in Kapitel B 4 wird auf die Umsetzung dieses Erfolgsfaktors eingegangen.

2.2.   Die Mißerfolgsfaktoren einer SAP-Einführung

Mißerfolgsfaktoren sind Strategie- und Handlungsmuster, die mehr oder minder stark ausgeprägt in jedem Unternehmen vorzufinden sind. Werden sie jedoch in einem SAP-Projekt dominant, also beispielsweise Top-Down-unterstützt, gar gefördert oder toleriert, so können sie den Projekterfolg nachhaltig beeinträchtigen. Aus unseren Fallstudien und Beratungsfällen wissen wir, daß diese Handlungsmuster selten einzeln oder isoliert auftreten. Zumeist bildet eine Kombination von ihnen so starke Kraftfelder, daß Andersdenkende, Einzelkämpfer oder Betriebsräte daran scheitern können (vgl. Fallbeispiel 1, 2 und 4) bzw. realisierte Erfolgsfaktoren neutralisiert werden. Entsprechend muß diesen Miß-erfolgsfaktoren von Anfang an von entscheidender Stelle entgegen-getreten und im Projektverlauf kontinuierlich gegengesteuert werden.

A 1.2
Mißerfolgsfaktoren

1. Dominanz von Transparenzinteressen zentraler Stellen
Controlling- und Managementinformationsbedarfe verdrängen die Prioritäten und Erfordernisse effektiver und robuster Wertschöpfungsprozesse.

2. Tayloristische Projektarbeit
Experten- und Beraterdominanz führt zu Akzeptanzproblemen, Abbildungs- und Funktionalitätsdefiziten.

3. Isolierung des SAP-Projektes von parallelen Änderungsprozessen
Fehlende strategische Integration, Kooperation und Synchronisierung führt zu Parallelarbeit, Widersprüchen, Zuständigkeitschaos und Verunsicherungen.

4. Abdrängen, Behindern oder Ignorieren des Betriebsrates
führt zu Verschwendung konstruktiver Gestaltungspotentiale und Kosten-steigerungen u.a. durch Verzögerungen, Regelungsbürokratismen, Reibungs- und Akzeptanzverlusten.

5. Unzureichende Qualifizierung aller Beteiligten
Sparen an dieser Stelle führt zu Fehlern, Funktionalitäts- und Akzeptanzverlusten sowie unzumutbaren Belastungen im Projekt und auf Anwenderseite.

6. Unrealistische Terminierung und Ressourcenplanung,
Termindruck, Überlastung durch permanente Überstunden führen zur Verengung des Projektes auf die Technikeinführung sowie zur Vernachlässigung sozialer Pflichten.

Mißerfolgsfaktor 1: Dominanz von Transparenzinteressen zentraler Stellen

Von jeher ist das an zeitnahen und aussagekräftigen Informationen über die laufenden Geschäftsprozesse interessiert. Nachdem die ersten Versuche, diese Wünsche mit Hilfe computergestützter Management-informationssysteme zu erfüllen, Ende der 70er Jahre kläglich scheiterten, scheint ein flächendeckend installiertes SAP-System die alten Träume nun endlich realisierbar zu machen. In den von uns untersuchten Fällen zeigte sich jedoch, daß immer dann, wenn die Bedürfnisse des Managements nach zentraler Transparenz als dominante Vorgabe für das SAP-Projekt (durch-)gesetzt wurden, eine autonome Gestaltung der Kernprozesse behindert oder gar verhindert wurde. So z.B. orientierte sich im Fallbeispiel 2 die Rückmeldedichte und Planungsgenauigkeit nicht an den Erfordernissen einer robusten Produktion, sondern den Kontrollbedürfnissen der Geschäftsführung bzw. eines erstarkten Controllings. Solche Entwicklungen weisen auf ein tayloritisches Führungs- und Organisationsverständnis und vielleicht auch auf Unsicherheiten und Machtspiele im Management hin. Eine entsprechend problematische Grundkonstellation kann nun durch die SAP-Software auch noch stabilisiert und konserviert werden. Im Fallbeispiel 4 dagegen konnten sich die Bedarfe einer robust strukturierten Produktion durchsetzen, ohne sich dabei aber von den funktionalen Erfordernissen der strategischen Ebene, des Verkaufs und des Controllings abzukoppeln.

Machtspiele aus Unsicherheit

Mißerfolgsfaktor 2: Tayloristische Projektarbeit

Dieser Mißerfolgsfaktor ist sehr vielschichtig, gleichwohl beschreibt er ein noch vielfach vorherrschendes Handlungs- und Strategiemuster. Zum einen betrifft es das Verhältnis von SAP-Experten zu betrieblichen Anwendern, zum anderen die Verwendung von Einführungstools der SAP-Software (z.B. Referenz- und Vorgehensmodell, Leitfaden etc.). Zugleich wird damit auch die Frage der Wissens- bzw. Erfahrungsbildung und die Arbeitsteilung im Rahmen von SAP-Projekten berührt. Auf eine kurze Formel gebracht bedeutet dieses Handlungsmuster: Je mehr Arbeitsteilung an der Projektbasis ohne Verständnis für die Gesamtstruktur organisiert wird, desto mehr Erfahrung bzw. Wissen konzentriert sich auf Seiten der Experten und der Projektleitung. Das Fallbeispiel 1 demonstriert dieses Muster in den ersten zwei Projektphasen sehr anschaulich.

Von Mitarbeitern lernen, aber wie?

Wie F.W. Taylor in seinem "Midvale-Stücklohnarbeitskrieg" versuchte die Projektleitung zunächst die Wissensträger der alten "handwerklichen" Arbeitsteilung aus der Linie herauszubrechen, um an das Erfahrungswissen für das SAP-Projekt heranzukommen. Da dieses

Vorgehen am Widerstand der Fachabteilungen scheiterte, versuchte man, über Analysen von Dokumenten und Aufzeichnungen, Beobachtung und Zwang an das Know-how heranzukommen. Auch hiermit bildete sich keine Akzeptanz und Kooperation. Schließlich veränderte das Projekt sein Rollenverständnis weg vom Taylorismus und kooperierte mit den Arbeitsplatzexperten vor Ort, tauschte Wissen aus und entwickelte gemeinsam mit den Betroffenen - ähnlich wie in Fallbeispiel 4 - die Konzepte. Im Fallbeispiel 2 wurde jedoch diese Trennung von SAP-Expertentum und Anwenderschaft, Planung am 'grünen Tisch' und Optimierung der Geschäftsprozesse vor Ort nicht aufgehoben und entsprechend ein nur formales SAP-System ohne Integration in den Köpfen der realen Akteure geschaffen.

Diese Grabenbildung wird häufig auch durch die exklusive Verwendung von komplexen Einführungswerkzeugen durch externe und interne Spezialisten begünstigt. Sprachbarrieren, fehlendes Modellverständnis und Statusdenken verstärken sich so vielfach gegenseitig zu Ungunsten derer, die später die Alltagsverantwortung für das Funktionieren der SAP-gestützten Abläufe tragen.

Auch die Berater tragen dazu bei.

Das gleiche Handlungsmuster entsteht auch im Verhältnis von externen Beratern und den betrieblichen Projektmitarbeitern: Der Slogan "Vom Anwenderbetrieb lernen" bezeichnet vielfach die Tatsache, daß die Berater eine Fülle von Erfahrungen aus dem Projekt mitnehmen, selbst aber bis auf die zuweilen dürftige Dokumentation ihrer Arbeit und Anwenderschulungen nichts zurücklassen.

Diesem Mißerfolgsfaktor kann man als Anwenderbetrieb bzw. Kunde nur entgehen, wenn man von Anfang an die Struktur des Projektes auf Beteiligung und Wissensbildung seitens der Anwender und Arbeitsplatzexperten vor Ort ausrichtet und auf allen Ebenen eine frühzeitige, breit angelegte Qualifizierung der betrieblichen Akteure organisiert. Dazu gehört selbstverständlich auch ein intensiver Wissenstransfer zwischen externen Beratern und den betrieblichen Projektmitarbeitern. Da dies alles Zeit und Geld kostet und viele Geschäftsführungen selbst noch dem Taylorismus verhaftet sind, bedarf es häufig großer Überzeugungsarbeit und Kraftanstrengungen, um diese Zukunftsinvestitionen hoffähig zu machen.

Mißerfolgsfaktor 3: Isolierung des SAP-Projektes von parallelen Änderungsprozessen

Der Marketinganspruch von SAP und seinen Logo-Partnern, via integrierter Standardsoftware Prozeßketten zu optimieren, entspricht zwar dem Trend der Zeit, aber nicht immer der Praxis. Da werden immer noch modul- bzw. komponentenweise die Projekte geschnitten oder die Fachbereichsgrenzen nur durch Glasfaser- oder Koaxkabel überwunden - nicht aber organisatorisch und menschlich durchlässig gemacht. Da bleiben aus einer integrierten Reorganisationssicht allzu häufig parallele Initiativen und Projekte außen vor. So wurde beispielsweise im Fall 1 eine Profitcenterstruktur aufgesetzt, nachdem die SAP-bezogene Abbildung der Unternehmensstruktur in Buchungskreise, Werke, Lagerorte schon realisiert war. In anderen Fällen wurden einschneidende Organisations- und EDV-Maßnahmen so eingeleitet und terminiert, daß auch beim besten Willen eine Abstimmung der Projekte nicht mehr möglich war. Auch eine Überforderung der Organisation und Mitarbeiter durch allzuviele parallele Änderungsmaßnahmen - in einem Betrieb waren es 65 - paßt in dieses Mißerfolge begünstigende Handlungsmuster.

Überforderung, Verunsicherung, Doppelarbeit

In der Regel sind es Fehler des Top-Management, die so ein Projektchaos produzieren. Vielfach ist es aber auch die technische Arroganz, mit der sich SAP-Projekte selbst isolieren oder als "generelle Problemlöser" andere Initiativen und Reorganisationsbestrebungen - wie in Fallbeispiel 4 - zu dominieren versuchen.

Diesen Mißerfolgsfaktor zu vermeiden setzt voraus, daß alle Änderungsbestrebungen und Projekte koordiniert sowie kapazitäts- und zielbezogen harmonisiert werden. Dies wiederum setzt übergreifende Leitbilder, Ziele und eine Prioritätenbildung voraus, die Top-Down aber auch in den jeweiligen Projekten verstanden, akzeptiert und durchgesetzt werden müssen.

Mißerfolgsfaktor 4: Abdrängen, Behindern oder Ignorieren des Betriebsrates

Information, Beratung und Mitbestimmung des Betriebsrates sind bei SAP-Projekten eine gesetzliche Pflicht des Arbeitgebers. Schließlich geht es um die Neustrukturierung der Arbeit, um Qualifikationsanforderungen, Fortbildung, organisatorische Versetzungen, um Gesundheitsschutz, Verhaltenskontrolle, Datenschutz, Mehrarbeit, Überstunden, und vieles andere mehr (vgl. dazu vor allem Kapitel C 4). Dennoch bemühen sich viele Anwenderbetriebe in ganz erstaunlichem Maße darum, den Betriebsrat aus der Gestaltungsarbeit im Einführungsprojekt herauszuhalten.

Dieses vielfach erfolgreiche Handlungs- und Strategiemuster, durch das die Betriebsräte zuweilen mit viel Aufwand und juristischer Finesse behindert und ausgegrenzt werden, wird spätestens dann zum Mißerfolgsfaktor, wenn kurz vor dem Produktionsstart die "Rote Karte" einer einstweiligen Verfügung gezogen wird. Doch auch im Vorfeld dieser betriebsverfassungskonformen Notbremse geht in den Betreiben viel

Juristische Notbremsen

Akzeptanzporzellan kaputt, wenn die Angst vor Arbeitsplatzverlusten und SAP-gestützter Leistungs- und Verhaltenskontrolle die Runde macht. Aber auch ein beständiges Ignorieren von konstruktiven Alternativideen, beispielsweise zur Arbeitsorganisation aus der Belegschaftssicht (vgl. dazu Kapitel C 1), führt keineswegs zwangsläufig zu einer besseren SAP-Modellierung. Im Gegenteil, es wird auf diese Weise häufig aus Expertenarroganz oder einer "Herr im Hause"-Einstellung heraus ein großes Wissenspotential ausgegrenzt.

Da eine nur formale Beteiligung des Betriebsrats - z.B. über einen Sitz im Lenkungsausschuß - keineswegs automatisch diesen Mißerfolgsfaktor vermeiden hilft, müssen von beiden Seiten der Betriebsparteien Ziele und Wege ausgehandelt werden, wie betriebs- und projektspezifisch die Interessen der Belegschaft berücksichtigt werden können.

**Projektbetriebs-
vereinbarung**

Eine solche, beispielsweise in Form einer Projektbetriebsvereinbarung verbindlich gemachte Mitverantwortung der gesetzlichen Interessenvertretung (vgl. dazu Kapitel C 4) bietet für beide Seiten ausreichenden Schutz vor unkalkulierbaren Aufwänden und projektverzögernden Interessenkonflikten.

Mißerfolgsfaktor 5: Unzureichende Qualifizierung aller Beteiligten

Es verwundert immer wieder, mit welcher Ignoranz in vielen Betrieben die offensichtlichen Qualifizierungsnotwendigkeiten für die Projektmitarbeiter und SAP-Anwender behandelt werden. Wie in einem sadomasochistischen Verhaltenszirkel werden dort systematisch Überforderungen, Verunsicherungen und Belastungen produziert, und die Betroffenen scheinen am Ende sogar noch stolz darauf zu sein, es dennoch geschafft zu haben. Das unter solchen Bedingungen keine seriös angepaßte, gar arbeitsorientierte SAP-Installation wachsen kann, ist naheliegend. Dabei spielt die Qualität der Fortbildung, also die Form und ihr Inhalt, mindestens eine ebenso große Rolle wie ihre Quantität. So nützt es beispielsweise wenig, wenn die Anwender über ein Folien-kino und Frontaldemonstrationen am System nur ihre SAP-Menus und Eingabemasken trainieren, aber weder fachlich noch SAP gemäß eine Vorstellung von Integration entwickeln können. So wurde z.B. in Fall-beispiel 1 anfangs und in Fallbeispiel 2 am Projektende schlicht vor-ausgesetzt, daß die Fachabteilungen ihr Geschäft, also ihre SAP-Ver-richtungen, fachlich beherrschen. Daß dies in vielerlei Hinsicht keines-

Nicht nur persönliche Mißerfolge

wegs der Fall war, schlug sich nicht nur in der miserablen Qualität der Materialstammdaten nieder, sondern sorgte im Fluß einer integrierten Fehlerfortpflanzung für diverse Überraschungen auch an ganz anderen Stellen der Prozeßkette. Denn Integration erfordert auch Abstimmung, Aushandeln, Verstehenlernen anderer, also abteilungsübergreifender Sachzusammenhänge und Interessenlagen, also neben der fachlichen auch soziale Kompetenzen. Wenn Beschäftigte dieses im Zusam-menhang mit SAP-Projekten lernen dürfen, ist das schon die "hohe Schule" der Personalentwicklung und Projektkultur. Ansatzweise wurde dies in den Fallbeispielen 3 und 4 realisiert.

Will man also nicht nur den persönlichen Mißerfolg einiger Anwender vermeiden, so muß von Anfang an das SAP-Projekt auf intensives Ler-nen ausgerichtet sein. Dazu bedarf es neben einer klaren Vorgabe sei-tens der Top-Entscheider auch einer Projektablauforganisation, die es allen Beteiligten gestattet, sich auf verschiedenen Wegen das erforder-liche Wissen anzueignen (vgl. dazu vor allem die Kapitel B 4 und C 2).

Mißerfolgsfaktor 6: Unrealistische Terminierung und Ressourcenplanung

Zeit ist Geld. Und da die Einführung von SAP für die meisten Unter-nehmen sowieso eine beachtliche Investition bedeutet, wird allzu gern versucht, wenigstens das Zeitbudget für das Einführungsprojekt so knapp zu kalkulieren wie nur irgend möglich. Da wird entsprechend der nächste oder übernächste Jahreswechsel sachlich begründet als fixer Termin für den Produktivstart bestimmt, und von da zurückgerechnet, welche SAP-technischen Vorbereitungsschritte unerläßlich sind und welche Zeiten folglich zur Verfügung stehen. Schon das SAP-geprägte

Geripppe für den Projektplan ist in aller Regel so dicht gedrängt, daß er überhaupt nur einzuhalten ist, wenn keinerlei Pannen auftreten. Nichttechnische Aufgaben werden oft bewußt verdrängt. So kommt dann auch ein ganz erheblicher Teil erforderlicher Aufgaben in der Planung überhaupt nicht vor. Es fehlt zum Beispiel die Zeit für das persönliche Nacharbeiten und Einüben der Schulungsinhalte, die Zeit, um die nicht benötigten Datenfelder aus den Bildschirmmasken auszublenden, die Zeit, um Standardprofile des SAP-Berechtigungssystems arbeitsorientiert und datenschutzkonform zu verändern etc. Nur selten wird ein Zeitbudget für Unvorhergesehenes, von dem man nicht weiß, was es ist, sondern nur, daß es eintreten wird, berücksichtigt. Massive Überstunden und Wochenendarbeit im Projekt und wegen fehlender Ersatzkapazitäten auch in den Fachbereichen sind der beklagenswerte Normalfall. Den letzten beißen dann wie immer die Hunde, und das sind hier die Endanwender: Keine Zeit für angemessene Schulungen und ein schlecht ausgeformtes SAP-System. Die Phase nach dem Produktivstart wird so zum Mülleimer für frühere Versäumnisse und kann für die erfahrungsgeleitete Nachkalibrierung des technisch-organisatorischen Systemgefüges kaum mehr genutzt werden. Und die Kosten, die auf diese Weise insgesamt entstehen? Sie bleiben im Dunkeln. Eine Nachkalkulation wird entweder nicht gemacht, oder man zieht es vor, den Mantel des Schweigens darüber zu breiten.

"Quick and dirty"

Realistische Termin- und Kapazitätsplanung

Will man dieses mißerfolgsträchtige Handlungsmuster vermeiden, so nützt es nur wenig, wenn man kurz vor Projektende noch einmal tief in die Tasche greift und die offensichtlich fehlenden Personalkapazitäten durch teuere Beraterkontingente ausgleicht.

Vielmehr bedarf es schon zu Projektbeginn einer seriösen Terminierung aller Aufgaben und einer gepufferten Kapazitätsabschätzung. Daß dabei manche Wunschvorstellungen und Akquisitionsversprechen aus der Beraterszene auf der Strecke bleiben, ist mehr als wahrscheinlich.

Ein Kurs für die lange Reise

Die Kursbestimmung eines SAP-Projektes kann sich nicht darin erschöpfen, geschickt, sensibel und kenntnisreich Klippen oder Untiefen auszumachen und zu umschiffen. Um einen Kurs anzulegen und zu berechnen, bedarf es eines Reisezieles, zumindest eines Zielgebietes, auf das man zusteuern will.

Dem Erfolgsfaktor 1 "Leitbildorientierung des gesamten Änderungsprozesses" folgend steht deshalb in diesem Abschnitt die Frage "Wohin mit SAP?" im Vordergrund.

Dazu wird zunächst geschildert, wie diese Kernaufgabe eines SAP-Projektes aus Unternehmens- und Betriebsratssicht üblicherweise bewältigt wird, und welche Probleme dabei entstehen können. Daran anknüpfend wird ein Zielsystem vorgestellt, das geeignet ist, die betriebliche Diskussion ganzheitlich zu strukturieren, und damit einen Zielkorridor eröffnet, der sowohl Leitbilder einer erfolgreichen Unternehmensentwicklung mit Anwenderinteressen und sozialen Pflichten zu integrieren im Stande ist.

Dieses Zielsystem wird darüber hinaus in den folgenden Teilen dieses Buches als Referenzmodell herangezogen und strukturiert somit auch unsere Empfehlungen zur Ablauf- und Aufbauorganisation von SAP-Projekten (Teil B) sowie die Querschnittsthemen im Spannungsfeld Mensch-Technik (Teil C).

3.1 Wo soll es hingehen?

"Schneller, besser, billiger und zukunftssicher", so könnte man in vielen Fällen die zentralen Entscheidungskriterien für die Einführung von SAP bzw. integrierter Standardsoftware zusammenfassen.

Aber auch Zielbegriffe wie Geschäftsprozeßoptimierung, Controlling und flexible Plankostenrechnung, Reduzierung der Transaktionskosten, Integration, Einmaldatenerfassung, Ablösung von Altsystemen, einheitliche Softwareplattform, etc. bieten für sich noch keine ganzheitliche Grundorientierung, sondern bewegen sich, wie die üblichen operativen

Ziele (Erhöhung der Termintreue, Verkürzung der Durchlaufzeiten, Verringerung der Kapitalbindungskosten etc.), auf dem Niveau von Einzelmaßnahmen. So erscheint häufig eine SAP-Einführung unternehmensbezogen als bloße Summe von mehr oder minder isolierten Strategien, Zielen und Sachzwängen. Diese Praxis, Einführungsziele von SAP mit den neu einzurichtenden Methoden und Steuerungswerkzeugen zu beschreiben - bzw. zu verwechseln, wird durch das Werkzeug SAP selbst nahegelegt. Das führt in manchen Unternehmen dazu, daß die SAP-Einführung schließlich selbst zum Generalziel erhoben wird.

A 3-1
Der SAP-Nutzenwald

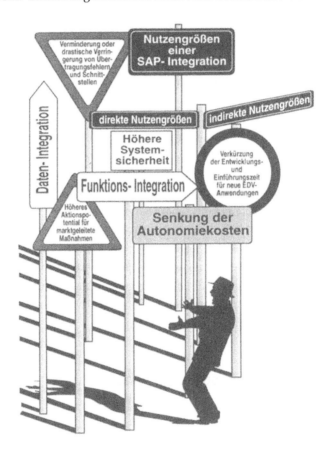

Wofür nun eigentlich so plötzlich eine flexible und ausgefuchste Plankosten-, gar Prozesskostenrechnung mit Hilfe von SAP eingerichtet werden soll, oder wie und warum über dieses Werkzeug das Kostendenken in die Köpfe und das Verhalten der Mitarbeiter Einzug nehmen soll, bleibt vielfach unklar. Ebenso bleiben damit verbundene Fragen nach neuen Führungskonzepten, kontinuierlichen Verbesserungsprozessen (KVP) oder einer Neubestimmung des Verhältnisses von Overhead und Wertschöpfungsprozeß im Sinne einer Dienstleistungsbeziehung zumeist ebenfalls im Olymp der Geschäftsführung und ihrer Experten verborgen.

Ziele softwareunabhängig formulieren

Da nun aber bekanntlich viele Wege nach Rom führen und der Weg SAP bzw. über EDV keineswegs immer der direkteste, ungefährlichste und kostengünstigste ist, wird es erforderlich, die zukünftigen Ziele des Unternehmens maßnahmeunabhängig zu formulieren.

Ein weiterer Grund dafür liegt in dem Umstand, daß integrierte EDV-Systeme i.d.R. für die Entfaltung ihrer Zielwirksamkeit einen Strauß flankierender Maßnahmen bedürfen, die, wie z.B. eine fachliche Qualifizierung oder eine Änderung des Führungsstils und Planungsverhaltens des Managements, kaum in den Einführungsprojekten berücksichtigt werden. Schließlich führt die Frage nach Prioritäten und Alternativen zu Einzelmaßnahmen oder nach ihren gegenseitigen Synergieeffekten zu der Notwendigkeit, die Ziele einer SAP-Einführung nicht nur SAP-unabhängig, sondern unternehmensbezogen integriert bzw. ganzheitlich zu formulieren. Im Beispielfall 1 hatte zumindest die Projektleitung ein solches strategisches Leitbild: Mit Hilfe von SAP sollte der Umbau der gesamten Auftragsabwicklung von der eher "handwerklichen Produktionsweise" in eine "industrielle" eingeleitet und dieser Prozeß mit SAP steuerbarer werden. Das SAP-Projekt im Fall 4 dagegen mußte erst, weil es auf die Interessen und Bedarfe von Dienstleistungs-bzw. Verwaltungsbereichen ausgerichtet war, dem Leitbild einer "humanen und robusten" Fertigung und Montage untergeordnet und Schritt für Schritt diesen Zielen angepaßt werden.

Ziele müssen hinterfragt werden.

Aus Sicht vieler Betriebsräte erscheint häufig die Zielstruktur von SAP-Projekten noch diffuser. Die Unternehmen begründen ihnen gegenüber eine SAP-Investition häufig entweder mit technischen Sachzwängen („Das alte Buchhaltungssystem ist nicht mehr revisionsfähig, und die Schnittstellenkosten fressen uns auf.") oder aber mit den üblichen Schlagwörtern aus dem Arsenal moderner Unternehmensführung, aus deren Nebel man erst die Rationalisierungsziele und Gefährdungspotentiale für die Mitarbeiter herausdestillieren muß. Damit ist natürlich eine Defensivstellung und schutzorientierte Grundposition der betrieblichen Interessenvertretung schon vorprogrammiert, zumindest verständlich.

Dabei verdichtet sich manchmal vorschnell - im Rückblick auf alte Rationalisierungserfahrungen - die klassische Schutzperspektive mit

A 3-2
SAP: der erste Eindruck
vieler Betriebsgremien

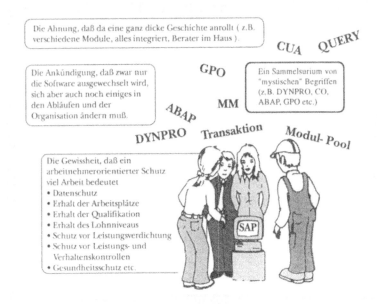

Die Ahnung, daß da eine ganz dicke Geschichte anrollt (z.B. verschiedene Module, alles integriert, Berater im Haus).

CUA   QUERY

GPO

Die Ankündigung, daß zwar nur die Software ausgewechselt wird, sich aber auch noch einiges in den Abläufen und der Organisation ändern muß.

Ein Sammelsurium von "mystischen" Begriffen (z.B. DYNPRO, CO, ABAP, GPO etc.)

ABAP   MM

DYNPRO   Transaktion   Modul-Pool

Die Gewissheit, daß ein arbeitnehmerorientierter Schutz viel Arbeit bedeutet
• Datenschutz
• Erhalt der Arbeitsplätze
• Erhalt der Qualifikation
• Erhalt des Lohnniveaus
• Schutz vor Leistungsverdichtung
• Schutz vor Leistungs- und Verhaltenskontrollen
• Gesundheitsschutz etc.

SAP

dem drohenden und unbekannten "Moloch" SAP zu der Schreckens-vision eines Generalangriffs auf die Besitzstände der Belegschaft: Eine strategische Entscheidung, die einige Millionen Investitionskosten nach sich zieht und die für die nächsten 10 - 20 Jahre die informations-technische Infrastruktur des Betriebes zu 80% festlegt, das Unternehmen sich darüber hinaus an eine Softwarefirma (Standardsoftware) und ggf. ein externes Rechenzentrum langfristig bindet, dürfte kaum nur mit technischen Sachzwängen, relativ kurzatmigen operativen Zielen und dem Wunsch nach einem neuen Werkzeugkasten für das Top-Mana-gement begründet sein.

....Das stimmt mißtrauisch!

Doch häufiger, als man zu denken wagt, steht hinter einer Vorstands-entscheidung, flächendeckend integrierte Standardsoftware einzu-führen, in der Tat nicht viel mehr. Genauso wenig sind die vielen "wohl-meinenden" Konzernempfehlungen, sich nun endlich dem Konzern-standard anzupassen, die Datenverarbeitungs-GmbH auszulasten und die Konzernberichterstattung besser zu bedienen, dazu angetan, die betrieblichen Probleme und Entwicklungsziele spezifisch zu fördern.

....Das macht hellhörig!

So infiltriert sich SAP, häufig sehr stark von außen bestimmt und durch betriebliche Teilinteressen protegiert, in die Betriebe, ohne daß eine ganzheitliche Orientierung oder Vision von mittel- und langfristiger Unter-

A 3-3
Der normale
Infiltrationsprozeß

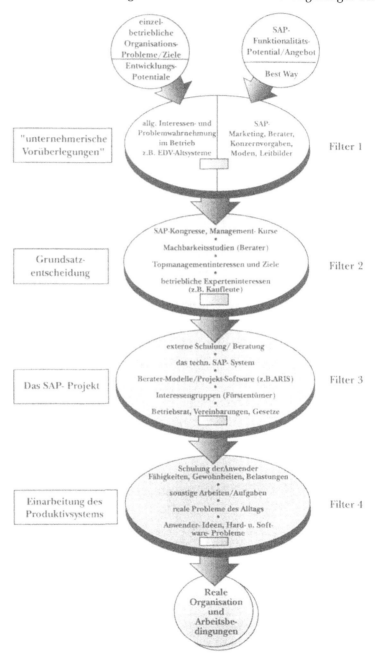

nehmensentwicklung den Prozeß qualitativ zu steuern in der Lage ist. Daß dabei die Interessen und Belange der Anwender und Betroffenen - wie in Fallbeispiel 2 geschehen - erst ganz am Ende des Projektes die SAP-Realität beeinflussen, ist damit vielfach vorbestimmt.

Ein solcher Ablauf wäre ja nicht ganz so problematisch, wenn man alles schnell ändern könnte, oder wenn das Organisationspotential von SAP bzw. einer anderen integrierten Standardsoftware, wie von Baan, AT&T, KHK etc., mit den Organisationsbedingungen, Potentialen und Zielen der Anwenderbetriebe nicht nur heute, sondern auch morgen ungefragt übereinstimmen würde. Wenn man also nach erfolgter Einführung früher oder später einfach, ohne großen Aufwand, die Software auswechseln oder grundlegend umkonfigurieren könnte.

Lernen kann man nur, wenn man weiß, was man will.

Daß dies kein akademisches Problem ist, belegt die Geschichte und die Entwicklungsdynamik der SAP-Software selbst. Aus der zentralistischen Großrechner- und Großbetriebswelt zum Zweck der Abbildung und Unterstützung betriebswirtschaftlicher Kernfunktionen wie Finanzbuchhaltung und Kostenrechnung geboren, hat SAP schrittweise sein Funktionalitätsangebot ausgeweitet und mit den Erfahrungen seiner Anwender ausdifferenziert. Heute erst - vor allem mit der Produktlinie R/3 - werden verstärkt Branchenlösungen entwickelt und Besonderheiten von Mittelbetrieben berücksichtigt. Ebenso finden erst seit kurzem Organisationsleitbilder und Verfahren schlanker Produktionsplanung und -steuerung nebst ihrer logistischen Integration wie KANBAN , "Leitstandsfunktionen auf allen Planungsebenen" Unterstützung. Kurz: SAP entwickelt sich letztlich entlang des Durchschnitts seiner Kundenanforderungen und Lösungen bzw. ihren „Best-Ways“. Entsprechend zeigen die betrieblichen Erfahrungen mit Modifikationen am Standard, Dauerbaustellen, Eigenentwicklungen, gravierenden Sicherheitslücken, De-Installationen und die vielen Unternehmen, die sich in Ermangelung eigener Orientierungen ungefragt an die Best Way-Angebote des jeweiligen Releasestandes organisatorisch angepaßt haben, daß man allein mit der Summe von Teilzielen und Einzelproblemlösungen weder dem Leitbild integrierter Software noch dem eigenen Unternehmen und damit auch den Mitarbeitern gerecht wird. Also: Man muß wissen, wohin man will! Entsprechend seine Software aussuchen oder - wenn man sie schon im Hause hat bzw. sie nehmen muß -, die Funktionalitäten so auswählen, daß zumindest die Flexibilität und Weiterentwicklung der Organisation und der Mitarbeiter nicht behindert, sondern angeregt und auch langfristig durch die Technik unterstützt wird.

Einen Maßanzug von der Stange gibt es nur, wenn man die entsprechende Figur hat und vor allem auch sein Gewicht und die Form halten kann.

Auch Betriebsräte brauchen klare Zielvorstellungen.

Betriebsräten dürfte diese Sicht auf das Organisationswerkzeug SAP eigentlich nicht fremd sein. Denn die Frage der Humanisierung der Arbeit über persönlichkeitsförderliche Arbeitsorganisation, wie z.B. Gruppenarbeit, Mischarbeit, qualifizierte Assistenztätigkeit, ist nicht neu, gleichwohl im Zusammenhang mit den neuen Mode-Leitbildern wie "Lean-Production", "Total-Quality-Management", "lernendes Unternehmen", z.Z. durchaus wieder im Aufwind.

Auch für Betriebsräte steht also die Frage auf der Tagesordnung, wohin man mit den Kolleginnen und Kollegen steuern wird: Steht nun SAP oder das Unternehmen und der Mensch im Mittelpunkt?

Wir empfehlen, zumindest SAP nicht ins Zentrum zu stellen, sondern integrierte Standardsoftware konsequent als ein Werkzeug zu betrachten. D.h. seine Einsatzziele, seine Funktionen und seine Handhabung sollten sich an Unternehmens- und Organisationszielen sowie an Möglichkeiten und Interessen der Mitarbeiter orientieren. Dies gilt es betrieblich konkret zu planen und auszuhandeln. Dafür können, wie gesagt, Leitbilder sehr hilfreich sein.

3.2   Ein robustes Unternehmen entwickelt sich arbeitsorientiert und sozialverträglich

Steuerung über Leitbilder

Die grundlegende These dieses Buches lautet: Ein Unternehmen kann integrierte Standardsoftware wie die von SAP nur dann optimal nutzen, wenn es seine strategischen Unternehmensziele mit Leitbildern der Organisation harmonisiert und damit dem gesamten Einführungsprozeß eine qualitative Orientierung und Steuerbarkeit verleiht. Da diese These sowohl für die Geschäftsführung wie für den Betriebsrat gilt, sind diese Leitbilder nicht nur unternehmensspezifisch aus seinen Markt- und Geschäftsprozessen heraus zu entwickeln, sondern auch in hohem Maße von den jeweiligen Interessenkonstellationen im Betrieb abhängig, also einem Aushandlungsprozeß unterworfen. Da dies mit Blick auf die Erfolgsfaktoren zwar in erster Linie ein Job der betrieblichen Entscheiderebene ist, damit aber auch zu einer kontinuierlichen Projektaufgabe wird, werden wir im folgenden zur Unterstützung dieses Zielfindungsprozesses eine Leitbildstruktur vorschlagen, an der sich eine betriebliche Diskussion und Entscheidungsfindung orientieren kann.

Den Ausgangspunkt unseres Modells bilden drei Rahmenleitbilder zur Organisation und Weiterentwicklung von Geschäftsprozessen bzw. der notwendigen Arbeit im Unternehmen:

Wir haben sie in Abgrenzung zu den Trampelpfaden aktueller Managementkonzepte "Robustheit", Arbeitsorientierung und Sozialverträglichkeit genannt.

A 3-4
Rahmenleitbilder

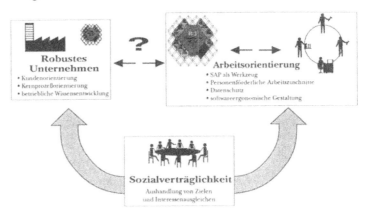

Robustheit

Unter Robustheit soll im folgenden die Fähigkeit und die Ausrichtung eines Unternehmens verstanden werden:

a) Sich strikt am Kunden und ihren zukünftigen Produkt- und Dienstleistungsbedarfen zu orientieren. Das schließt Termintreue, Qualität, Innovationsfähigkeit und marktgerechte Preise ebenso mit ein wie die Fähigkeit, sich in die Bedarfssituation des Kunden hineinzuversetzen bzw. mit ihm zu kooperieren.

b) Den eigenen Kernprozeß - das sind die Einzelarbeiten, Verfahren, Organisationsformen und Mitarbeiter, die die Kundenbeziehungen, die Produktentwicklung und die Leistungserstellung tragen - so zu gestalten, daß sie jederzeit und auch bei internen und externen Störungen sicher, d.h. "robust" funktionieren. Das bedeutet z.B. in Abgrenzung zu manchen "Schlankheitskuren" und "Cost-Center"-Konzepten, den

Wert von innerbetrieblichen Funktionen und Dienstleistungen nicht allein nach Kosten- oder Kontrollgesichtspunkten zu bemessen, sondern vor allem ihren effektiven Beitrag zur Verbesserung und Stabilisierung der Kernprozesse zu betrachten und sie entsprechend auszurichten. Flexibilität, Selbststeuerung, kontinuierliche Verbesserungsprozesse (KVP), sparsame Formalisierung und breit qualifizierte Mitarbeiter sind hier ebenfalls geeignete Stichwörter, die in die funktionale Bewertung einer SAP-Installation einfließen müßten.

c) Die betriebliche Wissensbasis für eine Weiterentwicklung robuster Kernprozesse und kundennaher Produktentwicklung zu erhalten und auszubauen. Dies bedeutet nicht nur, für eine konsequente Personalentwicklung und lernförderliche Arbeitsbedingungen zu sorgen, sondern auch diejenigen Funktionen - seien es Dienstleistungen oder Teilproduktionen - im Betrieb zu behalten, die für die Beherrschung und Weiterentwicklung der Kernprozesse wesentlich sind. Dazu gehört beispielsweise auch die Fähigkeit, SAP den sich wandelnden Zielen und Bedingungen selbst anpassen zu können.

Arbeitsorientierung:

Unter Arbeitsorientierung soll verstanden werden, daß bei allen Maßnahmen zur Organisations- und Technikgestaltung die Qualität der Arbeitsbedingungen für die Menschen und die Arbeitsergebnisse im Mittelpunkt steht. Damit wird

a) der Werkzeugcharakter von technischen Systemen, so auch des SAP-Systems, in den Vordergrund gerückt und

b) die konsequente Anwendung arbeitswissenschaftlicher Erkenntnisse zur menschengerechten Arbeitsgestaltung erforderlich. Dies bedeutet beispielsweise persönlichkeitsförderliche Aufgabenzuschnitte, Beeinträchtigungslosigkeit, soft- und hardware-ergonomische Optimierung, lern- und kommunikationsorientierte Geschäftsprozeßgestaltung etc.

c) die **konkrete Beteiligung der Mitarbeiter** am Entwicklungs- und Verbesserungsprozeß von Arbeitssystemen erforderlich. Das Erfahrungs- und Ideenpotential der Mitarbeiter, ihre persönlichen Fähigkeiten und Entwicklungsmöglichkeiten im Gestaltungsprozeß können so berücksichtigt werden.

Sozialverträglichkeit:

Unter Sozialverträglichkeit soll im folgenden verstanden werden, daß bei technischen und organisatorischen Maßnahmen - natürlich auch bei der Einführung von SAP - ein Interessenausgleich zwischen folgenden Ebenen ausgehandelt wird:

a) zwischen Kapital und Arbeit im Sinne einer angemessenen Verteilung des Rationalisierungsnutzens (z.B. Entgelt, Arbeitsplatzsicherheit, gesunde Arbeit),

b) zwischen einzelnen Organisationseinheiten bzw. Mitarbeitergruppen (z.B. die Verteilung von Aufgaben und Kompetenzen),

c) zwischen funktionalen Unternehmensinteressen und der Wahrung von Persönlichkeitsrechten (z.B. Datenschutz, Gleichbehandlung, Gesundheit),

d) zwischen Personen in vertikalen Führungs- und horizontalen Kooperationsbeziehungen (z.B. Leistungs- und Verhaltenskontrollen, Verteilung von Information, Hilfestellung, Verantwortung und Führungsstil),

e) zwischen Unternehmensinteressen und Interessen der Gesellschaft (z.B. Umweltschutz, Belastung der sozialen Sicherungssysteme).

Diese drei Rahmenleitbilder sind weder zufällig gewählt, noch entspringen sie ethischen Wunschvorstellungen. Vielmehr bildet diese Trias das reale Spannungsfeld betrieblicher Änderungs- und Entwicklungsprozesse ab, das die betrieblichen Entscheidungen und Kräfteverhältnisse im Hintergrund strukturiert. Die Aufgabe für alle Prozeßbeteiligten, an vorderster Front natürlich die Geschäftsführung und der Betriebsrat, ist es daher, eine Konvergenz dieser Leitbilder anzustreben. Dafür ist es hilfreich, sich vor Augen zu führen, daß es beispielsweise zwischen der Zielperspektive eines robusten Unternehmens und der einer arbeitsorientierten Systemgestaltung durchaus viele Übereinstimmungen gibt, oder das Konzept, den Mitarbeitern und nicht etwa den EDV-Programmen Steuerungs- und Entscheidungskompetenzen zuzuweisen, durchaus mit robusten Strukturen und mit Sozialverträglichkeitsvorstellungen harmoniert: So können beispielsweise Sonder-

Robust und arbeitsorientiert ergänzen sich.

situationen jeglicher Art zuverlässiger gemeistert werden, und der Aufgabenzuschnitt ist für die Mitarbeiter anspruchsvoller. Andererseits können aber auch Strategien in Richtung einer konsequenten Kernprozeßorientierung - wie in Fallbeispiel 4 geschildert - massiv in die Interessen und Kompetenzen, z.B. der produktionsvorgelagerten Bereiche eingreifen, also dort anspruchsvolle Arbeit abziehen, dezentralisieren oder straffen. Hier entstehen natürlich Interessenskonflikte, die das Leitbild "Sozialverträglichkeit" auf den Plan rufen. Es wäre also falsch, solche Konflikte zu leugnen oder zu versuchen, sie irgendwie zu umschiffen oder zu unterdrücken. Viel produktiver ist es, sie bewußt aufzugreifen und in fairer, d.h. sozialverträglicher Weise auszutragen. Das Gestaltungsergebnnis ist dann mit Sicherheit sozial, betriebspolitisch und funktional stabiler, als wenn verdrängte Konflikte erst nachträglich und vielfach gebrochen unter den Bedingungen des Wirkbetriebs an die Oberfläche gespült werden.

Das Rahmenleitbild der Sozialverträglichkeit stellt daher weniger Anforderungen an die funktionalen Eigenschaften eines fertigen Arbeitssystems. Vielmehr richtet es sich auf Verfahren des Einigungsprozesses und auf Fragestellungen, unter denen man das Zielsystem eines SAP-Projektes verhandeln sollte. Sozialverträglich ist demnach alles, worauf man sich unter Beachtung der verschiedenen Interessenlagen in fairer Weise geeinigt hat.

Sozialverträglichkeit als produktives Konfliktmodell

In diesem Sinne kommt dem Rahmenleitbild "Sozialverträglichkeit" eine Art Vermittlungsposition zwischen den beiden anderen Leitbildern zu, (vgl. Abbildung A 3.4). Es verweist zudem auf den Prozeßcharakter einer solchen Zielstruktur. D.h. diese Rahmenleitbilder sollten nicht als ewige Wahrheiten im Bilderrahmen verstauben, sondern stehen im Laufe der betrieblichen Veränderungen ständig in der Diskussion bzw. in Anwendung.

Sie sind ein Kommunikations- und Aushandlungsmedium für die Ausgestaltung, Konkretisierung und Umsetzung von Teilzielen, Konzepten im Vorfeld und Verlauf von Projekten und Maßnahmen. Sie sind ein dynamischer Orientierungsrahmen, in dem lang- und mittelfristige Ziele präzisiert, bewertet und Teilergebnisse sowie Verfahren überprüft werden können. Darin liegt ihre Funktion und ihr Wert, auch wenn im Einzelfall unsere Wortwahl nicht konsensfähig ist und somit ausgetauscht werden muß.

A 3-5
Leitbilder und Zielstruktur

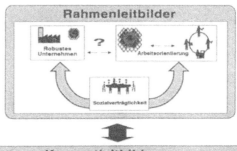

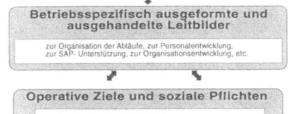

Ein weiteres zentrales Anwendungsgebiet ist die Auswahl und betriebliche Anpassung von sogenannten Konzeptleitbildern. Diese Leitbilder
bilden konkrete Konzepte von Technik (z.B. integrierter Standardsoftware), Formen der Arbeitsorganisation, von Führung oder Vorgaben
aus Gesetzen und Verordnungen, DIN-EN-Normen etc., bzw. dort festgelegte Orientierungen ab. Auch diese Leitbilder sind dadurch gekennzeichnet, daß sie nicht nur in der betrieblichen , sondern auch in der
wissenschaftlichen Diskussion sowie auf dem Berater- und Technik-
markt ein großes Spektrum an Interpretationsmögichkeiten bieten. Beispielsweise werden - spontan befragt - der Fertigungsleiter, der Betriebsrat und der SAP-Projektleiter im Betrieb mindestens je drei verschiedene
Modelle von Gruppenarbeit einer Auftragsinsel und in Abhängigkeit
davon einer Funktionsintegration via SAP produzieren. Entsprechend
ist auch hier Diskussion, Aushandlung und Offenheit gefragt, die durch

die Rahmenleitbilder präzise strukturiert werden können. Wie in Abbildung A 3-5 dargestellt., können so betriebsspezifische Leitbilder entstehen und ihre Umsetzung in Projekten verbindlich vereinbart und mit den operativen, kurzfristigen Zielen bzw. Aufgaben (z.B. Gefährdungsanalysen gemäß § 5 Arbeitsschutzgesetz) verbunden werden.

Dieses 4-stufige Diskussions- und Aushandlungsmodell bietet somit die Chance - wenn man in den Debatten und Konzeptionsteams Disziplin hält-, sehr schnell Dissens- und Konsenspunkte zu lokalisieren und diese entsprechend einer akzeptierten Lösung zuzuführen.

Für die Betriebsräte bietet dieses Modell zudem die Chance, die "Sozialen Pflichten" des Arbeitgebers in den Aushandlungsprozeß über ein SAP-Projekt systematisch mit einzubinden und via Mitbestimmung auf eine sozialverträgliche Lösung hinzuwirken.

Für den Bereich der bindenden gesetzlichen Vorgaben und Bedingungen haben wir den Begriff "soziale Pflichten" gewählt, um diese Leitbilder aus dem freiem Spiel der Kräfte deutlich herauszuheben.

Diese sozialen Pflichten, die dem Arbeitgeber aufgrund von Gesetzen, Verordnungen und Normen zur Gestaltung von technischen sowie organisatorischen Maßnahmen auferlegt sind, können ohne Gestaltungsspielraum gefaßt sein (z.B. Schreibtischtiefe bei 20″ Monitoren) oder gestaltungsoffen formuliert sein, was für unseren Gegenstandsbereich die Regel ist. Das heißt, ihre Erfüllung wird einerseits an bestimmte Verfahren gebunden (z.B. Information, Beratung, Mitbestimmung), andererseits muß ihr Regelungsziel und Zweck (Leitbild) nicht nur betrieblich konkretisiert, sondern auch maßnahmenbezogen nachprüfbar umgesetzt werden. So z.B. schreiben zwar das Arbeitsschutzgesetz und die Bildschirmarbeitsverordnung die Durchführung von Gefährdungsanalysen vor, ohne jedoch im einzelnen das konkrete Instrument, die Häufigkeit und die daraus folgenden Maßnahmen zu bestimmen.

Diese Pflichten mit rechtlichem Kern und einem betrieblichen Gestaltungskorridor nennen wir im folgenden B-Pflichten, diejenigen ohne betrieblichen Spielraum A-Pflichten.

Alle weitergehenden Empfehlungen, die im folgenden entwickelt werden (= C- Pflichten), können - rechtlich gesehen - nur auf einer Selbstverpflichtung des Arbeitgebers basieren oder im Zuge einer (freiwilligen) Betriebsvereinbarung zu B-Pflichten gemacht werden.

Die folgende Abbildung faßt diese Systematik für die betriebliche Diskussion zusammen.

Soziale Pflichten als Orientierungsrahmen

45

A 3-6
Typen sozialer Pflichten

**A-
Pflichten**

- Der Arbeitgeber bzw. das SAP- Projekt ist durch Gesetze, Verordnungen, Betriebsvereinbarungen, Auflagen der Gewerbeaufsicht etc. zu Maßnahmen verpflichtet.

- Er hat keinen **Gestaltungsspielraum**, es sei denn, er ignoriert die Pflicht und haftet u.U. für die Folgen: z.B. MAK- Werte/ Bildschirmstrahlung nach Stand der Technik.

- A- Pflichten haben speziell für SAP-Projekte wenig Auswirkungen.

**B-
Pflichten**

- B- Pflichten sind wie die A- Pflichten bindende Verpflichtungen für den Arbeitgeber.

- Der Arbeitgeber, das Projekt und der Betriebsrat haben jedoch einen mehr oder minder **großen Gestaltungsspielraum** bezüglich der Gegenstände, Inhalte und Verfahren dieser Pflichten: z.B. Beteiligungsrechte des BR, kohärente Planung gem. den EU- Richtlinien, Datenschutz, Fehlerrobustheit, Personenförderlichkeit usw.

- B- Pflichten haben für SAP- Projekte große Auswirkungen.

**C-
Pflichten**

- Diese Pflichten basieren auf einer Selbstverpflichtung des Unternehmens, z.B. über Führungsrichtlinien, Projektrichtlinien, Unternehmensziele, Leitbilder, "soziale Pflichtenhefte".

- C- Pflichten können über Betriebsvereinbarungen zu B-Pflichten gemacht werden.

In das Diskussions- und Aushandlungsmodell zur Zielfindung von SAP-Projekten eingebunden, bieten so die Konzeptleitbilder aus Gesetzen und Verordnungen und die konkreten "Sozialen Pflichten" ein Orientierungs- und Verfahrenskorsett, das genügend Freiheitsgrade für Interessenausgleiche und betriebsspezifische Lösungen bietet, zugleich aber auch beide Betriebsparteien zwingt, betriebliche Lösungen zu finden.

Wenn also manche Führungskräfte und Projektleiter meinen, eine systematisch angelegte Zieldiskussion zum SAP-Projekt mit Hilfe von Leitbildern sei Gehirnjogging oder eine Beschäftigungstherapie für Betriebsräte und unproduktive Führungszirkel, verkennen sie nicht nur die Produktivität eines auf Konsens ausgerichteten Zielfindungsprozesses, sondern spielen mit dem Risiko, im laufenden Projekt, nicht nur entlang der "sozialen Pflichten", massiv nachbessern zu müssen (vgl. dazu vertiefend Kapitel C 4).

Insofern gibt dieses Leitbildmodell allen Beteiligten einen Kompaß an die Hand, mit dem sie auf der langen Reise zu einem erfolgreichen SAP-Einsatz den Kurs halten können. Aber auch für dieses Buch ist dieses Konzept wegweisend, denn in den folgenden Kapiteln werden diese Leitbilder im Rahmen der Vorgehensempfehlungen (Teil B) und Gestaltungsvorschläge (Teil C) als Referenzsystem genutzt.

Den Kurs halten:
Zur Organisation von SAP-Projekten

Erfolgreiche SAP-Installationen sind nicht nur dadurch gekennzeichnet, daß sie dem Integrationspotential der Software entsprechend eine ganzheitliche Kursplanung vorgenommen haben. Vielmehr zeichnen sie sich darüber hinaus durch eine konsequent zielorienierte Organisation und Steuerung des Einführungsprozesses aus.

Insbesondere sind sie in der Lage, in ihre Projektaufbau- und Ablauforganisation all diejenigen Aufgaben und sozialen Pflichten zu integrieren, die eine robuste und arbeitsorientierte SAP-Installation erfordert. Darüber hinaus haben sie den Mut, sich von den klassischen Vorgehensmodellen und Verlaufsmustern großer EDV-Projekte zu lösen, unkonventionell und beteiligungsorientiert zu arbeiten sowie selbstbewußt zwischen Planung und Improvisation zu manövrieren.

Kurz, erfolgreiche Unternehmen können nicht nur exzellent ihren Kurs festlegen, sondern sind auch in der Lage, in offenen Prozessen den Kurs zu halten und damit flexibel zwischen allen Untiefen und Klippen eines Langzeitprojektes zu navigieren.

Aus diesem Grund legen wir in diesem Teil des Buches den Schwerpunkt auf den Erfolgsfaktor Projektorganisation und entwickeln im folgenden dafür schrittweise Konzepte und Empfehlungen, die in der betrieblichen Planungspraxis spezifisch angepaßt und ausgehandelt werden können.

Zum Aufbau des Teil B:

In Kapitel B1 werden zunächst typische Verlaufsmuster von SAP-Projekten dargestellt, die darauf verweisen, daß die Projektorganisation strukturell die erfolgreiche Umsetzung arbeitsorientierter Ziele und Leitbilder beeinflußt.

Im Kapitel B 2 werden wir dann den Status Quo der SAP-Vorgehensmodelle kurz darstellen, aus arbeitsorientierter Sicht beleuchten und kommentieren. Für diejenigen, die sich mit der Aufgabenstrukturierung entlang der von SAP vorgeschlagenen „Tasks" (Aufgabenpakete) im

Detail beschäftigen wollen, bieten wir darüber hinaus - als Nachschlagwerk - eine Einzeldarstellung und Kommentierung organisationsrelevanter Tasks an. Diese Einzelcharakterisierung ist nach folgendem Muster aufgebaut:

1. Zur Darstellung der Task aus SAP-Sicht:
Hier werden die Aufgabe und das Ziel des Aufgabenpaketes aus dem SAP-IMW und IMG zusammengefaßt.

2. Probleme aus arbeitsorientierter Sicht:
Hier werden einige typische Praxiserfahrungen kurz dargestellt.

3. Soziale Pflichten aus Gesetzen und Verordnungen:
Hier werden die für dieses Aufgabenpaket geltenden sozialen Pflichten skizziert.

4. Arbeitsorientierte Empfehlungen zu diesem Aufgabenpaket:
Hier werden knapp Lösungskorridore skizziert und ggf. auf entsprechende Kapitel dieses Buches verwiesen.

Im Kapitel B 3 werden aus arbeitsorientierter Sicht einige Modifikationen des SAP-Vorgehensmodells vorgestellt. Die dort entwickelten Aufgaben (Tasks) und das spezifische Meilensteinkonzept haben sich schon vielfach in der Praxis bewährt.

Im Kapitel B 4 dieses Teils wird schließlich ein aus arbeitsorientierter Sicht „ideales" Vorgehensmodell vorgestellt und unter verschiedenen Gesichtspunkten als Referenzmodell zur betriebsspezifischen Ausgestaltung empfohlen. Da in einer solchen ablauf- und aufgabenorientierten Darstellung nicht auf einzelne inhaltliche Probleme und Konzepte eingegangen werden kann, haben wir diese im Teil C als Querschnittthemen zusammenfassend und detaillierter behandelt. Darüber hinaus empfehlen wir hier nochmals unser SAP-Lesebuch „SAP-Arbeit-Management", in dem in leicht verständlicher Form das arbeitsorientierte Problem- und Lösungsspektrum vorgestellt wird.

Der ständige Kampf mit der Komplexität und der Zeit

Betriebliche Großprojekte, wozu auch die Einführung von SAP gezählt werden muß, haben nicht nur ihre Eigendynamik, Standardprobleme und Histörchen, sondern sind prinzipiell im vorhinein nicht vollkommen plan- und kalkulierbar. Gerade deshalb müssen sie paradoxerweise sorgfältig vorbereitet, geplant, zielorientiert geführt und kontrolliert werden.

Da nun die Einführung von SAP zudem eine unternehmensstrategische Dimension besitzt und nahezu alle Bereiche und alle Mitarbeiter betrifft, ist die Art und Weise des Einführungsprozesses mit den Zielen des SAP-Einsatzes und der Unternehmensentwicklung auf das engste verbunden.

Einführungshilfen der SAP-AG und der Berater

Die geschilderten Fallbeispiele und die Erfolgs- bzw. Mißerfolgsfaktoren aus Teil A haben diesen Zusammenhang veranschaulicht.

Die SAP AG hat ihrerseits, aufgrund der für viele Betriebs- und EDV-Praktiker unerwartet hohen Komplexität des Systems, schon Mitte der 80er Jahre in Zusammenarbeit mit der Arthur Anderson Consult GmbH ein Vorgehensmodell entwickelt. Dies wurde sukzessive differenziert und methodisch durch Formulare und eine eigene SAP-Software, die „Implementation Management Ware (IMW)", für R/2 unterstützt.

Auch für die neue SAP-Softwaregeneration R/3 wurden - diesmal schon von Anfang an - entsprechende Hilfen entwickelt, die nicht nur ein kompakteres Vorgehensmodell, sondern auch eine funktional breitere EDV-Unterstützung zusammen mit dem ARIS-TOOL-Set der IDS Prof. Scheer GmbH anbietet: der „R/3-Analyzer" und der „Implementation Management Guide (IMG)", leitfadengestütztes Customizing etc.

Aber auch diverse andere Unternehmensberatungsfirmen - allen voran die SAP-Logo-Partner -, die sich in den letzten Jahren zunehmend auf den Erfolgszug von SAP aufschwingen konnten, haben ihrerseits eigene Einführungskonzepte und Werkzeuge entwickelt, so z.B. die Siemens-Nixdorf AG mit „SAP-Live" und „Step by Step" oder PLAUT mit „R/3-Kompakt", das "Livemodel" von Itellicorp oder der "Busines Modeller" von Visiol.

Vor allem für den Mittelstand - also für Unternehmen von 40 - 100

Millionen Jahresumsatz (derzeit ca.30.000 potentielle Anwender in Deutschland) - wird sich auf diesem Gebiet noch einiges bewegen (z.B. ASAP, Team SAP, Vorkonfigurierung), zumal die SAP AG die Last, sich selbst auf diesen differenzierten und sensiblen Markt einzustellen, seit 1995 an die branchen- und mittelstandserfahrenen Software- und Beratungshäuser schrittweise delegiert. Dies umfaßt sogar Aspekte der funktionalen Weiterentwicklung der Software selbst.

Auf Seiten der Betriebsräte aber - so unsere empirischen Ergebnisse und Erfahrungen - hat sich bis auf wenige Ausnahmen noch keine SAP-spezifische Herangehensweise nebst entsprechenden Werkzeugen herausgebildet. Das liegt zum einen daran, daß Betriebsräte häufig viel zu spät - wenn überhaupt - am Einführungsprozeß beteiligt werden. Ein weiterer Grund ist die noch immer vorwiegende, schutz- und zudem noch personaldatenorientierte Herangehensweise an den SAP-Komplex. Entsprechend wird der Einführungsprozeß in seiner Aufbau- und Ablauforganisation selten von den Betriebsräten mitbestimmt und konstruktiv mitgesteuert.

Typische Verlaufsmuster von Projekten

Versucht man, aus der Fülle der von uns beobachteten und beratenen SAP-Einführungsprozesse typische Verlaufsmuster herauszudestillieren, fällt über die bislang genannten Gründe hinaus ein Bedingungskomplex auf, der auf das strukturelle Vorgehen in den Projekten als Ursache verweist. Aus arbeitsorientierter Sicht, aber auch unter dem Zielgesichtspunkt einer robusten Organisation, erscheint vielfach eine leitbildorientierte Gestaltung des Reorganisationsprozesses durch eine spezifische Eigendynamik der Projektarbeit verhindert zu werden. In der Abbildung (B1-1 nebenstehend) haben wir versucht, diese typische Symptomatik anschaulich zu machen, wobei die vier Faktoren (Zeitdruck, Widerstand gegen Änderungen, Berücksichtigung von Gestaltungswünschen und Ideen, arbeitsorientierte Beeinflußbarkeit) sich im Rahmen des Einführungsprozesses komplex bedingen, also keineswegs voneinander unabhängig sind.

Arbeitsorientierte Beeinflußbarkeit

- Die arbeitsorientierte Beeinflußbarkeit der SAP-Software und der Arbeitsorganisation nimmt - wie bei jedem EDV-Projekt, das nicht über Prototyping oder Versionszyklen eine Anwenderbeteiligung fest organisiert hat (vgl. dazu Kapitel B 3) - natürlicherweise mit zunehmender technischer Detaillierung und Realisierung ab. Dieses Phänomen tritt unserer Erfahrung nach sogar in den Fällen auf, bei denen von Seiten der Geschäftsführung sowie den Betriebsräten durchaus eine arbeitsorientierte SAP-Gestaltung angezielt wurde. Dies verweist auf strukturelle Probleme des Vorgehens, die besser mit den anderen Faktoren beschrieben werden können.

Zeitdruck

- Der Zeitdruck für die Projektverantwortlichen, die eingebundenen Mitarbeiter, aber auch für die späteren Anwender, die durch die Projektmitarbeit aus den Fachbereichen auch kapazitätsmäßig belastet werden, wächst üblicherweise stetig und vielfach weit über vertretbare Belastungsgrenzen hinaus. Wie schon im Zusammenhang mit dem Mißerfolgsfaktor 6 bemerkt, liegt dieses Phänomen zumeist

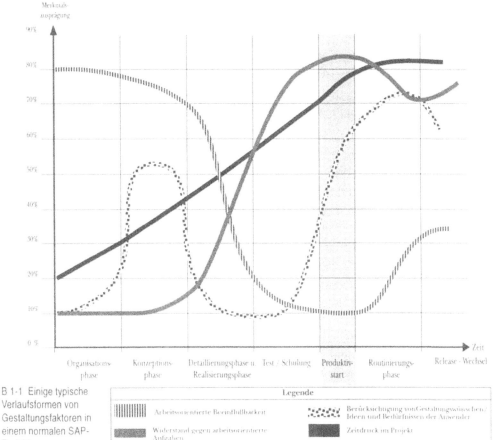

B 1-1 Einige typische Verlaufsformen von Gestaltungsfaktoren in einem normalen SAP-Projekt

an einer unrealistischen und tabuisierten Endterminierung in Verbindung mit einer krassen Unterschätzung des Aufwandes sowie einer fehlenden Bereitschaft der Unternehmen, zusätzliche Personalressourcen bereitzustellen.

• Der Widerstand gegenüber arbeitsorientierten Aufgaben, Ideen, Verbesserungsvorschlägen etc. entwickelt sich normalerweise auf Seiten der Projektmitarbeiter und -verantwortlichen nicht nur in Abhängigkeit vom Grad technischer Festlegungen und Zeitdruck, sondern ist auch durch das Vorgehensmodell (Wasserfallprinzip) bedingt. Denn in denjenigen Fällen, wo in der Organisations- und Konzeptionsphase durch Betriebsräte oder ihre Berater arbeitsorientierte Vorgaben, Anforderungen und Ideen als formelle Projektaufgaben eingebracht werden konnten, war die Akzeptanz durchaus zu sichern. Spätere Investitionen scheitern entsprechend: "Schon alles fertig ... zuviel Aufwand ...".

• Die geringen Möglichkeiten der Anwender, Gestaltungswünsche, Ideen und ihre Bedürfnisse in das Projekt einzubringen, ist im klassischen Vorgehensmodell ein Resultat sowohl der Ablauforganisation als auch der Aufbauorganisation der Projekte. Denn nur an drei Stellen des Projektverlaufes kommen Endanwender mit dem Projekt überhaupt in Berührung: 1. bei der IST-Analyse (Konzeptionsphase), 2. bei der Anwenderschulung und 3. im mehr oder weniger gut unterstützten Produktivbetrieb (Routinierungsphase). Aufbauorganisatorisch sind zumeist keine Eingriffsmöglichkeiten vorgesehen, es sei denn, die SAP-Benutzer können sich über die im Projekt arbeitenden und zunehmend gestreßten Fachbereichskollegen informelle Kanäle verschaffen. Formell bleibt ihnen nur der Betriebsrat und ihr Vorgesetzter, die aber häufig beide nicht ausreichend in der Materie stehen, um die Probleme und Ideen an die entscheidenden Stellen transportieren zu können.

Von daher ist es zwingend erforderlich, sich als Projektverantwortlicher und Betriebsrat intensiv vorab mit der Aufbau- und Ablauforganisation, der Aufgabenstruktur und dem Kapazitätsbedarf von SAP-Einführungsprojekten zu beschäftigen. Nur so kann man sich die Chance eröffnen, für die Mitarbeiter und das Unternehmen eine robuste und arbeitsorientierte SAP-Installation zu schaffen.

Die SAP-Vorgehensmodelle: "Status Quo"

Derzeit existieren zwei von der SAP AG empfohlene Vorgehensmodelle: eines für die Software R/2 im Kontext des Einführungswerkzeugs IMW (Implementation Management Ware) und eines für R/3 im Rahmen des IMG (Implementation Management Guide).

Obwohl das IMW im Zuge der Verdrängung des R/2-Systems durch SAP-R/3 nur noch selten praktische Bedeutung hat und zudem seine Weiterentwicklung mit den Releasestand 5.0 e eingestellt worden ist, haben wir uns aus drei Gründen dazu entschieden, den "Status Quo" des SAP-Vorgehensmodells auf der Basis des IMW zu diskutieren.

1. Aus dem Blickwinkel arbeitsorientierter Systemgestaltung bietet das IMW SAP-seitig wesentlich mehr inhaltliche und orientierende Empfehlungen und Anregungen als die derzeit für R/3-Releasestand 3.0.c vorliegenden knappen und mehr technikorientierten Texte zu den einzelnen Arbeitspaketen.

2. Im IMW sind für eine sozialverträgliche Einführungsstrategie in den einzelnen Task-Beschreibungen Hinweise auf zu beachtende Bestimmungen des Betriebsverfassungsgesetzes und weiterführende Empfehlungen zur Beteiligung des Betriebs- bzw. Personalrats sowie der Mitarbeiter enthalten. Diese Hinweise fehlen bislang in der Beschreibung des R/3-Vorgehensmodells völlig.

3. Beide Vorgehensmodelle sind - wie ihre graphische Darstellung (Abb. B 2-1 umseitig und 2) zeigt - im wesentlichen strukturidentisch.

Beide Vorgehensweisen orientieren sich am klassischen "Wasserfallmodell" der Systementwicklung, sehen also keine Erprobungs- oder Änderungsschleifen vor und setzen damit auf einen sequentiellen und bruchlosen Entwicklungs- und betrieblichen Lernprozeß. Weiterhin ist die kompaktere - eine kürzere und weniger aufwendige Einführung signalisierende - R/3-Vorgehensdarstellung im wesentlichen nur einer

Zusammenlegung von Projektphasen und der Komprimierung von IMW-Aufgabenpaketen geschuldet.

Damit jedoch unsere Darstellung und Diskussion der SAP-Vorgehensempfehlungen realitätsgerecht für die R/3-Anwender nutzbar wird,

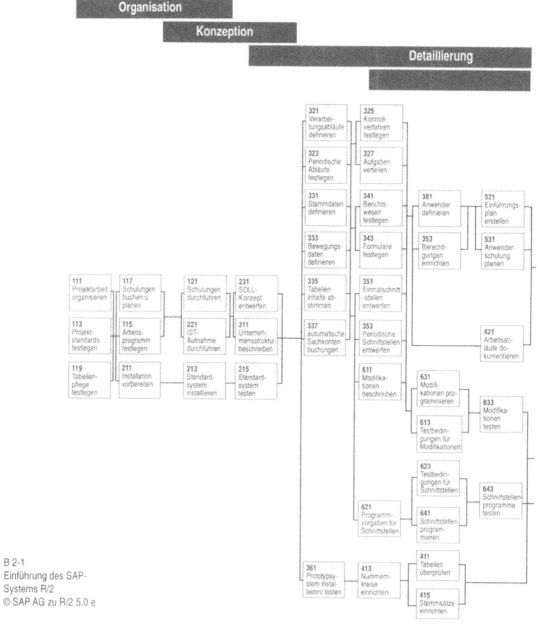

B 2-1
Einführung des SAP-
Systems R/2
© SAP AG zu R/2 5.0 e

haben wir die Aufgabenpakete (Tasks) der beiden Vorgehensmodelle zu synchronisieren versucht und entsprechend gemeinsam dokumentiert. Des weiteren haben wir, aus Gründen der Übersichtlichkeit und Konzentration auf das hier Wesentliche für unser Thema, eine Auswahl

SAP- IMW Vorgehensmodell

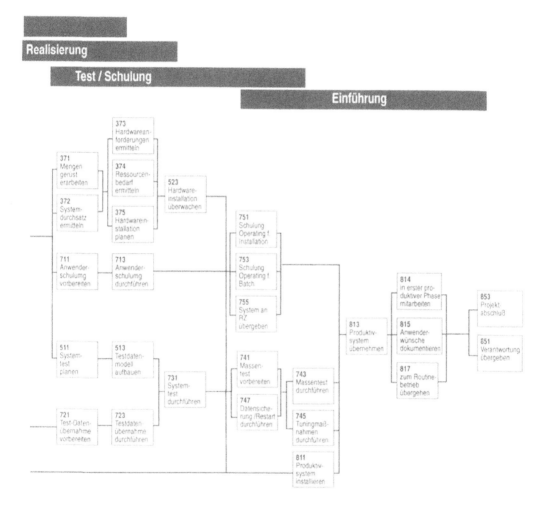

aus arbeitsorientierter Sicht getroffen und werden deshalb nur 25 der 68 (IMW) Arbeitspakete im einzelnen vorstellen und zum situationsgebundenen Nachschlagen anbieten (vgl. dazu Abb. B 2-6).

Doch bevor wir uns mit den einzelnen Arbeitspaketen der Vorgehensmodelle kritisch beschäftigen, sei noch auf zwei wesentliche Aspekte

B 2-2
Phasen und Arbeitspakete im R/3-Vorgehensmodell

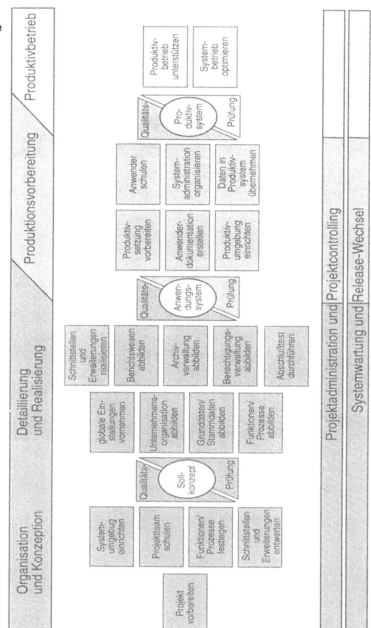

© SAP AG zu R/3 3.0.c

bzw. Aufgaben hingewiesen, die in den SAP-Vorgehensmodellen keine systematische Beachtung finden:

- das Management von Un-Gleichzeitigkeiten in betrieblichen Veränderungsprozessen,
- die verschiedenen Prozeßebenen, auf denen die einzelnen Arbeitspakete geplant werden sollten.

2.1   Das Management von Un-Gleichzeitigkeiten

Bei der Einführung von SAP-Software werden bekanntlich nahezu alle Arbeitsbereiche und Geschäftsprozesse berührt und in den Grenzen der Standardsoftware neu modelliert bzw. abgebildet.

In den meisten Unternehmen kommt es daher vor allem bei einer flächendeckenden Paralleleinführung von SAP-Modulen - einem sogenannten "Big-Bang" - zu spezifischen Verwerfungen.

Konkurenz paralleler Projekte

Zum einen konkurriert das SAP-Projekt mit parallelen oder auslaufenden Veränderungsprojekten sowie dem kundenorientierten Alltagsgeschäft um konkrete Personen und generell verfügbare Personalkapazitäten.

Zum anderen können parallele Projekte, z.B. zur Veränderung der Unternehmensstruktur, wie z.B. Profit- oder Ergebniscenter, TQM-Prozesse, Geschäftsprozeßoptimierungsprogramme, massive Turbulenzen im SAP-Projekt erzeugen, wenn ihre Resultate zeitlich und inhaltlich nicht untereinander synchronisiert werden.

Koordination ist erforderlich.

All diese praktischen Probleme sind unserer Erfahrung nach nicht aus einem SAP-Projekt heraus zu bewältigen, sondern bedürfen - wie die Abbildung B 2-3 (nebenstehend) veranschaulicht - einer strategischen Führung, Prioritätensetzung und zentralen Koordination.

Wir betonen diese im Grunde selbstverständliche Rahmenbedingung (vgl. Mißerfolgsfaktor 3), weil in nahezu allen von uns beratenen Fällen diese Gesamtsicht und das damit verbundene Schnittstellen- und Kapazitätsmanagement vernachlässigt worden ist. Die bedauerliche Folge war und ist eine ständige Überforderung der Mitarbeiter, empfindliche Projektverzögerungen und ein empfindlicher Verlust an Steuerbarkeit der Gesamtveränderung auf Seiten des Managements und der Betriebsräte. Im Kapitel B 4 werden wir diese Problematik lösungsorientiert noch einmal aufgreifen.

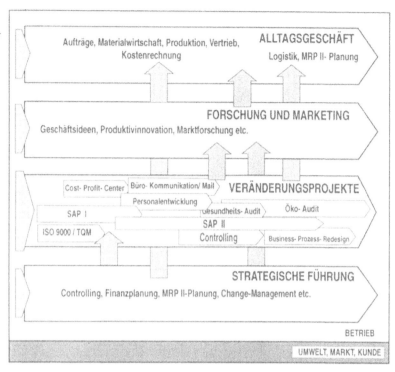

B 2-3
Das alltägliche Chaos oder
das Management von Un-
Gleichzeitigkeit

2.2 Fünf Prozeßebenen in einem Aufgabenpaket

Wenn man sich die Arbeitspakete der SAP-Vorgehensmodelle dem Titel
nach vor Augen führt, so scheinen sich die Aufgaben nahezu ausschließlich um die daten- und funktionstechnische Abbildung von Geschäftsprozessen zu drehen. Die eigentliche strategische und konzeptionelle
Arbeit der Optimierung oder arbeitsorientierten Neugestaltung von
Abläufen und realer Arbeitsstrukturierung bleibt weitgehend außerhalb
der Betrachtung, wird als Input vorausgesetzt oder entlang des R/3-
Referenzmodells zur Disposition gestellt. Entsprechend hat sich hier
ein neues Terrain der SAP-Berater entwickelt, die neben der eher tech-
nischen Abbildungs- und Einstellarbeit am System zunehmend ihr
Angebot auf die Aspekte der Geschäftsprozeßoptimierung, also der
Reorganisation im Zuge einer SAP-Einführung ausgeweitet haben.
Entsprechend arbeiten sie zunehmend parallel auf den Prozeßebenen
Organisation und Technikgestaltung, und die Unternehmen sind gut
beraten, wenn sie diese (Re-) Organisationsaufgaben sehr ernst nehmen.

B 2-4
Die fünf Prozeßebenen
einer SAP-Einführung

Doch wenn SAP-Abläufe neu modelliert, über Formalisierung der Information und Teilautomatisierung von Arbeitsaufgaben standardisiert werden, bedeutet das in jedem Fall einen massiven Eingriff in den "Wissenshaushalt" des Unternehmens und der Beschäftigten. Zum einen wird über Analysen und entsprechende Neumodellierung der Funktionen, Abläufe und Daten das vielfach noch personengebundene Erfahrungswissen und informelle Kooperations-Know-how abgeschöpft (Wissensakquisition). Zum anderen wird dabei selten bedacht, daß eine SAP-gestützte neue Organisation über das SAP-Handling hinaus einer breiten Wissens- und Erfahrungsbildung bedarf, um nicht in den einmal neu eingestellten Strukturen zu erstarren.

Das Abschöpfen von Erfahrungswissen und Wissensbildung müssen sich die Waage halten.

Darüber hinaus ist in den meisten Unternehmen eine vertikale und zuweilen auch horizontale Verschiebung von Wissen zu beobachten. Dieses Phänomen, z.B. in Form einer Zentralisierung von Erfahrungswissen in SAP und entsprechender Neuverteilung der Ressource -Informationen über das Berechtigungssystem, birgt nicht nur die Gefahr innenpolitischer Turbulenzen im Zuge der Neuverteilung von Informationsmacht (z.B. Fürstentumdenken der Fachabteilungen sowie Leistungs- und Verhaltenskontrollen mittels SAP), sondern auch realer Dequalifizierungsprozesse auf der Anwenderseite.

Von daher gehört es aus arbeitsorientierter Sicht zur Aufgabe der Projektverantwortlichen, die Prozeßebene Wissensakquisition und Wissensbildung für die Sicherung robuster Geschäftsprozesse im Einführungsprozeß ständig mitzudenken. Auch beim Einsatz von externen SAP-Beratern ist entsprechend darauf zu achten, daß die eigenen Mitarbeiter nicht nur die Berater schlau machen, sondern auch die zeitlichen Ressourcen erhalten, sich das Wissen der Externen fundiert anzueignen (vgl. dazu den Erfolgsfaktor 5 und den Mißerfolgsfaktor 5).

Die Neugestaltung eines soliden Wissenshaushaltes in einer neuen Organisation ist jedoch auf das Engste mit zwei weiteren Prozeßebenen verbunden: der Partizipation, also fairen Beteiligung der betroffenen Mitarbeiter und des Betriebsrats, sowie der Personalentwicklung im Rahmen der SAP-Einführung. Beide in fast jedem Aufgabenpaket mit zu berücksichtigenden Arbeitsebenen (vgl. exemplarisch Abb. B 2-5) werden nicht nur in den Unternehmen vielfach vernachlässigt, sondern auch aufgrund ihrer Interessengebundenheit für die Mitarbeiter, den Betriebsrat und das Management politisch brisant.

Partizipation und Personalentwicklung als Aufgabenelemente

Wenn nun in den folgenden Kapiteln auf das Konzept der fünf Prozeßebenen Bezug genommen wird (vgl. z.B. Kapitel B 3 und 4), ist damit gemeint, daß ein SAP-Einführungsprozeß durchgängig auf diesen fünf Ebenen geplant werden sollte. Da die SAP-Vorgehensmodelle wesentlich an der Ausgestaltung des technischen Systems ausgerichtet sind, bedarf es aber einer systematischen Anreicherung der Aufgabenpakete, aber auch einer integrierten Betrachtung des gesamten Veränderungsprozesses auf allen fünf Ebenen.

Das Konzept ist also eine Hilfe für eine integrierte Projektplanung, die beispielsweise auch im (sozialen) Pflichtenheft bzw. Sollkonzept ihren Niederschlag finden sollte.

Die fünf Prozeßebenen als Planungshilfe

Im Zusammenhang mit den einzelnen SAP-Tasks bzw. Aufgabenpaketen sollte das Konzept wie eine kurze Checkliste genutzt werden, um die technisch dominierte Sicht auf das Paket arbeitsorientiert für eine robuste Struktur zu erweitern.

Dazu ein Beispiel:

Die SAP-Tasks bzw. Aufgabenpakete "Projektmitarbeiter und Anwender schulen" (vgl. Abb. B 2-5, nebenstehend) haben selbstverständlich organisatorische Aufgabenelemente wie Termine abstimmen, Kapazitätsplanung in den Fachbereichen etc.

Aber die Schulungen müssen auch technisch unterstützt werden, d.h.

es sollten beispielsweise im Schulungsmandanten exemplarische Prozesse oder die SAP-Spielfirma für die Projektmitarbeiter eingerichtet werden. Insofern gibt es auch hier SAP-technische Aufgabenelemente. Darüber hinaus ist Schulung keineswegs nur ein Wissensbildungsprozeß, sondern hat auch etwas mit Wissensakquisition zu tun, wenn man z.B. die Teilnehmer an der Erfolgsbeurteilung beteiligt und sie beispielsweise per Fragebogen das Seminar beurteilen läßt oder sie selber in die Pflicht nimmt, ihre persönlichen Lücken und Bedarfe zu benennen. Aber auch die betriebliche Aneignung des teuren Beraterwissens sollte in diesem Zusammenhang bedacht werden. Damit befindet man sich zugleich auch mitten in der Prozeßebene Partizipation, die nicht nur beachtet, sondern auch entwickelt und geplant werden muß. Wenn beispielsweise bei einer guten Ist-Analyse (Task 221 bzw. IMG 1.1.3) auch die fachlichen Defizite der zukünftigen Anwender erhoben worden sind, kann man hier gut daran anknüpfen. So sollten

B 2-5   Exemplarische Anwendung der fünf Prozeßebenen

auch die Anwender in die Planung der Anwenderschulungen einbezogen werden, um die Art der Vermittlung, die günstigsten Zeitpunkte
und die Verfahren der Erfolgskontrolle im eigenen Interesse optimieren
zu helfen (vgl. dazu die Erfahrungen in Kapitel C 2 und 3).

Die Frage schließlich, was Schulung mit Personalentwicklung zu tun
hat, ist dann nicht banal, wenn man bedenkt, daß z.B. betriebliche SAP-
Fachleute und -Koordinatoren ausgewählt und entwickelt werden müssen. Darüber hinaus ist im Falle von Anwenderschulungen durch Projektmitarbeiter keineswegs selbstverständlich, daß dieser Personenkreis
sich aus pädagogischen Naturtalenten zusammensetzt. Aber auch die
frühzeitige Planung der Entwicklung von ehemaligen Hilfskräften zu
qualifizierten SAP-Assistenzkräften ist bei entsprechenden Arbeits-
modellen (vgl. dazu Kapitel C 1) keineswegs nur eine einfache Schulungsmaßnahme, sondern bedarf i.d.R. umfassenderer Aktivitäten.

Wenn man nun diese kleine Checkliste selber einmal an mehreren Tasks
bzw. Aufgabenpaketen ausprobiert hat, spürt man schnell ihr struk-
turierendes Potential. Nur sollte man dabei mit sich und den Prozeßebenen locker umgehen, d.h. man muß nicht meinen, künstlich etwas
für jede Ebene finden zu müssen. Die nun folgenden "gelben Seiten"
(B 2.3) bieten dafür ein gutes Trainingsfeld.

Diese sequentielle Darstellung und Kommentierung der für eine robuste
und arbeitsorientierte SAP-Einführung wesentlichen Tasks bzw. Aufgabenpakete (vgl. Abb. B 2 - 6) ist als Nachschlagewerk konzipiert. Es
kann sowohl zur kurzen Orientierung im Rahmen der Projektplanung
nützlich sein, darüber hinaus aber auch im Rahmen der Aushandlung
der Projektaufgaben zwischen Betriebsrat und Geschäftsführung als
Bezuginformation herangezogen werden. Schließlich sollte man die
"gelben Seiten" auch beim Durcharbeiten des Kapitels B 3 nutzen, da
dort im Rahmen der Modifikationsempfehlungen zum SAP-Vorgehensmodell die entsprechenden Tasks nur noch mit ihren Überschriften
genannt werden. Zugleich wird dort das Konzept der fünf Prozeßebenen
wieder aufgegriffen und als Systematisierungshilfe genutzt.

B 2.3   Arbeitsorientierte Kommentierung ausgewählter SAP-Arbeitspakete/Tasks

B 2-6   Die Auswahl von SAP-Arbeitspaketen aus arbeitsorientierter Sicht

IMW R/2 (5.0.E)			IMG R/3 (3.0.C)	
111	Projektarbeit organisieren		1.1.10	Projektaufbauorganisation festlegen
113	Projektstandards festlegen		1.1.11	Projektstandards und Arbeitsweise
		Organisation		festlegen
115	Arbeitsprogramm festlegen		1.1.8	Einführungsstrategie festlegen
117	Schulungen planen und buchen		1.3.	Projektteam schulen
121	Schulungen durchführen		1.3.1	Projektteam ausbilden
			1.3.2	R/3-Funktionsqualitäten kennenlernen
221	IST- Analyse durchführen		1.1.3	Bestandsaufnahme durchführen
231	Sollkonzept entwerfen	Konzeption	1.4	Funktionen und Prozesse festlegen
311	Unternehmenstruktur beschreiben		1.1.7	Abbildung der Unternehmensstruktur
				erarbeiten
			2.2	Unternehmensstruktur abbilden
321	Verarbeitungsabläufe definieren		2.4	Funktionen und Prozesse abbilden
323	Periodische Abläufe festlegen	Detaillierung	•	keine spezifische R/3-Task
325	Kontrollverfahren festlegen		•	keine spezifische R/3-Task
327	Aufgaben verteilen		1.4.1	Verantwortung für Prozesse/Funktionen
				festlegen
331/ 333	Stamm-/ Bewegungsdaten definieren	Realisierung	2.3	Grund und Stammdaten abbilden
341	Berichtswesen festlegen		1.4.1	Anforderungen an das Berichtswesen
		Produktions-		ermitteln
		vorbereitung	2.3	Berichtswesen abbilden
361	Prototyp installieren und testen		1.4.7	Prototyping ausgewählter
				Prozesse/Funktonen durchführen
			2.4.4	ausgewählte Prozeßabläufe den
				Fachabteilungen vorstellen
374	Ressourcenbedarf ermitteln		•	keine spezifische R/3 Task
381	Anwender definieren		2.8	Berechtigungsverwaltung abbilden
383	Berechtigungen einrichten	Einführung	2.8	Berechtigungsverwaltung abbilden
421	Arbeitsabläufe dokumentieren		3.2	Anwenderdokumentation erstellen
521	Einführungsplan erstellen		3.1	Produktivsetzung vorbereiten
531	Anwenderschulung planen		•	keine spezifische R/3-Task
713	Anwenderschulungen durchführen		3.4	Anwender schulen
813	Produktivdaten übernehmen		3.6	Daten in das Produktivsystem
				übernehmen
814	In erster Phase produktiv mitarbeiten	Dauerbetrieb	4.1	Produktivbetrieb unterstützen
815	Änderungswünsche dokumentieren		4.2	Systemnutzung optimieren

R/2   111 Projektarbeit organisieren
R/3   1.1.10 Projektaufbauorganisation festlegen

R/2

111 Projektarbeit organisieren

ZIELE DER TASK:

SAP: allgemeine
Darstellung
der Task (Stand:
IMW 5.0 E)

- *Eine effiziente Projektarbeit ist der Schlüssel für eine erfolgreiche System-einführung. Die im folgenden beschriebenen Aktivitäten sollen sicherstellen, daß die Einführung der Software kontrolliert in der geplanten Zeit und mit dem geplanten Aufwand abgewickelt wird.*

- *Die regelmäßige Berichterstattung soll sicherstellen, daß alle betroffenen Abteilungen von dem Fortgang der Arbeiten erfahren und rechtzeitig für die Berücksichtigung ihrer Ansprüche eintreten können.*

- *Diese Taskbeschreibung ist weitgehend unabhängig von den eingesetzten organisatorischen Hilfsmitteln gültig. Wenn Sie SAP- IMW als Tool zur Projektverwaltung und Dokumentation einsetzen wollen, lesen und arbei-ten Sie bitte das SAP-IMW-Einsatzkonzept —>REF .72016035 durch und prägen es dann projektspezifisch aus.*

  - *in die vorliegenden Untersuchungen einarbeiten*
  - *Projektteam bilden, Teammitglieder zuordnen*
  - *Arbeitsvoraussetzungen schaffen*
  - *Projektorganisationsstruktur definieren*
  - *Projekt besprechen*
  - *Projekt überwachen*
  - *Bericht erstatten*
  - *Projekt kontrollieren*

R/3

1.1.10 Projektaufbauorganisation festlegen

SAP: allgemeine
Darstellung aus
dem
Vorgehensmodell
R/3 (Stand: 3.0. C)

Legen Sie die Projektaufbauorganisation fest.

Sie legen die Projektstrukturen der gesamten R/3-Einführung in Ihrem Unternehmen fest. Sie entscheiden dabei über Projekte, Gremien, Rollen und Kompetenzen.

Durch die Projektaufbauorganisation erreichen Sie eine eindeutige Regelung von Verantwortung und Kompetenzen. Dieser Ordnungsrahmen stellt das zielgerichtete Zusammenwirken der Beteiligten und den reibungslosen Ablauf des Projektes sicher. Die Projektorganisation bezieht sich auf diejenigen Projekte/Teilprojekte, die nach der Projektvorbereitung mit der Einführung des R/3-Systems beginnen.

Bedenken Sie, daß die Zusammenstellung des Projektteams und die Bildung von Gremien den Projektzielsetzungen und der Unternehmensorganisation entsprechen muß. Die Definition der Projektorganisation ist eine wesentliche und zwingende Voraussetzung für die Projektarbeit.

- *Legen Sie den Lenkungsausschuß fest.*
- *Bestimmen Sie den Projektleiter.*
- *Bestimmen Sie das Projektteam.*
- *Für die Geschäftsprozesse sollten Sie die Geschäftsprozeßverantwortlichen bestimmen.*
- *Bestimmen Sie für jede einzuführende Anwendungskomponente einen Anwendungskomponentenverantwortlichen.*
- *Für den technischen Support sollten Sie (verantwortliche) Mitarbeiter benennen.*
- *Bilden Sie ein Management-Gremium.*

Zur Darstellung der Task aus SAP-Sicht

SAP stellt hier die ihrer Erfahrung nach erforderlichen aufbau- und ablauforganisatorischen Projekt-Grundlagen für eine erfolgreiche Einführung (kontolliert in der geplanten Zeit, mit dem geplanten Aufwand im groben) dar.

Es wird das „Projektteam" als eine eigenständige, auf Zeit angelegte Organisationseinheit im Betrieb gebildet, um gebührend Unabhängigkeit vom Tagesgeschäft zu erreichen. Diesem Projektteam werden Mitarbeiter mit den geeigneten Fähigkeiten und Fertigkeiten aus den Fachabteilungen, der Organisation und der Datenverarbeitung zugeordnet und von ihren anderen Aufgaben angemessen befreit. Die Aufgaben der Mitarbeiter aus den Fachabteilungen können aufgrund der benötigten Betriebskenntnisse nicht von externen Beratern oder abteilungsfremden Mitarbeitern erbracht werden. Zugleich betont SAP hier auch die zu erwartende Überarbeitung der Abteilungsorganisationen.

Für das Projektteam ist die übliche Büroinfrastruktur wie Räume, Sachmittel, Bildschirmterminals oder PC's mit den erforderlichen Verbindungen, Druckern, Telefonen, externer Post und Hauspost, Besucherverkehr, Besprechungsräumen etc. bereitzustellen. SAP weist auf die Notwendigkeit hin, die Projektarbeitsplätze der internen Mitarbeiter von den Stammarbeitsplätzen zu trennen.

Die Projektaufbaustruktur mit Teil-Aufgaben und Delegation, mit den Kompetenzen und Berichtspflichten, sowie Arbeitsgruppen und deren Gruppenleitern ist festzulegen. Die Mitglieder des Lenkungsausschusses werden benannt sowie die Anbindung und Beteiligung des Betriebsrats geklärt. SAP empfiehlt, die fachliche und personelle Führungsaufgabe für alle Projektmitarbeiter dem Projektleiter zu übertragen.

SAP betont die Frage des Beschaffens und der Weitergabe von Wissen. Das Projektteam muß sich in alle wesentlichen Arbeitsergebnisse und Unterlagen aus dem Vorlauf des Projektes einarbeiten und diese Kenntnisse in sein Wissen aufnehmen. Zugleich müssen die Berater ihr Wissen an die betrieblichen Mitarbeiter, z.B. zur Sicherung des Systembetriebes und zur Durchführung der notwendigen Systemarbeiten, weitergeben.

SAP empfiehlt die frühe Information der Mitarbeitervertretung, also des Betriebs- oder des Personalrats, über die Projektarbeit und die Festlegung eines Ansprechpartners aus dem Projektteam. Es sollte eine Absprache über die organisatorischen Fragen sowie über Zeitpunkte und Inhalte der Beteiligung getroffen werden. Eventuell ist eine Rahmenbetriebsvereinbarung abzuschließen. Inhaltlich werden für das Einführungsprojekt die Beteiligungsrechte nach § 90 - Änderungen von Aufgaben und Tätigkeiten, § 111 - Interessensausgleich, § 97 - Schulungsmaßnahmen, § 99 - personelle Einzelmaßnahmen, § 87 1,6 - Leistungs- und Verhaltenskontrollen und § 80 - Kontrollrechte und die Notwendigkeit einer Betriebsvereinbarung vor Aufnahme des Produktivbetriebes angesprochen.

Das Projektteam benötigt ein hohes Maß an Kommunikation zur Diskussion der Arbeitsergebnisse und zum Austausch von Erfahrungen, um die Aktivitäten des Projektes abzustimmen und zu koordinieren. Empfohlen wird die Einbindung der „Erfahrung" externer Berater in die Projektleitung und in den Lenkungsausschuß.

Wesentlich ist die laufende, jeden Projektschritt begleitende Berichterstattung und die Kontrolle von Zeit, Aufwand und Qualität. Das SAP-IMW-Tool bietet dazu geeignete EDV-Funktionen an. Der Projektleiter sollte regelmäßig den Zeitstatus, die durchgeführten Arbeiten, die wesentlichen Ergebnisse, die wesentlichen Probleme und die zukünftig geplanten Arbeiten zusammenstellen.

Im R/3-Vorgehensmodell wird der Betriebsrat gänzlich ausgespart. Er taucht nur noch auf der Einladungsliste der Kick-off-Veranstaltung (1.1.16) auf. Dafür wird aber auf der Entscheiderebene die Bildung eines "Management-Gremiums" empfohlen, das neben dem "Lenkungsausschuß" das Sollkonzept nebst Schnittstellen zu prüfen und freizugeben, sowie wesentliche Änderungen in der Aufbau- und Ablauforganisation zu entscheiden und ihre Umsetzung auf den Weg zu bringen hat. Darüber hinaus wird die Bestimmung von "Geschäftsprozeßverantwortlichen","Anwendungskomponenten-Verantwortlichen" empfohlen, die entweder aus der Fachsicht oder der Customizing-Sicht für Konzepte, Dokumentation und Umsetzung zeichnen.
Wie diese (neuen) Funktionsstellen im oder zum Projektteam positioniert sind, wird nicht erläutert.

Probleme aus arbeitsorientierter Sicht

Dieses vor allem auf die Aufbauorganisation des Projektes zielende Aufgabenpaket wird in den meisten Unternehmen sehr ernst genommen, weil es relativ unabhängig von den realen Projektaufgaben (Task 115, bzw. 1.1.8) und ihrem Aufwand den politischen Einfluß auf das Projektgeschehen definiert.

- Da werden Fachbereichsmitarbeiter für die Projektgruppen von den Vorgesetzten als ihr langer Arm oder aus Entbehrlichkeitsgründen vorgeschlagen,

- da erscheint häufig der Lenkungsausschuß eher als eine höfische Versammlung von Fürsten und weniger als arbeitsfähiges Entscheidungsgremium,
- da wird aus Angst vor Einflußverlusten ein Berichtspflichtbürokratismus als Linien-Bypass aufgebläht,
- da wird der Betriebsrat von vorhinein ausgeschlossen oder vergessen, aber
- den Beratern - vertragsgemäß - ein Sitz im Lenkungsausschuß und der Projektleitung eingeräumt,
- da werden parallele Projekte, die unmittelbar oder mittelbar Einfluß auf das SAP-Projekt haben, formell und personenbezogen nicht einbezogen,
- usw.

Diese Phänomene spiegeln einerseits die für ein Integrationsprojekt bedeutsame bzw. behindernde Unternehmenskultur, zum anderen die verbreitete Vorstellung wider, daß ein SAP-Projekt nur eine große EDV-Veranstaltung ist, mit dessen Hilfe ohne Änderungen an der Macht- und Führungskultur alles integriert werden soll und kann.

Die von SAP an dieser Stelle gegebenen Empfehlungen, beispielsweise den Wissenstransfer zwischen Berater und Projekt und zwischen den Projektmitarbeitern aus verschiedenen Fachbereichen als Aufgabe zu definieren, wird häufig durch aufbauorganisatorische Kommunikationssperren (z.B. modulspezifisch bzw. fachbereichsbezogene Projektgruppen) erschwert oder gar verhindert. Der Informationsfluß vom Projekt zu den späteren Anwendern und deren Kommunikation untereinander, wird entsprechend in den seltensten Füllen überhaupt thematisiert.

Von daher sind häufig schon bei der personellen und formalen Machtverteilung nicht nur die Anwender und Betriebsräte außen vor, sondern schon viele Erfolgs- und Mißerfolgsfaktoren (vgl. A.2) langfristig vorprogrammiert.

Soziale Pflichten aus Gesetzen und Verordnungen

Da die personelle Ausstattung des Projektes, vor allem der Projektgruppen, eine personalplanerische Maßnahme ist, zumindest aber entsprechende Kapazitätsplanungen nach sich ziehen muß, sind folgende Mitbestimmungs- und Beratungsrechte hier einschlägig zu beachten:

- § 92 BetrVG zur Personalentwicklung von Projektmitarbeitern und Kapazitätsplanung der abgebenden Fachbereiche (Ersatz- und Hilfskräfte),
- § 93 BetrVG zur hausinternen Ausschreibung von Projektstellen, insbesondere in Verbindung mit
- § 95 zur qualitativen Auswahl von Mitarbeitern für die Projektarbeit (insbesondere § 95.3 bei Versetzungen),
- § 99 zu allen personellen Einzelmaßnahmen, wie z.B. die Versetzung eines Sachbearbeiters der Arbeitsvorbereitung mit mehr als 50% seiner Kapazität in die RM/PP-Projektgruppe.

Weiterhin sind aufgrund vielfältiger Informations-, Beratungs- und Mitbestimmungsrechte des Betriebsrats, die erst im Verlauf des Projektes ihren Gegenstand finden (z.B. §§ 111, 90, 92, 98, 87.1.1., 3,6 und 7 usw.), die Informationswege und Aushandlungsorte (z.B. sitzt im Lenkungsausschuß, Zugang zu allen Dokumenten etc.) hier nach § 81 und 80.1 BetrVG formell zu regeln.

Schließlich steht in diesem Zusammenhang auch das Recht des Betriebsrats nach § 80.3 BetrVG zur Debatte, also ob und in welchem Umfang es erforderlich ist, daß er selbst auf die Unterstützung eines Sachverständigen seiner Wahl zugreifen kann.

Arbeitsorientierte Empfehlungen

Um die Aufbauorganisation von SAP-Projekten aus dem Fahrwasser von Abteilungsegoismen, machtpolitischen Kalkülen und persönlichem Protektionismus zu steuern, sind schon an dieser Stelle des Projektes die Erfolgsfaktoren Top-Down-Promotion und Leitbildorientierung wesentlich. Insbesondere kann dabei die Einbeziehung des Betriebsrats eine sehr heilsame Wirkung haben und vor allem auch die folgenden Aufgaben einer inhaltlichen Projektplanung und Steuerung (Task 113 und 115, bzw. 1.1.10 u. 1.18) von Anfang an interessenausgleichend beeinflussen. Aufgrund der vielfältigen Empfehlungen zur Projektaufbau- und Ablauforganisation in diesem Buch sei weiterführend hier nur auf die Kapitel B 4, C 3 und C 4 verwiesen.

R/2 113 Projektstandards festlegen
R/3 1.1.11 Projektstandards und Arbeitsweise festlegen

R/2

SAP: allgemeine
Darstellung
der Task
(Stand:IMW 5.0 E)

113 Projektstandards festlegen

ZIELE DER TASK:

- *Sicherstellen, daß die Projektarbeit nach einheitlichen Standards durchgeführt wird*
- *Dies betrifft die Vorgehensweise selbst, die Dokumentation, in welchem technischen Rahmen die Projektarbeit durchgeführt wird. Die festgelegten Standards sind rechtzeitig und regelmäßig auf Einhaltung zu prüfen.*
- *Diese Taskbeschreibung ist weitgehend unabhängig von den eingesetzten organisatorischen Hilfsmitteln gültig. Wenn Sie SAP-IMW als Tool zur Projektverwaltung und Dokumentation einsetzen wollen, arbeiten Sie bitte das SAP-IMW-Einsatzkonzept —>REF .72016035 durch und prägen es dann projektspezifisch aus. Sie können ihre Projektstandards dann in den Standards des Einsatzkonzeptes für alle Projektmitglieder sichtbar hinterlegen.*

- *Standards aufnehmen, prüfen und abstimmen*
- *Programmiersprache festlegen*
- *Entwicklungsumgebung festlegen*
- *Modifikationsstandards festlegen*
- *Genehmigungsverfahren für Modifikationen festlegen*

R/3

SAP: allgemeine
Darstellung
aus dem
Vorgehensmodell
R/3 (Stand 3.0. C)

1.1.11 Projektstandards und Arbeitsweise festlegen

Legen Sie die Projektstandards und die Projektarbeitsweise fest. Die Vereinbarung von Projektstandards ist zur effizienten Arbeitsweise und Verbesserung der Verständigung und Kommunikation absolut erforderlich.

- *Legen Sie die Projektstandards für die Projektplanung und Projektsteuerung fest.*
- *Legen Sie die Projektstandards für die Dokumentation fest.*
- *Legen Sie die Projektstandards für die Systemeinstellung fest.*

- *Legen Sie die Projektstandards für das Korrektur- und Transportwesen fest.*
- *Legen Sie die Projektstandards für die Berechtigungsverwaltung im Projekt fest.*
- *Legen Sie die Projektstandards für die Behandlung von Systemproblemen/ Fehlern fest.*
- *Legen Sie die Projektstandards für die Behandlung von Systemerweiterungen fest.*
- *Legen Sie die Projektstandards für die Behandlung von allgemeinen offenen Fragen fest.*
- *Legen Sie die Projektstandards für die Arbeitsweise und die Kommunikation des Projektteams fest.*
- *Legen Sie die Standards für die Arbeitsmittel des Projektes fest.*

Zur Darstellung der Task aus SAP-Sicht

SAP empfiehlt, die betrieblichen Standards, die sich für den Einsatz von EDV und bei der Veränderung der Aufbau- und Ablauforganisation im Betrieb herausgebildet haben, zu erfassen und bzgl. ihrer Wirkung und Gültigkeit bei Einsatz von SAP zu untersuchen. Neben den Standards für Programmieranweisungen und die Test- und Entwicklungsumgebung vertieft SAP das Problem der Modifikationen, deren Erforderlichkeit und innerbetrieblichen Genehmigungsweg. Insbesondere sind der SAP -"Philosophie" und dem SAP-Software-Design entgegenstehende "harte Modifikationen" zu vermeiden, d.h. Änderungen an der Standardsoftware, die z.B. beim Releasewechsel vom neuen Standard überschrieben, bzw. mit viel betrieblichem Aufwand wieder neu programmiert werden müssen.

Neben den R/3-spezifischen Standards, wie z. B. zum Korrektur- und Transportwesen und Dokumentationswerkzeuge (IMG/ SAP-Office/ ARIS-Toolset etc.), wird hier im R/3-Vorgehensmodell empfohlen, Projektstandards für die Arbeitsweise und die Kommunikation des Projektteams festzulegen. Dazu werden z. T. detaillierte Empfehlungen und Erfahrungen zu Gremiensitzungen, Besprechungen in Frequenz, Organisation und zum Projektstatusbericht aufgelistet. Schließlich wird auch hier darauf hingewiesen, daß für das Projekt gute Standards für Arbeitsmittel (Hard- und Software) und Räume festgelegt werden sollten. Weitere mediale Ausstattungen (z.B. Metaplanwände, Overhead-displays etc.) werden leider nicht erwähnt.

Probleme aus arbeitsorientierter Sicht

Ein Großprojekt mit einer so großen Aufgabenbreite wie eine SAP-Einführung wird in den meisten Unternehmen durchformalisiert. Dies gilt, bezogen auf die Projektstandards, in der Regel aber nur für den EDV- bzw. SAP-technischen Bereich. In der Regel werden dabei jedoch datenschutzrechtliche-, hard- und softwareergonomische sowie arbeitswissenschaftliche Normen und Verfahren weder berücksichtigt noch in den Katalog der Aufgaben (Task 115, bzw. 1.1.8) mit einbezogen.

Ein weiterer Mangel mit entsprechenden Folgeproblemen ist die nahezu überall fehlende Festlegung von Arbeitszeit- bzw. Belastungsstandards für die Mitarbeiter im Projekt. Stillschweigend werden die geltenden betrieblichen Regelungen undiskutiert als realistisch angenommen oder sowieso in Projekten selbstverständlich außer Kraft gesetzt. Ebenso wird zumeist vorausgesetzt, daß die Freistellungskontingente der Fachabteilungsmitarbeiter für die Projektgruppenarbeit auch eingehalten werden, was bei fehlenden Verhaltensstandards dazu führt, daß die Zeitkonflikte auf dem Rücken des Einzelnen ausgetragen werden. Schließlich erweist sich der weder mit den Betroffenen noch mit dem Betriebsrat abgestimmte Einsatz von Projektmanagementsoftware, seien es die SAP-Werkzeuge z.B. IMW, R/3-Analyzer oder unabhängige PC-Anwendungen wie MS-Project, häufig als ein erster Treibsatz für die Projekt- und Mitbestimmungskultur.

Auch kleine, aber z.B. für die Handhabung von Dokumenten in Gruppen wichtige Standards - wie z.B. Markierung von Änderungen in Texten - werden zugunsten der "großen Fragen" vernachlässigt oder aber den "projekterprobten" Vorgaben der Berater geopfert.

Schließlich wird in den wenigsten Fällen im Rahmen der Projektorganisation das Thema "Grundregeln der Teamarbeit" oder des sozialen Umgangs im Projekt nebst Führungsstil aufgeworfen. Denn den meisten

Beratern, Projekt- und Projektgruppenleitern reichen die Festlegungen von formalen Rechten und Pflichten aus der Projektaufbauorganisation (Task 111, bzw. 1.1.10) aus, und der ganze Rest wird sich schon einrütteln - einschließlich der Informationspraxis gegenüber dem Betriebsrat.

Soziale Pflichten aus Gesetzen und Verordnungen

Folgende Standards bzw. Projektrichtlinien sind aufgrund von Gesetzen und Verordnungen betrieblich mit dem Betriebsrat und Datenschutzbeauftragten auszuhandeln:

- Form und Inhalt der Datenschutzdokumentation nach § 37.2 BDSG und § 87.1.6 BetrVG für die zu entwickelnde SAP-Anwendung,
- die Ausgestaltung der Entwicklungsumgebung unter dem Gesichtspunkt des Datenschutzes (§§ 9, 28, 31 und 37 BDSG und §§ 87.1.6 und 80.1 BetrVG) z.B. Nutzung von Personaldaten im Testsystem,
- die Regelung von Personaldaten, insbesondere von leistungs- und verhaltensrelevanten Informationen in Projektmanagementsystemen (zu den Paragraphen s.o.),
- die Festlegung von Standards zur Hard- und Softwareergonomie, der Arbeitsplatzgestaltung und Arbeitsorganisation aufgrund der Bildschirmarbeitsverordnung, den einschlägigen DIN/EN-Normen und den §§ 90/91,87.1.7 und 80.1. BetrVG für die Projektarbeit sowie die spätere SAP-Anwendung,
- eine Vereinbarung über das Arbeitszeitverhalten bzw. die Belastungsgrenzen für die Projektarbeit gem. §§ 87.1.1 und 87.1.3 BetrVG,
- Zeitpunkte, Formen, Inhalte der Unterrichtungsverpflichtungen des Projektes bzw. des Arbeitgebers gegenüber dem Betriebsrat u.a. aus § 81 BetrVG und den Betroffenen aus § 82 BetrVG.

Schließlich sind in diesem Zusammenhang alle einschlägigen und gültigen Betriebsvereinbarungen zu beachten und allen Projektbeteiligten insbesondere auch den externen Beratern zur Kenntnis und Beachtung zu geben (z.B. EDV-Rahmenvereinbarungen, Vereinbarungen zum betrieblichen Vorschlagswesen, Gesundheitsschutz).

Arbeitsorientierte Empfehlungen

Da schon EDV-technisch, SAP- und beraterbezogen die Abstimmung und Festlegung von funktionierenden Projektstandards eine aufwendige und wichtige Arbeit ist, sollte sich gerade am Anfang eines Projektes auch die Zeit genommen werden, die "sozialen Pflichten" intensiv zu beraten und in praktikable und wirksame Formen zu bringen. Dabei ist vor allem darauf zu achten, daß auch diese Projektnormen und Standards von allen Projektmitarbeitern verstanden, akzeptiert und deren Anwendung bzw. Beachtung für sie als Projektaufgabe gilt. Dazu ist es empfehlenswert, die betrieblich z.B. für den Gesundheitsschutz oder Datenschutz Verantwortlichen direkt in die Projektarbeit einzubeziehen und/oder als ständige ansprechbare Experten zu verpflichten.

Da es in der Regel unrealistisch ist, alle Normen und Standards zu diesem Zeitpunkt bis ins Detail festzulegen oder gar alle Organisationsziele und Leitbilder zu normieren, empfiehlt es sich, in Abstimmung mit dem Betriebsrat die Ausgestaltung z.B. der Umsetzung der Bildschirmarbeitsverordnung oder die Details des Testsystems als definierte Aufgaben in die jeweiligen Tasks zeitnah einzubauen (vgl. Task 115 bzw. 1.1.8). Gleichwohl ist es ratsam und erforderlich, die damit angesprochenen Probleme und Aufgaben schon in dieser Projektphase mit in das Schulungskonzept der Projektmitarbeiter einzuplanen (Task 117 und 121 bzw. 1.3), damit in der IST-Aufnahme und Sollkonzeption (Task 221 und 231 bzw. 1.1.3 u. 1.4) die dadurch aufgeworfenen Probleme berücksichtigt werden können.

Darüber hinaus ist es zu empfehlen, die Projektbibliothek mit den "sozialen Pflichten" und Leitbildern entsprechend auszustatten und entsprechende Lesevorgaben zu machen.

Schließlich sollte der SAP-Empfehlung gefolgt werden, für die Rahmenbedingungen, Aufgaben, Standards und Ziele des Projektes eine Betriebsvereinbarung abzuschließen (vgl. dazu weiterführend Kapitel B 3 und 4 sowie C 1 und C 4 in diesem Buch).

ORGANISATION

R/2 115 Arbeitsprogramm festlegen
R/3 1.1.8 Einführungsstrategie festlegen

R/2

SAP: allgemeine
Darstellung der
Task
(Stand: IMW 5.0 E)

115 Arbeitsprogramm festlegen

ZIELE DER TASK:

- *Anpassung des Arbeitsprogrammes an die konkrete Projektsituation*
- *Detaillierung der Aufwandsschätzung*
- *Detaillierung des Zeitplanes*
- *Verabschiedung der Projektplanung*
- *Diese Task enthält nur einen groben Überblick über die allgemeine Vorgehensweise bei der Projektplanung mit SAP-IMW. Ein detailliertes Einsatzkonzept mit praxiserprobten Vorschlägen zur Projektplanung und -verwaltung finden Sie in der Hauptfunktion SAP-IMW-Einsatzkonzept —>REF .72016035. Dort erfahren Sie auch, wie Sie Ihre Projektsituation optimal in SAP-IMW abbilden können.*

- *Arbeitsprogramm überarbeiten*
- *Grobplanung erstellen*
- *Projektplan ausarbeiten*
- *Projektplan abstimmen und verabschieden*

R/3

1.1.8 Einführungsstrategie festlegen
1.1.13 Aufwands-, Termin- und Kostenplan erstellen
1.1.14 Ergebnisse der Projektvorbereitung verabschieden
1.1.15 Projektauftrag erstellen
1.1.16 Kick- off des Einführungsprojektes durchführen

- *Legen Sie die Einführungsstrategie fest.*

SAP: Allgemeine
Darstellung
aus dem
Vorgehensmodell
R/3 (Stand: 3.0. C)

Die Einführungsstrategie basiert auf langfristigen Perspektiven und umfaßt alle geplanten Maßnahmen der R/3-Einführung für Ihr gesamtes Unternehmen. Sie ist ein wesentlicher Bestandteil der Projektvorbereitung und hat erhebliche Auswirkungen auf das nachfolgende Projekt bzw. die nachfolgenden Projekte. Die Einführungsstrategie wird aufgrund Ihrer Zielvorstellungen und Rahmenbedingungen definiert.

- *Erstellen Sie einen Aufwands-, Termin- und Kostenplan.*

Für die Genehmigung der Einführungsstrategie und -projekte erstellen Sie einen Aufwands-, Termin- und Kostenplan.

- *Stellen Sie die Ergebnisse der Projektvorbereitung dem Management-Gremium vor und lassen diese Ergebnisse verabschieden.*

Bevor die Ergebnisse der Projektvorbereitung im Projektauftrag fixiert und im Kick-off des Einführungsprojektes präsentiert werden, sind sie mit dem Lenkungsausschuß abzustimmen und zu verabschieden. Dadurch wird die Entscheidungsgrundlage für die Einführung geschaffen und sichergestellt, daß die wesentlichen Aspekte der Einführung den entscheidenden Personen bekannt sind.

- *Erstellen Sie einen Projektauftrag.*

Im Projektauftrag werden die für das Projektmanagement wesentlichen Inhalte des Ergebnisberichts schriftlich zusammengefaßt.

Mit dem Projektauftrag entsteht somit die Legitimation für das Projekt, und er ist zugleich die Grundlage für die Projektplanung und -steuerung.

- *Führen Sie das Kick-off des Einführungsprojektes durch*

Das Kick-off-Meeting ist eine Veranstaltung, in der allen direkt und indirekt beteiligten Mitarbeitern und Führungskräften der Start des Einführungsprojektes mit allen Rahmenbedingungen verkündet wird. Gestalten Sie das Meeting in der Form, daß alle Beteiligten die Projektarbeit motiviert beginnen.

Zur Darstellung der Task aus SAP-Sicht

SAP schlägt vor, entsprechend den ausgewählten Modulen, Preislistenkomponenten und Funktionalitäten nun die vom IMW/IMG vorgeschlagenen Einführungsaktivitäten betriebsspezifisch zu überprüfen und zu ergänzen. In einer Grobplanung werden erste Zeitbedarfe dargestellt und im Lenkungsausschuß diskutiert. Danach erfolgt eine genauere Projektplanung mit Start- und Endterminen sowie mit der persönlichen Verantwortlichkeiten für bestimmte Aktivitäten und mit deren Arbeitsverteilung unter den Projektmitarbeitern.

Eine vollständige Aufwandsschätzung kann allerdings erst nach der IST-Aufnahme und der Erstellung des SOLL-Konzeptes erfolgen, wie im R/3-Vorgehensmodell sollen hier schon die Bestandsaufnahme erfolgt und, bezogen auf die Geschäftsprozesse und die Organisationsstruktur, die Sollvorgaben erarbeitet worden sein.

Die so fertiggestellte Projektplanung (1) wird mit den Projektmitarbeitern besprochen und mit den Fachabteilungen abgestimmt und im Lenkungsausschuß verabschiedet.

Im R/3-Vorgehensmodell wird darüber hinaus Wert darauf gelegt, daß ein formeller Projektauftrag formuliert und von den Verantwortlichen unterzeichnet wird. Er sollte die Projekt- bzw. R/3-Einführungsziele (vgl. 1.1.2), den Umfang und die Einführungsstrategie sowie die Termine und Zuständigkeiten fixieren.

Weiterhin wird hier eine Kick-off-Veranstaltung des R/3-Projektes als Abschluß der Projektvorbereitungen empfohlen, zu der neben dem Lenkungsausschuß, dem Management-Gremium etc. auch der Betriebsrat eingeladen werden soll.

Probleme aus arbeitsorientierter Sicht

Da zumeist die Ziele des Projektes in den Köpfen der Projektplaner und Entscheider offiziell mit den Worten „SAP einführen" beschrieben sind, beschränkt sich das Arbeitsprogramm in der Regel tatsächlich auf die unmittelbare Technikgestaltung. Dadurch wird nicht nur die z.T. aufwendige Umsetzung von „sozialen Pflichten", wie z.B. die Schaffung von personenförderlichen und belastungsarmen Arbeitsplätzen oder eine realistische, also projektbegleitende Personalbedarfs- und entwicklungsplanung, nahezu unmöglich gemacht, sondern auch eine notwendige Abwägung von verschiedenen Organisations- und Technikunterstützungsalternativen im Keim erstickt.

In manchen Fällen wurde sogar schon in diesem Projektstadium solch ein politischer Zeitdruck erzeugt (verspäteter Projektstart bei fixem

Endtermin), daß die Projektschulungen und die Konzeptionsphase zeitlich zusammengestrichen werden mußten.

Im Gegensatz zu den Unternehmensberatern, die i.d.R. vertraglich ihre Leistungen an die innerbetriebliche Leistungserbringung knüpfen und von daher relativ gelassen ihre Projekterfahrungen einbringen können, sind viele Projektleiter und Entscheider mit dieser Planungsarbeit überfordert. Sie kennen zum einen weder die Fallstricke der SAP-technikbezogenen Aufgaben, noch überblicken sie alleine die betriebs-spezifischen Bedingungen, Anforderungen und schon vorgezeichneten Probleme und Altlasten aus den Fachbereichen. Sie stehen damit gleich zu Anfang in einem problematischen Teufelskreis: Von ihnen wird einerseits erwartet, daß sie eine seriöse und realistische Zeit- und Aufga-benplanung vorlegen, andererseits liegt schon jetzt der politische End-termin fest, zudem existieren die Erwartungen im Lenkungsausschuß, daß die innerbetrieblichen Personalkapazitäten nicht über Gebühr aus dem Alltagsgeschäft abgezogen werden.

Wird diese Zwickmühle nicht hier und jetzt - z.B. durch die Intervention des Betriebsrats - aufgebrochen, besteht die Gefahr, daß sie über den ganzen Projektverlauf kontraproduktiv wirksam ist, also den Projekt-leiter und das Projekt strukturell schwächt. Auch die Betriebsräte, zu-meist durch den Wust von EDV-technisch erscheinenden Aufgaben abgeschreckt, wehren sich in der Regel kaum gegen eine Nichtbeachtung ihrer Interessen und Rechte in dieser gerade für sie zentralen Phase. Die Folgen sind dann aus Sicht des Projektes viel zu spät eingebrachte Ansprüche und Forderungen und ein entsprechend großer Widerstand, diese Aufgaben noch zusätzlich in die sowieso schon überlastete Arbeitsstruktur des Projektes einzubinden. Den „Schwarzen Peter" hat dann immer der Betriebsrat, und die Anwender „löffeln die jetzt eingebrockte Suppe aus".

Soziale Pflichten aus Gesetzen und Verordnungen

Da in dieser Task sowohl die Arbeitsbedingungen des Projektes, also auch die Inhalte und Ziele des Projektes in Form einer Arbeitsstruktur bis zur Konzeptionsphase detailliert und grob bis zum Produktivstart festgelegt werden, sind hier nahezu alle Mitbestimmungs- und Bera-tungsrechte bzw. -Pflichten des Betriebsrats, des Datenschutzbeauftragten und der für den Gesundheitsschutz verantwortlichen Personen (z.B. der Arbeitsmediziner) berührt. Entsprechend muß das Arbeitsprogramm des Projektes mit ihnen beraten und die Aufgabenstruktur inhaltlich und zeitlich abgestimmt, ggf. erweitert werden (vgl. dazu exemplarisch B 3).

Insbesondere gilt dies - wie schon in Task 113 bzw. 1.1.11 (Projektstandards festlegen) bemerkt - für die Arbeitsbereiche: Daten- und Gesundheitsschutz, Personalplanung, Schulung etc., also im umfassenden Sinne für die Arbeitsorganisation - auch des Projektes.
Schließlich müssen hier auch die vorab festgelegten Standards zur Kapazitätsplanung der Projektmitarbeiter und Entsendefachbereiche realistisch berücksichtigt und umgesetzt werden.

Da eigentlich erst jetzt und mit dem 2. Detailplanungszyklus der Projektaufwand und die Projektkosten kalkulierbar sind, ist nach § 106 BetrVG eine entsprechende Information und Beratung des Projektes im „Wirtschaftsausschuß" - nicht Lenkungsausschuß! - angesagt. Weiterhin lassen sich jetzt auch angesichts der Umsetzung der Projektziele in verbindliche Arbeitsaufgaben die Fragen eines „Interessenausgleichs" nach § 111 BetrVG in Folge einer „Betriebsänderung" stellen und terminieren.

Arbeitsorientierte Empfehlungen

Da das Arbeitsprogramm eines SAP-Projektes quasi das operative und politische Rückgrad des Projektes darstellt und somit im großen Maße die Arbeitsbedingungen des Projektes und der späteren Anwender bestimmt, empfehlen wir dringend, im Rahmen dieser Task alle für die oben genannten Bereiche „sozialer Pflichten" verantwortlichen Stellen und Personen intensiv zu beteiligen. Damit können aus Sicht des Projektes und der Anwender präventiv nicht nur spätere Turbulenzen vermieden, sondern auch notwendige und z.T. rechtlich erzwingbare Aufgaben in die Projektarbeit eingebaut werden. Entsprechend ist den Betriebsräten anzuraten, sich insbesondere in dieser Projektphase (bis zum Soll-Konzept) besonders intensiv zu beteiligen oder ihre Rechte und Pflichten - wenn nötig mit allen rechtlichen Mitteln - einzufordern (vgl. dazu auch die typischen Verläufe von Projekten in Abb. B1-1).

Projektleitern und der Geschäftsführung ist ebenso ein offensives Einbeziehen des Betriebsrats und der anderen Stellen - nicht zuletzt der Personalabteilung (mit oder ohne RP- bzw. HR-Betroffenheit) zu empfehlen, da in der Regel der „Lenkungsausschuß" oder das „Management- Gremium" für eine solche Konzeptions- und Detailarbeit nicht der geeignete Ort sind.

Ferner ist darauf zu achten, daß zumindest eine SAP-Grundschulung bzw. ein „intensives Kennenlernen" aller Projektbeteiligten stattgefunden hat, bevor die Projektprogrammplanung abgeschlossen ist, ansonsten ist ein solcher Plan für viele erst gar nicht zu verstehen, geschweige denn diskutierbar (vgl. dazu vor allem Kapitel C 2).

Da es aber bei der Planung des Arbeitsprogrammes nicht nur um die Leitbilder, Ziele, Inhalte und Arbeitsgebiete des Projektes geht, sondern auch um ihre sinnvolle Reihenfolge und Terminierung, ist das Vorgehensmodell - wie z.B. in B 3 und weitergehend in B 4 aufgezeigt und empfohlen - selbst zum Gegenstand der Beratung und Mitbestimmung zu machen. So z.B. ist aus unserer Erfahrung eine Positionierung der Anwenderschulungen kurz vor dem Produktivstart unter Gesichtspunkten erforderlicher Qualifizierung der Beteiligten keineswegs der richtige Weg (vgl. auch C 2 und B 3).

Daß bei einer solchen „Modifizierung" des Vorgehensmodells und der Aufgabenbereiche des Projektes, die Unternehmensberater und die vor dem Projektstart ausgehandelten Projektecktermine ins Wanken kommen, dürfte zu diesem Zeitpunkt keine Unternehmensleitung schrecken; es sei denn, sie verdrängt konsequent die landläufigen Erfahrungswerte von qualitativ und quantitativ aus dem Ruder laufenden Großprojekten.

Abschließend sei an dieser Stelle noch einmal auf den Nutzen einer projektbezogenen Betriebsvereinbarung hingewiesen. Angelehnt an die SAP-Empfehlung, einen formellen Projektauftrag zu zeichnen, sollte zumindest dieser Auftrag bzw. diese Zielvereinbarung auch vom Betriebsrat formell mitgetragen werden bzw. zum Gegenstand / Anhang einer speziellen Vereinbarung gemacht werden (vergl. dazu u.a. den Strukturvorschlag zu einer solchen Betriebvereinbarung im Anhang von Kapitel C 4).

ORGANISATION

R/2   117 Schulungen planen und buchen
R/3   1.3. Projektteam schulen

R/2

SAP: allgemeine
Darstellung der
Task
(Stand:IMW 5.0 E)

117 Schulungen planen und buchen

ZIELE DER TASK:

- *Vor Beginn der Projektarbeiten ist sicherzustellen, daß alle Projektmitarbeiter in der Lage sind:*
  - *die Systemarchitektur und den Funktionsumfang des SAP-Standardsystems zu beurteilen,*
  - *Anpassungen/Modifikationen einzuschätzen und durchzuführen,*
  - *das SAP-Testsystem zu verwalten und zu betreuen,*
  - *Schnittstellen zu identifizieren, zu beschreiben und zu programmieren*
  - *das Personal der Fachabteilung zu schulen,*
  - *die für die Modifikationen und Anpassungen erforderlichen Werkzeuge einzusetzen,*

- *Schulungsbedarf feststellen*
- *Externe Schulungen planen und buchen*
- *Interne Schulungen planen*

R/3

1.3. Projektteam schulen

Für eine effiziente R/3-Einführung ist die Ausbildung des Projektteams notwendig. Diese Ausbildung sollte sich an dem Einführungsumfang und an dem Ausbildungsstand der Projektmitarbeiter orientieren.

Auslöser
- *Die Mandanten sind eingerichtet.*
- *Das Unternehmens-IMG ist erzeugt.*
- *Das Projekt-IMG ist eingerichtet.*

SAP: allgemeine
Darstellung aus
dem Vorgehens-
modell R/3
(Stand: 3.0.C)

- *Der Schulungsplan für das Projektteam ist verabschiedet.*

Eingehende Informationen
- *Projektaufbauorganisation*
- *Schulungsplan für das Projektteam*

- *Systemumgebung für die R/3-Einführung*
- *R/3-Dokumentation*
- *SAP R/3-Referenzmodell*

Inhalte des Arbeitspakets

In diesem Arbeitspaket

- *wird das Projektteam ausgebildet.*

Dem Projektteam müssen die betriebswirtschaftlichen Inhalte und Mög-lichkeiten des R/3-Systems bekannt sein, um die Abbildung der Anforderungen des Unternehmens zu erkennen und durchzuführen.

- *lernen die Projektmitarbeiter die R/3-Funktionalität kennen.*

Das Kennenlernen der R/3-Funktionalität ist für die Projektmitglieder not-wendig, um die in den Schulungen erworbenen Kenntnisse zu vertiefen und erste Erfahrungen im Umgang mit dem R/3-System bezüglich des Einsatzes im Unternehmen zu machen.

Zur Darstellung der Task aus SAP-Sicht

SAP schlägt vor, für jeden Projektmitarbeiter aufgabenbezogen den Bedarf an SAP-Kenntnissen sowie weiterhin den Bedarf an funktionalen und technischen Kenntnissen zu ermitteln und entsprechende Kurse zu planen. Zu schulen sind einige Projektmitarbeiter ebenfalls in den Regelungen des Betriebsverfassungsgesetzes und in den Grundlagen und Vorschriften der Arbeitsgestaltung (wie z.B. die Unfallverhü-tungsvorschriften, EU-Richtlinien, DIN-Normen etc.). Dabei sind sowohl extern durchgeführte Kurse zu belegen als auch betriebsinterne Schulungsveranstaltungen vorzubereiten. Die zeitlichen Rahmen-bedingungen der Mitarbeiter sind zu beachten. Die Schulungen der Mitarbeiter des Projektteams sollen abgeschlossen sein, bevor mit der Projektarbeit begonnen wird.

Für SAP-Kurse sind innerbetrieblich Möglichkeiten zum Üben und Nacharbeiten am SAP-Testsystem zu ermöglichen.

Die Beteiligungsrechte des Betriebsrates bei Schulungen gemäß § 97 f. BetrVG sind zu beachten.

Im Vorgehensmodell R/3 wird nicht mehr auf das Betriebsverfassungsgesetz und betriebswirtschaftliche Inhalte und Möglichkeiten des R/3-Systems hinausgehende Schulungs- und Informationsbedarfe hingewiesen. Es bleibt darüber hinaus unklar, wann eigentlich die Schulungsplanung zu erfolgen hat.

Probleme aus arbeitsorientierter Sicht

Schulung ist teuer, braucht viel Zeit, die Mitarbeiter haben dadurch zu viele persönliche Vorteile (z.B. Arbeitsmarkt) und überhaupt, „man lernt sowieso am besten in der Praxis". Trotz überbuchter Schulungskurse bei SAP in Walldorf scheinen in vielen Unternehmen noch die obigen Maximen zu gelten. Diese Einstellung und Praxis führt zeitnah zu folgenden Konsequenzen:

1. Die Berater bekommen bezogen auf das SAP-Wissen projektbegleitend die Schlüsselpositionen zugewiesen.

2. Die nachfolgende Konzeptions- und Detaillierungsarbeit wird qualitativ schlechter und unkalkulierbar, weil das betriebliche Wissen (EDV- und Fachabteilungen) sich nicht mit dem SAP-Wissen verbinden kann.

3. Die Projektkosten steigen in Folge von Terminverzögerungen bzw. zusätzlich erforderlicher Beraterleistungen.

4. Die zur Planung und Steuerung des Projektes eingesetzte Software wird entweder nicht beherrscht und die Anwendung versandet oder sie wird zu einem willfährigen Werkzeug in der Hand der „Könner", die das komplexe Projektgeschäft in ihrem Interesse beeinflussen können.

Als weiterhin verbreitetes Problem besteht darüber hinaus die Terminierung der projektinternen Schulung. So z.B. wird - ebenfalls zumeist aus Zeitgründen - schon vor der Schulung von SAP-Grundkenntnissen nicht nur der Projektplan detailliert, sondern auch mit der IST-Aufnahme - dann zwangsläufig beraterdominiert - begonnen.

Aus Sicht der „Sozialen Pflichten", robuster und arbeitsorientierter SAP-Gestaltung sind erfahrungsgemäß die Schulungsdefizite noch größer. Es finden i.d.R. weder für (einige) Projektmitarbeiter Informations-geschweige denn Schulungsveranstaltungen zur Arbeitsgestaltung statt, noch wird für die diesbezüglichen Pflichtaufgaben sensibilisiert und motiviert oder auch nur auf bestehende Gesetze, Verordnungen und Betriebsvereinbarungen hingewiesen.

Entsprechend fehlen schon zu Anfang die Schnittstellenqualifikationen von SAP-Technik, leitbildbezogener Prozeßgestaltung, Arbeitsplatz-organisation sowie Datenschutz im Projekt, und die sonst im Unter-nehmen dafür zuständigen Stellen werden zudem meist nicht in das Projekt einbezogen.

Schließlich - und spätestens hier müßten eigentlich die Betriebsräte hellhörig werden - wird nur ganz selten ein Abgleich zwischen dem Arbeitsprogramm, den Anforderungen und dem persönlichen Kennt-nisprofil der Projektmitarbeiter durchgeführt und darauf aufbauend eine Qualifizierungsplanung bzw. Personalentwicklung betrieben. Vielfach werden nur begrenzt Schulungsplätze angeboten, die manchmal sogar nur nach dem „Windhundprinzip" verteilt werden. Dieser Praxis ent-sprechen auch die meist nur aus Kostengründen geforderte Überschlags-kalkulation, ob den Walldorfkursen nicht eine innerbetriebliche (evtl. praxisnähere) Qualifizierung durch die Berater vorzuziehen ist. Von daher ist es nicht erstaunlich, daß in den Unternehmen, die sich keine angemessene Qualifizierung des Projektes geleistet haben, auch die Qualität der späteren Anwenderschulungen (vgl. Task 531, 713 bzw. 3.4) und die ganzheitlich gesehenen Projektergebnisse zu wünschen übrig lassen.

Soziale Pflichten aus Gesetzen und Verordnungen

Schulung, Fort- und Weiterbildung sind von jeher ein zentraler Interes-senbereich der Beschäftigten und von daher in Verbindung mit der Per-sonalplanung (§ 92 BetrVG) ein gesetzlich geregelter Aufgabenbereich des Betriebsrats, der sich über die „Förderung und Einrichtung von Maßnahmen der Berufsbildung" (§§ 96 und 97 in Verbindung mit § 92

BetrVG) bis hin zur Mitbestimmung bei der „Durchführung betrieblicher Bildungsmaßnahmen" (§ 98.1 BetrVG) erstreckt.

Der Betriebsrat kann dabei z.B. dem Einsatz von Referenten aufgrund ihrer „persönlichen oder fachlichen" Eignung widersprechen (§ 98.2.), Vorschläge zur Teilnehmerschaft machen (§ 98.3) und darüber im Konfliktfall in der Einigungsstelle entscheiden lassen. Darüber hinaus steht der Betriebsrat in der Pflicht, gem. § 80.1 und 2 nicht nur darüber zu wachen, daß die „zugunsten der Arbeitnehmer geltenden Gesetze, Verordnungen" usw. durchgeführt werden, sondern auch Maßnahmen zu beantragen, die „dem Betrieb und der Belegschaft dienen".
Von daher obliegt ihm auch die Pflicht, dafür zu sorgen, daß der Arbeitgeber seine Unterweisungs- und Qualifizierungspflichten aus dem Arbeitsschutzgesetz (§§ 8 u.12)bzw. der EU-Richtlinie gem. § 12 und § 7 ArbSchG, dem Datenschutzgesetz etc. einhält, d.h. in die Projektschulung einbezieht.
Dies gilt sowohl hinsichtlich der Projektarbeit als auch für die arbeitsorientierte Gestaltung der Organisation und Arbeit der SAP-Anwender.

Im Wirtschaftsausschuß (§ 106 BetrVG) hat der Arbeitgeber entsprechend unter Kosten- und Wirtschaftlichkeitskriterien die Pflicht, dem Betriebsrat diese Humankapitalinvestitionen darzulegen und sie mit ihm zu beraten.

Da Qualifizierung auch dem Interesse der Beschäftigung dienen kann (z.B. Belastungsreduzierung, berufliches Fortkommen innerhalb oder außerhalb des Unternehmens), ist die Frage der Qualifizierung vom Betriebsrat u.U. auch in den Interessenausgleich gem. § 111 ff. BetrVG einzubringen. Weiterhin muß der Betriebsrat und der Arbeitgeber mögliche Beschwerden der Projektmitarbeiter nach § 84 BetrVG z.B. über unzureichende Schulung entgegennehmen, sie prüfen und ist sofern berechtigt, Abhilfe schaffen oder den Umweg über die Einigungsstelle gehen.

Darüber hinaus steht auch die Qualifizierung des Betriebsrates zum Problemkreis SAP, Projektorganisation etc. gem. § 37.6. BetrVG auf der Tagesordnung der „Sozialen Pflichten" des Arbeitgebers.

ORGANISATION

Arbeitsorientierte Empfehlungen

Da das Schulungsproblem sowohl für die Projektmitarbeiter und die späteren Anwender nicht nur ein zentraler Erfolgs- und Mißerfolgs-faktor ist (vgl. Teil A 2.), sondern auch sehr eng und leitbildbezogen mit der Aufgabenstruktur und Projektablauforganisation zusam-menhängt, verzichten wir an dieser Stelle auf weitere Empfehlungen und verweisen vor allem auf das spezielle Querschnittskapitel C 2 (Qualifizierung als Schlüssel zum Erfolg).

ORGANISATION

R/2 121 Schulungen durchführen
R/3 1.3.1. Projektteam ausbilden

R/2

SAP: allgemeine
Darstellung
der Task
(Stand:IMW 5.0 E)

121 Schulungen durchführen

ZIELE DER TASK:

- *Planung und Reservierung der notwendigen Zeiten für die Schulungs-durchführung*

- *Schulungen durchführen*

R/3

SAP-Darstellung
aus dem
Vorgehens-
modell R/3
(Stand: 3.0. C)

1.3.1. Projektteam ausbilden
1.3.2. R/3 Funktionalitäten kennenlernen

- *Orientieren Sie die Schulungen an den Aufgaben der Projekmitarbeiter.*

- *Für die Ausbildung nutzen Sie neben dem SAP-Schulungsprogramm (siehe Schulungsplan):*

- *das SAP R/3-Referenzmodell*
Damit erhalten Sie schnell einen Überblick über die Funktionen und Prozesse des R/3-Systems.

- *das R/3-Modellunternehmen (IDES, das als eigenständiges SAP-System standardmäßig ausgeliefert wird).*
Damit können Sie alle R/3-Funktionen und Prozesse kennenlernen und die Übungen aus den Schulungen nachvollziehen, ohne vorher Systemeinstel-lungen vornehmen zu müssen.

- *die R/3-Dokumentation*
Damit erhalten Sie vertiefende Informationen.

- *Sie sollten die Schulungen dazu nutzen, eventuell auch erste Hinweise für das Sollkonzept und die Ausprägung Ihres R/3-Systems zu finden.*

- *R/3-Funktionalität kennenlernen*

- *Die Projektteammitglieder sollten sich auf Grundlage der Geschäftsprozesse (siehe Arbeitspaket "Projekt vorbereiten —> Geschäftsprozesse definieren") des Unternehmens und der dazugehörenden Prozesse/Funktionen des R/3-Referenzmodells in die R/3-Funktionalität mit Hilfe des Business Navigators einarbeiten. Exemplarische Prozesse/Szenarien (vorbereiten der Systemorganisationsstrukturen, Stammdaten, Bewegungsdaten und Statistikdaten) können Sie im IDES-System nachvollziehen bzw. anlegen. Damit erhalten die Projektmitarbeiter die Grundlage, konzeptionelle Entscheidungen hinsichtlich des R/3-Einsatzes auszuarbeiten.*

Zur Darstellung der Task aus SAP-Sicht

SAP betont im IMW den zeitlichen Aufwand für die Schulungen, und daß die Bedeutung ihrer persönlichen Nacharbeit nicht zu unterschätzen ist. Im Vorgehensmodell R/3 sind die obigen Darstellungen der derzeitige Stand der Empfehlungen.

Probleme aus arbeitsorientierter Sicht

Die Durchführung von Schulungen für Projektteams steht in zu vielen Unternehmen unter den gleichen Restriktionen wie ihre Planung (vgl. Task 117 bzw. 1.3). Am häufigsten waren Zeit und Terminprobleme anzutreffen.

Diese schlugen sich nicht nur im Wegfall der individuellen oder gemeinsamen Nacharbeit und dem Training am System nieder, sondern vor allem auch in der Überlastung der Fachbereiche durch die nicht erfolgte Entlastungsplanung für die Abwesenheit ihrer Projektmitglieder. Bedenkt man dazu noch die verbreitete Dreifachbelastung der Projektmitarbeiter durch die Fachaufgaben des Alltagsgeschäfts, die parallelen Projektaufgaben (z.B. Ist-Analyse und Konzeptentwicklung) und die Schulung selbst, ist es verständlich, daß für viele Projekte schon jetzt die erste soziale Belastungsprobe ausbricht: Die Fachbereiche meckern die Projektmitarbeiter an, weil sie auf ihre Kosten in „schönen Hotels" leben und Karriere machen; die Linienvorgesetzten geraten unter Druck von oben, weil manche Eil- und Chefaufgaben nicht erfüllt wurden, und die projektinterne Stimmung verschärft sich unter dem wachsenden Termindruck angesichts der angesetzten Lenkungsausschußsitzung zum Sollkonzept. Der Lernerfolg bzw. die Schulungs effektivität reduziert sich entsprechend fast proportional zum Ausmaß dieser Engpässe.

Zu den inhaltlichen Problemen vgl. Task 117 bzw. 1.3 (Schulung der Projektgruppe planen und buchen) sowie Kapitel C 3 (Qualifizierung als Schlüssel zum Erfolg).

Soziale Pflichten aus Gesetzen und Verordnungen

Da sich bei der Durchführung der Schulungen die Vorgaben und Planungen aus Task 117 bzw. 1.3 zu bewähren haben, treten hier die Überwachungspflichten des Betriebsrats (§ 80.1.) und des Arbeitgebers in den Vordergrund. D.h. es muß - wie auch immer - überprüft werden, ob die arbeitsorientierten Schulungsziele und Rahmenbedingungen (beispielsweise aus der Projektbetriebsvereinbarung) auch tatsächlich umgesetzt und eingehalten worden sind.

Zur Korrektur unzumutbarer Zeit- und Rahmenbedingungen hat darüber hinaus der Betriebsrat die Möglichkeit, die in diesem Zusammenhang beantragten Überstunden abzulehnen (§ 87.1.3) oder gem. § 98 inhaltlich begründet zu intervenieren.

Den Betroffenen aus Projekt- und Fachabteilung steht der Beschwerdeweg nach § 84 BetrVG prinzipiell offen, der gemäß § 95 BetrVG seitens des Betriebsrates sogar bis zu einer Eingigungsstelle unterstützt werden kann.

Arbeitsorientierte Empfehlungen

Neben den Verweisen auf die folgenden Kapitel B 3 und 4 sowie C 2 (zur Begründung siehe Task 117 bzw. 1.3), sei an dieser Stelle bemerkt, daß es sich sowohl für das Klima und die Kommunikation im Projekt, als auch für den Lernerfolg bewährt hat, die Mitarbeiter in Kleingruppen auf externe Schulungen zu schicken und bei Inhouseschulungen projektgruppenüberlappend die Teilnehmer zusammenzustellen, SAP in angeleiteten Workshops kennenzulernen. Für die Nacharbeit ist mindestens 50% der Schulungszeiten verbindlich zu veranschlagen. (vgl. dazu ausführlich die Übersichten zu arbeitsorientierten Lernformen in Kapitel C 2).

R/2   221 Ist- Analyse durchführen
R/3   1.1.3 Bestandsaufnahme durchführen

R/2

221 Ist- Analyse durchführen

SAP: allgemeine
Darstellung
der Task
(Stand IMW 5.0.E)

ZIELE DER TASK:

- *Identifikation aller durch das System zu unterstützender Geschäftsvorfälle*
- *Identifikation aller zu verarbeitenden Informationen*
- *Identifikation aller Anforderungen an Auswertungen*
- *Identifikation der zu verarbeitenden Volumen*
- *Identifikation der Kosten des existierenden Systems*
- *Unternehmensbereiche identifizieren*
- *Umfang der Untersuchung festlegen*
- *Interviews vorbereiten*
  - *Existierende Formulare/Berichte/Dateien sammeln*
  - *Fragebogen überarbeiten*
  - *Interview-Zeitplan erstellen*
  - *Zeitplan und Fragebogen abstimmen*
  - *Unternehmensbereiche informieren*
- *Interviews durchführen*
  - *Ist-Zustand erheben*
  - *Schwachstellen hinterfragen*
  - *Änderungswünsche dokumentieren*
- *Istzustand dokumentieren*
  - *Funktionsabläufe*
  - *Formulare/Berichte/Dateien*
  - *Daten-/Infoflüsse*
  - *DV-Anwendungen*
- *Schwachstellen analysieren und dokumentieren*
- *zusätzlichen Informationsbedarf dokumentieren*

Konzeption

R/3

1.1.3 Bestandsaufnahme durchführen

Führen Sie eine Bestandsaufnahme Ihrer Organisationsstruktur und Ihrer Geschäftsfelder durch.
Die Bestandsaufnahme dient dazu, eine Basis und Rahmenbedingungen für

Allgemeine
Darstellung
aus dem
Vorgehens-
modell R/3
(Stand: 3.0. C)

Konzeption

die Durchführung nachfolgender Arbeitsschritte zu erstellen, indem Sie sich über die Aufbauorganisation, die einzelnen Geschäftsfelder und die bestehenden Anwendungssysteme Ihres Unternehmens mit ihren Beziehungen einen Überblick verschaffen.

- *Aufbauorganisation beschreiben*

Erstellen Sie für das Unternehmen ein Organigramm, um die Aufbauorganisation grafisch darzustellen. Dieses Organigramm dokumentieren Sie mit dem ARIS-Toolset. Das Unternehmensorganigramm sollte soweit detailliert sein, daß die Organisationseinheiten der untersten Ebene den "Muster"-Organisationseinheiten aus dem R/3-Referenzmodell entsprechen. Diese Muster-Organisationseinheiten übernehmen Sie aus dem Kommunikations-diagramm Unternehmensmodell. Falls Ihre unternehmensspezifischen Bezeichnungen von denen der Muster-Organisationseinheiten abweichen, halten Sie diese im Attribut "Langbezeichnung" fest und blenden Sie diese anstelle des Attributes Name ein.

- *Geschäftsfelder beschreiben*

Zur übersichtlichen Darstellung Ihrer Geschäftsfelder erstellen Sie pro Geschäftsfeld ein Kommunikationsdiagramm. Verwenden Sie als Basis für das Kommunikationsdiagramm das Unternehmensmodell aus dem R/3-Referenzmodell. Dabei sind die für ein Geschäftsfeld nicht benötigten Organisationseinheiten zu löschen und ggf. neue zu ergänzen.

- *Anwendungssysteme und deren Verbindungen analysieren*

Zur Beschreibung Ihrer bestehenden Anwendungssysteme und deren Verbindungen nutzen Sie die Kommunikationsdiagramme Ihrer Geschäftsfelder. Ermitteln Sie die Anwendungssysteme, die in den jeweiligen Geschäftsfeldern im Einsatz sind. Zeichnen Sie einen Rahmen um die Organisationseinheiten, die ein Anwendungssystem nutzen, und beschriften Sie diesen Rahmen mit dem Namen des Anwendungssystems als Freitext.

Sie benötigen diese Darstellung als Grundlage für die Ableitung der Einführungsstrategie und die Festlegung des Einführungsumfangs.

Darstellung der Aufgaben aus SAP-Sicht

SAP schlägt zu Beginn der Konzeptionsphase im IMW eine Organisations- bzw. Informationsfluß-Analyse vor. Erstrecken soll sich diese Ist-Analyse auf alle Unternehmensfunktionen, die jetzt und in Zukunft von den SAP-Funktionen unmittelbar und mittelbar betroffen sind. Art, Ablauf, Umfang und die Ziele der Untersuchung werden abgestimmt und verbindlich festgelegt. Es werden alle "greifbaren" Informationsträger des Betriebes (Formulare, Berichte, Dateien etc.) erfaßt. Die Zeitpunkte und die Inhalte für die Interviews mit den Mitarbeitern der Fachabteilungen werden geplant und abgestimmt. Diese Interviews sollen konkret bis zu Fragen an jeden Mitarbeiter nach der Arbeitsmenge und den Bearbeitungszeiten ausgearbeitet werden. Ebenso werden gezielt organisatorische und informationsflußbezogene Schwachstellen und Änderungswünsche erhoben und hinterfragt.

Die Ergebnisse der Interviews werden dokumentiert und in Formblättern zu den Anforderungen der Fachbereiche, zu dem Ist- Funktionsablauf, zu der Schwachstellenübersicht und zu absehbaren Software-Modifikationsanforderungen verarbeitet. Formulare, Berichte, die Dateien und der Infofluß werden ausführlich beschrieben. Der im IST nicht erfüllte Informationsbedarf der späteren Benutzer wird zum Abschluß der Analyse dokumentiert.

SAP weist im IMW deutlich auf den Unterrichtungs- und Abstimmungsbedarf mit dem Betriebsrat hin; so ist der Umfang der Unterrichtung des Betriebsrates davon abhängig, ob über die Veränderung von Arbeitsplätzen qualitative oder quantitative Aussagen zum Personalbedarf erhoben werden; auch ist der Betriebsrat beim Mitarbeiterfragebogen zu informieren und einzubeziehen.

Ebenso schlägt SAP eine ausführliche Unterrichtung der zur Untersuchung anstehenden Unternehmensbereiche über die Ziele der Untersuchung vor.

SAP sieht die Ist- Analyse als aufwendige aber erforderliche Mühe an, die auch der Einarbeitung der abteilungsfremden betriebsinternen wie -externen Projektmitarbeiter dient und ihnen einen Einblick in die gegenwärtigen Arbeitsverhältnisse verschafft.

SAP befürwortet aber auch eine knappe Ist-Analyse, um nicht "unnütze" Diskussionen führen zu müssen, sowie Modifikationsanforderungen zu vermeiden. Die Anforderungen der Fachabteilungen und die derzeitige betriebliche Informationsverarbeitung können in einem "early Proto-typing" genannten Verfahren, das sehr stark auf die Möglichkeiten der SAP-Standardsoftware ausgerichtet ist, in das Sollkonzept einfließen. Damit sei zu verhindern, Anforderungen zu entwickeln, denen die Standardsoftware nicht nachkommen kann.

Für das R/3-Vorgehensmodell wird mit der Task 1.1.3. nicht der gesamte Aufwands- und Themenbereich einer Ist- Analyse beschrieben. Vielmehr geht es bei diesem einzigen „als Bestandsaufnahme" benannten Auf-gabenbündel um das systematische Zusammentragen der Aufsatz-punkte für das R/3-Projekt im Sinne einer Projektvorbereitung. In den Aufgabenpaketen des Vorgehensmodells zur Konzeption und De-taillierung sind weitere Ist-analytische Teilaufgaben eingebunden. Insofern kann man im Rahmen der R/3-Vorgehensphilosophie eigentlich nicht mehr von einer klassischen „Ist-Analyse" sprechen. Leider sind dabei auch alle arbeitsorientierten Fragestellungen ausgeblendet wor-den.

Probleme der Task aus arbeitsorientierter Sicht

Die von SAP vorgeschlagenen Aufgaben orientieren sich zu eng an der betrieblichen Informationsverarbeitung und an der Einführung von EDV-Funktionen. Die Sicht auf die "Gesamte Arbeit" eines Mitarbeiters, einer Abteilung oder eines Bereiches fehlt. Zugleich spricht aber SAP im IMW auch des öfteren aus, daß sich nicht nur das EDV-System verändern wird, sondern auch betriebliche Abläufe und Tätigkeiten der Mitarbeiter. Entsprechend ist die Ist-Analyse inhaltlich nur auf orga-nisatorisches Redesign der Abläufe anhand von SAP-Prozessketten ausgelegt. Dieser Trend wird im R/3-Vorgehensmodell und R/3-Analyzer fortgesetzt.

Eine so eng am SAP-Funktionalitätsangebot orientierte Ist-Analyse bietet keine Aussicht auf eine „kohärente Planung" von Arbeit (Beteiligung, Aufgaben, Qualifizierung, Belastungen, Berufsaussichten, Führung) und Technik (Standardisierung und Formalisierung, Automatisierung und Rationalisierung, Erwartungen an Datenpflege und Entscheidungen) im weiteren Einführungsverlauf. Desweiteren fehlt bei einem solchen Vorgehen die Basis, konkrete SAP-unabhängige Ziele und Vorgaben zu entwickeln und abzustimmen. Absehbar ist daher die maximale Nutzung der Technik, und der ganze Rest entwickelt sich naturwüchsig in den Grenzen der betrieblichen Kräfteverhältnisse.

Wer jetzt nicht gefragt ist/wird, hat später wenig Chancen sich noch einzubringen! Das Material wird jetzt zusammengetragen und nicht noch einmal ergänzt. Die Festlegung der Unternehmensfunktionen, die durch SAP unterstützt werden sollen, ist erfolgt. Ziel und Ressourcen werden in dieser und der nächsten Task endgültig festgelegt; danach ist alles fast nur noch Umsetzung. Wer keine Kraft hat, sich mit seinen Anforderungen durchzusetzen, wird auch nur schlecht mit EDV-Unterstützung versorgt bzw. vom SAP- Standard überrollt.

Unter vorgehaltener Hand und in Berater-Artikeln aus EDV-Zeitschriften wird darüber hinaus auf zwei Probleme hingewiesen:

1. Eine systematische Ist-Analyse ist in dem Maße entbehrlich, in dem die besten Wissensträger aus den Fachabteilungen in das Projekt eingebunden werden können.

2. Eine detaillierte Ist-Analyse nebst einer Erhebung von Schwach-stellen und Wünschen provoziert (wie z.B. in Fall 1, Kapitel A) eine Anspruchslawine aus den Fachbereichen, ohne daß das Projekt bzw. die SAP-Software ihnen nachzukommen in der Lage sein wird.

Wird nun doch eine IST-Analyse durchgeführt, trifft sie zumeist die Mitarbeiter der Fachabteilungen uninformiert und ohne Kenntnis der Folgen (für ihre Arbeit, für ihren Arbeitsplatz, für die Arbeit anderer). An der Verarbeitung des bei Ihnen erhobenen Wissens sind sie nicht mehr beteiligt. Ob es Ihnen gelingt, erneut Wissen aufzubauen, das ihre Stellung im Beruf festigt, ist ungewiß. Entsprechend wird häufig „gemauert", zumindest aber eine Verunsicherung der späteren An-wender provoziert.

Die Kosten werden zwar von SAP als Problem angesprochen, aber in den Betrieben kaum realistisch erhoben werden: welche Informati-onsbedarfe derzeit zu welchen Kosten bedient werden, ist deshalb nach der Ist-Analyse weiterhin zumeist offen. Es wird entsprechend keine Diskussion darüber in Gang gesetzt, wer welchen Informationsbedarf für seine Aufgaben hat, wie gut die Alt-Systeme sind und was dies kostet bzw. eine neue Lösung kosten darf. Unter diesem Blickwinkel wären viele Daten- und Funktionsfriedhöfe zu vermeiden (gewesen).

Soziale Pflichten

Wenn die Ist-Analyse und dann auch das Sollkonzept Bestandteil der erforderlichen Unterrichtung und Beratung des Betriebsrates nach § 90 BetrVG und der Mitarbeiter nach § 81 BetrVG sein soll, dann sind weitere Fragestellungen aus Sicht der Arbeitnehmer mit in die Untersuchung einzubeziehen. Diese zusätzlichen Fragen sind vor Untersuchungs-beginn mit dem Betriebsrat abzustimmen. Die Zusammenstellung der Ergebnisse der Ist-Analyse kann dann bereits eine erste Unterrichtung nach § 90 BetrVG sein.

Der Interviewbogen, nicht nur in den Teilen mit den Fragen zu Leis-tungsmengen und benötigten Zeiten, muß nach § 94 (Personalfrage-bogen) und § 87.1.7 in Verbindung mit dem Arbeitsschutzgesetz mit dem Betriebsrat abgestimmt werden. Besteht keine Einigkeit, muß diese durch die Einigungsstelle ersetzt werden. Sofern diese Erhebungen mittels EDV verarbeitet werden sollen, muß der Betriebsrat gemäß § 87.1.6 BetrVG informiert und bei Personenbezug um Zustimmung gebeten werden.

Im Zusammenhang mit den erhobenen Arbeitsvolumen und den ange-zielten Rationalisierungsfolgen sind nach § 92 BetrVG die Berechnungs-verfahren zum Personalbedarf und die Folgen mit dem Betriebsrat zu beraten. Über Ist- und Soll-Kosten des EDV-Projektes und der erwarteten laufenden Kosten sowie Rationalisierungserwartungen ist der Wirt-schaftsausschuß nach § 106 BetrVG zu unterrichten.

Mit Verbesserungsvorschlägen aus der Mitarbeiterschaft ist gemäß den Bestimmungen des betrieblichen Vorschlagswesens zu verfahren oder mit dem Betriebsrat gem. § 87.1, 12 BetrVG Einvernehmen herzustellen.

Arbeitsorientierte Empfehlungen

Die Ist-Analyse ist organisatorisch und methodisch so anzulegen, daß sie unter Beteiligung der Mitarbeiter der Fachabteilungen stattfindet und diese selber Fähigkeiten erwerben, die Zielsetzungen ihrer Arbeit, die Aufbau- und Ablauforganisation der Abteilung und des Bereiches sowie die benutzten Hilfsmittel zu beschreiben, zu bewerten und zu verbessern.

Die Erhebung der Arbeitsbedingungen der Mitarbeiter (Monotonie, Streß, Überbelastung, Überforderung etc.) sollte gemäß Bildschirmarbeitsverordnung in die Untersuchung einbezogen werden, damit später die gezielte Vermeidung bekannter Schwächen ermöglicht und spezielle Verbesserungen der Arbeitsorganisation sowie der Abbau von Belastungen geplant werden kann (vgl. dazu die Kapitel C 1. „Humane Arbeitsgestaltung und SAP- Software" sowie B 3. u. B 4.).

Ebenso ist für den fachlichen und EDV-Grundlagenbereich (z.B. PC-Grundlagen) die Erhebung des derzeitigen Qualifikationsniveaus zu empfehlen. Für einen Interessenausgleich über Arbeitsgestaltung und Arbeitsverteilung (z.B. Weiterbildungsinteresse, Wünsche nach Aufgabenerweiterung) sind diese Angaben ebenfalls eine gute Grundlage (vgl. dazu ausführlich die Kapitel C 2. und C 3. und C 4.).

Darüber hinaus empfehlen wir eine Darstellung aller Untersuchungsergebnisse und der daraus gezogenen Schlußfolgerungen in verständlicher Form den Mitarbeitern der Fachabteilungen zur Kenntnis gegeben werden. Eine Diskussion darüber wird mit Sicherheit nicht nur die Akzeptanz, sondern auch die Validität erhöhen.
Denn die sich daraus möglicherweise entwickelnden Ängste, aber auch weiterführenden Ideen, sind zum jetzigen Zeitpunkt noch produktiv zu handhaben. Eine betriebsspezifische Mythenbildung zu den Ist-Einschätzungen und ihren Folgen ist auf jeden Fall kontraproduktiv.

R/2 231 Sollkonzept entwerfen
R/3 1.4. Funktionen und Prozesse festlegen

R/2

231 Sollkonzept entwerfen

SAP: allgemeine
Darstellung
der Task
(Stand IMW 5.0.E)

ZIELE DER TASK:

- *Definition der Funktionen und Information, die durch das neue System bereitgestellt werden.*
- *Erstellen einer Arbeitsgrundlage für die weitere Detaillierung der Projekt-arbeit*
- *Sollkonzept entwerfen*
- *Ausgewählte Funktionen überprüfen*
- *Einführungsreihenfolge festlegen*
- *Ergebnisse des Sollkonzepts festhalten und einen Abschlußbericht erstellen*
- *Abschlußbericht mit den Fachbereichen abstimmen*

R/3

1.4. Funktionen und Prozesse festlegen

Allgemeine
Darstellung
aus dem
Vorgehens-
modell R/3
(Stand: 3.0. C)

Die Einführung des R/3-Systems hat Auswirkungen auf Ihre bisherigen Ar-beitsabläufe im Unternehmen. Davon sind Geschäftsprozesse, Informa-tionsflüsse und Zuständigkeiten betroffen.

Hinweis
Als Werkzeug zur Bearbeitung und Dokumentation der einzelnen Arbeits-schritte dieses Arbeitspaketes wird der Einsatz des R/3-Referenzmodells und des "ARIS-Toolset" empfohlen. Zum Einsatz dieser Werkzeuge beachten Sie bitte die SAP-Dokumentationsrichtlinien im Handbuch "Das R/3-Referenz-modell".

Auslöser
- *Ergebnisse der Projektvorbereitung sind verabschiedet.*
- *Das Projektteam ist geschult.*
- *Die Mandanten sind eingerichtet.*
- *Das Unternehmens- IMG ist erzeugt.*
- *Das Projekt- IMG ist eingerichtet.*

Eingehende Informationen
- *Fach- und DV- Konzept*
- *Systemumgebung für die R/3- Einführung*
- *Projektstandards*
- *Spezifizieren Sie das DV- Konzept*

Dazu ermitteln Sie die zukünftigen Systemressourcen für Platten, CPU, Netzwerk, PCs, Drucker, sonstige Software.

Zur rechtzeitigen Budgetfreigabe und Beschaffung von Hardware ist es wichtig, die zukünftigen Ressourcen frühzeitig vor der Realisierungsphase zu ermitteln.

- *Stimmen Sie das festgelegte Fach- und DV- Konzept ab*

Um während der Realisierungsphase konzeptionelle Nacharbeiten mit aufwendigen Folgeaktivitäten zu vermeiden, ist vor Beginn dieser Phase unbedingt vom Management die Zustimmung zum Sollkonzept einzuholen.

Erarbeitete Informationen
- *entscheidungsfähiges Sollkonzept*
- *Unternehmensstruktur*
- *Fachkonzept*
- *Organisationsänderungen*
- *Liste der Schnittstellen*
- *Liste der Erweiterungen*
- *DV- Konzept*
- *Vorgaben für das Berichtwesen*
- *Vorgaben für die Systemeinstellungen*

Ergebnis
- *Das Sollkonzept ist verabschiedet.*

Zur Darstellung der Task aus SAP-Sicht

Im R/2 Vorgehensmodell ist die Entwicklung des Sollkonzeptes noch in klassischer Weise an die linearen Schrittfolgen eines Wasserfallmodells gebunden. Die erhobenen Stärken und Schwächern aus der Ist- Analyse, die Kenntnisse über das Funktionalitätsangebot der SAP- Software, die Integrationsansprüche und Vorstellungen der Fachbereiche laufen hier zusammen und sollen zu einem groben Gesamtkonzept vereint werden. Daraus sind - nach der Verabschiedung durch die Fachbereiche und den Lenkungskreis - die dann folgenden Projektaktivitäten abzuleiten und konkret zu planen.

Im R/3-Vorgehnsmodell sind die Ansprüche an den Detailierungsgrad des Sollkonzeptes höher, vor allem, weil im Verlauf der Projektvorbereitung der grobe Sollkorridor (Ziele, R/3-Funktionalitäten, Einführungsstrategie, Geschäftsprozeßdefinition etc.) schon schrittweise und toolgestützt definiert werden sollte. Entsprechend ist der Sprachgebrauch von SAP in der Konzeptionsphase:" ...festlegen" - und für die Detailierungs- bzw. Realisierungsphase: "... abbilden" - durchaus treffend.

Während im IMW (R/2) an dieser Stelle noch die Entscheidung über die Einführungsstrategie Big-Bang, also alle SAP-Module auf einmal, oder eine wie auch immer geartete stufenweise Modulfolge ansteht, sollte im R/3-Vorgehensmodell diese Frage schon längst entschieden sein (1.1.8). Schließlich wird im IMW - im Gegensatz zum R/3-Vorgehensmodell - deutlich auf die Unterrichtungs- und Beratungspflicht des Sollkonzeptes mit dem Betriebsrat nach § 90 BetrVG hingewiesen und angeregt, seine Anforderungen in Form "sozialer Pflichten" in der folgenden Projektarbeit zu berücksichtigen.

Probleme aus arbeitsorientierter Sicht

Die Entwicklung, Darstellung und Verabschiedung eines Soll-Konzeptes ist bekanntlich immer ein entscheidender Meilenstein in einem EDV bzw. Reorganisationsprojekt. Hier kummulieren in der Regel alle technischen, organisatorischen und betriebspolitischen Probleme und Hoffnungen bzw. Zielerwartungen. Insofern sind aus unserer Sicht die Leitbilder, die Verfahren, die Methodik und die Gegenstandswahl die entscheidenden Parameter für die Qualität des Sollkonzeptes. Unserer Erfahrung nach waren diejenigen Betriebe im Vorteil, die sich bei diesem Arbeitspaket einen intensiveren Beteiligungs- und Interessenausgleichsprozeß "geleistet" haben und dabei nicht nur die Auswahl der zukünftigen SAP-Funktionalitäten betrieben, sondern auch leitbildorientiert die Arbeitsorganisation und Personalentwicklung in das Sollkon zept integriert haben. Diejenigen Betriebe aber, die sich allein - zumeist expertengestützt - auf die Konzeptionierung der EDV- Funktionalität beschränkt und ihre Konzepte nur noch zum "Abnicken" den Fachbereichen und Entscheidungsgremien vorgelegt haben, hatten in den folgenden Projektphasen und im Produktivbetrieb weitaus mehr Schwierigkeiten mit der Umsetzung (vgl. dazu exemplarisch den Fall 2 in Teil A).

Auch der Mißerfolgsfaktor "Abdrängen, Behindern, Ignorieren des Betriebsrates" spielt in diesem Projektstadium eine wesentliche Rolle. Denn Betriebsräte haben ja bekanntlich das Recht, wenn sie im Rahmen ihrer Informationen -, Beratungs- und Mitbestimmungsrechte nicht "im Stadium der Planung" einbezogen werden, später massiv blockierend einzugreifen (vgl. hierzu Kapitel C 4). Insofern sind über eine intensive Beratung und Mitgestaltung des Sollkonzeptes durch die Interessenvertretungen der Mitarbeiter nicht nur Folgeprobleme zu vermeiden, sondern es kann auch die Qualität des Sollkonzeptes in Richtung Arbeitorientierung und Sozialverträglichkeit gesteigert werden.

Soziale Pflichten aus Gesetzen und Verordnungen

Da mit dem Sollkonzept - so das Vorgehensmodell - weitgehend die Arbeitsorganisation, die ggf. nachteiligen Folgen für die Beschäftigten und über die Detaillierung der folgenden Projektphasen die Arbeitsbedingungen des Projektes geplant werden, konzertieren sich hier nahezu alle Arbeitgeber- und Betriebsratspflichten bzw. Rechte.

Einmal mehr müssen hier konkret die Bedingungen des Arbeitsschutzgesetzes und der Bildschirmarbeitsverordnung in Gestaltungsaufträge umgesetzt sein, wobei vor allem auch die vorliegenden DIN/ EN Normen - beispielsweise die 9241. zur Dialoggestaltung - Beachtung finden sollten (vgl. dazu weitergehend C 1 und C 4).

Der Datenschutz, also das Verhältnis von Führung, Kontrolle, Erforderlichkeit und Revisionsfähigkeit, muß als konkretes Konzept im SAP- Design beschrieben werden, und die Erstellung der Personaldatendokumentation gemäß § 37.2 BDSG als Aufgabe konzipiert werden.

101

Die aus dem technisch -organisatorischen Soll abzuleitenden personal-planerischen Ziele und Maßnahmen müssen unter der Maßgabe des § 92 BetrVG und eines Interessenausgleichs nach § 111 ff BetrVG konkretisiert (z.B. Qualifizierungsanforderungen, Arbeitsplätze) und verhandelt werden.

Entsprechend greifen hier alle Informations- und Erörterungs- bzw. Beratungspflichten des Arbeitgebers gegenüber dem Betriebsrat, sei es aus §§ 90, 81, 92, 106 und 111 BertrVG sowie § 82 BetrVG gegenüber den betroffenen Mitarbeitern.

Arbeitsorientierte Empfehlungen

Die SAP- Empfehlung aus dem IMW in das Sollkonzept über den Betriebsrat auch "soziale Pflichten" aufzunehmen, ist aus arbeitsorientierter Sicht ernstzunehmen. Entsprechend bedeutet der Begriff "Soziales Pflichtenheft" die Integration von z.B. Datenschutz, gesundheitsförderlicher Software-, Arbeits- und Organisationgestaltung, Personalentwicklung in das neue SAP- gestützte Oragnisationmodell. Diese Auffassung verweist selbstverständlich auf die vorangegangenen Tasks, also auf die Qualität der Ziele, Leitbilder und die Ist-Analyse bzw. Bestandsaufnahme, somit auf das Konzept und die methodische Anlage des Gesamtprojektes.

Aufgrund der komplexen Bedingungen und Auswirkungen dieser Task auf den Projekterfolg verweisen wir an dieser Stelle auf unsere Vorgehensempfehlungen in Kapitel B 3 und B 4, sowie auf alle Querschnittskapitel in Teil C.

R/2   311   Unternehmensstruktur beschreiben
R/3   1.1.7. Abbildung der Unternehmensstruktur erarbeiten

R/2

SAP: allgemeine
Darstellung
der Task
(Stand IMW 5.0 E)

311 Unternehmensstruktur beschreiben

ZIELE DER TASK

Konzeption

• *Die Unternehmensstruktur gibt Aufschluß über den Aufbau eines Konzerns oder einer Firma. Diese Struktur muß für Unternehmen, Werke und Läger des Konzerns bzw. Unternehmens, die am SAP-System teilnehmen sollen, übertragen werden.*

• *Mandanten definieren*

• *Buchungskreise definieren*

• *Geschäftsbereiche definieren*

• *Werke definieren*

• *Lagerorte definieren*

• *Lagerortstruktur definieren*

• *Sparten-/Vertriebsbereich*

• *Überprüfen Unternehmenstruktur*

R/3

SAP:allgemeine
Darstellung
aus dem
Vorgehensmodell
R/3 (Stand: 3.0.C)

1.1.7. Abbildung der Unternehmensstruktur erarbeiten
2.2. Unternehmensstruktur abbilden

zu 1.1.7

Erarbeiten Sie das Konzept für die Abbildung bzw. die Änderung Ihrer Organisation.

Diese Aktivität dient dazu, Änderungen an der Aufbauorganisation frühzeitig zu erkennen und aus der Zuordnung Ihrer Organisationseinheiten zu den Systemorganisationseinheiten des R/3-Systems wichtige Informationen für die Einführungsstrategie, die Einführungsreihenfolge und den Einführungsumfang zu gewinnen.

• *Prüfen Sie Ihr Unternehmensorganigramm (siehe Aktivität: "Bestandsaufnahme durchführen"), und berücksichtigen Sie dabei die Änderungen der Aufbauorganisation, die Sie im Rahmen der vorangegangenen Aktivitäten erkannt haben und die bei den einzelnen Prozessen / Funktionen im WinWord-Dokument unter dem Gliederungspunkt "Änderung der entste-henden Ablauf- und Aufbauorganisation" dokumentiert sind.*

Falls sich Änderungen der Aufbauorganisation Ihres Unternehmens ergeben, dokumentieren Sie diese in einem neuen Organigramm, das Sie auf der Grund-lage des Unternehmensorganigramms der Bestandsaufnahme erstellen.
Sonstige Änderungen zu einer Organisationseinheit, beispielsweise hinsichtlich des Aufgabenumfangs, der Verantwortungszuordnung dokumentieren Sie stichpunktartig im Attribut "Bemerkung/Beispiel".

- *Um eine Entscheidung hinsichtlich der Zuordnung der SAP-System-organisationseinheiten zu Ihren Organisationseinheiten treffen zu können, müssen Sie die Bedeutung und den Stellenwert der SAP-Systemorgani-sationseinheiten kennen.*

Verwenden Sie als Basis dafür das SAP-Organigramm des R/3-Referenzmodells und den Abschnitt zur Unternehmensstruktur im IMG.

- *Zur Abbildung der Unternehmensstruktur werden den einzelnen Organi-sationseinheiten Ihres Unternehmens die Systemorganisationseinheiten des R/3-Systems zugeordnet.*

- *Ziehen Sie bei dieser Projektaktivität unbedingt einen R/3-Berater hinzu.*

zu 2.2.
Jede Anwendung des R/3-Systems benutzt eine oder mehrere SAP-System-Organisationseinheiten zur Abbildung ihrer Prozesse/Funktionen.
Diese stehen hierarchisch oder netzartig in Beziehung.

Beispiele von System-Organisationseinheiten sind

aus dem Rechnungswesen
- *Buchungskreise*
- *Kostenrechnungskreise*

aus der Logistik
- *Werke*
- *Einkaufsorganisation*
- *aus dem Personalwesen*

- *Personalbereiche*

In diesem Arbeitspaket

- *überprüfen Sie die Ausprägungen der ausgelieferten SAP-System-Organisationseinheiten und nehmen die Anpassungen der SAP-System-Organisationseinheiten vor.*

Die Abbildung der im Arbeitspaket "Funktionen und Prozesse festlegen", definierten Unternehmensstruktur im R/3-System bildet die Grundlage für das nachfolgende Customizing der Stammdaten und der Funktionen/Prozesse.

Zur Darstellung der Task aus SAP-Sicht

Die Struktur des Unternehmens aus SAP-Sicht (Mandanten / Buchungskreise / Geschäftsbereiche / Werke / Lagerorte / Lagerortestruktur / Sparten-, Vertriebsbereiche) wird in den sogenannten ATAB-Tabellen abgebildet (R/2). Dabei sind neben dem organisatorischen Aufbau des Unternehmens die Möglichkeiten des SAP-Systems mit dem zugrundeliegenden Software-Entwurf, die Abwicklung der Geschäftsvorfälle und der Belegfluß sowie die eventuell zukünftig zum Einsatz kommenden SAP-Komponenten zu berücksichtigen.

SAP verweist explizit auf die erforderliche Beratung der Unternehmensstruktur mit den vom Einsatz jetzt und zukünftig betroffenen Fachbereichen und den SAP-Spezialisten für die einzelnen SAP-Software-Module.

Im Vorgehensmodell R/3 wird zudem auf die neuen Hilfswerkzeuge (PC-Tools zur graphischen Anzeige der Unternehmensstruktur, auf das SAP-Organigramm aus dem R/3-Referenzmodell) des IMG verwiesen, die nicht nur die Erarbeitung sondern auch die Präsentation und Diskussion unterstützen können. Darüber hinaus sollten gemäß R/3-Vorgehensmodell vor der Task 1.1.7. die „Geschäftsprozesse" des Unternehmens definiert sein (1.1.5), nicht zuletzt, um die Ablauf- und Kommunikationssichten bei der Modellierung der Aufbauorganisation berücksichtigen zu können.

Probleme aus arbeitsorientierter Sicht

Die Entscheidung der Unternehmenstruktur ist, sieht man von den Ressourcen- und Personalentscheidungen der SAP-Projektorganisation ab, nach der Auswahl der einzuführenden SAP-Module und der Festlegung der davon betroffenen Unternehmensbereiche (siehe Task 221 und 231 bzw. 1.1.3 und 1.4) die zweite grundlegend wichtige Entscheidung innerhalb der SAP-Einführung. Mit dieser Entscheidung ist die Aufbauorganisation des gesamten Unternehmens weitgehend vorbestimmt und es werden die Hierarchien und Beziehungen der einzelnen Organisationseinheiten untereinander festgelegt. Die nachfolgenden Tasks (321 Verarbeitungsabläufe und 327 Aufgabenverteilung bzw. 2.4 und 1.4.1) folgen den Vorgaben der Unternehmensstruktur. Ebenso ist die Unternehmensstruktur ein wesentliches Detaillierungskriterium bei der Vergabe der Informationsdefinitionsmacht. Denn mit der Hierarchie wird grob festgelegt, wer im Rahmen der (verteilten) Datenpflege in Zukunft welche Daten anlegen kann bzw. zu pflegen hat.

Diese Strukturentscheidung zur unternehmensweiten Aufbauorganisation muß sehr früh im Verlauf des Einführungsprozesses fallen und ist letztlich durch die Geschäftsführung und den Lenkungsausschuß bzw. das Managementgremium zu treffen und zu verantworten, die bezüglich der Folgen der Integration und der Standardisierung i. d. R. nur über geringe Erfahrungen verfügen sowie bisher wenig Lernchancen hatten, sich in die systemspezifischen Erfordernisse einzuarbeiten. Es ist die Stunde der SAP-Berater und Könner, aber auch der strategischen Ziele und Leitbilder, falls diese vorliegen und im Betrieb diskutiert wurden. Wer fragt die Könner - seien sie auch nur als „Moderatoren" bestellt - später nach der Verbindlichkeit ihrer Aussagen und Vorschläge? Welche Fehler in der Unternehmensstruktur sind bis wann und mit welchem Aufwand zu korrigieren, wenn, wie in Fall 1, „plötzlich" Profitcenter gebildet werden sollen, was u. U. mit der schon eingestellten SAP-Unternehmensstruktur gar nicht harmoniert.

Die Abbildung der Unternehmensstruktur ist entsprechend ein heftig diskutiertes und umstrittenes Thema, vor allem auch in größeren Unternehmen und Konzernen mit mehreren Betrieben, Firmen, Sparten und Unternehmensbereichen. Der Interessenskonflikt der Fachbereiche um Koordinationserfordernisse, um die Datenpflege-Aufwände sowie um die Transparenz der Organisationseinheiten für „Außenstehende" kann erheblich sein. So entscheidet sich hier tendenziell beispielsweise auch die Frage, ob die Produktion und Logistik in ihrem eigenen Interesse soviel Information wie nötig an die Kostenrechnung und den Vertrieb weitergibt und damit den Grad der Transparenz und Aktualität mit aushandeln kann, oder ob das Controlling und andere Bereiche eine uneingeschränkte Transparenz der Produktion und ihrer Leistungen durchsetzen können.

Neben den sich hier zurecht entzündenden politischen und strategischen Debatten ist die Beschreibung der Unternehmensstruktur in SAP auch ein gravierendes Problem der Sprachen. Die Begriffe und Definitionen aus der SAP-Welt sind zum einen selbst nicht konsistent aus einer Fachsystematik abgeleitet (z. B. Mandant/Buchungskreis/Werk) und wecken von daher schon verschiedene Assoziationen. Zum anderen finden sie in der gewachsenen Betriebssprache i. d. R. keinerlei eindeutige Entsprechungen und müssen erst hin wie her übersetzt und zugeordnet werden. Diese Problematik wird für den innerbetrieblichen Diskurs, aber auch für die späteren Anwender noch dadurch verstärkt, daß die Konsequenzen, die sich aus den entsprechenden Festlegungen systembedingt ergeben (Releasewechselprobleme, Integrationsgrad, Änderungsaufwände, Standardisierungszwänge etc.), von den wenigsten zu diesem Zeitpunkt überblickt werden. Die sich daraus ableitende Machtfülle der SAP-Kenner kann entsprechend überaus problematisch werden (vgl. dazu nochmals Fall 1 und 2 in Teil A).

Soziale Pflichten aus Gesetzen und Verordnungen

Änderungen der Unternehmensstruktur (z.B. Zusammenschluß, Aufspaltung Cost- und Profitcenter etc.) sind mit ihren wirtschaftlichen Zielen und Konsequenzen im Wirtschaftsausschuß (§ 106 BetrVG) mit dem Betriebsrat zu beraten.

Die grundsätzliche Änderung des betrieblichen Aufbaus erfordert die Überprüfung der Anforderungen im Sinne einer „Betriebsänderung", um ggf. über einen Interessenausgleich und Sozialplan gemäß § 111/112 BetrVG zu verhandeln.

Da auch erste arbeitsorganisatorische Konsequenzen hier absehbar sind oder angezielt werden, ist eine entsprechende Information und Beratung mit dem Betriebsrat nach § 90 BetrVG etc. erforderlich.

Arbeitsorientierte Empfehlungen

Integration ist eine Managementaufgabe und durch Zielbildung, strategische Unternehmensplanung, offengelegte Leitbilder und Führungsstil zu lösen. Es ist daher eine falsch verstandene Integration und Führungsauffassung, wenn man allein den Funktionalitäten von SAP die Integration und Synergie des Unternehmens überläßt.

Es sind Überlegungen zur Erforderlichkeit zentraler, lokaler und individueller Datenhaltung und Informationsflüsse anzustellen. Die Unternehmensstruktur und die damit gegebene Datenstruktur ist auf ihre Funktionalität, Wirtschaftlichkeit und unter dem Aspekt des Wissenserwerbs und der Wissensverteilung sowie der Handlungs- und Entscheidungsspielräume zu überprüfen. Oft sind es übertriebene Transparenz- und Kontrollinteressen bis auf den Einzelvorgang hinunter, die eine streng formale Bearbeitung durch den Sachbearbeiter erzwingen und wenig Raum für Kreativität und ziel- und leitbildorientiertes Handeln lassen (vgl. dazu auch B 4 und C 3).

Entsprechend sollten alternative Gestaltungsoptionen erarbeitet und bewertet werden, um den Trend zu allumfassender Abbildung und Integration kontrastiv diskutierbar machen zu können, z. B.

- RF/FI: Müssen alle Unternehmensteile im gleichen Mandanten eingerichtet werden? Müssen alle Werke im gleichen Buchungskreis eingerichtet sein?

- RM-MAT; RM-PPS/MM;PP: Eventuell kann für jede selbständig operierende Organisationseinheit ein Mandant eingerichtet werden, um ihr selbst in stärkerem Maße das Recht einzuräumen, welche Informationen sie an andere weitergibt und sich selbst flexibler organisieren zu können.

- RP/HR: Das HR-System könnte, um die häufigen Put- und Release-wechsel z.B. aufgrund von Gesetzesänderungen sowie die Daten-schutzanforderungen besser bewältigen zu können, als separates System oder mit Release 4.0 als "eigenständige Komponente" einge-richtet werden.

- RV/SD: Wieviel Transparenz bekommt der Vertrieb über Herstell-kosten und Fertigstellungstermine? Eventuell kann auch der Vertrieb sinnvoll in einem eigenen Buchungskreis eingerichtet werden?

Aus Sicht der Produktion und Logistik sollte die Unternehmensstruktur für RM/MM, PP zumindest unabhängig von RF/FI und RK/CO ent-wickelt werden, damit der Grad der Transparenz zum Aushandlungs-gegenstand werden kann.
Die Unternehmensstruktur in RM/PP ist ggf. für Gruppenarbeit, "auto-nome oder teilautonome" Fertigungsinseln, Fertigungslinien zu spezi-fizieren. Dies betrifft dann Grob- und Feinplanungen, die gesamte Frage der Feinsteuerung, der Fertigungsaufträge und der Transportaufträge etc.

Mit der Festlegung der Lagerstruktur wird eine Transparenz und eine Kontrolle sowie Rationalisierungmöglichkeit vieler Produktionsvor-gänge für Außenstehende geschaffen. Lohnt sich der Aufwand für getrennte oder produktionsnahe Lager und die erforderlichen Bestands- und Bewegungsbuchungen (vgl. z.B. in Fall 4 die Sichtlager)?

Das Projektteam sollte Erfahrungen sammeln durch Arbeits-Prototyping über alle Unternehmensbereiche im gleichen Mandanten und lernen, die Unternehmensstruktur zu verändern und als Aushandlungsgegen-stand zu begreifen (vgl. dazu B 4 „Lernphase" und C 2).

Es ist sinnvoll, Branchenkollegen auf Tagungen, Kongressen, Beiräten, Schulungen etc. nach ihren Erfahrungen und Problemsichten zur Un-ternehmensstruktur zu fragen. Diese zu diskutieren und zu problema-tisieren kann eine wichtige Aufgabe des Projektteams werden und mit der Offenlegung und Homogenisierung der Interessen und Sichten einen Beitrag zur Organisationsentwicklung liefern. Es sollten entsprechend dazu Workshops auch unter Beteiligung des Betriebsrates eingeplant werden.

R/2   321 Verarbeitungsabläufe definieren
R/3   2.4. Funktionen und Prozesse abbilden

R/2

SAP: allgemeine
Darstellung der
Task
(Stand:IMW 5.0 E)

321 Verarbeitungsabläufe definieren

ZIELE DER TASK:

- *Die Einführung eines neuen EDV-System greift in die bisherigen Arbeitsabläufe ein.*
- *Diese Arbeitsabläufe müssen deshalb neu konzipiert werden, vor allem auch unter Berücksichtigung bestehender vor- und nachgelagerter Systeme.*
- *Periodische wiederkehrende Arbeitsläufe, insbesondere die täglichen, monatlichen und jährlichen Abschlußarbeiten, werden in Task 323 "Periodische Abläufe festlegen" (—>REF .01001104) behandelt.*

- *Betroffene Verarbeitungsabläufe identifizieren*
- *Gestaltungsmöglichkeiten diskutieren*
- *Einzelne Arbeitsschritte festlegen*
- *Verarbeitungsabläufe abstimmen*

R/3

SAP: allgemeine
Darstellung aus
dem Vorgehens-
modell R/3
(Stand 3.0.C)

2.4. Funktionen und Prozesse abbilden

zu 2.4.
Jede Anwendung des R/3-Systems verfügt über Funktionen, die Sie für Ihre betriebswirtschaftlichen Prozesse nutzen können und die Sie über System-einstellungen unternehmensspezifisch anpassen können.

Beispiele für Prozesse des R/3-Systems:

- *Rechnungsprüfung*
- *Bestellabwicklung*

In diesem Arbeitspaket

- *legen Sie die Felder und deren Inhalte für die Prozesse/Funktionen fest,*

Sie legen die Felder und deren inhaltliche Ausprägung fest, um Ihre unter nehmensspezifischen Prozesse/Funktionen entsprechend des verabschiedeten Fachkonzepts abzubilden.

- *Nehmen Sie die Systemeinstellungen für die Prozesse/Funktionen vor.*

Um Ihre unternehmensspezifischen Prozesse/Funktionen im System abbilden zu können, müssen Sie im Customizing Systemeinstellungen vornehmen.

- *Testen Sie die Systemeinstellungen anhand von unternehmensspezifischen Beispielen.*

Sie prüfen mit dieser Aktivität, ob mit den vorgenommenen Systemeinstellungen die Prozesse/Funktionen abgebildet worden sind.

- *Stellen Sie ausgewählte Prozeßabläufe den Fachabteilungen vor.*

Um ein Feedback hinsichtlich der Akzeptanz späterer Anwender zu erhalten, werden ausgewählte Prozesse/Funktionen anhand von Systembeispielen präsentiert.

- *Detaillierten Sie die Beschreibung für die Datenübernahme.*

Durch die detaillierte Beschreibung der Datenübernahme gewinnen Sie die Sicherheit, ob die benötigten Datenfelder durch die Daten Ihrer bisherigen Anwendungssysteme mit dem gewünschten Inhalt gefüllt werden können. Darüber hinaus legen Sie die Felder und die entsprechenden Einstellungen fest, die bei der Datenübernahme defaultmäßig bzw. unter bestimmten Konstellationen gesetzt werden.

Zur Darstellung der Task aus SAP-Sicht

SAP schlägt vor, die im Sollkonzept grob festgelegten Verarbeitungsabläufe in der Detaillierungsphase zu vereinfachen, zu optimieren und unter Nutzung der „vielfältigen" Möglichkeiten des SAP-Systems verständliche Abläufe zu schaffen. Dabei sind die vor- und nachgelagerten EDV-Systeme zu berücksichtigen. Die entworfenen Verarbeitungsabläufe müssen auch die Arbeitsschritte umfassen, die nicht mit Unterstützung von SAP-Funktionen bearbeitet werden.

Die organisatorischen Abläufe sind mit den Fachabteilungen abzustimmen und vom Lenkungsausschuß bzw. dem Management- Gremium zu beschließen. Dafür eignet sich u.a. ein "Prototyp" für ausgewählte
Prozesse z.B. in Form von Screen Cams. Sie bilden später die Grundlage für die Aufgabenverteilung und die Vergabe der Zugriffsberechtigungen.

Probleme aus arbeitsorientierter Sicht

Das eigentlich hier ausgesprochene Organisationsprojekt (Business-
Process Redesign) ist oft nicht mit genügend Ressourcen ausgestattet.
Die Projektleitung hat keine organisatorische Regelungskompetenz; der
Lenkungsausschuß ist in diesen Fragen nicht entscheidungsfähig oder
sieht den Entscheidungsbedarf nicht ein. Hier macht sich häufig eine
nicht sauber durchgeführte Ist-Analyse negativ bemerkbar.

Unerledigte bzw. nicht gefällte Organisationsfragen und -entschei-
dungen entwickeln sich so zu einem Dauerrisiko, nicht nur, weil das
SAP-Projekt weitergehen muß und bestimmte Strukturfragen eben jetzt
gelöst werden müssen, sondern weil bei aktueller Entscheidungs-
schwäche des Managemants durch all die verschobenen Punkte die
Motiviation der Projektmitarbeiter und auch der späteren Endanwender
verloren geht.

Nur wenige Unternehmen, Bereiche und Abteilungen verfügen über
die Fähigkeit, ihre eigene Ablauf- und Aufbauorganisation zu erfassen,
zu bewerten und entsprechend den erarbeiteten strategischen Zielen
und Leitbildern zu entwickeln und zu verändern. Verbreitet herrscht
noch eine statische, verrichtungs- bzw. fachbereichsorientierte Auffassung von Organisation vor. Die Sichtweise einer sich permanent
entwickelnden und dynamischen Organisation setzt sich für viele SAP-
Projekte zu langsam durch. Angesichts dieser Organisations-Schwäche
des Managements ist es kein Wunder, wenn die Organisationaufgabe
neben der Projektsteuerung gern und häufig den externen Unternehmensberatern übertragen wird, die wiederum die betrieblichen Kernprozesse und Besonderheiten wenig kennen. Die Stärke der Unternehmensberater liegt oft in der lautstarken Verkündung aktueller betriebswirtschaftlicher Moden und Parolen (wie z.B. EIS, SCHLANK,

Dezentral, Logisitische Organisation, Controlling) sowie in der Vertretung der in der SAP-Software angebotenen Konzepte und Verfahren
("Best-Ways").

So kommt es häufig zu einem von Externen (Berater und Software)
bestimmten Auflaufdesign, daß aufgrund des zumeist fehlenden "Selbst-
bewußtseins" der eigenen Organisationsstärken und Leitbilder später
nicht nur von den Anwendern als fremdbestimmt und praxisfern
empfunden und torpediert wird (vgl. z.B. Fall 2 in Teil A), sondern auch
den personellen Ressourcen (qualitativ und quantitativ) und Entwicklungsmöglichkeiten nicht entspricht. An den betrieblichen Kern-
prozessen orientierte, also robuste Abläufe haben wir entsprechend
selten gesehen. Ebenso häufig wurde eine konsequente Arbeitsorientierung (z.B. Gruppenarbeit und Selbststeuerung) allzu häufig einer
hierarchisch und vom Controlling dominierten Ablaufstruktur - also
dem vorhherrschenden SAP-Design entsprechend - geopfert.

Die Methoden zum Entwurf und der Darstellung von organisatorischen
Abläufen sind häufig unzureichend. Viele Methoden sind zu kompliziert
wie z.B. der R/3-Analyzer und schließen so die Beteiligung der betrieblichen Projektmitarbeiter und der Endanwender aus (Lernhürde). Eine
konzeptionelle Beteiligung der Betriebsräte war entsprechend an dieser
Stelle auch nur in Ausnahmefällen zu beobachten.

Soziale Pflichten aus Gesetzen und Verordnungen

Es muß eine projektbegleitende Unterrichtung und Beratung der Änderung von Aufgaben und Tätigkeiten gemäß § 90 BetrVG stattfinden,
bevor Entscheidungen und Festlegungen getroffen werden.

Über geplante Änderungen der Aufgaben ist der betroffene Arbeitnehmer gemäß § 81.3 BetrVG zu unterrichten, und diese sind mit ihm
zu beraten (§ 82.1 BetrVG).

Für die Frage des Interessenausgleichs und des Sozialplans gemäß §§
111 / 112 BetrVG bildet die Definition der Verarbeitungsabläufe eine wesentliche Grundlage. Da mit den Verarbeitungsabläufen auch die
Vorentscheidungen zur qualitativen Aufgabenverteilung auf Bereiche,
Abteilungen und Mitarbeiter gefallen sind, sind hier auch die Kriterien

Detaillierung

und Leitbilder der EU-Bildschirm- und Rahmenrichtlinie anzulegen, und der Betriebsrat ist verpflichtet (§ 80.1.), ihre Einhaltung zu überwachen.

Arbeitsorientierte Empfehlungen

Der betriebliche Dialog mit den Mitarbeitern, dem „SAP-Projekt" und mit dem Management über Organisation, Leitbilder und Unternehmensziele, Kernprozeß sowie Sozialverträglichkeit und Arbeitsorientierung ist gerade in dieser Phase zu intensivieren, da die konzeptionellen Vorgaben aus dem Soll-Konzept sich hier in detaillierter Form entwikkeln und ggf. ändern müssen.

Es sind methodische Hilfsmittel auszusuchen und bereitzustellen, die die Organisationsveränderung für alle sichtbar, diskutierbar und variierbar machen. Dies ist zur Verbesserung der Kommunikation unter den Betroffenen und zur Beratung dringend erforderlich. Eventuell kann auch ein organisatorisches Prototyping mit einem entsprechenden EDV-System zur Organisationsentwicklung unterstützt werden. Ebenso kann die Demonstration der SAP-Funktionen und ihrer Abläufe eine Unterstützung der Vermittlung und der Diskussion bieten; z.B. welcher Mitarbeiter mit welcher Aufgabe mit welcher SAP-Transaktion, wann unter welcher Zielsetzung was für andere Stellen auslösen kann und soll und warum diese Lösung besser ist als mögliche Alternativen (vgl. dazu das Vorgehensmodell der kleinen Schritte aus B 4).

Eine erste organisatorische Änderung bzw. Teilanpassung der Verarbeitungsabläufe, die nicht zwingend SAP-Funktionen voraussetzen, kann schon im Vorlauf zur SAP-Einführung erfolgen. Zeitlich und aus Sicht von Anforderungen und Belastungen können so die organisatorischen Veränderungen und die EDV-technischen Veränderungen getrennt werden (vgl. dazu vor allem B 4).

Diese Task gibt zudem eine Chance, die abteilungseigenen (Re-) Organisationsaufgaben wieder zu erlernen und diese Aufgaben dann selbständig als dauerhafte Führungsaufgabe unter Beteiligung der Betroffenen zu entwickeln, auch ohne den organisatorisch und kostenrechnerischen Zwang über Cost- oder Profitcenter. Entsprechende Maßnahmen auf der Ebene der Organisationsentwicklung und Personalentwicklung wären dann im weiteren Projektverlauf zu unterstützen (vgl. dazu auch Kapitel C 3 "Beteiligung der Beschäftigten im SAP- Projekt").

R/2   323 Periodische Abläufe festlegen

R/2	**323 Periodische Abläufe festlegen**

SAP: allgemeine
Darstellung
der Task
(Stand:IMW 5.0 E)

ZIELE DER TASK:

- *In Task 321 —>REF .01001103 sind die nicht periodisch wiederkehrenden Verarbeitungsabläufe beschrieben worden. Im SAP-System gibt es jedoch eine Reihe von Batchfunktionen bzw. Langläufertransaktionen, die nur periodisch abzulaufen haben. Zu den jeweiligen Periodenstichzeitpunkten sind die Funktionen in eine Reihenfolge zu bringen.*

- *Periodische Abläufe identifizieren*
- *Zeitliche Reihenfolge überprüfen*
- *Reorganisationsläufe festlegen und in den Ablauf eingliedern*

R/3

Im 3.0. C-Vorgehensmodell wird dieses Arbeitspaket nicht zusammenfassend beschrieben.

Zur Darstellung der Task aus SAP-Sicht

Die periodisch regelmäßig erforderlichen Batch-Verarbeitungen, die Datenimporte über BATCH-Input und die Sicherungsläufe werden entworfen, zeitlich abgestimmt und festgelegt. Wesentlich ist eine regelmäßige Reorganisation der Datenbanken, um für die Anwender gute Anwortzeiten zu ermöglichen

Probleme aus arbeitsorientierter Sicht

Auch das System R/3 braucht für die Batch-Verarbeitung, Datensicherung etc. ein großes Batchfenster, so daß im Sinne einer Onlineverarbeitung zwar zu üblichen Arbeitszeiten (8.00 bis 18.00) der Dialogbetrieb für die Benutzer möglich ist, im Zweischichtbetrieb (Mo. bis Fr 6.00 bis 22.00 Uhr) sich allerdings öfters Probleme mit den Antwortzeiten ergeben können. Problematisch wird es mit einem Rund-um-die-Uhr-

Betrieb und bei komplexen PPS-Funktionen, die zuweilen am Montag-vormittag zu Schichtbeginn noch nicht durchgelaufen sind.

Anwender weichen dann häufig in kapazitätsgünstige Arbeitszeiten aus, auch wenn diese von ihrer persönlichen Arbeitszeitgestaltung, der Gesundheit und vom Arbeitsablauf her gesehen nicht optimal ist.

Es besteht vielfach eine Konkurrenz der Anwender um die „zentrale" R/2- und R/3-Kapazität. Die Folge sind Nachtverarbeitung, Langläufer in der Nacht, es entsteht Zusatz-Aufwand für die Optimierung von Pro-grammen. Die Übernahme von Daten aus vorgelagerten Systemen erfolgt nicht kurzzyklisch, sondern meistens immer nur nachts, wobei die Aktualität der Information auf beiden Systemen auseinanderläuft und u.U. die Anwender verunsichert.

Soziale Pflichten aus Gesetzen und Verordnungen

Der Arbeitgeber ist gem. § 91 BetrVG bzw. der Bildschirmarbeits-verordnung und entsprechender DIN-EN-Normen (9241 Teil 2) verpflichtet, angemessene Hardwarekapazitäten für den Dialogbetrieb zur Verfügung zu stellen, um eine belastungsarme Arbeit zu ermögli-chen. Der Betriebsrat hat entsprechend die Pflicht und das Recht, entsprechende Anpassungen zu verlangen (z.B. § 91 u. 87.1.7. BetrVG).

Arbeitsorientierte Empfehlungen

Es ist ein Maß, für akzeptable Anwortzeiten im Dialog (< 1 Sek.), als ergonomische Anforderung "Erwartungskonformität" zu vereinbaren und entsprechend zu überprüfen und bei Überschreitung so schnell wie möglich Abhilfemaßnahmen (Hardwareerweiterung, Beschleuni-gungsmaßnahmen etc.) in die Wege zu leiten.

Bei der Reorganisation der Datenbanken ist darauf zu achten, daß Dateien, die personenbezogene bzw. -beziehbare Daten enthalten, zu dem Zeitpunkt reorganisiert werden, an dem u.U. die Zweckbindung entfallen ist. Dabei sind die entsprechenden Daten, die nicht mehr benö-tigt werden, auch pyhsikalisch zu löschen.

R/2   325 Kontrollverfahren festlegen

R/2	**325 Kontrollverfahren festlegen**
SAP:allgemeine Darstellung der Task (Stand:IMW 5.0 E):	ZIELE DER TASK:

*   *Es müssen Verfahren zur Verfügung stehen, die*
    - *Verarbeitungsabläufe*
    - *Belegflüsse*
    - *Datenbankkonsistenzen kontrollieren.*

*   *Zu kontrollierende Funktionen und Objekte identifizieren*
*   *Kontrollverfahren festlegen*
*   *Kontrollverfahren abstimmen*

R/3

Im R/3 -Vorgehensmodell (Stand: 3.0.C.) wird dieses Arbeitspaket nicht zusammenfassend beschrieben.

Zur Darstellung der Task aus SAP-Sicht

SAP empfiehlt, die aus betriebswirtschaftlichen und datentechnischen Gründen erforderlichen Kontrollverfahren für SAP-Funktionen, SAP-Objekte sowie Schnittstellen betriebsspezifisch zu planen und festzulegen.

Folgende Objekte und Funktionen sind beispielsweise zu kontrollieren: Doppelerfassungen, Änderungen an produktiven Programmen, Datenbankinkonsistenzen, die durch Programmfehler oder unsachgemäßes Fehlerhandling entstanden sind, Absicherung von Schnittstellen mit externen Systemen.

Des weiteren schreibt SAP wörtlich:
"Der Betriebsrat hat gem. § 87 1.6 BetrVG über technische Einrichtungen, die geeignet sind, Verhalten und/oder Leistung der Mitarbeiter zu kontrollieren, mitzubestimmen. Nach der derzeitigen Rechtsprechung gilt dies für die meisten Fälle der Verarbeitung mitarbeiterbezogener

Detaillierung

117

Daten. Es sollte deshalb mit dem Betriebsrat beraten werden, inwieweit eine Speicherung und Verarbeitung mitarbeiterbezogener Merkmale im System unumgänglich ist und welche Maßnahmen ergriffen werden können, um solche Daten vor Verwendung für Kontrollzwecke zu schützen".

Dabei ist auch die erforderliche Revisionsfähigkeit des SAP-Systems zu beachten bzw. entsprechende Kontroll- und Nachweisverfahren vorzusehen.

Die Kontrollverfahren sind mit den betroffenen Abteilungsleitern abzustimmen und schon während der Einführungsphase laufend zu überprüfen und zu überarbeiten.

Probleme aus arbeitsorientierter Sicht

Anwenderdaten, die auch aus Gründen der GOB oder Go DV verarbeitet werden, haben einen Doppelcharakter. Sie ermöglichen neben der ordnungsgemäßen, d.h. revisionsfähigen Finanzbuchhaltung und Personalabrechnung (z.B. DÜVO) auch Leistungs- und Verhaltenskontrollen der SAP-Anwender.

Bei den Kontrollverfahren fallen eventuell weitere schutzwürdige Daten z.B. in Form von Protokollen an, die in vielen Unternehmen von den dafür Verantwortlichen nicht erkannt werden und so ungeschützt und unabgesprochen z.B. Linienvorgesetzten zur Verfügung stehen.
Auch eine Schwachstellen- und Sicherheitsanalyse, die den Kontrollbedarf und eventuelle EDV-Risiken dokumentiert, kann die grundsätzlichen Probleme eines Informationssystems, das hochautomatisiert und integriert Daten aufnimmt und Prozesse anstößt, nicht vollständig erfassen. Kaum ein Sachbearbeiter kann die Folgen seiner Dateneingabe bzw. Datenpflege heute noch überblicken oder selten die vom System angezeigten Daten noch auf Richtigkeit überprüfen. Da nun aber nicht alle Eingaben über automatische Plausibilitätsprüfungen laufen können, ist in vielen Fällen ein großes Risiko von Dateneingaben und entsprechender Fehlerfortpflanzung gegeben, zumal, wenn mit angemessener Schulung und Risikoaufklärung gegeizt wird.

Das SAP-System ist bezüglich der Protokollierung von Tabellen-
änderungen, Datenänderungen, Report- und Variantenkontrolle bislang
nicht sehr komfortabel. Vor allem fehlt eine Systemunterstützung der
Revisionsaufgaben, nicht zuletzt auch unter Datenschutzgesichtspunkten (z.B. ein Revisionsmonitor). Dies führt zu aufwendigen organisatorischen Bürokratismen oder einer restriktiven Genehmigungspraxis
von Daten und Auswertungen seitens des Betriebsrats. Die von SAP
für die Systeme 5.0.E. und R/3 3.0. herausgegebenen „Prüfungs- bzw.
Sicherheitsleitfäden" bieten dafür erste Hilfestellungen und machen
zugleich die Komplexität und Brisanz dieser Aufgabe anschaulich.

Soziale Pflichten aus Gesetzen und Verordnungen

Im Bundesdatenschutzgesetz ist im § 31 geregelt, daß personenbezogene
Daten, die „ausschließlich zu Zwecken der Datenschutzkontrolle, der
Datensicherung oder zur Sicherstellung eines ordnungsgemäßen Betriebes (.......) gespeichert werden, (....) nur für diese Zwecke verwendet
werden" dürfen. Dies ist technisch, organisatorisch und personell (§ 9
BDSG) sicherzustellen, und der betriebliche Datenschutzbeauftragte (§
37 BDSG) sowie der Betriebsrat (§§ 80.1 und 87.1.6 BetrVG) haben über
die Einhaltung dieser Bestimmung zu wachen und mitzubestimmen.
Alle (anderen) personenbezogenen Daten im SAP-System sind gem. §
28 BDSG nur zweckbestimmt und hinsichtlich ihres vereinbarten
Leistungs- und Verhaltenskontrollpotentials (§ 87.1.6 BetrVG) ebenfalls
nur überprüfbar (u.a. §§ 37. und 9 BDSG) zu verarbeiten. Die
Bildschirmarbeitsverordnung verlangt darüber hinaus (Anhang Ziffer
22), daß die Mitarbeiter über die Möglichkeiten der Leistungs- und
Verhaltenskontrolle mittels des EDV-Systems informiert werden.
Weiterhin gehört es zu den Aufgaben des betrieblichen Datenschutzbeauftragten (§ 37.2 BDSG), die Nutzer von Personaldaten mit den
„besonderen Erfordernissen", „Maßnahmen" und „Vorschriften" (z.B.
auch über die geltenden Betriebsvereinbarungen zum SAP-Datenschutz)
"vertraut" zu machen.

Detaillierung

Arbeitsorientierte Empfehlungen

Da der Datenschutz, die strukturelle Empfindlichkeit integrierter EDV-Systeme (Betriebssystem, Netze, Datenbanken, SAP-Software, Internet etc.) und die aufgaben- und anwenderbezogenen Flexibilitäts- und Informationserfordernisse in der Praxis häufig Widersprüche und entsprechende Akzeptanzverluste produzieren, sind die Kontrollverfahren unserer Empfehlung nach möglichst unter Beteiligung aller Betroffenen und Verantwortlichen zu entwerfen und zu erproben. Dabei sollte auf jeden Fall die konkrete Führungssituation (Kontrollerwartungen und Ängste) mit in die Aushandlung der Konzepte einbezogen werden und bereichsbezogene bzw. kulturspezifische Lösungen ermöglicht werden. Die Kontroll- und Revisionsverfahren im SAP-System sollten so ausgewählt und ggf. zusätzlich programmiert werden, daß eine anwendernahe Überprüfung bzw. Transparenz der Personaldatenverarbeitung und eine vom Anwender gewünschte bzw. akzeptierte Verhaltenskontrolle (z.B. Journale in der Finanzbuchhaltung) möglich ist. Zur Sicherung der Integrität des Produktivsystems ist eine strikte Trennung der Systempflege und -entwicklung dringend zu empfehlen sowie eine saubere Pflege und Aushandlung der Berechtigungsvergabe zu organisieren (vgl. dazu Task 381 und 383 bzw. 2.8). Eine Betriebsvereinbarung sollte zu diesem Punkt sowohl hinsichtlich ihrer technischen und organisatorischen Vorgaben und Festlegungen nicht bürokratisch, sondern flexibel, d.h. für eine positive Organisationsentwicklung ausgelegt werden (vgl. zur anwendernahen Gestaltung Kapital C 3, zu rechtlichen Regelungsvarianten Kapitel C 4).

R/2   327 Aufgaben verteilen
R/3   1.4.1 Verantwortung für Prozesse/Funktionen festlegen

R/2

SAP: allgemeine
Darstellung
der Task
(Stand: IMW 5.0 E)

327 Aufgaben verteilen

ZIELE DER TASK:

Die Aufgabenverteilung und -zuordnung wird überprüft. Änderungen werden definiert, festgelegt und abgestimmt, so daß für alle betroffenen Abteilungen die Zuordnung von Funktionen und Aufgaben bekannt ist.

- *Funktions-/Aufgabenübersicht erstellen*
- *Aufgabenumfang klären*
- *Aufgabenzuordnungen überprüfen*
- *Zuordnungen abstimmen*
- *Organigramm bearbeiten*

Detaillierung

R/3

SAP: Darstellung
aus dem
Vorgehens-
modell R/3
(Stand 3.0.C)

1.4.1 Verantwortung für Prozesse/Funktionen festlegen

- *Legen Sie pro Prozeß/Funktion fest, welche Organisationseinheit als Funktionsträger zukünftig für die Durchführung eines Prozesses/Funktion verantwortlich ist. Diese Organisationseinheiten entnehmen Sie dem Kundenorganigramm (siehe Arbeitspakekt "Projekt vorbereiten"). Um die Verantwortungsbeziehungen eindeutig zu regeln, müssen Sie u.U. das bestehende Kundenorganigramm entsprechend ergänzen.*

- *Ordnen Sie die fachlich verantwortlichen Organisationseinheiten in den Funktionszuordnungsdiagrammen den jeweiligen Prozessen/Funktionen zu.*

- *Falls sich durch die R/3-Einführung Änderungen zu einer Organisationseinheit ergeben, dokumentieren Sie diese stichpunktartig im Attribut "Bemerkung/Beispiel" bei den einzelnen Organisationseinheiten.*

Zur Darstellung der Task aus SAP-Sicht

Nachdem in der Task 321"Verarbeitungsabläufe" und in der Task 323 "Periodische Abläufe" die SAP-Ablauforganisation festgelegt worden sind, wird nun die Aufbauorganisation und der Stellenbedarf überprüft. Es wird eine Aufgabenübersicht je Abteilung erstellt.

Anhand der Häufigkeit der Aufgabe pro Zeitintervall bzw. des Aufwandes in Stunden je Aufgabe wird der Personalbedarf für eine Aufgabe oder für einen Arbeitsschritt ermittelt. Die Aufgabenzuordnung zu Bereichen und Abteilungen wird nach der sachlichen Zweckmäßigkeit vorgenommen. Es werden einzelne Führungsebenen mit zugeordneten Instanzen und Stellen gebildet. Den Stellen werden Personen und Aufgaben mit EDV-Funktionen zugeordnet. Es werden weiterhin die Verbindungen der einzelnen Führungsebenen miteinander beschrieben. Die so gebildeten Stellen werden nochmals bezüglich ihrer Besetzung und ihrer Zuordnung zu einem Verantwortungsbereich überprüft. Das neue Organigramm kann erstellt werden.

Die neue Aufgabenverteilung - niedergelegt in der neuen Aufbauorganisation - ist mit den Führungskräften abzustimmen und mit dem Betriebsrat nach § 90 BetrVG und gegebenenfalls nach § 92 BetrVG zu beraten.
Da mit Abschluß dieser Task die wesentlichen Änderungen der Arbeitsplätze, der -inhalte und -anforderungen feststehen, kann mit der Ausarbeitung der Betriebsvereinbarung begonnen werden, damit diese vor Produktivstart abgeschlossen werden kann.

Im R/3-Vorgehensmodell werden - wie oben zu sehen - keine Empfehlungen zur Arbeitsorganisation gemacht. Pragmatisch wird hierzu auf das R/3-Referenzmodell, die fachlichen Konzepte zu den Geschäftsprozessen und wie mit Task 1.4.7 (Prototyping) auf die Informationen und Abstimmung in den Fachabteilungen und im „Management-Gremium" verwiesen.

Probleme aus arbeitsorientierter Sicht

Da in den von uns beobachteten Anwenderbetrieben das Layout der Abläufe, Datenstrukturen, Berichtswege etc. (vgl. Task 321 - 341 bzw.

2.4) also die SAP-gestützte Ablauforganisation sich nur selten an der vollständigen Aufgabenerledigung der Geschäftsprozesse und robusten bzw. arbeitsorientierten Leitbildern der Arbeitsorganisation orientierte, hatte die Aufgabe, nunmehr die SAP-Arbeit aufbauorganisatorisch zu gestalten, häufig ebenfalls keine qualitative und konsistente Orientierung.

Dies führt beispielsweise zu machtorientierten (willkürlichen) Verteilungen von Arbeiten und Funktionen entlang des Einflusses von Führungskräften und Vorstandsressorts (Fürstentumdenken), zur Vernachlässigung von kurzen Abstimmwegen beispielsweise bei der Stammdatenpflege und ihrer Definition (z.B. räumliche Nähe, reale fachliche Kompetenz), zur klassisch-tayloristischen Arbeitsteilung zwischen Planern und Ausführern (z.B. Produktionsplanung, Arbeitsvorbereitung, Produktionssteuerung, Produktion), bis hin zur Trennung von Sachbearbeitung und SAP-Dateneingabe als Konsequenz eines verbreiteten Dünkels alt eingesessener Sachbearbeiter. In den meisten Fällen sahen sich die Projektmitarbeiter auch fachlich überfordert, ohne verbindliche Orientierungen, Vorgaben, arbeitswissenschaftliche Fachkenntnisse und Methoden weite Teile des Unternehmens arbeitsorganisatorisch zu gestalten. Dies führte in der Regel zu einer alleinigen Orientierung an den ablauffunktionalen Mustern von SAP sowie an den meist engen machtpolitischen Spielräumen des Projektes.

Aus der Sicht der Kernprozesse kann es deshalb auch hier zu Planungen kommen, bei denen z.B. neue, betriebsunerfahrene, aber SAP-gerüstete Logistik- und Controllingabteilungen die notwendigen erfahrungsstabilisierten Produktionsabläufe kontraproduktiv dominieren (z.B. Fall 2 in Teil A). Eine frühzeitige Information und Beratung dieser Planungen mit den Betroffen oder dem Betriebsrat fand nur selten statt. Dies führte in manchen Fällen nicht nur zu demotivierenden Mythenbildungen über die personellen Auswirkungen des Projektes und entsprechenden Akzeptanzverlusten, sondern auch zu massiven Blockaden des Betriebsrats im Zuge der späteren Umsetzung, z.B. auf der Ebene personeller Einzelmaßnahmen.

Zusammenfassend gesehen bildet diese Task gemeinsam mit der Task 381 bzw. 2.8 (Anwender definieren) einen Focus für Versäumnisse im Projektdesign und -verlauf insofern, als die Reorganisation der Arbeit nur als abgeleitete Aufgabe der technischen Gestaltung der SAP-Software und nicht als teilautonome Aufgabe begriffen und organisiert wird.

Auch parallele Reorganisationsprojekte (z.B. Profitcenterbildung, Fertigungsinseln, Geschäftsprozeßoptimierungsprojekte) schützen vor diesen Problemen nicht , weil vielfach die konzeptionelle Kooperation und Abstimmung weder vom Management noch vom Projekt ausreichend geleistet wird. Im Gegenteil, in manchen Fällen führte dieses Nebeneinanderher zu verschärften Konflikten und Desorientierungen in der Linie weit über den Produktivstart hinaus.

Soziale Pflichten aus Gesetzen und Verordnungen

Der Arbeitgeber hat die Pflicht, gemäß § 81 BetrVG jeden Arbeitnehmer über Veränderungen seiner Arbeit zu unterrichten und diese mit ihm zu erörtern. Ebenso hat gemäß § 83 BetrVG der Arbeitnehmer bezüglich der ihn betreffenden Änderungen ein Beratungs- und Vorschlagsrecht (siehe auch Task 381 bzw. 2.8).

Die Änderungen der Aufgaben und Tätigkeiten sind mit dem Betriebsrat gemäß § 90 Betriebsverfassungsgesetz so rechtzeitig zu beraten, daß die Ergebnisse der Beratung noch Einfluß auf die Gestaltung haben können. D.h. in der Praxis des SAP-Einführungsprozesses, daß die Beratung der Arbeitsverteilung stattfinden und abgeschlossen sein muß, bevor intern Entscheidungen getroffen bzw. externe Verbindlichkeiten eingegangen oder technische Sachzwänge erzeugt werden.

Auch das Arbeitsschutzgesetz und die Bildschirmarbeitsverordnung schreiben eine Beteiligung der Betroffenen und des Betriebsrates an der sachgerechten Verknüpfung von Technik, Arbeitsorganisation, sozialen Beziehungen, Führung etc. vor.

Zu den Sozialen Pflichten, zur Personalplanung gemäß § 92 BetrVG und aus dieser Task erfolgenden personellen Einzelmaßnahmen (§ 99 BetrVG) siehe u.a. Task 374.

Mit Beendigung dieses Aufgabenpaketes sind die Fragen der zukünftigen Veränderungen von Aufgaben und Beschäftigung so weit bestimmt, daß zur Bewältigung der Folgen für die Arbeitnehmer der Interessenausgleich / ggf. Sozialplan (§§ 111 / 112 BtrVG) konkretisiert werden kann.

Arbeitsorientierte Empfehlungen

Wie schon zu Task 231 bzw. 1.4 (Soll-Konzept entwerfen) bemerkt, kommt es auf eine organisationsbezogene eigenständige Ziel- und Leitbildformulierung an, die im Zuge der Detaillierungsphase konkretisiert, relativiert und ggf. neu ausgehandelt werden muß. Erfahrungsgemäß muß das Projektteam darüber hinaus auf arbeitswissenschaftlichem Gebiet zumindest soweit qualifiziert sein, daß es zu einer konstruktiven Kooperation mit externen oder internen Arbeits- und Organisationsexperten fähig ist.

Der zeitliche Aufwand für diese Organisationsarbeit sollte so bemessen werden, daß eine Beratung der Planung mit den Fachbereichen und Betroffenen zumindest für einen Iterationsschritt möglich ist. Dabei ist, wie auch in der folgenden Task (381 bzw. 2.8 Anwender definieren), zu beachten, daß zumindestens jetzt die nicht unmittelbar von SAP unterstützen Alltagsaufgaben in den Planungs- und Beratungsprozeß eingehen, damit nicht Tätigkeiten, Aufgaben und robuste Kooperationsstrukturen kontraproduktiv zerrissen werden oder einzelne Anwender überfordert werden.

Diese notwendige Beteiligung der Betroffenen bei der Arbeitsverteilung ist jedoch erfahrungsgemäß an Bedingungen geknüpft, die im Kern die persönliche Absicherung und Entwicklungsperspektive der Anwender und Führungskräfte zum Gegenstand haben müßten, da sonst spätestens jetzt der Kampf jeder gegen jeden entbrennt. Insofern ist hier einmal mehr eine frühzeitige Interessenausgleichsplanung für die Qualität der Projektergebnisse überaus förderlich (vgl. zu diesen Gestaltungsaufgaben im Rahmen der Projektablauforganisation die Kapitel B 3 und 4, inhaltliche und methodische Empfehlungen zur Arbeitsorganisation sind in Kapitel C 1 und bezüglich der Beteiligung der Mitarbeiter in C 3 zu finden).

Detaillierung

R/2 331 Stammdaten definieren
333 Bewegungsdaten definieren
R/3 2.3. Grund- und Stammdaten abbilden

R/2

331 Stammdaten definieren
333 Bewegungsdaten definieren

SAP: allgemeine
Darstellung
der Task
(Stand:IMW 5.0 E)

ZIELE DER TASK 331 Stammdaten

- *Es müssen die Felder identifiziert werden, die verwendet werden sollen; nicht vorgesehene Felder sind nach Inhalt, Feldformat und Verwendung zu beschreiben.*
- *Für die Stammdatenbanken werden die Nummernstrukturen, die Art der Nummernvergaben sowie Nummernintervalle definiert.*
- *Voraussetzungen schaffen für die Anlage der Stammdaten*
  Stammdatenbanken identifizieren
  Stammdaten klassifizieren
  Nummernkreise festlegen
  Notwendige Stammdatenfelder festlegen
  Gültige Dateninhalte erarbeiten
  Tabellen für Stammdaten definieren

ZIELE DER TASK 333 Bewegungsdaten

- *Definition von Nummernkreisintervallen für Bewegungsdaten*
- *Schaffen von Voraussetzungen für die Erfassung von Bewegungsdaten*
- *Die Bewegungen müssen aus Ihrem Belegfluß identifiziert und analysiert werden; für jede Vorgangsart sind die notwendigen Informationen gegen die SAP-Bewegungsdateninhalte abzuprüfen.*
- *Es müssen die Felder identifiziert werden, die verwendet werden sollen; im SAP-Standardsystem nicht vorgesehene Felder sind nach Inhalt, Feldformat und Verwendung zu beschreiben.*
- *Es sollen die Inhalte der Bewegungsdaten vollständig beschrieben sein.*
- *Belegarten definieren*
- *Bewegungsdaten-Nummernkreise definieren*
- *Notwendige Beleginhalte definieren*
- *Gültige Dateninhalte erarbeiten*
- *Tabellen für Bewegungsdaten definieren*

R/3

2.3. Grund- und Stammdaten abbilden

SAP: allgemeine
Darstellung
aus dem
Vorgehens-
modell R/3
(Stand: 3.0.C.)

In diesem Arbeitspaket

- *legen Sie die Stammdatenfelder und deren Inhalte fest.*

Die Qualität der Stammdaten ist einer der wesentlichen Faktoren für die Funktionalität Ihres SAP-Systems. Legen Sie die Felder und deren Inhalte, die Sie verwenden werden, fest. Diese Aktivität können Sie im allgemeinen nicht losgelöst von den Prozessen vornehmen. "Grund- und Stammdaten abbilden" und "Funktionen und Prozesse abbilden" sind iterativ zu durchlaufende Arbeitspakete.

- *nehmen Sie die Systemeinstellungen für die Stammdaten vor.*

Um Ihre unternehmensspezifischen Stammdaten im System abbilden zu können, müssen Sie im Customizing Systemeinstellungen vornehmen.

- *testen Sie die Systemeinstellungen anhand von Beispielen (Muster-stammdaten).*

Die Auswirkungen bestimmter Systemeinstellungen werden erst durch das Testen mit unternehmensspezifischen Stammdaten deutlich und geben Hinweise für eventuelle Ergänzungen.

- *detaillieren Sie die Beschreibung für die Datenübernahme.*

Durch die detaillierte Beschreibung der Datenübernahme gewinnen Sie die Sicherheit, ob die benötigten Datenfelder durch die Daten Ihrer bisherigen Anwendungssysteme mit dem gewünschten Inhalt gefüllt werden können. Darüber hinaus legen Sie die Felder und die entsprechenden Einstellungen fest, die bei der Datenübernahme defaultmäßig bzw. unter bestimmten Konstellationen gesetzt werden.

Zur Darstellung der Task aus SAP-Sicht

Die für den im Sollkonzept festgelegten SAP-Funktionsumfang benötigten Datenbanken des SAP-Standards sind Feld für Feld durchzuarbeiten. Die betriebliche Auswahl ist zu dokumentieren. Es werden

127

z.B. für die unterschiedlichen Materialarten Musterstammsätze entwickelt, um die Datenerfassung zu erleichtern. Die Nummernkreise für
die Stammdaten sind zu entwerfen und unternehmensweit abzustimmen.

Die Beziehungen der Felder zu den Stammdaten eines möglichen
Vorgängersystems, die Überleitungsvorschriften für die Altdaten-Über-
nahme (Einmal-Schnittstelle) sind von den bisherigen DV-Mitarbeitern
darzustellen. Die gültigen Feldinhalte sind zu entwerfen (z.B. Schlüs-
seltabellen).

Die Änderung von Feldinhalt, Feldformat und ihre Umnutzung ist
möglich. Dies ist aber der Einstieg in eine „harte Modifikation", die bei
jedem Releasewechsel nachgearbeitet werden muß. Die Tabelleninhalte
für die Stammdatenfelder sind einzurichten.

Für das R/3-System waren die spezifischeren Empfehlungen noch „in
process", gleichwohl bietet das System beispielsweise über „user-exits"
und komfortable PC-Schnittstellen viele Möglichkeiten zur betrieblichen
Ausgestaltung der erforderlichen Datenstrukturen.

Probleme aus arbeitsorientierter Sicht

In Abhängigkeit mit den Festlegungen der Unternehmensstruktur (Task
311 bzw. 11.7 und 2.2) und der Abläufe (Task 321, 323 bzw. 2.4) wird
nun mit der Definition der Datenstruktur die betriebsspezifische Grund-
funktionalität des SAP-Systems abschließend detailliert. Damit ist der
Abbildungsgrad und der Umfang der Formalisierung der Abläufe und
Objekte, die methodische Funktionalität des Systems und damit auch
die grobe Arbeitsorganisation sowie die spätere Macht- und Informa-
tionsstruktur ebenfalls weitgehend festgelegt. Vielen Betriebsräten aber
auch Fachbereichsverantwortlichen ist diese Tatsache nicht klar, so daß
ihre Wünsche, Bedenken, Begehrlichkeiten und Beratungsbedarfe aus
Sicht des Projektes zu spät kommen. Dies kann überaus problematisch
werden, wenn über die Sollkonzeption (Task 231 bzw. 1.4), Ziele und
Leitbilder wenig detailliert und abgestimmt worden sind und die Projektgruppen entsprechend einen großen Gestaltungsspielraum haben
oder ausfüllen müssen.

Beim Fehlen solcher Vorgaben, Leitbilder, aber auch direkter Beteiligung
im Detaillierungsprozeß, orientieren sich die Projekte allzuhäufig vor

schnell an den Teilkonzepten der Berater und des SAP-Standards, ohne z.B. zu prüfen,

- ob die vielen Datenfeldangebote auch wirklich erforderlich sind oder nur als „Nice to Have" den späteren Pflegeaufwand hochtreiben,

- ob die jetzt erst sichtbar werdenden Datenanforderungen aus der Ablaufdefinition und den systembedingten Integrationserfordernissen den Erhebungs- und Pflegeaufwand rechtfertigen oder u.U. eine Veränderung der Abläufe nicht mehr Flexibilität und Nutzen bringt,

- ob die Vermeidung von personenbezogenen Daten nicht nur den gesetzlichen Erfordernissen besser entspricht, sondern auch weniger politischen Wirbel provoziert und die Kontroll- und Revisionsanforderungen reduziert,

- ob manche Daten nicht flexibler in lokalen Vorsystemen gehalten, verarbeitet und detailliert und dann verdichtet werden sollten, um einerseits den zentralen Abstimmungs- und Definitionsaufwand zu reduzieren, andererseits den Fachbereichen die Möglichkeiten zu spezifischeren Beschreibungen ihrer Objekte (z.B. Kunden-, Lieferantenrückmeldung) weiterhin zu geben

- usw. (vgl. dazu auch die Kapitel C 1 und C 3)

Darüber hinaus wird im Rahmen dieser Task häufig das Problem der „Altdatenqualität" verdrängt, was wie im Fall 1 und 2 (Teil A) gerade in kernprozeßrelevanten Planungs- und Steuerungsfunktionen mit gravierenden Spätfolgen einhergehen kann.

Aber auch systembedingt kämpfen viele Projektgruppen mit dem Problem der Datenmenge und deren Beziehungen zu Funktion, Methoden und internen Systemerfordernissen, da häufig die Erklärungen und Hilfen im SAP-System zu EDV-lastig und das UDM oder Data-Dictionary zu expertenorientiert sind. Entsprechend bekommen auch hier die Berater einen zu großen Aktions- und Definitionsspielraum mit dem allzuhäufigen Zusatzeffekt, daß sich das betriebliche Wissen um diese Zusammenhänge nicht ausreichend entwickeln kann, was später bei der Dateneingabepflege und Rückmeldung negativ zu Buche schlägt.

Soziale Pflichten aus Gesetzen und Verordnungen

Die Bestimmungen zum Datenschutz z.B. § 28 und § 37 BDSG in Verbindung mit § 80.1 BetrVG und die Mitbestimmung des Betriebsrates nach § 87 1.6 BetrVG (Leistungs- und Verhaltenskontrolle) sind zu beachten.

Die Grundsätze ordnungsgemäßer Datenverarbeitung (GoDv) und die Grundsätze ordnungsgemäßer Buchhaltung (GoB) sind einzubeziehen.

Zahlreiche Vorschriften, beispielsweise zur Ergonomie oder zur Lagerung bzw. Bezeichnung von gesundheits- und umweltgefährdenden Stoffen sind zu berücksichtigen, einzuhalten und vor Inbetriebnahme zu überprüfen.

Arbeitsorientierte Empfehlungen

Da die Datendefinition ein zentrales Gestaltungsfeld des Systems ist, sollten hier die vereinbarten Leitbilder der Arbeitsorganisation wie auch in den vorangegangenen Detaillierungstasks überprüft werden. Bei einem Fehlen entsprechend operationalisierbarer Vorgaben empfiehlt es sich, zunächst auch hier einer groben Abbildung der Objekte und Prozesse den Vorrang vor einer hundertprozentigen Nutzung des Systemangebots zu geben. Dies nicht nur aus Aufwandserwägungen heraus, sondern auch unter der Maßgabe, zunächst einmal eine funktionierende Grundstruktur als „Prototyp" produktiv werden zu lassen (vgl. auch dazu B 4, C 1 und 3). Eine enge Einbeziehung der Fachbereiche, vor allem aber eine intensive Kommunikation derselben untereinander, ist überaus förderlich für eine integrierte und sparsame Datenstruktur.

Das „Entmüllen" alter Datenbestände sowie deren Qualitätsprüfung im Detail ist als zwingend erforderliche Kernaufgabe zu definieren und kapazitätsmäßig einzuplanen.
Die z.T. berechtigten Wünsche der Fachabteilungen nach „Sonderdaten" und dem Erhalt gewohnter Objektbeschreibungen, die leicht zu einer

Detaillierung

Anspruchs- und Aufwandslawine, Frust oder Modifikationen führen, kann durch eine möglichst frühe Entscheidung, prinzipiell auch lokale und individuelle Datenbestände ergänzend zum SAP-System zuzulassen, konstruktiv und arbeitsorientiert gewendet werden. Das R/3-System bietet hierfür viele technische Möglichkeiten.

Schließlich ist bezogen auf die Datenschutzproblematik zu empfehlen, daß bei der Definitions- und Auswahlarbeit sofort parallel eine entsprechend spezielle Dokumentation (Datenbeschreibung, Zweck und Erforderlichkeit) mitgeschrieben wird, die dann auch zeitnah mit dem Betriebsrat, dem betrieblichen Datenschutzbeauftragten und ggf. den Betroffenen beraten wird. Dieses Vorgehen setzt jedoch voraus, daß die Projektmitarbeiter nicht nur diesbezüglich sensibilisiert sind (z.B. Schulung, Task 117 bzw. 1.3), sondern auch den formellen Auftrag zur Dokumentation gemäß § 37.2 BDSG bekommen (vgl. dazu auch vorgehensorientiert die Kapitel B 3. u. 4.).

Detaillierung

R/2   **341 Berichtswesen festlegen**

R/3   **1.4.1. Anforderungen an das Berichtswesen ermitteln**

        2.3. Berichtssystem abbilden

R/2

SAP: allgemeine
Darstellung
der Task
(Stand:IMW 5.0 E)

341 Berichtswesen festlegen

ZIELE DER TASK:

- *Erhebung und Abstimmung aller Berichtsanforderungen*
- *Festlegung des Berichtswesen*
- *Das Berichtswesen beschreibt in einem Unternehmen System und Organisation von schriftlichen Berichterstattungen an gleichrangige oder übergeordnete Stellen.*
- *Notwendige Berichte zusammenstellen*
- *Berichtsanforderungen abstimmen*
- *Realisierungsmöglichkeiten erarbeiten*
- *Layouts/Inhalte mit den Berichtsempfängern abstimmen*
- *Über den Einsatz entscheiden*

R/3

1.4.1. Anforderungen an das Berichtswesen ermitteln

2.3. Berichtssystem abbilden

zu 1.4.1.

SAP: allgemeine
Darstellung
aus dem Vorgehens-
modell R/3
(Stand: 3.0.C.)

- *Ermitteln Sie die Anforderungen für das Berichtswesen.*
Um einen Überblick und Einschätzung über den Realisierungsaufwand zu erhalten, sind die Anforderungen hinsichtlich Auswertungsbedarf und Berichtswesen mit den Möglichkeiten des R/3-Systems abzugleichen.

- *Erstellen Sie mit Hilfe des Aris-Reporting auf Basis der einzelnen Funktionsbäume eine Liste der Prozesse/Funktionen (mit ihren übergeordneten Anwendungskomponenten), in der u.a. das Attribut "Text" dargestellt wird.*

- *Überprüfung Sie dann, inwieweit bei den Prozessen/Funktionen mit dem Attribut "Text" = ´R´ die Anforderungen zum Auswertungsbedarf (siehe im WinWord-Dokument unter dem Gliederungspunkt Vorgaben für das Berichtswesen) mit R/3-Standard-Reports abdeckbar sind.*

Ergänzende Information

Bitte überprüfen Sie auch, inwieweit für Auswertungszwecke neben Reports andere SAP-Standardfunktionalität, wie z.B. Logistik-Informationssystem (LIS), ABAP-Query, General Ledger etc. Ihre Anforderungen erfüllen und zum Einsatz kommen können.

zu 2.3.

Aus betriebswirtschaftlicher Sicht werden in der Regel verschiedene Phasen bei der Implementierung eines Berichtssystems unterschieden. Diese Phasen

- *Informationsbedarfsermittlung*
- *Informationsbeschaffung und -aufbereitung*
- *Informationsübermittlung*

haben auch im Rahmen der R/3-Einführung ihre Gültigkeit.
Hinweis:
Nutzen Sie die R/3-Einführung zur Überprüfung Ihres Berichtswesens.

In diesem Arbeitspaket
- *ermitteln Sie den Informationsbedarf für Empfängergruppen*
  Der Informationsbedarf ist immer abhängig von einer Aufgabe oder Zielsetzung und ist entsprechend in dem jeweiligen Zusammenhang zu ermitteln.

Informationsbedarf festlegen
- *prüfen Sie, inwieweit der Informationsbedarf durch den Umfang der R/3-Anwendungssysteme abgedeckt ist.*

Für die Umsetzung der benötigten Informationen in Berichte, ist es notwendig zu wissen, welche Informationen im R/3-System und in den anderen Anwendungssystemen gespeichert werden.

Die einzelnen R/3-Komponenten können abhängig von der Zielsetzung unterschiedliche Tools zur Gewinnung, Aufbereitung und Darstellung der Informationen verwenden. Sie sollten sich mit den Informationssystemen für die einzuführenden R/3-Komponenten vertraut machen und im Anschluß prüfen, ob die ausgelieferten Standardberichte schon Ihren Anforderungen genügen.

Detaillierung

Informationsbedarfsabdeckung prüfen

- *legen Sie Lösungen für die fehlende Informationsbedarfsabdeckung fest.*

Reichen die ausgelieferten Standardberichte nicht aus, sind entsprechende Er-weiterungen mit den dafür geeigneten Werkzeugen zu realisieren.

Lösungen ohne SAP-Tools

- *legen Sie das Berichtssystem fest.*

Für eine bedarfsgerechte Informationsübermittlung legen Sie fest, für wen und in welchen zeitlichen Abständen Sie welche Berichte zur Verfügung stellen wollen.

- *testen Sie das Berichtssystem.*

Für einen reibungslosen produktiven Einsatz des Berichtssystems sollten Sie einen ausreichenden Test durchführen und die Berichtsergebnisse den Fach-abteilungen präsentieren.

Berichte testen

Zur Darstellung der Task aus SAP-Sicht

Der im Rahmen der Ist-Aufnahme bzw. Konzeptphase erhobene Informationsbedarf wird nach Festlegung der Arbeitsabläufe (Task 321 und Task 323 bzw. 2.4) überprüft und mit den Berichtsempfängern aktualisiert. Die Übernahme der SAP-Standardreporte und die Erforderlichkeit von Änderungen/Modifikationen bzw. Neuprogrammierung wird geklärt. Die Entscheidung zum Berichtswesen fällt, da auch "weiche" Modifikationen (z.B. eigenprogrammierte Reports) betroffen sein können, im Lenkungsausschuß unter Einbeziehung der Kostenverantwortlichen.

Probleme aus arbeitsorientierter Sicht

Neben der Verteilung von Aufgaben, Datendefinitionsberechtigungen

und Datensichten auf die Fachbereiche ist das SAP-gestützte Berichtswesen das zentrale betriebliche Politikum auf allen Managementebenen.
Was jemand als Bericht, Auswertung, Liste oder Online-Report auf
seinen Schreibtisch oder Bildschirm bekommt, ist in vielen Fällen so
statusrelevant, daß alle Direktiven zu einem „schlanken Berichtswesen"
und einer möglichst „papierlosen SAP-Anwendung" unter dem Druck
der Führungskräfte zusammenbrechen: „Alles wie gehabt und möglichst
mehr, aber im gleichen Layout" scheint sich vielfach als inoffizielle
Richtschnur herauszustellen.

Aber nicht nur Statusfragen sind hier politisch virulent, sondern auch
ganz materielle Probleme können sich entlang des Berichtswesens
entladen:

- So z.B. die Frage nach dem weiteren Schicksal des mittleren
  Managements, das angesichts der SAP-Fachinformationssysteme
  (Finanzen, Logistik, Controlling und Personal - sowie zusammengefaßt im EIS) und der verbreiteten Schlankheitsideologie sowie schon in der Defensive befindet.

- So z.B. ist die Problematik der Leistungs- und Verhaltenskontrolle
  gerade im Auswertungs- und Berichtsbereich (z.B. Einkäuferstatistiken, Plan-Ist-Vergleiche) vielfach höchst brisant.

- Aber auch die Verteilung von Berichten auf die Sachbearbeiter und
  Planer wirft die Frage aufgabenangemessener Information und
  horizontaler wie vertikaler Arbeitsteilung neuerlich auf den Ar-
  beitsplan des Projektes und in die politischen Debatten der „Fürstentümer".

- etc.

Die Folgen dieser Interessenkonflikte und bürokratischen Spiele sind
häufig eine Flut von Anträgen zu speziellen Reportprogrammierungen,
PC-Downloads nur zu Layoutzwecken und weiten Zugriffsberechtigungen auf die unzähligen SAP-Standardberichte, was im Gegenzug
zumeist den Betriebsrat oder das überlastete Projekt als „Spielverderber"
auf den Plan ruft.

Detaillierung

Soziale Pflichten aus Gesetzen und Verordnungen

Wie bei den Tasks zur Datendefinition (331 und 333 bzw. 2.3) greifen hier eindeutig die Bestimmungen des Datenschutzgesetzes und das Mitbestimmungsrecht des Betriebsrates gem. § 87.1.6 (Leistungs- und Verhaltenskontrolle).

Dies bezieht sich sowohl auf Auswertungen und Berichte, die Angaben zum Verhalten und der Leistung von SAP-Sachbearbeitern enthalten, als auch diejenigen, die sich auf die in SAP geplanten und abgebildeten Prozeßketten beziehen (z.B. Plan-Ist-Vergleiche über das Produktionsgeschehen). Dabei sind vor allem auch die benutzerindividuellen „Berichtsgeneratoren", wie z.B. SAP-Query, die PC-Connection/ - Download und die entsprechenden PC-Programme einzubeziehen. Darüber hinaus ist es die Pflicht des Arbeitgebers, das Informationsangebot am Arbeitsplatz aufgabenangemessen und belastungsmindernd zu gestalten (Bildschirmarbeitsverordnung, DIN/EN- Normen zur Softwareergonomie, vgl. dazu Kapitel C 1).

Arbeitsorientierte Empfehlungen

Da das betriebliche Berichtswesen einen Kulminationspunkt von Betriebspolitik, Führungskultur, Arbeitsgestaltung, Datenschutz und erprobten Mitbestimmungsrechten darstellt, ist es zu empfehlen, diese Aufgabe auch „integriert" zu behandeln. Das bedeutet in erster Linie, die Widersprüche und Konfliktzonen projektseitig säuberlich herauszuarbeiten und Top-Down (z.B. mit eigenem guten Beispiel vorangehen, die Letztentscheidmöglichkeit als Betriebsrat und Geschäftsführung auch nutzen) sowie Bottom-Up (z.B. Einbezug der Anwender und Fachbereiche) einer Entscheidung zuzuführen. Andernfalls läuft das Projekt Gefahr, sich zwischen den „Mühlsteinen" aufzureiben, den „Bauchladen" der unzähligen SAP-Standardreports zur freien Auswahl freigeben zu müssen oder im Programmieraufwand betriebsspezifischer Reports stecken zu bleiben (vgl. dazu auch die Kapitel B 3 u. 4 sowie C 4).

R/2 361 Prototypsystem installieren und testen
R/3 1.4.7. Prototyping ausgewählter Prozesse/Funktionen durchführen
2.4.4. Ausgewählte Prozeßabläufe den Fachabteilungen vorstellen

R/2

361 Prototypsystem installieren und testen

SAP: allgemeine
Darstellung
der Task
(Stand:IMW 5.0 E)

ZIELE DER TASK:

- *Einrichten eines Systems zum projektbegleitenden Testen von klar abgegrenzten betriebswirtschaftlichen Funktionen am bereits modifizierten SAP-Standard-System (Prototyping)*
- *In diesem System werden ebenfalls unter Zuhilfenahme der bereits modifizierten und von der Fachabteilung abgenommenen betriebswirtschaftlichen Funktionen Daten erfaßt, welche später in das Produktivsystem übernommen werden.*
- *Prototyping-System installieren*
- *Teilnehmer am Prototyping definieren*
- *Neue Organisationseinheiten einrichten*
  - *Mandanten einrichten*
  - *B uchungskreise einrichten*
  - *Werke einrichten*
  - *Lagerorte einrichten*
  - *Geschäftsbereiche einrichten*

R/3

1.4.7. Prototyping ausgewählter Prozesse/Funktionen durchführen
2.4.4. Ausgewählte Prozeßabläufe den Fachabteilungen vorstellen

SAP: allgemeine
Darstellung
aus dem
Vorgehens-
modell R/3
(Stand: 3.0. C)

zu 1.4.7.
- *Führen Sie für ausgewählte Prozesse ein Prototyping im System durch.*
  Um für Abstimmungsgespräche und Reviewmeetings den Teilnehmern einen Eindruck der Prozeßunterstützung durch das R/3-System zu vermitteln, ist es in Ausnahmefällen sinnvoll, bereits in der Konzeptionsphase Systemeinstellungen vorzunehmen.

- *Wählen Sie die Prozesse für das Prototyping aus.*
  Es sollten möglichst nur solche Prozesse gewählt werden,
  - die für die Zielsetzung von Abstimmungsgesprächen und Reviewmeetings eine besondere Bedeutung haben

Detaillierung

137

- *für die der Aufwand zur Systemeinstellung relativ gering ist.*
- *Führen Sie die Systemeinstellung durch.*
- *Dokumentieren Sie die erforderlichen Systemeinstellungen.*
- *Zeichnen Sie im Bedarfsfall den Prozeßablauf im R/3-System in Form von ScreenCams auf, um diese in Abstimmungsgesprächen oder Review-meetings unabhängig von R/3 verwenden zu können.*

Ergänzende Information

Die Aufzeichnung von Prozeßabläufen in Form von ScreeCams bietet besondere Vorteile.
Sie können:
  - *unabhängig von der Verfügbarkeit eines R/3-Systems und*
  - *unter Vermeidung von Perfomance- und Handlungsproblemen gezeigt,*
  - *beliebig häufig wiederholt,*
  - *direkt mit den betriebswirtschaftlichen Abläufen des Referenzmodells verknüpft werden (über das Attribut Extern 3), so daß parallel die Ablauforganisation in Form der Prozeßkette und die R/3-Unterstützung in Form der ScreenCams gezeigt und diskutiert werden kann.*

zu 2.4.4.
  - z.Z. Empflungen in Arbeit
sozialverträglichen Zielsetzungen sind mit Hilfe des Prototypings

Zur Darstellung der Task aus SAP-Sicht

Das SAP-System R/2 wird erneut mit den zur Einführung vorgesehenen Modulen und Komponenten installiert. Die Grundeinrichtung von Mandanten, Buchungskreisen, Werken, Nummernkreisen, Sachkonten und Kostenstellenstamm erfolgt entsprechend der in Task 311 fest-gelegten Unternehmensstruktur. Damit steht dem SAP-Projekt jetzt ein lauffähiges SAP-Prototyping-System zum Ausarbeiten, Testen und Einrichten von Feineinstellungen, zum Üben, Diskutieren und Demon-strieren von Funktionen und Abläufen (Prototyping) und für erste Schulungsmaßnahmen zur Verfügung. Für die Mitarbeiter werden Benutzerstammsätze angelegt und Berechtigungen vergeben. Sinnvolle Teilfunktionen können bereits von der Fachabteilung abgenommen werden. Es kann dann, falls erforderlich, bereits mit der Datenerfassung und Datenpflege begonnen werden. Das Prototyp-System ist später die Grundlage für die Installation und Einrichtung des SAP-Produktiv-Systems.

Im Grunde wächst im SAP-Prototyp-System das betriebsspezifische Produktiv-System langsam heran. Die Mitarbeiter können in den Funktionen noch "herumschwimmen" und diese erkunden.

Das Prototyping-System läßt jetzt schon die Sicht auf die zukünftige Arbeit zu. Es lassen sich Arbeitstätigkeiten und Arbeitsabläufe bereits durchspielen, und es lassen sich mögliche Anforderungen, Belastungen der zukünftigen Anwender grob abschätzen. Für die Organisations-Aufgabe und die Schulungsmaßnahmen liegen hier im Sinne der kohärenten Planung die Ansätze der Abstimmung mit der IT-Technik.

Das Prototyping-System ist, wie SAP auch in Task 221 (Ist-Aufnahme) anführt, die Chance der Standardsoftware, zwischen "Kunde" (= Anwender, Fachabteilung etc.) und "Einrichter" der EDV-Funktionen (= ext. Berater, EDV-Mitarbeiter, SAP-Spezialist etc.) eine Verständigung über die fachlichen Anforderungen (Pflichtenheft) auf der einen Seite und die Unterstützungsmöglichkeiten durch die SAP-EDV-Funktionen auf der anderen Seite anhand der konkreten Transaktionen, Dynpros, Reports und weiterer Einstellmöglichkeiten zu erreichen. Damit wird, soweit genügend SAP-Kenntnisse auf Seiten der "Kunden" vorhanden sind, nicht ins Blaue gefordert, sondern konkret um Funktionen, Bedienbarkeit, Transparenz und um organisatorische Abläufe und Kompetenzen verhandelt.
Es ergeben sich mit dem SAP-Prototyping-System Möglichkeiten, Alternativen darzustellen bzw. deren Darstellung einzufordern, die Anschaulichkeit für alle Projekt-Beteiligten und die SAP-Entscheider zu erhöhen und die Entwicklungen der Einstellung des betriebsspezifischen SAP-Systems in Arbeitsschritten zu vollziehen und zu korrigieren, wobei auch die Projektmitarbeiter aus den Fachabteilungen langsam in ihre Koordinationsaufgaben hereinwachsen können.
Für das R/3 -System lassen sich zu diesem Zweck auch Modellfirmen (z.B. IDES von SAP oder die "Live-AG" von Siemens/Nixdorf) nutzen oder eine Kopie des Testsystems einsetzen.

Probleme aus arbeitsorientierter Sicht

Erfahrungsgemäß ist das SAP-Standard-System zum Abschluß der Konzeptionsphase nicht rechtzeitig verfügbar oder im Betrieb stabil; gleiches gilt für das SAP-Prototyp-System. Dies setzt voraus, daß der Rechenzentrumsbetrieb und die SAP-Basis-Betreuung ihre Aufgaben bereits 100% beherrschen. Bloß gelernt werden die Probleme und Lösungen auch hier erst bei der Anwendung der IT-Technik. Daher sind alle Mitarbeiter, die das Standard- und Prototyping-System nutzen wollen, auch „Versuchskaninchen" für das Rechenzentrum und die BASIS-Truppe.

Das SAP-Prototyping-System steht meist erst als Schulungs-System bzw. für die Funktions- und Integrationstests zur Verfügung. Vorangetrieben durch die externen Berater und die SAP-KuK (Könner und Kenner) sind die Konzeption und Detaillierung dann soweit ausgearbeitet und festgelegt, daß die Feinkonzeption ohne die tägliche Unterstützung und Überprüfung der Geschäftsabläufe im SAP-Prototyping-System läuft. Aber die von SAP vorgeschlagene Abstimmung, das Prototyping und Anpassen findet anwenderbezogen in der Regel dann nicht mehr statt. Ebenso selten werden in dieser Installation datenschutzbezogene Pflichten (z.B. personenbezogene Echtdaten, Berechtigungen) beachtet. Entsprechend selten wird das Prototyp-System zur Demonstration der zukünftigen Anwendungen für den Betriebsrat, die Geschäftsleitung und das Management genutzt. Man entscheidet doch lieber noch konservativ nach Papierlage.

Soziale Pflichten aus Gesetzen und Verordnungen

Mit der Einrichtung der Benutzerstammsätze werden personenbezogene Daten eines jeden Mitarbeiters verarbeitet (§ 87 1,6 BetrVG), und bei den Test- bzw. Prototyping-Daten sind darüber hinaus die Bestimmungen des Datenschutzes zu beachten (vgl. Task 331, 333 bzw. 2.3).

Im Zugriff auf das Prototyping-System liegt bereits eine Qualifikationschance für jeden Mitarbeiter. Gleiche Chancen und Gleichbehandlung sind zu beachten (§ 75 und §§ 92, 98 BetrVG).

Arbeitsorientierte Empfehlungen

Ein lauffähiges und voll betreutes SAP-Standard- und Prototyping-System sollte bereits zum Projektstart (= Kick-Off der Umsetzungsphase) zur Verfügung stehen. Dafür spricht, daß das System selber eine Vielzahl von nützlichen Hilfsmitteln und Dokumentationswerkzeugen, sowie Lerngelegenheiten enthält und vor allem Anschaulichkeit zumindest für EDV-gewohnte Mitarbeiter bietet. Ebenso ist das SAP-Vorgehensmodell im SAP-System verfügbar. Eventuell läßt sich anfangs das SAP-System vorerst schneller und effektiver bei einem Berater oder externen Rechenzentrum anmieten, um den Projektgruppen getrennt von der EDV-Spezialisten anhand einer Spielfirma die Gelegenheit eines freieren und ungestörteren Lernens zu geben.

Das Prototyping ist nach der Konzeptions- und Realisierungsphase bis in die Fachabteilungen hinein mit den späteren Anwendern durchzuführen. Eine intensive Auswertung des Prototypings zu Fragen des Arbeitsaufwands sowie zu vermehrter und verlagerter Datenerfassung /Bildschirmtätigkeit, zu den erhöhten Kontrollpotentialen, zur Erhöhung der betrieblichen Standardisierung und zum Abbau der betrieblichen Flexibilität oder zur Zunahme der Fähigkeiten und Möglichkeiten zu Selbststeuerung ist vorzunehmen und in den Gremien des SAP-Projektes als auch „vor Ort" zu diskutieren. Die Einhaltung der Projektstandards und die vereinbarten arbeitsorientierten und sozialverträglichen Zielsetzungen sind mit Hilfe des Prototypings effektiv und beteiligungsorientiert auszugestalten und zu überprüfen (vgl. dazu weitere Empfehlungen in den Kapiteln B 4 und C 2 u. 3).

Detaillierung

141

R/2   374 Ressourcenbedarf ermitteln

R/2

374 Ressourcenbedarf ermitteln

SAP:
allgemeine
Darstellung
der Task
(Stand:
IMW5.0 E)

ZIELE DER TASK:

- *Sicherstellen der rechtzeitigen Beschaffung der im produktiven Betrieb notwendigen Ressourcen*

- *Hardwareplanung fertigstellen*

- *Materialverbrauchsplanung fertigstellen*

- *Personalbedarfsplanung fertigstellen*

Die folgende Darstellung bezieht sich ausschließlich auf die Frage der Personalbedarfsplanung!

R/3

bietet keine entsprechende Empfehlung im Vorgehensmodell (Stand: 3.0C), vgl. dazu aber auch Task 521/3.1.

Zur Darstellung der Task aus SAP-Sicht

Auf Grundlage der in den vorhergehenden Tasks (z.B. 327 bzw. 1.4.1: Aufgaben verteilen) festgelegten und dokumentierten Ergebnisse kann nach Auffassung von SAP bestimmt werden, für welche Arbeiten wieviel Personal mit entsprechenden "Anforderungsprofilen" zur Bewältigung der anfallenden Arbeit notwendig ist.

Probleme aus arbeitsorientierter Sicht

Die mit dem SAP-System unterstützten betriebswirtschaftlichen Methoden z.B. zur Disposition, zum Controlling, zur Produktions-planung nach MRP II etc. erfordern i.d.R. einen höheren Datenbedarf. Für die Sachbearbeiter bedeutet dies erheblich mehr Aufwand und Disziplin bei der laufenden Datenerfassung und Pflege. Das bringt insgesamt eine wesentliche Verlängerung der Arbeit am Bildschirmgerät mit sich.

Diese strukturelle Erhöhung der Belastungen (vgl. Kapitel C 1) wird unserer Erfahrung nach zu wenig bei der Gestaltung der Arbeit und der Aufgaben sowie bei der Festlegung des von einem Mitarbeiter abzuarbeitenden Arbeitsvolumens berücksichtigt. Eine Diskussion über Arbeitsintensivierung oder die zwangsläufige Vernachlässigung anderer (wichtiger) Aufgaben findet nur selten statt.

D. h. unserer Erfahrung nach entsteht die Tendenz zu einer chronischen Personal-Unterdeckung und zwar im wesentlichen aus drei Gründen:

1) Es werden die Mengengerüste aus der Ist-Analyse zur Grundlage gemacht (Häufigkeit des Geschäftsvorgangs mal geschätzter Bedarf an SAP-Bearbeitungszeit je Vorgang). Wobei die Erhebung der Ausgangsdaten zu pauschal stattfindet oder auf Schätzwerten, Annahmen und ungenauer Selbstaufschreibung beruht. Dabei wird der Anteil von nicht im Dialog mit SAP abzuwickelnden Arbeitsaufgaben bzw. Tätigkeiten (z.B. Telefonieren, Abstimmsitzungen, die eigene Arbeit organisieren, Kataloge wälzen, Pausen) nur selten beachtet und eingerechnet. Der Blick auf die ganze Arbeit und Aufgabe fehlt.

2) Da häufig keine eigenständige und leitbildorientierte Arbeitsstrukturierung der SAP-Anwenderarbeitsplätze vorgenommen wird, basiert die hier durchzuführende Personalbedarfsplanung auf (eher willkürlichen) Erfahrungswerten der Projektmitarbeiter und Berater, vorgegebenen Rationalisierungsmargen oder Selbsteinschätzungen des Fachabteilungsmanagements, die schon häufig in diesem Stadium des Projektes fast alles nur noch durch die SAP-Brille sehen.

3) In keinem der von uns beobachteten Fälle war die Kompetenz der Personalabteilung einbezogen worden. Dies führte nicht nur zu Abstimmungsproblemen hinsichtlich der Planung personeller Einzelmaßnahmen, sondern auch zu Begründungsnotständen gegenüber dem Betriebsrat, da ja die Personalabteilung i.d.R. diesbezüglich die Verhandlungen mit den Betriebsräten führt.

Einführung

143

Soziale Pflichten aus Gesetzen und Verordnungen

Die Personalplanung umfaßt die Personalbedarfsplanung, die Personalbeschaffung, die Personalentwicklungsplanung, die Personaleinsatzplanung und die Personalabbauplanung. Gemäß § 92 BetrVG hat der Arbeitgeber den Betriebsrat über das Verfahren und die Ergebnisse der Planung sowie über die wirtschaftlichen Ausgangsdaten als Grundlage der Personalplanung bzw. über die "Rationalisierungsvorgabe" rechtzeitig und umfassend zu unterrichten und mit ihm zu beraten. Dabei kommt es nicht darauf an, ob der Arbeitgeber eine bestimmte Methode der Planung nutzt oder nur einem pauschalen Kalkül folgt.

Im Zusammenhang mit der Personalbedarfsplanung und der dabei erfolgenden Personalbemessung werden immer wieder Fragen der gesundheitlichen Beanspruchung und physischer und psychischer Belastungen der Betroffenen aufgeworfen, die nach den Vorschriften des Arbeitsschutzgesetzes und der Bildschirmarbeitsverordnung durch eine Gefährdungsanalyse zu untersuchen und mit dem Mitarbeiter zu besprechen sind. Das Verfahren, die Vorgehensweise und die zu treffenden Maßnahmen sind mit dem Betriebsrat nach § 87 1.7 BetrVG zu beraten und zu vereinbaren.

Wenn im Zusammenhang mit der SAP- Einführung (Betriebsänderung) und direkt mit dem im Rahmen der Ressourcenplanung festgestellten Personalbedarf Nachteile für die Mitarbeiter entstehen, so ist ein Interessenausgleich, ggf. ein Sozialplan gemäß 111/112 zu verhandeln.

Die aus dieser Personalplanung u.U. folgenden personellen Einzelmaßnahmen, wie z.B. Umgruppierung, Versetzung, betriebsbedingte Kündigungen, sind im Rahmen des § 99 BetrVG mit dem Betriebsrat zu verhandeln.

Arbeitsorientierte Empfehlungen

Für die Mitarbeiter der Fachabteilungen inklusive der EDV sollte im Rahmen der Projektrahmenbedingungen - also spätestens im Zuge der Verabschiedung des Sollkonzeptes (vgl. Task 231 bzw. 1.4)- ein Rationalisierungsschutz bzw. sozialverträglicher Aufschub vereinbart worden sein (z.B. § 111 BetrVG, vgl. Kapitel C 4). Von daher hätte die jetzt anstehende Planung der Personalressourcen für den Produktivbetrieb diese Grenzbedingung nicht nur zu beachten, sondern wäre auch im Sinne einer belastungsarmen und personenförderlichen Gestaltung der ganzen Arbeit zu nutzen (vgl. dazu Kapitel C 1).

Weiterhin ist bei der qualitativen Personalbemessung eine mindestens 1/2jährige Einarbeitungs- und Routinierungsphase einzuplanen, die sowohl die Endanwender als auch die Projektmitarbeiter kapazitätsmäßig weiterhin stark binden und belasten wird.

Deshalb sollte eine endgültige Personalbemessung für die von SAP unterstützten Geschäftsprozesse erst auf der Grundlage der Routinierungserfahrungen sowie der arbeitsschutzgesetz-konformen Gefährdungs- bzw. Arbeitsplatzanalysen (vgl. dazu die in Kapitel B 3 vorgeschlagenen neuen Tasks 891 - 896) verhandelt und entschieden werden.

R/2 | **381 Anwender definieren**
R/3 | **2.8. Berechtigungsverwaltung abbilden**

R/2

381 Anwender definieren

ZIELE DER TASK:

SAP: allgemeine
Darstellung
der Task (Stand: IMW
5.0 E)

- *Identifizieren der Personen, die im SAP-System arbeiten sollen*

- *Zuweisung der notwendigen Berechtigungen zu den SAP-Anwendern*

- *Schaffen der Grundlage für die Erfassung der Anwenderstammsätze*

  - *Anwender identifizieren*
  - *Anwender den Unternehmensstrukturmerkmalen zuordnen*
  - *Anwender-Berechtigungen festlegen*
  - *Anwender-Berechtigungen abstimmen*

R/3

2.8. Berechtigungsverwaltung abbilden

SAP: allgemeine Darstellung aus dem R/3-Vorgehensmodell siehe Task 383/2.8.

Zur Darstellung der Task aus SAP-Sicht

Je Mandant werden die zukünftigen Anwender mit den für ihre Aufgaben benötigten Berechtigungen erfaßt. Die Zugriffsrechte auf Daten, Transaktionen und Reporte sind mit den Fachbereichen abzustimmen. Insbesondere sind diejenigen Anwender auszuwählen, die aus Gründen der Beherrschung systemkritischer Situationen viele oder gar alle Berechtigungen erhalten sollen.

Probleme aus arbeitsorientierter Sicht

Diese Task umfaßt im Kern die arbeitsplatzbezogene Organisation bzw. Verteilung der SAP-Funktionalitäten und greift damit unmittelbar in das gesamte Gefüge der mitarbeiterspezifischen Arbeitszuschnitte und

Einführung

deren bisherigen individuellen Arbeitsorganisationen ein. Sie ist von daher zwar nicht von der Task 327 bzw. 1.4.1 (Aufgaben verteilen) zu trennen, gleichwohl wird sie in den meisten Betrieben auf die bloße Vorbereitung der systemtechnischen Pflege der Berechtigungen verkürzt (Task 383 bzw. 2.8). Von daher verwundert es nicht, daß auch hier arbeitsorientierte Leitbilder, Konzepte und personalplanerische Vorgaben keinen Eingang finden. Aufgrund dieser Vorgaben- bzw. Konzeptionslosigkeit sind die Projekte eher geneigt, die Zuteilung von Berechtigungen zunächst sehr weit oder ganz zu fassen. Beide Extreme führen später unter Produktivbedingungen zu entsprechend negativen Anwenderreaktionen: Denn dem einen wird später etwas weggenommen, und die anderen müssen sich die erforderlichen Transaktionen und Datensichten Stück um Stück erkämpfen. Eine Information und Beteiligung der Anwender und Betriebsräte in dieser Planungsphase findet entsprechend in den seltensten Fällen und wenn, nur unter Datenschutzgesichtspunkten statt.

Ein weiteres Problem ist die Verteilung von statusträchtigen SAP-Transaktionen, wie z.B. TM O4 / SM O4 (aktive Benutzer beobachten), die natürlich die Begehrlichkeiten vor allem von Führungskräften der Linie auf den Plan ruft.

Schließlich ist in diesem Planungszusammenhang die Nichtbeachtung datenschutzbezogener Anforderungen und die Verteilung von technischen Möglichkeiten zu Leistungs- und Verhaltenskontrollen (insbesondere anwenderbezogene Reporte und Datensichten) die beobachtete Regel. Dies führt späterhin nicht nur über Interventionen des Betriebsrats zu durchaus vermeidbaren Turbulenzen, Änderungen und entsprechenden Aufwänden.

Soziale Pflichten aus Gesetzen und Verordnungen

Entsprechend dem Bundesdatenschutzgesetz (BDSG) dürfen personenbezogene und personenbeziehbare Daten nur zweckgebunden (§ 28 u. § 31) verarbeitet und gespeichert werden. Dies ist bei der Einrichtung der Anwender und bei der Vergabe der Berechtigungen zu beachten (§ 9). Ein Nachweis ist zu führen, welcher Anwender welche personenbezogenen und beziehbaren Daten warum, wie und wann verarbeitet hat (§ 37). Diese zweckbestimmte Zuweisung ist zu dokumentieren (§ 37) und gemäß § 9 technisch und organisatorisch sicherzustellen.

Der Arbeitgeber hat die Verarbeitung von Daten, die die Möglichkeit der Kontrolle von Leistung und Verhalten einzelner Mitarbeiter oder Mitarbeitergruppen bieten, mit dem Betriebsrat zu beraten. Nach § 87.1.6 BetrVG ist zur ihrer Verarbeitung, wozu auch die Bestimmung der dafür autorisierten Personen gehört, seine Zustimmung einzuholen.

Da es in dieser Task um die Gestaltung der individuellen Aufgabenzuschnitte und damit auch um mögliche Belastungen, die Gesundheit und ihre Förderung geht, berührt diese Planung einmal mehr alle Leitbilder und Maßnahmenbestimmungen des Arbeitsschutzgesetzes und der Bildschirmarbeitsverordnung sowie in Folge alle Mitbestimmungs- und Beratungsrechte des Betriebsrates zum Nachteilsausgleich (§ 111 ff BetrVG), zur Arbeitsorganisation (z.B. §§ 90/91 BetrVG), zur Personalplanung (§ 92 BetrVG) und ggf. zu personellen Einzelmaßnahmen (§ 99 BetrVG).

Arbeitsorientierte Empfehlungen

Die Task 327 bzw. 1.4.1 (Aufgaben verteilen), 374 (Ressourcenbedarf ermitteln), 381 bzw. 2.8 (Anwender definieren) und schließlich ihre technische Umsetzung in Task 383 (Berechtigungen einrichten) sind aus der Aufgabensicht einer robusten, sozialverträglichen und personenförderlichen Arbeitsorganisation integriert zu bearbeiten. Das heißt, sowohl die Verteilung von SAP-Arbeit und damit auch der Einfluß der Organisationseinheiten, als auch der einzelnen Mitarbeiter, nebst ihrer technischen Abbildung im System, sollte leitbildorientiert (z.B. kernprozeß- und arbeitsorientiert), sowie unter Beteiligung der Betroffenen, des Betriebsrats und des Datenschutzbeauftragten geplant werden (vgl. dazu die Kapitel B 4, C 1, C 3 und C 4).

So z.B. ist die Einrichtung einer Auftragsinsel, von der fachbereichsübergreifend Kundenaufträge geplant und durch das Unternehmen gesteuert werden sollen, weder allein im Rahmen der Task 327 bzw. 1.4.1 noch in dieser allein zu bearbeiten.

So ist beispielsweise eine Planung des Zugriffs auf Personaldaten im SAP-System sowie deren Abstimmung mit dem Betriebsrat und dem betrieblichen Datenschutzbeauftragten nur sinnvoll, wenn neben den funktionalen Zwecken auch der Aspekt des Führungsstils bzw. die Verteilung von (Mit-)Verantwortung und Kontrolle in die Arbeit des "Projektes" einbezogen wird.

R/2   383 Berechtigungen einrichten
R/3   2.8. Berechtigungsverwaltung einrichten

R/2

SAP: allgemeine
Darstellung
der Task
(Stand:IMW 5.0 E)

383 Berechtigungen einrichten

ZIELE DER TASK:

- *Bereitstellen von Berechtigungen und Sammelberechtigungen*
- *Bereitstellen von Profilen und Sammelprofilen*
- *Einrichten von Benutzerstammsätzen*
- *Berechtigungen des Basissystems einrichten*
- *Vorhandene Berechtigungen prüfen und ggf. neue erfassen*
- *Vorhandene Profile prüfen und ggf. neue erfassen*
- *Benutzerstammsätze einrichten*
- *Berechtigungen zum Betrieb des Basissystems einrichten*

R/3

SAP: Darstellung aus
dem
Vorgehens-
modell R/3
(Stand 3.0.C)

2.8. Berechtigungsverwaltung abbilden

*Jede R/3-Anwendung bietet umfangreiche Möglichkeiten, über Berechtigungen
und Profile die Nutzung der Funktionen zu steuern.*

- *Auslöser*
  - *Das Sollkonzept ist freigegeben.*
  - *Die Systemeinstellungen sind abgestimmt.*

- *Eingehende Informationen*
  - *Fachkonzept*
  - *SAP-Standardberechtigungen*
  - *SAP-Standard -Profile*

- *Inhalt des Arbeitspaketes*
  - *erstellen Sie ein Berechtigungskonzept um Transparenz hinsichtlich
    der Berechtigungsvergabe und - zuordnung zu schaffen.*

  *Sie legen dabei auch fest, wie detailliert Berechtigungen und Profile in den
  einzelnen Unternehmensbereichen benötigt werden.*
  - *realisieren Sie das Berechtigungskonzept.*

Einführung

Die zur Umsetzung Ihres Konzepts notwendigen Berechtigungen und Profile sind, wenn nicht schon vorhanden, neu anzulegen und den einzelnen Anwendern zuzuordnen.

- *Erarbeitete Informationen*
  - *Berechtigungskonzept*
  - *Berechtigungen*
  - *Profile*
  - *Benutzerstammsätze*

- *Ergebnis*
  - *Das Berechtigungskonzept ist dokumentiert und verabschiedet.*
  - *Berechtigungen, Profile und Benutzerstammsätze sind eingerichtet und verabschiedet.*

Zur Darstellung der Task aus SAP-Sicht

Mittels der Berechtigungen und der Profile sowie der Sammelprofile können die für einen bestimmten Arbeitsplatz bzw. für eine bestimmte Aufgabe betrieblich benötigten Zugriffsberechtigungen verwaltet werden.

Je nach Funktion innerhalb der SAP-Funktionsstruktur sind verschiedene Berechtigungsobjekte definiert und für die Benutzer nach Bedarf differenziert einstellbar.

Für die Anzeige der Berechtigungsobjekte und die Überprüfung der Berechtigten sowie der vergebenen Berechtigungen hält IMW einige Werkzeuge bereit. Im R/3 sind zudem z.B. über den "Sessions- Manager" Berechtigungsprofile und Menüstrukturen auf der Präsentationsebene verbindbar.

Probleme aus arbeitsorientierter Sicht

Die aufgrund des Datenschutzgesetzes und der Mitbestimmung bei der Verarbeitungsmöglichkeit von Leistungs- und Verhaltensdaten gemäß § 87.1.6 BetrVG erforderliche Unterrichtung und Dokumentation eines zweckbestimmten Zugriffs auf die in SAP verarbeiteten Personaldaten fällt den Betrieben sehr schwer. Zum einen - wie schon häufig bemerkt-aus politischen und organisatorischen Gründen (Aushandlung mit dem Betriebsrat; vgl. auch zu Task 381), aber auch aufgrund des SAP-eigenen Berechtigungssystems. Zum einen ist es sehr aufwendig und nur von besonders qualifizierten Mitarbeitern zu handhaben, zum anderen sind die systemeigenen Möglichkeiten und die Berechtigungsprofile sehr beschränkt den SAP-Laien in verständlicher Form darzustellen. Diese technisch bedingten Umstände (R/2 und R/3 gleichermaßen) führen häufig dazu, daß die Berechtigungen maximal in finanzwirksamen Systembereichen detailliert gepflegt werden und man sich sonst mit den SAP-Standardprofilen über die ersten Produktionsphasen rettet und die Dokumentation und damit die Verhandel- sowie die Überprüfbarkeit der Zugriffsberechtigungen unverantwortlich hinauszögert.

Schließlich wird ja durch die Berechtigungen der Zugang zu allen im SAP-System abgelegten Informationen eingeräumt oder verweigert. Damit wird festgelegt, wer über welche Informationsquellen und damit über welches Wissen verfügt. Ferner wird damit definiert, in welchem Umfang Bereiche, Abteilungen und Mitarbeiter anderen Bereichen, Abteilungen und Mitarbeitern gegenüber Einblick in die Vorgänge gewähren oder gewähren müssen (z.B. über die bereichsübergreifenden Informationssysteme). Wie schon in Task 327 bzw. 1.4.1 (Aufgaben verteilen) und Task 381 bzw.2.8 (Anwender definieren) bemerkt, ist deshalb das Berechtigungssystem Spiel- und Aushandlungsfeld von Transparenz und Abschottung als auch von ziel- und budgetgebundener Handlungsfreiheit bzw. Kontrolle ggf. bis in jede Einzelheit.

Soziale Pflichten aus Gesetzen und Verordnungen

siehe dazu Task 381

Arbeitsorientierte Empfehlungen

Die Fähigkeit als Bereich, Abteilung oder Mitarbeiter, selber über die Vergabe der Berechtigungen zur Einsichtnahme in die bearbeiteten Geschäftsvorgänge und die im SAP-System erzeugten Informationen Einblick zu gewähren, sollte gefördert werden. Eine gegenseitige Aushandlung von Transparenz und Abschottung (machtpolitisch und funktional) unter Einbezug der Mitarbeiter ist dafür das geeignete Verfahren.

Dazu wären aber auch Betriebsvereinbarungen nötig, die selbst ebenfalls nicht zentralistisch angelegt sind, sondern der „Aushandlung vor Ort" (z.B. Führungskraft-Mitarbeiter, Einkauf und bestellende Bereiche) überprüfbare Spielräume geben. Da aus arbeitsorientierter Sicht jedem Anwender ein weiterer Zugriff über Anzeige- und Hilfefunktionen zur Navigation und Integrations-Orientierung im gesamten System einzurichten wären, sind die möglichen Kollisionen mit dem Datenschutz und den Bereichs- bzw. Abteilungsegoismen schon frühzeitig betriebsöffentlich und auch mit dem Betriebsrat zu diskutieren (vgl. zur Beteiligung Kapitel C 3).

All diese Empfehlungen zu einem unbürokratischen Umgang mit den Berechtigungen sollten jedoch nicht dazu führen, auf der technisch-administrativen Ebene (z.B. Systemverwaltung, Programmierung / Operating etc.) die Revisionsfähigkeit und Sicherheit des Produktiv-Systems zu gefährden. Im Gegenteil, eine personell und qualifaktorisch gut ausgestattete System- und Berechtigungsverwaltung mit Protokollierung und Vier-Augenprinzip ist der strukturelle Preis für eine flexible und offene Anwendungsebene in einem hochintegrierten und somit auch stark gefährdeten System. Dies gilt nicht nur für die SAP-Ebene, sondern gleichermaßen auch für die Datenbank, das Netzwerk und Schnittstellen beispielsweise zum Internet.

R/2

421 Arbeitsabläufe dokumentieren

SAP:allgemeine
Darstellung
der Task
(Stand:IMW 5.0 E)

ZIELE DER TASK:

- *Mit der Einführung einer umfangreichen Standardsoftware ändern sich in der Regel neben den Funktions- und Arbeitsabläufen auch die Funktions-, Aufgaben- und Kompetenzzuordnungen.*
- *Die in anderen Tasks festgelegten Zuordnungen und Abläufe werden in einem vollständigen, übersichtlichen und verständlichen Organisationshandbuch pro Abteilung dokumentiert.*
- *Dem einzelnen Anwender wird eine detaillierte Grundlage für die an seinem Arbeitsplatz durchgeführten Aufgaben zur Verfügung gestellt.*
- *Gleichzeitig werden Abläufe, Verantwortlichkeiten und Kompetenzen überprüft.*

SAP: Darstellung
aus dem
Vorgehens-
modell R/3
(Stand:3.0 C)

- *Dokumentationsart und -tiefe bestimmen*
- *Neudruck Organigramm veranlassen*
- *Stellenbeschreibungen aktualisieren*
- *Funktionen und Aufgaben/Abläufe beschreiben*
- *Richtlinien/Arbeitsanweisungen erstellen*
- *Berichtswesen dokumentieren*
- *Benutzerhandbuch erstellen*
- *Dokumentation abstimmen*

R/3

3.2 Anwenderdokumentation erstellen

Mit der Einführung des R/3-Systems ändern sich in der Regel Arbeitsabläufe und Aufgabenzuordnung.

Die Abläufe und Aufgaben sowie die Nutzung des R/3-Systems werden in der Anwenderdokumentation beschrieben.

- *Auslöser*
  - *Das Sollkonzept ist freigegeben.*
  - *Das Anwendungssystem ist freigegeben.*

- *Eingehende Informationen*

  - *Fachkonzept*
  - *Anwendungssystem*

- *Inhalt des Arbeitspakets*

  In diesem Arbeitspaket

  - *dokumentieren Sie die Arbeitsabläufe und Zuständigkeiten Empfehlung: Sie sollten diese Dokumentation anhand Ihrer Funktionen und Prozesse strukturieren.*

  - *stellen Sie den einzelnen Anwendern diese Dokumentation zur Verfügung Empfehlung: Die Anwender sollten jederzeit Zugriff zur Dokumentation haben.*

- *Erarbeitete Informationen*
  - *Anwenderdokumentationen*
- *Ergebnis:*
  - *Die organisatorischen Abläufe sind dokumentiert.*
  - *Die Abläufe im R/3-System sind dokumentiert.*

Zur Darstellung der Task aus SAP-Sicht

SAP schlägt eine detaillierte Beschreibung und Festlegung der Ablauf- und Aufbauorganisation in einem ausführlichen Organisationshandbuch vor, das einen dokumentierenden, helfend - erläuternden und anweisenden Charakter hat. Inhaltlich enthält das Organisationshandbuch alle klassischen Angaben. Die Tools zur Einführung des R/3-System sowie das Customizing bieten vielfältige Möglichkeiten zur Dokumentation im Projektverlauf. Auf diese Dokumente sollte hier zurückgegriffen werden.

Probleme aus arbeitsorientierter Sicht

In der Realität wird den von SAP dargestellten organisatorischen Anforderungen und Methodenvorschlägen des Vorgehensmodells häu fig nicht genügt. Es findet kein eigenständiges und gestaltendes, sondern wenn überhaupt nur ein nachlaufendes Organisieren statt. Deutlich wird dies beim Organisationshandbuch. Wenn es überhaupt erstellt wird, ist es spätestens ein halbes Jahr nach dem Produktivstart veraltet.

Ein solches Handbuch am Arbeitsplatz nützt erfahrungsgemäß wenig, zumal wenn die Projekte sich über diesen Dokumentationsweg um die Arbeit einer betriebsspezifischen Pflege und Ausgestaltung der SAP-Hilfe-Funktionen herumdrücken.

Die Beschlußfassung über den Inhalt des Organisationshandbuches mag zwar zur Legitimation und Durchsetzung der neuen Arbeitsteilung beitragen, erfahrungsgemäß entscheiden sich die Dinge im Betrieb allerdings durch Handeln und nicht durch Vorschriften auf dem Papier. Der Wert eines Organisationshandbuches scheint beschränkt, außer es ist zugleich auch mit Sanktionen versehen, und es erfolgt eine Absicherung bestimmter Absprachen in einer Betriebsvereinbarung.

Soziale Pflichten aus Gesetzen und Verordnungen

Alle Inhalte des Organisationshandbuches, die Fragen der „Ordnung des Betriebs und das Verhalten der Arbeitnehmer" betreffen, sind mit dem Betriebsrat gemäß § 87 Abs. 1.1 abzustimmen. Gleiches kann für Arbeitsanweisungen gelten. Mit datenschutzbezogenen Anweisungen sind gemäß § 9 BDSG und seitens des betrieblichen Datenschutz-beauftragten gemäß § 27 BDSG die Mitarbeiter vertraut zu machen. Gemäß Ziffer 22 des Anhangs der Bildschirmarbeitsverordnung müssen die am Bildschirm beschäftigten über mögliche "qualitative und quantitative Kontrollen" informiert werden. Diese Kontrollpotentiale gehören also ebenfalls in ein Organisationshandbuch bzw. in die Anwenderdokumentation.

Arbeitsorientierte Empfehlungen

Das Organisationshandbuch sollte per „Knopfdruck" aktualisierbar und über das System abrufbar sein, sonst erhält es nur eine legitimatorische Funktion.

Dennoch kann es wichtig sein, bestimmte Abschnitte des Organisationshandbuches, wie z.B. zu Eingruppierungen und Stellenbeschreibungen sowie teilweise die Arbeitsanweisungen, auch in Papierform festzuhalten und fortzuschreiben. Einiges ist davon sicher auch als Anlage zur Betriebsvereinbarung vorzusehen.

Benötigt wird Papier nur zur Schulung und zur Dokumentation von Pflichten, Absprachen und Verträgen. Viele andere Dinge sind im Fluß und können bzw. sollten auch durch Dokumentationen nicht aufgehalten werden. Ein offenes und kooperatives Verfahren zur Anregung und Umsetzung organisatorischer Veränderungen kann für die Zukunft mehr Wert sein als ein z.B. nach ISO 9000 ff noch so gut dokumentiertes Verfahren. Denn es wird von den Mitarbeitern im Betrieb in Zukunft mehr Prozeßorientierung und Flexibilität sowie Kooperationsfähigkeit und nicht allein SAP-bezogene Formalisierung und formale Korrektheit verlangt werden.

Entsprechend sind das Hilfe-System, die Schulungsunterlagen, die Systemdokumentation für Betriebsvereinbarungen und das Organisationshandbuch unter Beteiligung ihrer Nutzer von Anfang an zu konzipieren und aufeinander abzustimmen. Dies nicht zuletzt, weil diese Dokumentationen vielfach redundant sind und auch dieser Aufwand sich nicht lohnt, wenn sie nicht verständlich und konkret abgefaßt und gepflegt werden.

Zur Förderung der Sensibilität und organisatorischen Einhaltung von Daten- und Gesundheitsschutzbestimmungen ist es zu empfehlen, entsprechende Hinweise, Pflichten und Empfehlungen in diese Dokumentationen systematisch mit aufzunehmen. Entsprechende Unterweisungen und die Dokumentation der Belastungen gemäß § 6 Arbeitsschutzgesetz können sie jedoch nicht ersetzen.

R/2   521 Einführungsplan erstellen
R/3   3.1. Produktivsetzung vorbereiten

R/2

521 Einführungsplan erstellen

SAP: allgemeine
Darstellung
der Task
(Stand:IMW 5.0 E)

ZIELE DER TASK:

- *Festlegen und überprüfen von kritischen Zeitpunkten bei der Einführung des SAP-Systems (Meilensteine)*
- *Überprüfung der bereits festgelegten Realisierungsvorhaben auf zeitliche Machbarkeit*
- *Erstellen eines Umstellungsplans zur Einführung der bereits festgelegten Komponenten des SAP-Systems*
- *Festlegen der Datenquellen der im SAP-System benötigten Daten*
- *Festlegen von zusätzlich benötigten Ressourcen*

- *Zeitliche Einführungsreihenfolge überprüfen*
- *Umstellungstermine und Arbeitsschritte festlegen*
- *Kritische Zeitpunkte definieren und darstellen*
- *Einführungsplan erstellen*
- *Einführungsplan abstimmen und verteilen*
- *Personal- und Materialanforderungen bestimmen*
- *Übernahme der Stammdaten festlegen*
- *Übernahme der Bewegungsdaten festlegen*
- *Übernahme vorab zu pflegender Daten festlegen*
- *Kontrollen für die Datenübernahme definieren*
- *Datensicherungsverfahren für vorab zu pflegende Daten festlegen*
- *Zeitplan für Fertigstellung der Datenübernahmeprogramme erstellen*
- *Umstellungsplan abstimmen und verteilen*

R/3

3.1. Produktivsetzung vorbereiten

SAP-Darstellung aus
dem
Vorgehensmodell R/3
(Stand: 3.0.C)

Ein reibungsloser Aufbau des Produktivsystems erfordert eine exakte Zeit-planung für die organisatorische und technische Vorbereitung.

- *Auslöser*
  - *Das Anwendungssystem ist freigegeben.*

Einführung

- *Eingehende Informationen*
  - *DV-Konzept*
  - *Prüfungsprotokoll der Phase "Detaillierung und Realisierung"*

- *Inhalt des Arbeitspakets*

  In diesem Arbeitspaket
  - *erstellen Sie einen Terminplan, der von der Installation des Produktiv-systems bis zu ersten Bearbeitung eines Geschäftsvorfalls darin reicht.*
  - *planen Sie den zugehörigen Personaleinsatz.*
  - *führen Sie die Beschaffung für die Systemausstattung durch.*
  - *erstellen Sie den Schulungsplan für die Anwender.*

  Sie legen Inhalte und Termine, sowie die Zuordnung der Personen zu Schulungsgruppen fest.

  - *Erstellen Sie die Planung für die Datenübernahme ins Produktivsystem.*
  - *Legen Sie die Hardwareausstattung für die Anwender fest.*
  - *Legen Sie die Rechnerausstattung (Prozessoren, CPU, Plattenkapazität) auf der Basis des für den Produktivbetrieb erwarteten Mengengerüsts fest.*
  - *Erstellen Sie die Konfiguration für das Produktivsystem dazu gehören:*
    - *Applikationsserver*
    - *Präsentationsserver*
    - *Netzwerk*
    - *Drucker*

  - *Legen Sie das Konzept zur Prüfung vor.*

- *Erarbeitete Information*
  - *Plan für die Produktivsetzung*
  - *Schulunsplan für die Anwender*

- *Ergebnis*
  - *Die Planung der Produktivsetzung ist verabschiedet.*
  - *Der Schulungsplan für die Anwender ist verabschiedet.*

Die folgende Darstellung beschränkt sich auf den Aspekt Planung der Personalanforderung und des Personaleinsatzes innerhalb der Einführungsplanung sowie der Schulung der Endanwender (siehe Task 531).

Zur Darstellung der Task aus SAP-Sicht

Im Rahmen der Einführungsplanung empfiehlt SAP, zuerst die zeitliche Einführungsreihenfolge unter dem Aspekt der Beanspruchung einzelner Fachabteilungen und unter dem Aspekt von Kapazitätsengpässen beim Personal zu untersuchen. Um den Umstellungstermin und das Projektziel nicht zu gefährden, sind ausreichend Personalkapazitäten bereitzustellen. Dies kann z.B. zur Erfassung von Stamm- und Bewegungsdaten und für den Abbau offener Geschäftsvorfälle im Altsystem oder die Anwenderschulung erforderlich sein.

Der Umstellungsplan ist im Lenkungsausschuß vorzulegen, zu diskutieren, abzustimmen und gegebenenfalls zu modifizieren. Im Anschluß daran wird der Umstellungsplan den Projektmitgliedern, den betroffenen Programmierern und Fachabteilungsverantwortlichen offengelegt.

Probleme aus arbeitsorientierter Sicht

Eine vorlaufende Personaleinsatzplanung bzw. eine Einplanung von finanziellen Ressourcen für die (kurzfristige) Beschaffung benötigter zusätzlicher Mitarbeiter in der Einführungsphase (für das Projekt und die Fachbereiche) haben wir in keinem der untersuchten SAP-Einführungsprojekte angetroffen.

Schon die Beantragung projektbedingter Überstunden für die Projektmitarbeiter aus den Fachabteilungen (in einem Fall: 2 x 480 und 1 x 350 Stunden innerhalb von 9 Monaten) ist für viele Top-Manager ein Problem, da sie im Grundsatz von der problemlosen Bewältigung der erforderlichen Projekt-, Lern- und Einarbeitungs-Arbeit neben der Erledigung der Alltagsaufgaben ausgehen oder Angst haben, daß eine „Fehlplanung" aus der Organisationsphase (Task 115 bzw. 1.1.8) ihnen persönlich angekreidet wird.

Es fehlt nicht nur bei den Arbeitgebern bzw. den Leitern der Fach

159

abteilungen, sondern auch bei vielen von Mehrarbeit und Umstellungsstreß betroffenen Mitarbeitern und Mitarbeiterinnen eine Sensibilität für die durchschnittlich leistbare Arbeitsmenge und die Bewältigung der damit verbundenen physischen und psychischen Belastungen (vgl. auch Mißerfolgsfaktor 6 aus Teil A).

Der Umstellungszeitplan legt für alle Betroffenen zwingende Termine und zu erbringende Leistungen fest. Da diese Aufgaben und Tätigkeiten oft erstmals anfallen, sind sie nur schwer bezüglich ihres Aufwandes abzuschätzen. So geraten in den Einführungsprojekten beispielsweise häufig die Schnittstellenprogramme und ihre Tests sowie die Bereinigung der zur Übernahme vorgesehenen Stamm- und Bewegungsdaten sowie die Anwenderschulungen unter stärksten Zeitdruck.

Viele der einbezogenen Unternehmensberater halten sich leider bei der Ressourcen-Bedarfsschätzung vornehm zurück und verweisen - weil häufig selbst vertraglich an den Produktivstarttermin gebunden - auf die Priorität dieser Arbeiten gegenüber dem Alltagsgeschäft und offerieren ihr Personal als zusätzliche und teure Entlastungskapazität.

Einer diesbezüglichen Fehlplanung fallen erfahrungsgemäß später vor allem eine angemessene Anwenderschulung (vgl. Task 531 und 713 bzw. 3.4) sowie betriebsvereinbarungsrelevante Abstimmungen und Dokumentationen zum Opfer.

Soziale Pflichten aus Gesetzen und Verordnungen

Nach § 87 Abs. 1.3 BetrVG hat der Arbeitgeber für Mehrarbeit und Überstunden sowie bei Lage der Arbeitszeit außerhalb der üblichen Betriebszeiten die Zustimmung des Betriebsrates einzuholen.

Der Arbeitgeber hat die Personalplanung, wozu auch die Personaleinsatzplanung gehört nach § 92 BetrVG, mit dem Betriebsrat zu beraten (siehe ausführlicher in Task 374). Über mögliche gesundheitliche Beeinträchtigungen, die sich durch das hohe Arbeitsvolumen und den Termindruck ergeben, hat der Arbeitgeber die Arbeitnehmer nach § 81 BetrVG zu unterrichten und sie mit ihnen gemäß § 82.1 BetrVG zu erörtern.

Arbeitsorientierte Empfehlungen

Ein realistischer Einführungsplan ist nur erstell- und umsetzbar, wenn alle vorabgestellten Aufgaben abgeschlossen und auch hinsichtlich ihrer „Sozialen Pflichten" überprüft sind. Deshalb empfehlen wir, hier einen Projektmeilenstein zu installieren (vgl. auch IMG: Qualitätsprüfung Anwendungssystem sowie Kapitel B 3: Meilenstein 3). Eingedenk der dann unter Umständen noch erforderlichen Nachbesserungen wäre für alle Beteiligten und betroffenen Mitarbeiter eine Kapazitäts- und Terminplanung zu erstellen.

Da jedoch die Besonderheiten und Belastungen der Fachabteilungen, die Urlaubsplanung der Mitarbeiter und die realen Möglichkeiten, noch Ersatzkapazitäten zu beschaffen und einzuarbeiten oder Alltagsaufgaben zu verschieben, von den Projektplanern kaum überschaut werden können, und Linienvorgesetzte häufig dem Alltagsgeschäft sowieso den Vorrang einräumen, ist diese Planungsphase auf eine breite positive Beteiligung der betroffenen Mitarbeiter angewiesen.

Jeder Fachbereich sollte dabei seine Vorstellungen und Bedenken einbringen können, und die an ihn oder die Abteilung gestellten Anforderungen sollten mit ihm beraten werden. Für alle sollte dabei der von den Betriebsparteien am Anfang des Projektes ausgehandelte Maximalrahmen von Überstunden und Mehrarbeit (vgl. Task 115 bzw. 1.1.8) Richtschnur bleiben, denn eine zweckoptimistische oder heroische Durchhaltestimmung nutzt erfahrungsgemäß weder den Mitarbeitern noch der Qualität des Projektes. Insofern sollte nach erfolgter realistischer Planung auch auf Top-Ebene u.U. eine Verschiebung des geplanten Produktivstartes kein Tabu-Thema mehr sein.

Einführung

R/2   531 Anwenderschulung planen

R/2

SAP: allgemeine
Darstellung
der Task
(Stand:IMW 5.0 E)

531 Anwenderschulung planen

ZIELE DER TASK:

- *Erstellung eines Schulungsprogrammes, das auf der Basis der betriebs-wirtschaftlichen Funktionen auch die unterschiedlichen Voraussetzungen der Anwender berücksichtigt*
- *Der Anwender muß zum Produktionsbeginn in die Lage versetzt sein, neben der reinen Systembenutzung auch die ihm zugeordneten und möglicher-weise neu gestalteten Geschäftsvorfälle seines Bereiches zu beherrschen.*
- *Schulungstermine festlegen und abstimmen*
- *Anwendergruppen mit gleichen Schulungsanforderungen bilden*
- *Schulungsinhalte bestimmen und dokumentieren*
- *Schulungsvorgehensweise bestimmen*

R/3

**Keine entsprechende Empfehlung im Vorgehensmodell
(Stand: 3.0.C) Vergl. dazu Task 521 / 3.1**

Zur Darstellung der Task aus SAP-Sicht

Ausgehend vom Kenntnisstand der Anwender und von ihren Erfahrungen mit Online-EDV-Systemen soll sichergestellt werden, daß jeder Mitarbeiter Gelegenheit hat, sich mit den neuen Abläufen und Funktionen vertraut zu machen.

SAP nennt explizit folgende Schulungsziele: Erhöhung der Akzeptanz, Erkennen der neuen funktionalen Abläufe, Umsetzung und Einübung der neu festgelegten Ablaufbeschreibungen und kritische Würdigung der neuen Abläufe durch den Anwender.

Die Beteiligung des Betriebsrates nach § 96 ff BetrVG - u.a. zur Berufsbildung - ist zu berücksichtigen.

SAP beginnt die Planung mit der Abstimmung der Termine und den Kapazitäten der Schulungen. Die Schulungen sind auf der Grundlage des voraussichtlichen Schulungsgesamtbedarfes rückwärts vom Produktionsbeginn unter Berücksichtigung von Urlaubszeiten und Zeiten

Einführung

mit erhöhter Arbeitsbelastung wie z.B. Jahresabschlußarbeiten, Budgetierungsvorarbeiten zu terminieren. Die Termine der einzelnen Schulungsmaßnahmen sind nach der Definition der Anwendergruppen und Schulungsinhalte genau abzustimmen. Ebenso sind die Termine und Zeiten mit den Aufgaben und dem Vorbereitungsbedarf der Projektmitarbeiter, die als Trainer tätig werden sollen, sowie mit externen Trainingskapazitäten abzustimmen.

Die Schulungsgruppen sollten entsprechend den neuen organisatorischen Abläufen und den daraus folgenden neuen aufbauorganisatorischen Einheiten gebildet werden, falls diese organisatorischen Entscheidungen schon gefallen sind. Ansonsten gilt die zeitliche Verfügbarkeit und die Erfahrung der Teilnehmer als Kriterium für die Gruppenbildung.

SAP empfiehlt, die Schulungsinhalte aus der betriebswirtschaftlichen Aufgabe und aus der Schulungstiefe, über die ebenfalls zu entscheiden ist, zu bestimmen. Zu den SAP-spezifischen Schulungsinhalten kommen die neuen organisatorischen Abläufe der Geschäftsvorfälle hinzu. Die gesamten Schulungsinhalte sind für jede Anwendergruppe zu spezifizieren. Der Zeitbedarf für den Schulungsinhalt ist zu ermitteln. Es sind dann entsprechende Schulungsveranstaltungen zu bilden und erneut terminlich abzustimmen.

Die Vorgehensweise innerhalb der Schulungen soll sich an der Aufnahmefähigkeit der Teilnehmer orientieren, wobei die einzelnen Veranstaltungen wie folgt strukturell aufgebaut sein sollen: Grundlagen der SAP-Anwendung, daran anschließend die Abbildung und Übung der festgelegten Geschäftsvorfälle und dann unterstützende Übungen der Anwender.
Jedem Teilnehmer sollte im Schulungsraum ein eigener Bildschirm/PC zur Verfügung gestellt werden.

Probleme aus arbeitsorientierter Sicht

Das Ziel dieser Task, die Planung der Anwenderschulung inhaltlich, methodisch und zeitlich so auszurichten, daß die Teilnehmer nicht nur die Handhabung des Systems, sondern auch die neuen Abläufe sicher beherrschen, wurde in den von uns beobachteten Fällen nur selten erreicht. Dies hat u.a. folgende Gründe:

- Der zeitliche Rahmen für die Vorbereitung und die Durchführung der Schulungen wird viel zu knapp bemessen.

- Es fehlt an didaktischer Unterstützung für die Referenten und Planer aus den Projektgruppen. Entsprechend wird allzuhäufig nur ein „Folien- und SAP-Kino" praktiziert.

- Es wird nur das Bedienen des Systems geschult, nicht aber praxisbezogen die Integrationswirkungen und -aufgaben, die sich für die Anwender neu ergeben.

- Die Ziele und Leitbilder der Neuorganisation und der SAP-Unterstützung werden nicht thematisiert, somit verbleiben die Änderungen als rein technisch bedingt in den Köpfen der Betroffenen.

- Die fachliche bzw. verrichtungsorientierte Qualifizierung zu den in SAP abgebildeten betriebswirtschaftlichen Modellen und Methoden wird vernachlässigt.

- Die Einpassung von SAP-Funktionalitäten in den gesamten Arbeitsprozeß bzw. die Aufgabenstruktur der Anwender wird ausgeblendet (vgl. Task 327, 381 bzw. 2.8).

- Die Ausrichtung der Schulung an den Lerngewohnheiten, dem Wissensstand und den späteren Kommunikationsbeziehungen wird vernachlässigt (vgl. auch Task 221 bzw. 1.1.3: Ist-Analyse).

- Schulung wird weder vom Projekt noch seitens der Geschäftsführung und des Betriebsrates als zentraler Erfolgsfaktor und grundlegendes Anwenderinteresse verstanden, entsprechend gefördert und vor allem gegenüber dem Linienmanagement durchgesetzt (z.B. Freistellung, Trainingsmöglichkeiten). Terminstreß, unkoordiniertes sowie ungeschütztes „Training on the Job" in der ersten Produktivphase sind die häufige Folge (vgl. dazu Kapitel C 2).

Soziale Pflichten aus Gesetzen und Verordnungen

Die Mitbestimmungsrechte des Betriebsrates nach § 98 BetrVG bei allen Aspekten der Schulungsmaßnahmen sind umfassend. Dies betrifft zum Beispiel die Festlegung des Schulungsinhaltes, die eingesetzten Methoden wie Vortrag, Übungszeiten, Lernen in Gruppen etc., die Auswahl der Refernten, die Inhalte und Ausgestaltung der Schulungsunterlagen, die Gestaltung und Ausstattung des Schulungsraumes, die Auswahl der Schulungsteilnehmer und die Freistellung der Teilnehmer von der Alltagsarbeit.

Die Höhe der finanziellen Ressourcen, die für die Schulungen aufgewandt werden, können Gegenstand des Interessenausgleichs nach § 111 / 112 BetrVG sein (siehe auch Kapitel C 2 und C 4).

Die Schulungsmaßnahmen betreffen Beratungsrechte nach § 92 BetrVG zur Personalplanung und zur Personaleinsatzplanung (siehe auch TASK 521 bzw. 3.1 zur Einführungsplanung und Task 374 zum Ressourcenbedarf).

Darüber hinaus besteht eine Unterrichtungspflicht des Arbeitgebers zugunsten des einzelnen Arbeitnehmers lt. § 81 BetrVG und ein damit korrespondierendes Anhörungs- und Erörterungsrecht des einzelnen Arbeitnehmers nach § 82 BetrVG. Sollte der Arbeitgeber seinen Pflichten gegenüber dem einzelnen Arbeitnehmer nicht nachkommen, besteht Beschwerdemöglichkeit nach § 84 BetrVG und deren Behandlung durch Betriebsrat und Einigungsstelle nach § 85 BetrVG.

Eng verbunden mit der Erhebung des Schulungsbedarfs ist die Mitbestimmung des Betriebsrates bei Fragebögen und bei der Beurteilung der Beschäftigten § 94 BetrVG. (vgl. Task 713 bzw 3.4) im Rahmen der Erfolgskontrolle der Schulungsmaßnahmen bzw. der Leistungen der Referenten.

Darüber hinaus ist die Planung der Schulungsmaßnahmen als ein Teilergebnis der geforderten "verknüpfenden Planung von Technik, Arbeitsorganisation, Arbeitsbedingungen, sozialen Beziehungen und Einfluß der Umwelt auf die Arbeitsplätze" (Arbeitsschutzgesetz § 4.4) zu behandeln.

Einführung

Arbeitsorientierte Empfehlungen

Die oben unter 2. als Probleme und Defizite exemplarisch aufgeführten Erfahrungen aus SAP-Anwenderunternehmen waren so gravierend für die Mitarbeiter und somit auch für das Unternehmen, daß wird zum Thema Qualifizierung ein eigenes Querschnittskapitel geschrieben haben. Da eine Zusammenfassung dieser Empfehlungen den Rahmen dieser Kurzcharakteristik sprengen würde, sei an dieser Stelle auf Kapitel C. 2 verwiesen.

Einführung

R/2 713 Anwenderschulungen durchführen
R/3 3.4. Anwender schulen

R/2

SAP: allgemeine
Darstellung
der Task
(Stand:IMW 5.0 E)

713 Anwenderschulungen durchführen

ZIELE DER TASK:

- *Ausbildung aller Anwender, die mit dem neuen System arbeiten sollen*
- *Pilotschulung durchführen*
- *Effizienz der Pilotschulung überprüfen*
- *Schulung durchführen*
- *Praktische Übungen betreuen*

R/3

SAP:
Darstellung
aus dem
Vorgehens-
modell R/3
(Stand:3.0.C)

3.4. Anwender schulen

Für den reibungslosen Produktivbetrieb ist es sehr wichtig, daß die Anwender die Ablauforganisation des Unternehmens verstehen und die R/3-Anwendungen beherrschen.

- *Auslöser*
  - *Der Schulungsplan für die Anwender ist verabschiedet.*

- *Eingehende Infomationen*
  - *Schulungsplan für die Anwender*
  - *Anwenderdokumentation*
  - *Inhalt des Arbeitspakets*

- *In diesem Arbeitspaket*
  - *bereiten Sie die Schulung vor, indem Sie*
  - *für geeignete Schulungsgegebenheiten sorgen.*

Empfehlung:
Die Schulung sollte nicht am Arbeitsplatz des Mitarbeiters erfolgen. Der Mitarbeiter muß nach der Schulung die Gelegenheit haben, das Erlernte selbständig zu vertiefen.
  - *die Schulungsunterlagen erstellen*

Einführung

167

Empfehlung:
Als Grundlage verwenden Sie dazu die Anwenderdokumentation.
   - Führen Sie die Schulung durch.

Empfehlung:
Das Projektteam sollte die Schulung durchführen. Bei der Schulung sollten unternehmensspezifische Daten verwendet werden.

• *Erarbeitete Informationen*
   - Schulungsunterlagen
   - Schulungsprotokoll

• *Ergebnis*
   - Die Anwender kennen die Ablauforganisation und Aufbauorganisation.
   - Die Anwender sind geschult und beherrschen das R/3-Anwendungssystem.

Zur Darstellung der Task aus SAP-Sicht

SAP empfiehlt für jede Schulungsmaßnahme mit einem gemischten Kreis von Teilnehmern, eine Pilotschulung durchzuführen und diese anschließend bezüglich Aufbau und Inhalt kritisch mit den Teilnehmern auszuwerten. Die Schwächen der Schulungsmaßnahmen sollen nach Möglichkeit beseitigt werden.
Für jede Schulung bzw. jeden Schulungsabschnitt sollte die Effizienz mit einem Beurteilungsbogen kontrolliert werden, um möglichst schnell Korrekturen vornehmen zu können. Die praktischen Übungen sind zu betreuen und regelmäßige Nachschulungen einzuplanen.

Probleme aus arbeitsorientierter Sicht

Da allzu häufig die organisatorischen Vorbereitungen, vor allem die Entlastung der Anwender vom Alltagsgeschäft, nicht ausreichend sind, werden die systembezogenen Schulungen zwischen „Tür und Angel" sowie ohne anschließende Trainingszeiten bzw. -möglichkeiten durchgezogen.

Der zumeist schon nahende Starttermin läßt eine angemessene Pilot-schulung mit nachfolgender Auswertung und Korrektur der Didaktik nur selten zu, so daß für die Referenten die Lern- und Änderungs-chancen recht gering sind. In der Regel wird sowieso davon ausge-gangen, daß ein guter Berater oder Projektmitarbeiter und EDV-Spezialist auch ein guter Lehrer / Trainer ist. Entsprechend wird nahezu flächendeckend auf Pilotschulungen formell verzichtet.

Die bei der Planung der Anwenderschulung (vgl. Task 531 und die Ist-Analyse Task 221 bzw. 1.1.3) häufig versäumte Abstimmung von Inhalten, Bedarfen, Vorkenntnissen und Lerngewohnheiten der Anwen-der schlagen sich hier negativ nieder. Eine Überprüfung der Lernerfolge findet in den wenigsten Fällen statt, was für alle Beteiligten vielfach zur Verunsicherung und belastenden Erwartung des Produktivstartes führt. In den Fällen, bei denen der Lernerfolg überprüft wird, sind entweder die Erhebungsinstrumente wenig geeignet (z.B. Fragebögen) oder sie arten in schlecht kalkulierbare „Leistungs- und Verhaltens-kontrollen" der Teilnehmer bzw. Dozenten aus. In solchen Situationen können der Eingriff des Betriebsrats oder massive Beschwerden von Anwendern zu einer Verzögerung oder zum Abbruch schon geplanter Schulungen führen.

Soziale Pflichten aus Gesetzen und Verordnungen

Da die Weichen für eine gute Schulung und Qualifizierung der An-wender letztlich nicht im Rahmen dieser Task gestellt werden (vgl. Task 531), sei hier nur auf die Beschwerderechte der Teilnehmer gemäß § 84 BetrVG im Falle unzureichender Schulung verwiesen. Im Falle einer Überprüfung des Lernerfolges und der Leistungen der Referenten ist gemäß § 94 BetrVG Einvernehmen über Inhalt, Methode und Ver-wendung der zu erhebenden Informationen mit dem Betriebsrat her-zustellen. Sofern diese Informationen z.B. über einen PC ausgewertet werden sollen, ist zusätzlich gemäß § 87.1.6. Einvernehmen herzustellen, der Datenschutzbeauftragte einzuschalten und sind die Bestimmungen des BDSG zu berücksichtigen.

Einführung

Arbeitsorientierte Empfehlungen

Über unsere Empfehlungen aus der Task 531 und die des IMW hinaus sei an dieser Stelle noch darauf hingewiesen, daß für die Schulung der Anwender ein möglichst angst- und streßfreies Klima geschaffen werden sollte, im dem sich Kritik, Korrekturen, persönliches Training, Kollegenhilfe bzw. Nachschulung z.B. in Workshops als wirksame Mittel zur Verbesserung des Lernens entwickeln können. Weiterhin ist im Vorgriff auf die Task 814 bzw. 4.1 (in erster Phase produktiv mitarbeiten) die Lernsituation in der Einarbeitungsphase unter Produktivbedingungen mit den Teilnehmern zu besprechen und vorzubereiten. Dies schafft Sicherheit für die weitere Planung, aber auch für die Anwender (vgl. dazu vertiefend Kapitel C 2).

Die SAP-Empfehlung, eine Pilotschulung durchzuführen, kann nur bekräftigt werden. Auch eine Überprüfung des Lernerfolges ist anzuraten, aber aufgrund der personenbezogenen Brisanz entsprechender Informationen sollten die Methoden und der Umgang mit den Ergebnissen vorab einvernehmlich mit den Betroffenen (Referenten / Teilnehmer) und dem Betriebsrat abgestimmt werden.

Eine möglichst im Interesse der Mitarbeiter verwertbare Teilnahmebescheinigung ist zu empfehlen. Dies kann in Verbindung mit berufsqualifizierenden Inhalten auch Gegenstand des Interessenausgleichs sein, wenn absehbar ist, daß Mitarbeiter SAP- bzw. betriebsbedingt ihre Arbeit verlieren.

R/2 813 Produktivdaten übernehmen
R/2 3.6. Daten in das Produktivsystem übernehmen

R/2

813 Produktivdaten übernehmen

SAP: allgemeine
Darstellung
der Task
(Stand:IMW 5.0 E)

ZIELE DER TASK:

- *Vollständige und korrekte Übernahme der Datenbestände, die für den Produktionsbeginn und -betrieb des SAP-Systems erforderlich sind*
- *Einführung des SAP-Systems in eine Produktivumgebung, die eine erfolgreiche dauerhafte Nutzung des Systems sichert*
- *Ressourcen sicherstellen*
- *Abschluß Altsystem*
- *Abstimmlisten Altsystem erstellen*
- *Starttermin SAP-System festlegen und abstimmen*
- *Interne und externe Nummernkreise einrichten*
- *Daten aus Test- oder Prototyping-System übernehmen*
- *Datensicherung produktives System*
- *Funktionstest produktives System*
- *Datensicherung aus Step 40 zurückladen*
- *System zur Datenübernahme freigeben*
- *Stammdaten übernehmen/einpflegen*
- *Sachkonten-Salden aus Altsystem übernehmen*
- *Offene Posten Sachkontenbereich übernehmen*
- *Belegdaten übernehmen/einpflegen*
- *Materialbestände übernehmen/einpflegen*
- *Datenübernahme mit Altsystem abstimmen*
- *Datensicherung produktives System*
- *Online-Test der Datenübernahme*
- *Datensicherung aus Step 90 zurückladen*
- *System zum Produktionsbetrieb freigeben*

Dauerbetrieb

R/2

3.6. Daten in das Produktivsystem übernehmen

SAP: Darstellung aus
dem Vorgehens-
modell R/3
(Stand: 3.0.C)

Die abschließenden Arbeiten für die Aufnahme des Produktivbetriebes sind die Übernahme von Daten aus den bisherigen Anwendungssystemen und der Systemeinstellungen aus dem Testsystem in das Produktivsystem.

171

- *Inhalt des Arbeitspakets*

  In diesem Arbeitspaket übernehmen Sie:

  - die Systemeinstellungen aus dem Testsystem

  - geänderte oder neu erstellte Berichte

  - Berechtigungen, Profile und Benutzerstämme

  - die Schnittstellenpogramme und die Erweiterungen

Hinweis

Dazu verwenden Sie die Customizing-Transportaufträge bzw. die Workbench-Transportaufträge.

- *Führen Sie die notwendige Nachbearbeitung der übenommenen Systemeinstellungen durch.*

Hinweis

Sie erfahren im Projektleitfaden, worum es sich hierbei im Einzelnen handelt.

- *Übernehmen Sie Daten aus den bisherigen Anwendungen.*

Empfehlung

Sie sollten Kontrolllisten erstellen, um die Richtigkeit und Vollständigkeit der übernommenen Daten zu überprüfen.

- *Nehmen Sie bei Bedarf die manuelle Erfassung von Daten vor.*

- *Erstellen Sie eine Datensicherung des gesamten Systems.*

  Das ist vor und nach der Datenübernahme erforderlich.

- *Überprüfen Sie die Datenübernahme durch einen Test von ausgewählten Dialogfunktionen.*

- *Lassen Sie den Test von Vertretern der Fachabteilungen abnehmen.*

  Die Funktionalität des Produktivsystems wird getestet.

  Die Zustimmung für den Prouduktivbetrieb wird gegeben.

Zur Darstellung der Task aus SAP-Sicht

SAP stellt alle erforderlichen Arbeitsschritte für den Übergang zum Produktivsystem dar. Der Übergang soll möglichst ohne Behinderung des laufenden Tagesgeschäftes erfolgen, wobei eine "eventuell erforderliche Mehrarbeit" (siehe auch Task 814 bzw. 4.1) mit der Geschäftsleitung und dem Betriebsrat abzustimmen ist.

Im Vorgehensmodell R/3 fehlen solche praktischen Hinweise bislang.

Probleme aus arbeitsorientierter Sicht

Inhalt und Beschreibung der Task haben EDV-technische Fragen zum Inhalt. Dazu gibt es aus arbeitsorientierter und sozialverträglicher Sicht keine Anmerkungen, es sei denn, die Aushandlung eines Interessenausgleiches wurde bisher vom Arbeitgeber oder der Projektleitung kategorisch abgelehnt.

In vielen Unternehmen sind zu diesem Zeitpunkt noch nicht die Aufgaben zum Datenschutz abgearbeitet. Z.B. fehlt es an einer Dokumentation, die Überprüfungsinstrumente (Protokollierung) sind nicht eingerichtet, oder die Berechtigungsvergabe ist noch nicht personaldatenbezogen geprüft und vereinbart. Entsprechend kann es vor allem durch die Betriebsräte zum Zweck der Sicherung ihrer Rechte und Ansprüche zu juristisch gestützten Blockaden kommen.

Aber auch aus anderen Gründen kann die Datenübernahme zu einem Desaster mit weitreichenden Spätfolgen (siehe z.B. Fall 1 und 2 in Teil A) kommen. Insbesondere dann, wenn im Rahmen der Detaillierungsphase (z.B. Task 331 bzw. 2.3 - Daten definieren) nicht oder zu wenig darauf geachtet wurde, ob die aus Altsystemen oder Katalogen entnommenen Daten auch qualitativ in Ordnung, also aktuell und valide sind.

Soziale Pflichten aus Gesetzen und Verordnungen

Die Übernahme der Produktivdaten setzt eine abgeschlossene Vereinbarung zur Verarbeitung der Leistungs- und Verhaltensdaten der Mitarbeiter und der Datenschutzauflagen voraus.
Die Übernahme bildet zugleich den letzten praktikablen Eingriffspunkt, um die Beteiligungsrechte des Betriebsrates effektiv zu sichern und eine erzwingbare Betriebsvereinbarung abzuschließen.
Sind die Beteiligungsrechte des Betriebsrates bisher vom Arbeitgeber nicht ausreichend beachtet und ist z.B. der Abschluß einer Betriebsvereinbarung zur Regelung der Nutzung der im SAP-System verarbeiteten personenbezogenen und -beziehbaren Leistungs- und Verhaltensdaten verweigert worden, so ist jetzt der Zeitpunkt erreicht, die Rechte des Betriebsrates mit der Einleitung eines Beschlußverfahrens am Arbeitsgericht zu sichern. Das Beschlußverfahren müßte dabei auf die Unter-

Dauerbetrieb

sagung des Überspielens der Produktionsdaten und der damit materiell eingeleiteten Inbetriebnahme des SAP-Produktivsystems zielen.

U. U. ist auch aus zeitlichen Gründen eine einstweilige Verfügung beim Arbeitsgericht zu beantragen. Denn ist das SAP-System erst einmal in Betrieb, hat der Arbeitgeber immer das Argument der wirtschaftlichen Unzumutbarkeit einer Stillegung des SAP-Systems auf seiner Seite. Die realen Chancen des Betriebsrates, seine Rechte durchzusetzen und die Schutz- und Gestaltungsinteressen der Mitarbeiter in einer Betriebsvereinbarung abzusichern, sind dann dann deutlich gefallen.

Arbeitsorientierte Empfehlungen

Damit es mitbestimmungstechnisch und betriebspolitisch zum Zeitpunkt der Datenübernahme und Freigabe zum Produktivstart zu keinem „Regelungsstau" kommt, sollen - wie schon in den vorangegangenen Tasks empfohlen - die vereinbarten „Sozialen Pflichten" nachprüfbar umgesetzt sein. Entsprechend empfehlen wir, dem R 3-Vorgehensmodell folgend, hier einen formellen Meilenstein zu setzen (vgl. dazu vor allem die Kapitel B 3 und C 4).

Dauerbetrieb

R/2   814 In erster Phase produktiv mitarbeiten
R/3   4.1 Produktivbetrieb unterstützen

R/2

SAP: allgemeine
Darstellung
der Task
(Stand:IMW 5.0 E)

814 In erster Phase produktiv mitarbeiten

ZIELE DER TASK:

- *Sicherstellung eines möglichst reibungslosen, effizienten und effektiven Anlaufs des SAP-Systems*
- *Vergleich des tatsächlichen Systemverhaltens mit der Sollkonzeption*
- *Produktivbetrieb überwachen*
- *Während der Anlaufzeit unterstützen*
- *Bei der Erstellung des ersten Monatsabschlusses mitwirken*
- *Manuelle Tätigkeiten beobachten und analysieren*
- *Automatisierte Arbeiten und Abläufe beobachten*
- *Kontrollverfahren überprüfen*
- *Rechnerbelastung und Rechenzentrumsabläufe überprüfen*
- *Abschluß- und Einlieferungszeiten überprüfen*
- *Datenvolumen überprüfen*
- *Endbenutzer unterstützen*
- *Sonstige Aufgaben des Projektteams*
- *Abweichungen vom Systementwurf dokumentieren*
- *Notwendige Änderungen durchführen*

R/3

SAP: Darstellung
aus dem
Vorgehens-
modell R/3
(Stand: 3.0.C)

4.1 Produktivbetrieb unterstützen

Im Produktivbetrieb ist eine kontinuierliche Betreuung der Anwender des R/3-Systems erforderlich.
Diese Aufgabe wird bis zur Einrichtung eines "help desk" noch von der Projektgruppe wahrgenommen.

- *Auslöser*
  - *Das Produktivsystem ist freigegeben.*

- *Eingehende Informationen*
  - *Anwenderdokumentation*
  - *Schulungsunterlagen*
  - *Produktivsystem*

Dauerbetrieb

175

- *Inhalt des Arbeitspakets*
  In diesem Arbeitspaket
  - organisieren Sie die Betreuung der Anwender des R/3-Systems.

Empfehlung
Richten Sie ein "help desk" ein, an das sich die Anwender bei allen Fragen
zum R/3-System wenden können.
  - Beschreiben Sie die Aufgaben des "help desk".
  - Informieren Sie die Anwender über die Aufgaben des "help desk".
  - Schließen Sie das Projekt formal ab.
  - Schulen Sie neue Mitarbeiter.
- *Erarbeitete Informationen*
  - Beschreibung "help desk"
  - Projektabschlußbericht
- *Ergebnis*

Zur Darstellung der Task aus SAP-Sicht

SAP empfiehlt eine intensive Mitarbeit des Projektteams während der Umstellung und des Systembetriebs bis zum ersten Monatsabschluß und zur ersten Abstimmung des Rechnungswesens, um organisatorische, einstellungsbedingte, ausbildungsbedingte und EDV-technische sowie kapazitative Probleme und Fehler zu erkennen und möglichst sofort für Abhilfe zu sorgen.

Die erforderliche Betreuung der Mitarbeiter soll zweistufig erfolgen, zuerst durch Ansprechpartner aus der Fachabteilung und, falls erforderlich, bei Spezialfragen durch die Projektmitarbeiter.

Die Projektmitarbeiter haben u.a. durch die zeitnahe Revision und Kontrolle aller Geschäftsvorfälle und Arbeitsschritte sowie durch die Überprüfung der organisatorischen Abläufe und der Organisationsanweisungen zahlreiche Aufgaben, die letztlich der Überprüfung all der Änderungen der Komponenten des Arbeits-"Systems" dienen, die nicht vorher z.B. durch Prototyping simulierbar bzw. nicht übbar waren. Die Effektivität soll durch Überprüfung und Bewertung der Benutzer-, Kontroll-, Sicherheits- und Operatorabläufe, die im Benutzerhandbuch festgelegt sind, sichergestellt werden. SAP weißt darauf hin, daß die Überwachung des Arbeitsfortschrittes und die Überwachung der Leistung der Mitarbeiter, die in der Systemanlaufphase natürlicherweise hoch ist, der Mitbestimmung des Betriebsrates unterliegen; dies gilt vor allem auch dann, wenn dazu Daten und Werkzeuge des SAP- oder anderer EDV-Systeme herangezogen werden.

Das Projektteam soll auch für die Kontrolle der Abschaffung der vom SAP-System nicht mehr benötigten Geräte und Planstellen verantwortlich sein. Im Vorgehensmodell R/3 wird die Einrichtung eines „help desk" empfohlen.

Problem aus arbeitsorientierter Sicht

Das Produktivsetzen eines flächendeckenden EDV-Systems ist immer mit besonderen Belastungen aller Beteiligten verbunden, auch wenn über ein intensives Prototyping und praxisnahe Schulung das System und die Anwender gut darauf vorbereitet sind. Da nun aber in nur wenigen von uns beobachteten Fällen diese Vorarbeiten angemessen realisiert worden sind, ergeben sich i.d.R. verschärft folgende Probleme.

Überlastung und Überforderung des Projektteams:

D.h. die meist jetzt schon personell ausgedünnten Projektgruppen werden hektisch von Arbeitsplatz zu Arbeitsplatz gehetzt und können deshalb nur oberflächlich helfen.

Überlastung und Überforderung der Anwender:

Zu der notwendigen Alltagsarbeit kommen neben rein systemtechnischen Problemen (z.B. zu hohe Antwortzeiten, Abstürze) noch zusätzliche Aufgaben, die eigene persönliche Arbeitsorganisation zu ändern, die SAP-Funktionen zu routinieren, Fehler des Systems und anderer Mitarbeiter zu erkennen und mit der neuen Systemdisziplin, noch nicht ausgereiften Listen, Match-Codes etc. klarzukommen.

Überstunden, Mehrarbeit, Frust durch gegenseitige Schuldzuweisungen (Projekt <-> Anwender) sind entsprechend noch über den ersten Monatsabschluß hinaus die Regel.

Da überdies noch allzuhäufig aufgrund einmal beschlossener Projekt-Endtermine (z.B. 1.1.19 XX) auch noch nicht die angezielte Funktionalität zur Verfügung steht, sind Kompensations- und Doppelarbeiten, vermeidbare Medienbrüche zusätzliche und akzeptanzmindernde Belastungsfaktoren.

Schließlich wird aufgrund der vollen Auslastung aller Beteiligten durch die „Grundsicherung" des neuen Alltagsbetriebes die Chance vertan, beim Mitarbeiten und Unterstützen die vielen kleinen, aber wichtigen

Dauerbetrieb

177

Verbesserungsmöglichkeiten, Wünsche und Vorschläge wahrzunehmen und z.T. zeitnah umzusetzen (vgl. auch Task 815 bzw. 4.2).

Soziale Pflichten aus Gesetzen und Verordnungen:

Sicher sind die anfallenden Überstunden bzw. die Mehrarbeit gemäß § 87.1.3 BetrVG beim Betriebsrat zu beantragen und mitbestimmungspflichtig, gleichwohl ist - wie bei dem gesamten SAP-Projekt - das Initiativrecht des Betriebsrates nach § 92.2 BetrVG zur Planung ausreichender Personal (-ersatz-) Kapazitäten im Grunde aus Präventionsgründen wesentlicher. Auch die Verwendung von SAP-Funktionen, die eine Leistungs- und Verhaltenskontrolle ermöglichen, ist gerade in dieser Projektphase ein sensibel zu handhabender Mitbestimmungsgegenstand (§ 87.1.6 BetrVG), weil hier sinnvolle und notwendige Hilfen und negative Kontrollen nebst Schuldzuweisungen eng beieinander liegen.

Empfehlungen aus arbeitsorientierter Sicht

Die Einplanung von ausreichenden Zeit- und Personalressourcen ist für diese Task sicher der zentrale Erfolgsfaktor. Sie sollte neben der Qualifizierung und Motivation der Einführungsbetreuer und sonstigen Einführungsplanung schon in zeitlichem und inhaltlichem Zusammenhang mit der Anwenderschulung (Task 713 bzw. 3.4) erfolgen (vgl. dazu in B 3 die neuen Tasks 592 und 593).

Darüber hinaus sollte ein Klima geschaffen werden, das die Einarbeitung in den Produktivbetrieb als gemeinsamen Lernprozeß von Anwendern und Projekt ermöglicht, d.h. beispielsweise

- Vorabinformationen zu schon bekannten Defiziten, Problemzonen und Anforderungen geben,
- ein „help-desk" einrichten und mit ausreichenden Personalkapazitäten besetzen,
- Anwenderworkshops zum gegenseitigen Erfahrungs- und Problemaustausch sowie zur Entlastung von Einzelhilfsstellungen organisieren,
- Nachschulungsangebote offerieren,

- verhaltensbezogene Systemauswertungen (z.B. zur Qualität der Dateneingabe) mit dem Betriebsrat und den Anwendern als Hilfestellung vereinbaren und ihre Resultate mit den Anwendern durchsprechen,
- prozeßkettenbezogene, also abteilungsübergreifende Kommunikation fördern (z.B. Integrationsworkshops),
- kleine Wünsche, Ideen und Verbesserungen unbürokratisch und schnell umsetzen, größere bzw. aufwendigere Wünsche verbindlich dokumentieren (Task 815 bzw. 4.2).

Dabei ist in Ergänzung der üblichen Sicht darauf zu achten, daß nicht nur die unmittelbar von SAP unterstützten Arbeiten und Abläufe beobachtet, unterstützt und zu optimieren versucht werden, sondern die „ganze Arbeit" am Sachbearbeiter- oder Planer-Arbeitsplatz und die mittelbar angestoßenen Prozesse und Tätigkeiten (hier vor allem die Produktion selbst) einbezogen werden (vgl. dazu vertiefend die Kapitel C 2 und C 3).

R/2 815 Änderungswünsche dokumentieren
R/3 4.2. Systemnutzung optimieren

R/2

SAP: allgemeine
Darstellung
der Task
(Stand:IMW 5.0 E)

815 Änderungswünsche dokumentieren

ZIELE DER TASK:

* *Dokumentation und Kontrolle von erforderlichen Änderungen am bereits eingeführten SAP-System*
* *Änderungsanträge prüfen*
* *Alle benötigten Zusatzinformationen beschaffen*
* *Alle Änderungsanträge dokumentieren und kontrollieren*

R/3

SAP: Darstellung
aus dem
Vorgehens-
modell R/3
(Stand: 3.0 C)

4.2. Systemnutzung optimieren

Im laufenden Betrieb ist es permanent erforderlich, den Einsatz der R/3-Anwendungen und der Abläufe zu optimieren.

Dies ist insbesondere erforderlich, um Anpassungen aufgrund von sich ändernden Bedingungen vorzunehmen.

* *Auslöser*
  - Das Produktivsystem ist freigegeben.
* *Eingehende Informationen*
  - Anwenderdokumentation
  - Produktivsystem
  - Dokumentation der Systemadministration
* *Inhalt des Arbeitspaketes*
  In diesem Arbeitspaket
  - überprüfen Sie Ihre organisatorischen Festlegungen.
  - pflegen Sie je Benutzer die Voreinstellungen, die die Arbeit mit dem System optimieren.

Dazu stehen in vielen Anwendungen Möglichkeiten für die benutzerspezifische Vorbelegung von Eingabefeldern zur Verfügung.
  - Führen Sie die erforderlichen Tuning-Maßnahmen durch.
  - Optimieren Sie die Funktionen und Prozesse.

Empfehlung
Sie sollten dazu ein permanentes Organisations-Review einrichten.

Hinweis
Die Einführung weiterer Funktionen erfolgt in der Regel in einem eigenen Projekt.
Die Erweiterungen sollten Sie im Testsystem vorbereiten.
Als Basis dafür sollten Sie Ihr Testsystem neu aufbauen, indem Sie das Produktivsystem kopieren.

- *Erarbeitete Informationen*
  - *Anwenderdokumentation*
  - *Dokumentation der Systemadministration*
  - *Systemeinstellungen*
- *Ergebnis*
  - *Die Organisation der Änderungen der Systemnutzung ist verabschiedet.*
  - *Die Änderungen sind dokumentiert und verabschiedet.*

Zur Darstellung der Task aus SAP-Sicht

SAP empfiehlt, alle Änderungsanträge und -wünsche, die nach dem Festschreiben des Systemskonzeptes geäußert wurden und als nicht dringlich erforderliche Änderungen zurückgestellt wurden oder während der Umstellung vom Projektteam und den Endanwendern als dringend erforderlich festgestellt wurden, einheitlich zu dokumentieren und an das "Wartungsteam" zu übergeben.

Im R/3-Vorgehensmodell wird hier in Anlehnung an das vorangegangene Arbeitspaket (Task 814/4.1.) nicht nur auf die längerfristigen Änderungsaufträge hingewiesen, sondern stärker der ständige Verbesserungsprozeß betont. Dabei stehen organisatorische, aber auch softwareergonomische Probleme zur Lösung an. Empfehlungen, wie solche Verbesserungsprozesse organisiert werden können, werden derzeit nicht gegeben.

Problem aus arbeitsorientierter Sicht

Daß nach dem Produktivstart Änderungen vorgenommen werden müssen, ist eine Selbstverständlichkeit: „Nobody is perfect"! In den meisten Betrieben bestehen jedoch (wiederum) Engpässe bei den Personalkapazitäten, die geäußerten Wünsche auch zeitnah umzusetzen. Wenn

Dauerbetrieb

181

es sich um aufwendige, also genehmigungspflichtige Änderungsbegehren handelt (z.B. ein zusätzliches Datenfeld), wird der Wunsch zudem vielfach als Kritik am Projekt empfunden, so formuliert und von den Genehmigungsinstanzen entsprechend interpretiert. Die Folge: eine Tendenz beim Projektteam, aus „Selbstschutz" viele Wünsche zu ignorieren, zu unterschlagen oder wegzudiskutieren.

Darüber hinaus werden Änderungswünsche - der SAP-Empfehlung entsprechend - im wesentlichen auf SAP- technische Probleme zentriert (Funktionalitäten, Tabelleneinstellungen, Datenstruktur, Performance, Berechtigungen etc.). Ablauforganisatorische Schwierigkeiten, Probleme der Arbeitsplatzzuschnitte (Mengen, Inhalte), softwareergonomische Mängel (z.B. Maskengestaltung) und andere Belastungsfaktoren für die ohnehin schon durch die Einführungsphase gestreßten Anwender werden in den wenigsten Fällen erhoben oder fallen durch das Schüttelrost der Prioritätenauswahl. Schließlich fallen in den Betrieben, in denen kurz vor dem Produktivstart oder in der ersten Erprobungsphase Betriebsvereinbarungen zum Dauerbetrieb von SAP abgeschlossen wurden, ebenfalls die dort formulierten Auflagen (z.B. Anlagen zum Datenschutz, Augenuntersuchungen, Herausnahme von Daten, Änderungen der Zugriffsregelung) dem Routinisierungsstreß und der zu dünnen Personaldecke im Projekt- bzw. Wartungs- Team zum Opfer. Insofern wird diese Task - wenn überhaupt - vielfach als „Projektmülleimer" genutzt, der aber nur selten gänzlich ausgeleert wird.

Soziale Pflichten aus Gesetzen und Verordnungen:

Im Prinzip konzentrieren sich in dieser Task alle Mitbestimmungs- und Beratungsrechte des Betriebsrates, alle Ziele und Anforderungen aus geltenden Betriebsvereinbarungen, den Richtlinien zum Gesundheitsschutz, dem Datenschutzgesetz etc., die vor oder im Verlauf des Projektes wirksam geworden oder - wie leider allzu häufig - nicht beachtet worden sind. Sie müssen spätestens jetzt wiederum konkret als Ansprüche, Auflagen, Aushandlungsgegenstände dokumentiert und angegangen werden.

Insofern müßte aus arbeitsorientierter Sicht diese Task zusätzlich als „Bestandsaufnahme" zum Vollzug aller „Sozialen Pflichten" begriffen,

Dauerbetrieb

organisiert und umgesetzt werden. Dazu gehören u. a. (vgl. in B 3 die neuen Tasks 891 - 899) die Durchführung von „Gefährdungs- bzw. Arbeitsplatzanalysen" gemäß § 3 der Bildschirmarbeitsverordnung, eine „Erstrevision" bezüglich der Umsetzung von Datenschutzmaßnahmen gemäß § 37 u.a. bezogen auf § 9 BDSG ("10 Gebote") sowie die Erhebungen von nachteiligen Veränderungen für die betroffenen Mitarbeiter, die gemäß § 111 ff. BetrVG wie auch immer ausgeglichen werden müssen.

Arbeitsorientierte Empfehlungen

Um den „Mülleimereffekt" dieser Task zu vermeiden bzw. die angezielte Unterstützung der Mitarbeiter und Abläufe durch das System nun auch wirklich zu erreichen, ist - rückblickend - eine angemessene Berücksichtigung der „Sozialen Pflichten" im Projekt dringend zu empfehlen. Wurde dies aus welchen Gründen auch immer vernachlässigt, so ist - wie schon in Task 814 bzw. 4.1 empfohlen - die Routinierungsphase unter folgenden Aspekten säuberlich zu planen und mit dem Betriebsrat abzustimmen:

- Ausreichende Personalressourcen auf Seiten des Projektes bzw. des Wartungsteams,
- systematische Erhebung der Auswirkungen bzw. Probleme des Produktiveinsatzes für alle Ziele und Leitbilder des Projektes (inkl. der Kosten),
- Verfahrenswege einer mitbestimmten Aushandlung von Maßnahmen zur Beseitigung oder Kompensation der Defizite, Mängel, Nachteile und Belastungen der Mitarbeiter und Abläufe (z.B. Gefährdungsanalysen - vgl. Kapitel C 1),
- Planung und Institutionalisierung eines den Produktivbetrieb weiterhin begleitenden Koordinations- und Betreuungsteams, das nicht nur die SAP-technischen „Stellschrauben" beherrscht, sondern auch organisatorische und im weitesten Sinne ergonomische Kompetenzen bzw. Sensibilitäten besitzt (vgl. auch dazu die Kapitel B 4 und C 3).

Aus Betriebsrats-, aber auch aus Unternehmenssicht empfiehlt sich auf jeden Fall die Institutionalisierung eines "Lastenheftes" zum SAP-Betrieb über den ersten Monatsabschluß hinaus, das unter kontinuierlicher

Dauerbetrieb

183

Beteiligung der Anwender fortgeschrieben werden sollte. So können betriebsöffentlich das allseitige Bemühen um einen „kontinuierlichen Verbesserungsprozeß" der SAP-Anwendung dokumentiert und die System- und Organisationsänderungen (weiterhin) unter Einbezug des Betriebsrates und der Anwender zur Aushandlung gestellt werden.

Vorschläge zur Modifikation des SAP-Vorgehensmodells

In diesem Kapitel werden nun die Empfehlungen und arbeitsorientierten Defizite aus der Diskussion der einzelnen SAP-Arbeitspakete zu einem Vorschlag eines modifizierten Vorgehensmodells zur SAP-Einführung zusammengeführt.

Ziel dieses Kapitels ist es, unter Beibehaltung der klassischen sequentiellen Vorgehensweise der SAP-Empfehlung, über eine verbindliche arbeitsorientierte Aufgabenerweiterung (neue Arbeitspakete) und eine an den Mitbestimmungsbedarfen orientierte Meilensteinstruktur die Qualität und Sozialverträglichkeit der Einführungsprojekte zu verbessern. Des weiteren wird das Arbeitskonzept der "5 Prozessebenen", das wir in Kapitel B 2.2 vorgestellt haben, in den tabellarischen Übersichten der Arbeitspakete exemplarisch angewendet und soll so zu weiteren betriebsspezifischen Differenzierungen und Integration der Projektarbeit anregen.

Dieses "nur" modifizierte Vorgehen - eine radikale Neukonzeption werden wir in Kapitel B 4 vorstellen - hat sich insbesondere in solchen Unternehmen praktisch bewährt, bei denen der SAP-Einführungsprozeß nicht von massiven Reorganisationsmaßnahmen begleitet wird und eine sozial sowie fachlich kompetente EDV-Crew die systembezogenen Hürden und Belastungen zu meistern in der Lage ist.

3.1 Arbeitsorientierte Meilensteine

Das im folgenden empfohlene phasenorientierte Meilensteinkonzept erscheint auf den ersten Blick vornehmlich betriebsrats- bzw. betriebsverfassungsorientiert zu sein. Dieses verbreitete Mißverständnis gegenüber der Funktion von Betriebsvereinbarungen, Überprüfungen von "Sozialen Pflichten" verkennt aber die notwendige Ordnungs- und Inte-

ressenausgleichsfunktion dieser „Spielregeln" für betriebliche Großprojekte und die betroffenen Mitarbeiter.

**Das übliche
Verschleppen
arbeitsorientierter
Aufgaben**

Die leider übliche Praxis, auf Drängen des Betriebsrates erst in der Phase
der Einführung über die sozialen, gesundheits- und interessenbe-
zogenen Auswirkungen der SAP-Einführung zu verhandeln, führt i.d.R.
nicht nur zu Verzögerungen des Produktivstarts (z.B. über eine einstweilige Verfügung), sondern auch zu einer „Dauerbaustelle" durch
Auflagen nach der Einführung. Im für alle Beteiligten schlechtesten Fall
führt dieser Weg nur zu folgenlosen Vereinbarungen, da z.B. ein nach-
trägliches Dokumentieren von Personaldaten gem. § 37 BDSG oder eine
Anpassung der Arbeitsstrukturierung und Softwareergonomie im laufenden Einarbeitungsstreß weder von den Anwendern noch vom Projekt
seriös umgesetzt werden kann (siehe dazu nochmals Kapitel B 1).

Wir empfehlen die folgende Sequenz von Meilensteinen, einerseits zur
Vermeidung eines solchen „Big-Ends", also zur Entlastung des Projektes,
der Geschäftsführung und des Betriebsrates, andererseits zur Förderung
eines gemeinsamen Lernprozesses.

**Prozeßorientierte
Mitbestimmung**

Denn wer kann schon zu Anfang eines SAP-Projektes gemäß der Vorgabe
z.B. der §§ 90 und 111 BetrVG die konkreten Auswirkungen des SAP-
Einsatzes so genau abschätzen, daß sie vorab abschließend definiert
und geregelt werden können? Niemand! Deshalb muß auch die gesetzliche Mitbestimmung prozeßorientiert angelegt werden. Schließlich - und hier hat SAP in seinem R/3-Vorgehensmodell schon selbst
die Konsequenz gezogen - sollte auch unabhängig von aller Mitbestimmung ein betriebliches Großprojekt inhaltlich und ressourcenbezogen
periodisch kontrolliert werden. Eine projektbegleitende Qualitätssicherung und Entscheidungsfindung allein durch den Lenkungskreis, wie
es SAP im Vorgehensmodell (Aufbauorganisationsempfehlung Task 111
bzw. 1.1.10) vorsieht, ist unserer Erfahrung nach dafür nicht ausreichend.
Denn bei diesen Steuerungsinstanzen setzt sich zu sehr das Alltagsgeschäft des Projektes durch, und notwendige strategische Überlegungen oder neue Orientierungen werden allzu häufig vernachlässigt.
Eine solche „Meilensteinstruktur" bietet darüber hinaus auch einige
Gewähr für eine stärkere Einbindung der Geschäftsführung und von
daher mehr Verfahrenssicherheit für das Projekt selbst.

B 3-1
Meilensteine im
modifizierten
Vorgehensmodell

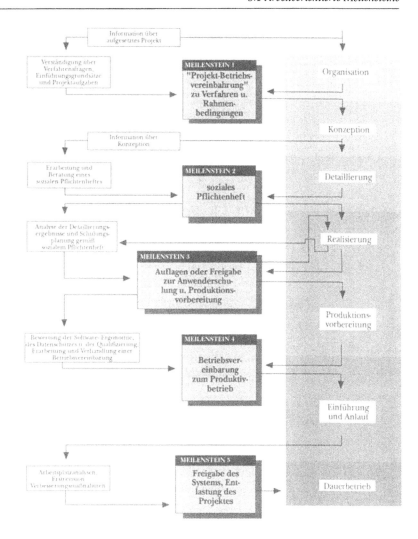

Nun zu den Meilensteinen im einzelnen:

Meilenstein 1:   Projektbetriebsvereinbarung

Nach eingehender Analyse und Beratung der Projektziele, Aufgaben
und Planungen sollten vor allem folgende zentralen Punkte aus arbeitsorientierter Sicht verbindlich vereinbart werden:

- Projektziele und Leitbilder auf grober Ebene (z.B. Rahmen- und Konzeptleitbilder, vgl. dazu die Kapitel A 3.2. und C 1),

- die Aufgabenstruktur und der grobe Projektablaufplan, inkl. der Meilensteine und der arbeitsorientierten Aufgabenanreicherungen (s. w. u. auch B 4 und Teil C),

- die Projektaufbauorganisation, also Beteiligungsverfahren und Spielregeln zwischen Betriebsrat, Projekt und Geschäftsführung, aber auch die Beteiligung der Betroffenen (vgl. dazu B 4 sowie C 3 u. C 4),

- die Personalkapazitäten für das Projekt bzw. die Ersatzkapazitäten für die Linie sowie die Verfahren ihrer Anpassung und der Personalentwicklung (s.u. B 4 und C 4),

- der Einsatz von Projekt-Planungs- und Steuerungswerkzeugen (z.B. Projektmanagementsystem, ARIS-Tool-Set etc.) sowie der Instrumente für die arbeitsorientierte Ist-Analyse und Sollkonzeptionierung (s.u. sowie B 4 und C 1),

- die soziale Absicherung der Betroffenen z.B. bezüglich Entgelt, Arbeitsplatz, Wert der Qualifikation (vgl. C 4).

Die Vereinbarung sollte davon ausgehen, daß die (sozialen) Ziele im Detail erst während des Projektes gemeinsam erarbeitet und später in Meilenstein 2 und 4 verbindlich vereinbart werden (können).
Eine detaillierte Strukturempfehlung für eine solche Projektbetriebsvereinbarung ist in der Anlage zu Kapitel C 4 zu finden.

Meilenstein 2:   Soziales Pflichtenheft

Unter Berücksichtigung der Ergebnisse der Ist-Analyse, Grobziele und Soll-Konzepte sollte ein detailliertes „Soziales Pflichtenheft" für die Projektarbeit einvernehmlich verabschiedet werden. Folgende drei zentralen Punkte wären dabei aus arbeitsorientierter Sicht zu beachten:

- Konkretisierung der Leitbilder und Vorgaben für die Arbeitsstrukturierung, Ablauforganisation, Softwareergonomie, Gesundheitsschutz, Qualifizierung und den Datenschutz (vgl. u.a. B 4 sowie Teil C 1),

- entsprechende Anpassung und Detaillierung des Projektablaufplans inkl. Terminierung, Personalkapazität, Qualifizierung etc.,

- Maßnahmen zur Personalentwicklung in Folge der angestrebten Reorganisationsziele und Leitbilder.

In der Anlage zu Kapitel B 4 ist die Struktur eines solchen Pflichtenheftes zur Orientierung abgedruckt.

Meilenstein 3: **Auflagen oder Freigabe zur Anwenderschulung und Produktionsvorbereitung**

Die Ergebnisse der Detaillierungsphase sind unter den Maßgaben des Sozialen Pflichtenheftes und den u.U. aufgetretenen Problemen ihrer Abbildung in der SAP-Software zu bewerten und evtl. mit Nachbesserungsauflagen zu versehen. Die Ziele und Termine müssen entsprechend den neuen Gegebenheiten angepaßt werden.
Hier wird beispielsweise über folgendes zu entscheiden sein:

- Modifikationen oder andere Softwarelösungen und Datenstrukturen,
- ablauforganisatorische Alternativen,
- verschiedene angepaßte Arbeitsplatzzuschnitte,
- verschiedene Datenschutz-, Sicherheits- und Revisionskonzepte,
- das konkrete Schulungskonzept für die Anwender und ggf. andere betroffene Mitarbeiter.

Meilenstein 4: **Bewertung von Softwareergonomie, Qualifizierung und Datenschutz; Betriebsvereinbarung zum Produktivbetrieb**

Die bis dahin gemachten Erfahrungen mit der Umsetzung der Vorgaben und den Anwendern (hier vor allem Softwareergonomie, Schulung, Prototyping) und deren Bewertung können zu Grundsätzen, Verfahren und Bedingungen für den Produktivbetrieb verdichtet und verbindlich vereinbart werden. Dabei können z.B. folgende Problembereiche im Vordergrund solcher Betriebsvereinbarungen für den Wirkbetrieb stehen:

189

- Konkrete Verfahren und Instrumente zum Datenschutz sowie zur Revision von zweckbestimmten Leistungs- und Verhaltenskontrollen bzw. von Plan- und Ist-Vergleichen,

- konkrete Absicherungs- und Interessenausgleichsmaßnahmen für die Anwender und Betroffenen,

- konkrete Vorgaben, Verfahren und Leitbilder für Verbesserungen und zukünftige Weiterentwicklungen der Software-Funktionalitäten, der Mitarbeiter und der Organisation.

Meilenstein 5: **Überprüfung aller Auflagen und Ziele zur Freigabe des Systems und Entlastung des Projektes**

Nach dem Probebetrieb der SAP-Anwendungen und der neuen Arbeitsorganisation (ca. ein halbes Jahr) mit den üblichen (kleinen) Korrekturen, Nachschulungen etc. ist eine systematische Analyse der Auswirkungen der Projektergebnisse durchzuführen (z.B. Arbeitsplatzanalysen/Datenschutz-Erstrevision). Diese Evaluationsergebnisse sind im Meilenstein 5 gemäß der sozialen Pflichten zu bewerten und entsprechende Maßnahmen zu beschließen.
Am Ende sollte möglichst (gemäß IMW-Task 853) die Entlastung des Projektes stehen.

3.2. Arbeitsorientierte Aufgabenpakete im SAP-Vorgehensmodell

Im Kapitel B 2.3 wurden den einzelnen IMW-Tasks bzw. IMG-Aufgabenpaketen „soziale Pflichten" und arbeitsorientierte Empfehlungen als zusätzliche Teilaufgaben angehängt. Dadurch wird aber im realen Projektplanungsprozeß und den jeweiligen Überprüfungsschritten jede einzelne Task überaus komplex und eigentlich nur noch über die Sicht der "5 Prozeßebenen" inhaltlich und aufgabenbezogen strukturierbar. Von daher bietet es sich an, neue spezifische Aufgabenpakete zu bilden und in den Projektablauf einzugliedern. Das schafft nicht nur eine erhöhte Transparenz der Aufgaben, vielmehr dokumentiert die formelle Einführung von arbeitsorientierten Tasks und Meilensteinen unternehmens- und projektöffentlich das Gewicht und die Eigenständigkeit arbeitsorientierter Ziele. Diese offizielle "Modifikation" des SAP-Vorgehensmodells ist für die betriebliche Akzeptanz dieser Aufgaben nicht zu unterschätzen.

Die nun folgenden Empfehlungen für neue Tasks sind als Anregung gedacht, die betriebsspezifische Projektplanung selbst neu zu strukturieren. Wir haben uns auf ein markantes Minimum neuer Aufgabenbündel beschränkt. Eine weitere betriebsspezifische Aufgliederung oder Untergliederung ist jedoch zu empfehlen und zwischen Betriebsrat, Geschäftsleitung und Projekt einvernehmlich auszuhandeln (vgl. dazu auch Task 111 - 115 oder 1.1 IMG).

Damit man die nun vorgeschlagenen Arbeitspakete auch gleich im Zusammenhang mit anderen für die Arbeitsgestaltung wesentlichen IMW-Tasks versteht, haben wir sie in Abb. B 3-2 ablauforientiert zunächst einmal nur mit ihrer Kurzbezeichnung eingefügt und sie durch eine Schattierung hervorgehoben (siehe Abb. B 3-2 umseitig).

Da die neuen Tasks in den klassischen, an der Konfigurierung der SAP-Software orientierten Ablauf eingepaßt sind, konnte in Abbildung B 3-2 das Modell der „5 Prozeßebenen" nicht unmittelbar berücksichtigt werden. Von daher werden nunmehr alle ausgewählten und neu hinzugefügten Tasks aus der Sicht dieses Konzeptes kurz erläutert und in tabellarischer Form zusammengefaßt.

Auf eine ausführliche Beschreibung der neuen Aufgaben wurde in diesem Kapitel zugunsten einer differenzierten Behandlung dieser Probleme und Empfehlungen in Teil C dieses Buches verzichtet.

Wir gehen entsprechend davon aus, daß die folgenden tabellarischen Übersichten die arbeitsorientierten Aufgaben für den Einstieg ausreichend charakterisieren, zumal sie im wesentlichen die Pflichten und Empfehlungen zu den Einzeltasks aus B 2.3 aufgreifen. Zum besseren Erkennen wurden auch in diesen Tabellen die neuen Aufgabenbündel grau hervorgehoben.

Es sei zudem daran erinnert, daß nicht zu jeder Aufgabe auch jede Prozeßebene eine abgegrenzte, eigenständige Teilaufgabe liefern kann und muß. Vielmehr werden auch in der betrieblichen Diskussion von Pro-

B 3-2
Arbeitsorientiert
modifiziertes
SAP-Vorgehensmodell

jektaufgaben im 5 Prozeßebenen-Modell viele Felder einfach leer bleiben, weil beispielsweise die Sicht der Personalentwicklung (PE) für die Task "Datenstandards festlegen" (114) keine (neue) Aufgabe liefert, oder

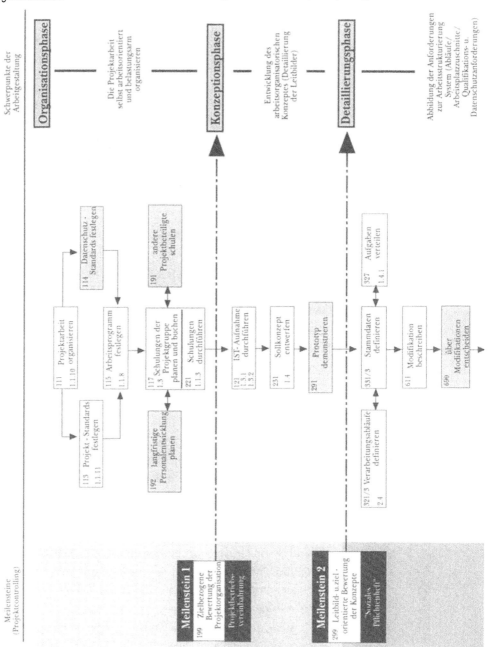

betrieblich dieser Aufgabenaspekt keine Bedeutung hat, weil beispielsweise die Mitarbeiter der EDV-Abteilung diesbezüglich schon über hohe Sensibilität und Kenntnisse verfügen.

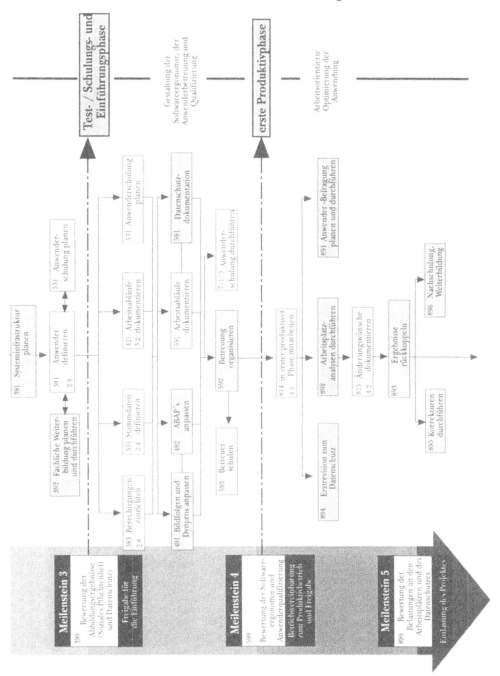

Organisationsphase

Technikge-staltung (IMW/IMG)	Organisation (ORG)	Wissensakquisation/ Wissensbildung (WA/WB)
111 bzw. 1.1.10 Projektarbeit organisieren	Projektaufbauorganisation definieren: Aufgabenverteilung zwischen Projektgruppe, Projektleitung, BR/GL, Datenschutzbeauftragten und Betroffenen sowie Beratern und parallelen Projekten. Grobe Projektablauforganisation definieren: Vorgehensmodell, Berichtswege, Meilensteine	
113 bzw. 1.1.11 Projektstandards festlegen	Auswahl und organisatorische Regelung von Projektplanungs-, Dokumentations- und Analysetools nach Kriterien: Aufgabenangemessenheit, Verständlichkeit bzw. Dialogförderlichkeit, Teamförderlichkeit, Datenschutz Teamarbeits-Standards festlegen	Entwicklung und Auswahl von Kriterien und Analyseverfahren für die Aufgabenbereiche Arbeitsorganisation, Personalentwicklung, Gesundheitsförderung, z.B. bezüglich der Verteilung von Handlungs-/Entscheidungsspielräumen zwischen Abteilungen und Mitarbeitern · dto. zwischen Mensch und System - Aufgabenverteilung Sachbearbeiter/ Assistenz · Verteilung von Datenerfassungstätigkeiten
114 Datenschutztandards festlegen	Verantwortlichkeiten, Orientierungen und Dokumentationsverfahren mit dem Datenschutzbeauftragten abstimmen	Lernen, den Datenschutz als Aufgabe in EDV- und Organisationsprojekte zu integrieren (alle Projektmitarbeiter)
115 bzw. 1.1.8 Arbeitsprogramm festlegen	Grobe Aufgabenplanung, auch für die nicht-technischen Arbeitsbereiche. Detaillierte Planung der folgenden Konzeptionsphase: Personalressourcen und Eck-Terminierung abstimmen (Projekt und Fachbereich!)	Projektplanung als betriebliche Fähigkeit entwickeln. Berater- und SAP-Empfehlungen als Anregungen, nicht als "Credo" verstehen
117, 121 bzw. 1.3/1.3.1 u. 1.3.2 Projektgruppe schulen (planen und durchführen)	Ausreichend Zeit für die Nacharbeit von Schulungen einplanen Zusatz-/Vertiefungsqualifikation zeitnah an den Arbeitsplan anpassen	Möglichst das Wissen des Betriebes nutzen (Beteiligung) und die externen Seminare/Teamer auf den Einbezug der betrieblichen Besonderheiten verpflichten
191 andere Projektbeteiligte schulen	Abschätzung des Wissensstandes des Lenkungskreises, der Betroffenen, des Betriebsrats, des Datenschutzbeauftragten und der hinzuzuziehenden betrieblichen Spezialisten für alle Aufgabenbereiche des Projektes Planung und Durchführung von Informationsveranstaltungen, Sensibilisierungs- und Grundlagenschulungen	s.o Task 117/921
192 langfristige Personalentwicklung planen	In Abstimmung mit der Personal- und den Fachabteilungen sowie dem Betriebsrat entsprechende Maßnahmen mit der Projektarbeit koordinieren und planen	Möglichst erfahrene Mitarbeiter fördern und nicht das Wissen unbedacht z.B. in Form von Beratern hinzukaufen
199 Meilenstein 1 **- Projektbetriebsvereinbarung**	Die Projektorganisation, den Arbeitsplan, die Personalkapazitäten und die sonstigen Projektrahmenbedingungen mit dem BR bewerten und verbindlich vereinbaren	Den "Wissenshaushalt" des geplanten Projektes prüfen: Berater-Input, Eigenständigkeit der Projektgruppen etc.

Personalentwicklung (PE)	Partizipation (PA)
	Verständnis für erweiterte Projektorganisation herstellen: "Das Projekt als Keimzelle der neuen Organisation und Arbeit im Unternehmen" (GF/BR/Projekt)
	Organisatorische Vorgaben und Leitbilder der Projektarbeit, insbesondere der Arbeitsgestaltung zwischen GF, BR und Projekt aushandeln und vereinbaren
"Datenschutz-Vertrauenspersonen" für sensible Unternehmensbereiche bestimmen und entwickeln	Das Projekt, der betriebliche Datenschutzbeauftragte, die GF und der BR stellen sich betriebsöffentlich gemeinsam zu dieser Aufgabe
	"Öffentlichkeitsarbeit" des Projektes planen sowie interne Abstimmwege dafür festlegen. Das Arbeitsprogramm zwischen den Betriebsparteien aushandeln und vereinbaren
Aufbau von Projekt-Mitarbeitern in den Wissensbereichen Arbeitswissenschaft, Organisation, Organisationsentwicklung, Betriebsverfassung, Teamarbeit, Moderation, Kommunikation. Nicht nur auf Software-Kenntnisse orientieren	Das Know-How-Profil des Projektes den Betroffenen gegenüber transparent machen (Ansprechpartner anbieten!) V. a. für die Kriterien, Leitbilder einer menschengerechten Arbeitsorganisation sensibilisieren. Das Lernprogramm mit dem Betriebsrat abstimmen
Schaffung der qualifikatorischen Voraussetzungen für die Mitarbeit im Projekt auf Seiten der internen Experten, Verantwortlichen (betriebliche Datenschutzbeauftragte, Personalentwickler, Organisatoren, Fachkräfte für Arbeitssicherheit etc.)	Motivierung und Verpflichtung der internen Experten und Spezialisten, sich und ihr Erfahrungswissen in die Projektarbeit einzubringen
Langfristigen Personalentwicklungsbedarf für DV-Fachkräfte und Fachabteilungsmitarbeiter mit den Betroffenen aushandeln und entsprechende Maßnahmen angehen	Z. B. Karriereförderlichkeit von Projektarbeit interessenbezogen ausgleichen Auswahlrichtlinien festlegen
Die Personalentwicklungsmaßnahmen projekt- und personalbezogen abprüfen: Auswahl der Projektmitarbeiter, ihrer sozialen und fachlichen Kompetenzen	Über die vereinbarten Ziele, Aufgaben und Projektrahmenbedingungen die Belegschaft ausführlich informieren BR- und GF- Beschlüsse herbeiführen

Konzeptionsphase

Technikge-staltung (IMW/IMG)	Organisation (ORG)	Wissensakquisation/ Wissensbildung (WA/WB)
211/3/5 Standardsystem in Betrieb nehmen	Datenschutz für das Testsystem festlegen und einrichten	das System für Schulungsnachbereitung und "Spielen" bereitstellen; dafür ggf. externes System oder Lernfirma anmieten
211 bzw. 1.1.3 Ist-Aufnahme durchführen	Fragestellungen und Methoden der IST-Aufnahme detaillieren und ausprobieren: IST-Aufnahme auch zur - Gefährdungs-/ Belastungssituation der Mitarbeiter (z.B. Arbeitsplatzanalysen) - zu den Stärken der derzeitigen Organisation - zum fachlichen und integrationsbezogenen Qualifikationsstand etc. durchführen.	Die IST-Aufnahme unter Anleitung von möglichst internen Experten durch die Fachbereiche in Zusammenarbeit mit den Projektgruppenmitgliedern durchführen lassen Alle Ideen und Beschwerden sollten ernstgenommen und dokumentiert werden.
231 bzw. 1.4 Soll-Konzept entwerfen	organisatorisches Soll-Konzept unter Berücksichtigung der Vorgaben, der arbeitsbezogenen Leitbilder, der festgestellten Schwachstellen und Stärken sowie der Lösungsvorschläge der Betroffenen entwerfen Arbeitsorganisatorische Leitbilder konkretisieren	Berater-Vorschläge und SAP-"Best-Ways" als Anregungen für eigene Konzepte nutzen Dies gilt auch für das Wissen von BR-Beratern
291 Systeminfrastruktur planen Berücksichtigung arbeitswissenschaftlicher Kriterien bei der Auswahl von Terminals (Bildschirmergonomie, Tastaturen, räumliche Rahmenbedingungen der Aufstellung), Druckern (Lärm, Emissionen), Netzwerkprodukten (Antwort-Zeitverhalten, Datenschutz- und Sicherheitsanforderungen etc.)	Festlegung der fachlichen Verantwortung für die Hardwareergonomie und den technischen Datenschutz bzw. die Sicherheit im neuen System	Entwicklung des entsprechenden Know-hows im eigenen Betrieb, da externe Beratung für diese Beratungsaufgaben langfristig zu teuer ist
299 Meilenstein 2 - Soziales Pflichtenheft -	Detaillierte Festlegung der Leitbilder, Ziele und Konzepte zu allen Aufgabenbereichen des Projektes zwischen GL/ BR und Projekt Anpassung des Arbeitsprogramms, der Termine, des Kostenbudgets und der Kapazitäten für die folgenden Projektphasen Diskussionszeit in den Fachbereichen einplanen	Die Wissensbilanz der geplanten SAP-Anwendung bedenken: Z.B. der EDV-Abteilung, der Fachkraft für Arbeitssicherheit, der Projektmitarbeiter

Personalentwicklung (PE)	Partizipation (PA)
	Demonstrationen mit dem Standardsystem durchführen (Öffentlichkeit herstellen!)
Durch die IST-Aufnahme für gesundheitliche Fragen der Bildschirmarbeit sensibilisieren (z.B. Sitzen, Beleuchtung, Ablaufstreß) Die u. U. aufgedeckten fachlichen Qualifizierungsdefizite für Weiterbildungsmaßnahmen dokumentieren (s. Task 392)	Fragestellungen und Methodik der Ist-Aufnahme transparent machen und für konstruktive Mitarbeit werben In Workshops Ergebnisse und Vorgaben diskutieren Der Datenschutz (hier Identifizierbarkeit von Aussagen über das IST, z.B. aus Arbeitsplatzanalysen) muß offensiv beachtet werden!
Analyse des Soll-Konzepts unter dem Gesichtspunkt des Bedarfs an Personal, der Anforderungen und notwendiger Qualifizierungsmaßnahmen für spätere Anwender (s. Task 392 u. 531)	Betroffene können im Rahmen von Workshops Vorschläge zum Soll-Konzept machen, die in der Projektgruppe behandelt werden müssen
Bei Umstellung auf Client-Server-Technologie: Planung des Personalbedarfs für Betrieb und Betreuung, Planung der notwendigen personellen und Qualifizierungsmaßnahmen, Qualifizierung zu Hardware-Ergonomie und technischem (Daten) Schutz in verteilten Systemen auf Seiten der Verantwortlichen	Frühzeitige Information der Mitarbeiter über die Ziele und Möglichkeiten, Probleme der neuen technischen Infrastruktur
Die langfristige Personalentwicklungsplanung mit der projektspezifischen überprüfen	Über die Ziele, Aufgaben und Interessenausgleichsmaßnahmen die Belegschaft ausführlich informieren und diskutieren GF- und BR- Beschlüsse herbeiführen

Detaillierungsphase

Technikge-staltung (IMW/IMG)	Organisation (ORG)	Wissensakquisation/ Wissensbildung (WA/WB)
321/3 bzw. 2.4 Abläufe festlegen	Detaillierung der Prozeßkettenmodelle aus dem Soll-Konzept	Hinzuziehung des Detailwissens der Fachabteilung (z.B. über Workshops)
331/3 bzw. 2.3 Daten definieren - zentral standardisiert, - lokal verbindlich (Fachbereich) - individuell frei (Sachbearbeiter)	Zuordnung von Daten zu Grundfunktionen beachten (Produktion, Verwaltung, Steuerung, strategische Ebene) (Kernprozeßorientierung und Datenschutzanforderungen)	Ermittlung des erforderlichen Gerüstes an Stamm- u. Bewegungsdaten, u.a. als Voraussetzung für die Weiterentwicklung des Prototyps, vgl. 391
611 Modifikationen beschreiben	Richtlinien und Abläufe für deren wirtschaftliche Pflege - auch über Releasewechsel hinweg - entwickeln	Qualifikation für Modifikationen "im Hause" entwickeln
690 Über Modifikationen entscheiden	Falls technisch oder kostenmäßig zu aufwendig, sollten organisatorische Alternativen gesucht werden	Ablauforganisatorische Stärken bewahren, als Entscheidungskriterium beachten
341 bzw. 1.4.1 u. 2.3 Berichtswesen festlegen	Über bereitzustellende Standard- und Anwender-ABAP's entscheiden. Datenschutzanforderungen beachten	Bedarf an Listen und Berichten erheben (z.B. in Workshops den "Müll" alter Auswertungen entsorgen)
327 bzw. 1.4.1 Aufgaben verteilen 374 Ressourcenbedarf ermitteln 381 bzw. 2.8 Anwender definieren	Prozeßkettenmodell aus 321, insbesondere hinsichtlich der Umsetzung der Vorgaben und Leitbilder für Aufbauorganisation und Arbeitsstrukturierung bewerten und ggf. überarbeiten	Die nicht von SAP unmittelbar unterstützten Tätigkeiten, Aufgaben und robusten Kooperationsbeziehungen von den Fachbereichen in die Planung einbringen lassen
391 Prototyp demonstrieren	Organisationsnahe Spielsequenzen entwickeln für verschiedene Organisationsalternativen	Integrationswissen der Anwender nutzen, Integrationswissen bei den Anwendern systembezogen entwickeln
392 Fachliche Weiterbildung planen und durchführen (Anwender und Linienmanagement)	Arbeitsentlastung in den FB's einplanen	Nicht allein auf "wissenschaftliche" Fachkonzepte orientieren, sondern die betriebliche Erfahrung integrieren
531 Anwenderschulung planen	Arbeitsentlastung der Anwender und FB's für die Zeit von Schulung und Einarbeitung planen	Didaktisches Know-how im Unternehmen einschätzen und ggf. entwickeln Die Erfahrungen und Bedarfe der Anwender erheben
399 Meilenstein 3 - Prüfung und Bewertung der Arbeitsstrukturierung, des Datenschutzkonzeptes und der Qualifikationsplanung Freigabe der Einführungsphase	Bei Änderungsauflagen die Terminierung der folgenden Phasen überarbeiten	Wissenbilanz prüfen: der Abteilungen bei neuen Abläufen, der EDV-Mitarbeiter für Modifikationen etc.

Personalentwicklung (PE)	Partizipation (PA)
	Fachbereichübergreifendes Denken und Handeln, z.B. über Workshops entlang der Prozeßketten fördern, Fürstentumdenken bekämpfen
Sensibilität für Datenschutz und Leistungs- und Verhaltens-kontrollpotentiale im Projekt weiterentwickeln (z. B. grup-penübergreifender Workshop)	Über Datenkonzept verständlich informieren! V. a. auch über die "Zweckbestimmung" von Personaldaten im System
	Ganzheitliche Nutzenbetrachtung von Anpassungen der Organisation an das System oder umgekehrt, nicht nur die Kosten einer Modifikation oder Alternative zählen
Qualifikation für fachbereichsnahe Berichtsgenerierung entwickeln	Verständnis fördern, daß kein Berichtswesen direkte Kommunikation ersetzen kann
Analyse der Aufgabenzuschnitte hinsichtlich vorhandener bzw. angestrebter Anforderungsprofile Arbeitsorientierte Sensibilität bei den Anwendern vertiefen	Information und Abstimmung mit den Datenschutz-beauftragten, den FB s und Anwender intensivieren Interessenausgleich zwischen Beschäftigungsgruppen und Abteilungen anstreben
	Workshops mit Betroffenen und dem Linienmana-gement, möglichst auch abteilungsübergreifend
Die Personalentwicklungsvorgaben aus Task 192 berück-sichtigen	Interessenausgleich zwischen Beschäftigungsgruppen (z.B. Sachbearbeiter/ Assistenzkräfte) beachten und gestalten
Schulungs- und Trainingskonzept für Anwender entwickeln (Wahlmöglichkeiten schaffen)	arbeitsmarktrelevante Qualifizierung als Bestandteil des Interessenausgleichs (§ 111 BetrVG) behandeln. Linienvorgesetzte einbeziehen
Personalplanung und Entwicklung mit den Projekter-gebnissen und Bedarfen abstimmen	Über den Realisierungsstand der Ziele und Leitbilder die Belegschaft ausführlich informieren. Probleme und Widersprüche "vor Ort" diskutieren lassen GF- und BR-Beschlüsse herbeiführen

Realisierungs,- Test- und Schulungsphase

Technikge-staltung (IMW/IMG)	Organisation (ORG)	Wissensakquisation/ Wissensbildung (WA/WB)
383 bzw. 2.8 Berechtigungen einrichten	Gem. der genehmigten Arbeitsstrukturie-rung und der Datenschutzvorgaben	
631/3 Modifikationen realisieren		Prototyping mit den Anwendern durch-führen
491 Dynpros und Bildfolgen an Arbeitsabläufe anpassen	Zuständigkeit für weitere Pflege klären	Prototyping und Stellschrauben-Wissen im Hause entwickeln
492 ABAPs an Arbeitsab-läufe und Datenschutz-vorgaben anpassen	Zulässigkeit von anwenderindividuellen Auswertungen (z.B. Query, PC-Programme) u.a. aus Datenschutzgründen überprüfen	
421 bzw. 3.2 Arbeitsabläufe dokumentieren	Planung der Entwicklung ablauforientierter Online-Hilfen bzw. eines Organisations-handbuchs	Auch die Dokumentation als Beitrag zur betrieblichen Wissenbildung begreifen
513 Testdatenmodell aufbauen	Datenschutzanforderungen einarbeiten: Datenstruktur, Zugriffsberechtigungen etc.	
591 Datenschutzdokumentation fertigstellen	Die Pflegeverantwortung für die DS-Doku-mentation festlegen	Die Dokumentationsstandards aus Task 114 auf Handhabbarkeit und Verständ-lichkeit überprüfen (Task 894)
592 Betreuung und Kommunikation für den Produktivbetrieb or- ganisieren	Aufgabenverteilung zwischen Anwendern, DV- und Fachbereichsbetreuern und dem Rechenzentrum klären	Bei outgesourcter SAP- Anwendung den-noch hausinternes Wissen bereithalten und stabilisieren (Abhängigkeit redu-zieren!)
593 Betreuer schulen	Für Arbeitsentlastung im Projekt und Fach-bereich sorgen	Betreuer schulen (auch soziale Kom-petenz) z.B. für Moderation/ Gruppen-arbeit
711/13 bzw. 3.4 Anwenderschulung vorbereiten und durchführen	Testsystem, Schulungsräume, Schulungs-material, Teilnehmergruppen und Arbeits-entlastung organisieren	Resonanz aus den Schulungen doku-mentieren (für weitere Angebote und das Lernen der Lehrer)
599 Meilenstein 4 Bewertung der Software-Ergonomie, derQualifizierungsmaß-nahmen und des Daten-schutzes -Betriebsvereinbarung für den Produktivbe-trieb- und Freigabe	Ggf. erforderliche Änderungsauflagen pla-nen und terminieren	Wissensbilanz prüfen: z.B. auf Seiten der SAP-Anwender (fachl. SAP-Anwendung/ Integrationswissen), Fähigkeiten der Betreuer bewerten etc.

Personalentwicklung (PE)	Partizipation (PA)
	Transparenz herstellen über die "Ressourcen"-Verteilung - Personaleinsatzplanung -
	Den Beteiligten vorstellen / Prototyping als Beteiligungsform weiterentwickeln
Sensibilität und Fachwissen für Softwareergonomie fördern (Anwender/ Projekt)	
Spezielle Schulung für dezentrale EDV-Anwendungen planen	Verständnis für Widersprüche zwischen Datenschutzanforderungen und Auswertungsbegehren fördern
Als Grundlage für Schulungen und spätere Einarbeitung planen	Dokumentation zur Einsicht für Interessierte auslegen und zu Verbesserungsvorschlägen anregen
Schulungserfordernisse beachten (Integrationsplanspiel, Sonderprobleme)	Funktionalitätserfordernisse und Datenschutzanforderungen interessenbezogen aushandeln Information der Betroffenen
Die Personalentwicklungsvorgaben aus Task 192 beachten	Bereichsübergreifende Kommunikation und Erfahrungsaustausch zwischen Anwendern, Betreuern, DV-Personal als Daueraufgabe begreifen und entwickeln
Rolle der Betreuer definieren und entsprechende Personen entwickeln	
Anwender ausreichend, praxisbezogen und aufgabenübergreifend schulen	Integrationstrainings (z.B. Planspiele) organisieren
Personalplanung und Entwicklungsmaßnahmen prüfen: z.B. der Betreuer	Breite Information über die derzeitige Qualität der Anwendung und die Bedingungen des Produktivbetriebs Den BV-Entwurf diskutieren lassen GF- und BR-Beschlüsse herbeiführen

Erste Produktivphase

Technikge-staltung (IMW/IMG)	Organisation (ORG)	Wissensakquisation/ Wissensbildung (WA/WB)
814 bzw. 4.1 in erster produktiver Phase mitarbeiten 815 Änderungswünsche dokumentieren	Koordinatoren / PG-Mitglieder (s. Task 592) dafür freistellen; Leistungseinbrüche in den Fachabteilungen einplanen	Änderungswünsche als Beitrag zur "kontinuierlichen Verbesserung" nutzen. Ein "Lastenheft" für den Produktivbetrieb einrichten
891 Anwenderbefragung planen und durchführen	Arbeitssicherheitsausschuß und Sicherheits-fachkräfte, BR etc. beteiligen; Datenschutz beachten, Verteilen und Auswertung der Fragebögen planen	Flächendeckende Befragung zu Problemen und Belastungen auch zur Auswahl von Arbeitsplätzen für eingehendere Analysen nutzen
892 Arbeitsplatzanalysen durchführen	Arbeitsplatzanalysen an erkannten Belast-ungsschwerpunkten und repräsentativen Beispielarbeitsplätzen (s. auch Task 221), evtl. Gesundheitszirkel zusätzlich einplanen	Bei der Durchführung von Analysen durch Externe, Mitarbeiter hospitieren bzw. qualifizieren lassen Formen und Verfahren der Benutzer-beteiligung erlassen
893 Ergebnisse rückkoppeln (Befragung/ Arbeitsplatzanalysen)	z.B. Workshops zum Ergebnisfeedback mit SAP-Anwendern organisieren	Rückkopplung als Mittel der Wissens-bildung auf Mitarbeiterebene nutzen (Prävention: Verhaltenssicherheit z.B. Sitzen)
894 Erstrevision (Datenschutz) planen und durchführen	Aufgaben der Fachbereiche, des BR's und des Datenschutzbeauftragten detaillieren (Task 599). Verfahren, EDV-Instrumente und Vorgehen testen und verbessern, wo erfor-derlich	Rückkopplung der Ergebnisse der Erst-überprüfung als Lernchance für die Ver-antwortlichen durchführen, technische, organisatorische und personelle Schwach-stellen lokalisieren etc.
895 Korrektur aufgedeckter Mängel im softwareer-gonomischen, arbeits-organisatorischen, Da-tenschutz- und quali-fikatorischen Bereich	Planung und Durchführung der Beseitigung u.a. arbeitsorganisatorischer Mängel	
896 Nachschulungs- und Weiterbildungsmög-lichkeiten anbieten	z.B.: - User-Workshops/-Club - Qualitätszirkel (SAP) - Integrationstraining als Dauerangebot	Einen "kontinuierlichen Verbesserungs-prozeß" (KVP) initiieren
899 Meilenstein 5 Bewertung der Belastungen an den Arbeitsplätzen - Entlastung des Projektes -	Weitere Produktivbetriebe und ggf. Erweite-rungen planen	Wissensbilanz prüfen: z.B. Berater - Anwender, Möglichkeiten für einen kontinuierlichen Verbesse-rungsprozeß etc.

Personalentwicklung (PE)	Partizipation (PA)
Soziale Kompetenz der Betreuer für die Arbeit vor Ort testen und entwickeln	Kooperative Problemlösung nicht nur in der Anlaufphase praktizieren. Bürokratismen für "kleine" Verbesserungen abbauen; KVP
Weiterbildung der für Arbeitssicherheit und Gesundheitsförderung zuständigen Mitarbeiter	Akzeptanz und Sensibilität für Befragungen schaffen (Führungskräfte, Mitarbeiter)
	Frühzeitig über Zweck und Verwendung der Ergebnisse informieren Beteiligung des Datenschutzbeauftragten herausstellen
Wissen und Sensibilität für Belastungen und den Umgang mit Gefährdungen schaffen	Ergebnisse der Analyse auch dem Linien-Management präsentieren, Lösungsmöglichkeiten vorstellen und diskutieren
Systembezogene Qualifizierung des Datenschutzbeauftragten und BR entwickeln	Datenschutzrevision als Entlastungschance der Verantwortlichen verständlich machen
Planung und Durchführung der Beseitigung von Mängel der Qualifizierung	Öffentlichkeit über die Beseitigung von Problemen und Mängeln herstellen. Zum KVP anregen
Nachschulungs- und Weiterbildungsmöglichkeiten als Dauerangebot	Die Veränderbarkeit des Systems offensiv betriebsintern propagieren. KVP- Abstimmung mit den Bestimmungen des betrieblichen Vorschlagswesens
Personalplanung und Entwicklung prüfen und weiterführen	Information der Belegschaft, Betriebsfeier, Belohnung der Projektmitarbeiter etc. GF- und BR-Beschlüsse herbeiführen

In 5 Phasen zum Projekterfolg: ein anderes Vorgehensmodell

4.1 Warum so vieles ändern?

Führt man sich die strukturellen Probleme eines am IMW und IMG orientierten Einführungsprozesses noch einmal vor Augen, so bleibt auch die modifizierte Form aus fünf Gründen letztlich nur ein Kompromiß zwischen SAP-Standard und arbeitsorientierter Prozeßgestaltung:

1. Softwareorientierung

Die aus arbeitsorientierter Sicht ergänzten Tasks lösen nicht die Probleme der Vermischung von SAP-Konfiguration und (Re)-Organisation im Sinne einer Entzerrung von Arbeitsstrukturierung und Technikgestaltung (siebter Erfolgsfaktor) sowie des Primats der Arbeitsorganisation vor der Technikauslegung (Erfolgsfaktor 3). Denn SAP-Vorgehensmodelle sind explizit an der Einarbeitung der Standardsoftware, also der funktionalen SAP-Unterstützung orientiert. Damit wird ein softwareunabhängiger Blick auf die Bedarfe und Möglichkeiten einer Veränderung und Optimierung der Aufbau- und Ablauforganisation erschwert.

2. Konzentration auf die Bildschirmarbeit

Im SAP-Vorgehensmodell auch in seiner modifizierten Form wird im wesentlichen nur der Teil von notwendiger Arbeit geplant und neu gestaltet, der durch SAP unterstützt wird. Die sonst noch anfallenden Aufgaben, Tätigkeiten - seien sie formell verteilt oder informell notwendig - entgehen systematisch den Blicken durch die SAP-Funktionalitätsbrille und obliegen dann der individuellen Reorganisation des Arbeitsplatzes durch den Anwender nach dem Produktivstart. Das führt i.d.R. zu Überforderungen und zu einer Überlastung, die - wenn über-

haupt - erst nach der Routinierungsphase, z.B. durch die Gefährdungsanalysen (neue Task 892) aufgedeckt werden können.

3. Gefahr einer Erosion der Projektplanung

Die schon in den ersten beiden Punkten markierte Softwareorientierung
der Vorgehensmodelle wird noch dadurch verstärkt, daß das IMW- und
noch stärker das IMG-Vorgehensmodell den Projektvorlauf, d.h. die eigentliche Zielbildung und die Aushandlung der Rahmenbedingungen
für das Projekt ausklammern. Wie in Kapitel B 3 vorgeschlagen, muß
die ganze Problematik in die Konzeptionsphase hineingenommen werden. In der Regel sind aber spätestens dann die grundlegenden Weichen
gestellt und nur noch eine Detaillierung von Vorgaben angesagt. Daran
ändert im Prinzip auch eine Projektbetriebsvereinbarung und ein
Soziales Pflichtenheft an der Schwelle zur Detaillierungsphase nichts
Grundlegendes, weil das Grundmodell (Wasserfallprinzip) keine Rück-
kopplungsschleifen bzw. Ziel- und Konzeptkorrekturen erlaubt. Die
Praxis zeigt jedoch, daß solche Korrekturen häufig erforderlich sind und
zuweilen auch durchgesetzt werden. Dies findet zumeist aber erst dann
statt, wenn das Customizing bzw. die Realisierung des Systems weit
fortgeschritten ist und führt entsprechend zu z.T. vorab unkalkulierbaren Auswirkungen auf den Projektablauf.

4. Komplizierung und Vermischung von Aufgaben

Auch die modifizierte IMW-/IMG-Form muß also bei genauer Betrachtung als Versuch erscheinen, das an der Einführung von SAP orientierte
Vorgehen nur arbeitsorientiert anzureichern und läuft damit Gefahr,
unter dem üblichen Zeitdruck in den Projekten und der traditionell EDV-
und fachorientierten Qualifikation bzw. Einstellung der Projektmitarbeiter dem Technikkonfigurationsprozeß letztlich doch den Vorrang einzuräumen: „Man kann ja schließlich nicht alles machen". Darüber hinaus kompliziert - schon rein optisch - das Hereinquetschen neuer Aufgaben den sowieso schon komplexen Ablaufplan. Damit wird zudem
der Tendenz Vorschub geleistet, alle "neuen" Aufgaben nach hinten zu
verschieben und entsprechend mit noch größerem Aufwand z.B. SAP-
Einstellungen später wieder verändern zu müssen.

Da im modifizierten Vorgehensmodell auch "SAP-fremde" Experten und Verantwortliche z.B. Fachkräfte für Arbeitssicherheit, Personalplaner etc. eigenständige Aufgabenpakete abzuarbeiten haben, wird in diesem kompakten Vorgehensmodell auch die Projektkoordination wesentlich komplexer.

5. Prozeßkettensicht und Reorganisation als eigenständige Aufgabe zu wenig berücksichtigt

In den SAP-Vorgehensmodellen wird das praktische Problem einer Synchronisierung von prozeßkettenorientierter SAP-Einpassung und der Reorganisation der Abläufe nebst Arbeitsplatzdesign und entsprechender Aufbauorganisation für viele Unternehmen zu eng an den Erfordernissen des Software-Einführungsprozesses ausgerichtet. Aus Sicht der R/3-Referenzmodelle erscheint das relativ plausibel und machbar, sogar legitim, da ein Design eines Organisationsmodells vorausgesetzt wird. Doch sind die Werkzeuge und Modelle des IMG für die Modellierung der Daten/Objekte, die Organisation und die Geschäftsprozesse für viele Anwenderbetriebe zu abstrakt bzw. lassen aus ihrer funktionalen Sicht die Verbindung zum realen Geschehen vermissen. Das heißt, wie im Fallbeispiel 2 (Teil A) geschildert, so ein Vorgehen kann nicht nur die Beharrungskräfte im Betrieb unterschätzen, sondern auch erfahrungsstabilisierte Kernprozeßstrukturen zerstören oder in den "Untergrund" abdrängen. Vor diesem Hintergrund müssen zwei Fragen jeweils vor einem SAP-Einführungprozeß betriebsspezifisch sehr genau bedacht und entschieden werden:

1. Soll das Funktionalitätsangebot der SAP-Software gleich insgesamt bzw. flächendeckend in der Einführungsstrategie berücksichtigt werden?
2. In welchem Umfang und vor allem wann sollen Reorganisationsprozesse eingeleitet werden?

Beide Fragen, die natürlich eng miteinander verbunden sind, werden in den folgenden Kapiteln aufgegriffen und in Richtung ihrer Auswirkungen auf die Vorgehensmodelle diskutiert.

4.1.1.   „Big-Bang" oder was?

Vor dem Hintergrund der vielfach gewählten Strategie „lieber eine Überforderung der Mitarbeiter mit definiertem Ende als eine SAP-Dauerbaustelle", die gewöhnlich dann doch zu einer Verlängerung des Stresses über das formelle Projektende hinaus führt, ist man geneigt,

B 4-1
SAP-Einführungsvarianten
"nach Treuarbeit"

VARIANTE / KRITERIEN	Big Bang (unternehmensweite Funktionalität, z.B. RF, RM, RK, RV)	Modulblöcke (mehrere Module, z.B. RF und RK)	Modulweise (ein Modul/ Teilmodul, z.B. RF, RM-Mat oder RM-Inst oder RP)
Konzeptioneller Ansatz	umfassender Ansatz unverzichtbar	umfassender Ansatz unverzichtbar	erforderlich
Integrationsnutzen	unmittelbar, sehr hoch	unmittelbar, hoch	sukzessive
Schnittstellen	keine	einige	ggf. zahlreiche
Betroffene Anwender	sehr viele	viele	begrenzt
Softwareumwelt für Anwender	sehr stabil	stabil	laufender Wechsel
Anforderungen Projektmanagement	außerordentlich hoch	sehr hoch	hoch
Motivation Projektteam	* Durststrecke * interdisziplinäre Projektarbeit	interdisziplinäre Projektarbeit	laufender Forschritt sichtbar
Anforderungen Ressourcen	außerordentlich hoch	hoch	angemessen
Einführungsrisiko	risikoreich	risikobehaftet	Rücksicht auf Lernkurve

der SAP- und Beraterempfehlung, den Weg über einen Big-Bang zu wählen, aus arbeitsorientierter Sicht zu widersprechen. Die von der schweizerischen Treuhand zusammengestellten Erfahrungswerte zu diesem Problemkreis (vgl. Abb. B 4-1) können wir aus unserer Empirie und Beratungsarbeit durchaus auch für R/3 bestätigen. Entsprechend ist es zu empfehlen, anhand dieses Rasters die eigenen betrieblichen Möglichkeiten, Erfordernisse, Ziele und Risikoalternativen möglichst realistisch einzuschätzen und zu bewerten.

Doch kann unter der Maßgabe einer prozeßkettenorientierten SAP-Einführung ein modulweises Vorgehen kaum empfohlen werden; denn -

207

wie exemplarisch in der Abbildung B 4-2 dargestellt - es werden immer mehrere Module gleichzeitig für eine entsprechende Prozeßkettenabbildung benötigt. Diese Komponenten müßten also jeweils alle eingeführt sein, wenn auch nicht zwangsläufig mit allen Funktionalitäten oder Abbildungsmöglichkeiten.

B 4-2
Geschäftsprozesse und die davon berührten SAP-Anwendersysteme
- nach Diebold 94 -

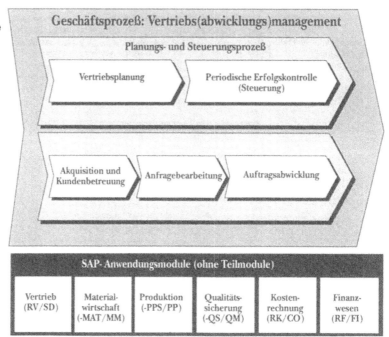

Diesen realen Widerspruch zwischen Arbeitsorientierung und robuster Organisationssicht sozialverträglich zu lösen, sollte in einem Vorgehensmodell strukturell Berücksichtigung finden. Im Konzept der „kleinen Schritte" (vgl. u.a Kapitel 4.2.2) werden wir darauf zurückkommen.

4.1.2.   Reorganisieren - aber wann?

Der Zeitpunkt, zu dem neue Abläufe, Arbeitsformen und Aufgabenzuschnitte sowie aufbauorganisatorische Änderungen im Zuge einer SAP-Einführung tatsächlich umgesetzt werden, ist im SAP-Vorgehensmodell auf die „Einführungsphase", also auf das Projektende konzentriert. Probleme, die dann entstehen, sollen zwar noch nachgearbeitet werden, aber prinzipiell wird dabei auch im günstigsten Falle nur das weit vorher vereinbarte „Soziale Pflichtenheft" schrittweise durchgesetzt.

Diese starre Abfolge (Wasserfallmodell) kann zwar durch einen früheren Einbezug der betroffenen Anwender im Zuge eines Prototypings und ihrer Beteiligung an der Erstellung und Detaillierung der Vorgaben gemildert und aufgelockert werden, doch bleibt es letztlich für die Anwender bei einer Gleichzeitigkeit von Reorganisation und Technikeinführung. Wie schon in Teil A bei unseren Fallschilderungen angedeutet und in den Erfolgs- bzw. Mißerfolgsfaktoren systematisch dargestellt, gibt es drei prinzipielle Möglichkeiten, dieses Problem zu lösen.

1. Man kann die Reorganisation - sei es über ein Geschäftsprozeßoptimierungsprogramm oder objektorientierte Produktionsgestaltung (z.B. Fertigungsinseln) - vor dem SAP-Einführungsprozeß durchführen (vgl. Fall 3 und 4).
2. Man kann die Reorganisation schon SAP-gestützt im nachhinein betreiben (vgl. Fall 1) oder,
3. wie im IMW angelegt und im IMG als Extraprojekt empfohlen, sie parallel betreiben (vgl. Fall 2), muß aber dann die Änderungsprozesse sauber entzerren und gliedern.

Wie die Übersicht (Abb. B 4-3) zeigt, gibt es aus rein funktionaler Sicht für jede dieser Möglichkeiten neben ihren Vorteilen auch gravierende Nachteile:
Aus diesen allgemeinen Argumenten und Erfahrungen zu den Synchronisierungsalternativen der Arbeits- und Organisationsgestaltung lassen sich noch keine eindeutigen Präferenzen oder Empfehlungen ableiten. Gleichwohl sind diese Argumente durchaus geeignet, die betriebliche Diskussion über die Reorganisationsstrategie zu strukturieren. Deshalb sollen im nächsten Schritt die drei Alternativen unter dem Blickwinkel unserer drei Referenzleitbilder (Robustes Unternehmen, Arbeitsorientierung, Sozialverträglichkeit; vgl. Teil A 3.2) bewertet werden.

Robust

1. Vom Standpunkt robuster Unternehmensstrukturen, also aus Sicht einer Kernprozeßorientierung aller Abläufe, ist eine nachträgliche Reorganisation aus zwei Gründen überaus gefährlich:

Änderungen im Bereich der Produktionsplanung und -steuerung auf-

B 4-3
Reorganisationszeitpunkte
in SAP-Projekten

		Vor dem SAP-Projekt	Nach dem SAP-Projekt	Parallel bzw. im SAP-Projekt
Vorteile		•Auch die Technikauswahl kann sich an den neuen Organisationsbedingungen orientieren. •Die Mitarbeiter werden durch die Entkopplung der Änderungsprozesse entlastet. •Eine angepaßte SAP-Funktionalität kann auf eine eingeschwungene und beherrschte Organisation aufsetzen. •Restriktionen und Funktionalitätsdefizite der Software treten deutlicher hervor und können besser bewertet werden. • Der Technikgestaltungsprozeß ist für das Projekt klarer orientiert und schlanker.	• Anwender und das Projekt werden durch das Nacheinander der Änderungsprozesse entlastet. • Die in SAP vorgeschlagen "Best Ways" können so ohne großen Aufwand für IST-Analysen und technikunabhängige Soll-Konzepte zunächst einmal erprobt werden. •Eine nachfolgende Geschäftsprozeßoptimierung und arbeitsorientierte Gestaltung der SAP-Anwendung kann die Möglichkeiten des Systems - weil bekannt - voll ausschöpfen.	• Die Technikgestaltung kann sich unmittelbar an den angezielten Organisationsänderungen orientieren und umgekehrt. • Für die Betroffenen ist ein integrierter Änderungsprozeß, falls ausreichend Zeit eingeplant wird, durch seine Homogenität und Ganzheitlichkeit besser und schneller zu bewältigen. Ein "Hüh und Hott" ist vermeidbar. • Wenn vor dem Projekt klare Ziel- und Leitbilder formuliert sind, können über das SAP-Referenzmodell ohne reales Einstellen und Probieren am System interaktiv die Organisationsverträglichkeit abgeprüft werden und ggf. Alternativen Berücksichtigung finden.
Nachteile		• Die Reorganisation muß ohne Kenntnis und Vorstellung über die Möglichkeiten und Grenzen der Software stattfinden. • Neue Abläufe müssen ggf. aufgrund von Technikrestriktionen wieder geändert werden. • Die Reorganisation trifft evtl. auf Altsysteme, die mit den neuen Abläufen unverträglich sind, und es müssen Kompromisse gemacht werden.	• "Was läuft, das bleibt": Eine Reorganisation, zumal eine arbeitsorientierte, läuft Gefahr, auf den St. Nimmerleinstag verschoben zu werden. • Aufwendig gestaltete SAP-Strukturen produzieren Änderungswiderstände. • Die noch fehlende Organisationsorientierung der SAP-Einführung setzt eine sparsame, auf die Grundstruktur beschränkte Funktionsauswahl voraus, sonst sind aufwendige Änderungen des Fachkonzeptes und ein neues Customizing nur selten zu vermeiden.	• Gefahr einer Überlastung und Überforderung aller Beteiligten • Gefahr einer SAP-Projekte- und Technikdominanz und damit ein Ausbleiben einer arbeitsorientierten Reorganisation • Gefahr einer undurchsichtigen Vermischung von Technikpotentialen und Organisationszielen • Gefahr einer Entkopplung der Projekte oder teilautonomer Aktivitäten

grund eines Redesigns der Fertigungsstruktur (z.B. von der Werkstatt-
zur Inselfertigung) oder der Gestaltung von selbststeuernden Einheiten
(z.B. Gruppenmontage mit hoher Aufgabenintegration) ziehen auf jeden
Fall massive Änderungen der Funktionalitätsbedarfe und Datenstrukturen auf der SAP-Seite nach sich, die integrationsbedingt sehr weitgehende und komplexe Auswirkungen auf das System haben können.

Wenn innerbetrieblichen Dienstleistungen für den Kernprozeß und
notwendige Verwaltungsfunktionen bis hin zur strategischen Unter-
nehmensebene in ihrer bestehenden Form mit SAP unterstützt werden,
verdoppelt sich i.d.R. ihr betriebspolitisches Beharrungsvermögen. Das
ist ein gravierendes Reorganisationshindernis. Denn wer will schon
etwas abgeben (Macht/ Einfluß/ Aufgaben), zumal es in der SAP -Struk-
tur zunächst aufwendig verankert bzw. zementiert wurde?

Aus diesem Blickwinkel empfiehlt sich also entweder eine Reorganisation vor der SAP-Einarbeitung oder eine sauber strukturierte
parallele Entwicklung der Organisation und SAP-Gestaltung.

2. Vom Standpunkt einer arbeitsorientierten SAP-Gestaltung ist die
Ablehnung einer nachträglichen Anpassung des Systems an geänderte
Organisationsstrukturen oder nach Humankriterien differenzierter zu
betrachten:

- Für softwareergonomische Anpassungen, wie z.B. Datenfelder aus
  den Dynpros ausblenden, benutzeradäquate Matchcodes gestalten
  oder das Informationsangebot über weitere Reports und Anzeigen-
  transaktionen aufgabenspezifisch zu verbessern, gibt es nach dem
  Produktivstart weder technische Restriktionen noch ist dies völlig
  unzumutbar, zumal ja sowieso erst im Echtbetrieb viele Verbesserungsmöglichkeiten und -notwendigkeiten deutlich sichtbar werden.
- Auch das Redesign einer Aufgabenverteilung im SAP-Anwen-
  derspektrum, z.B. unter Belastungsgesichtspunkten oder nach Konzeptleitbildern wie Gruppenarbeit in der Auftragsabwicklung, Mischarbeit, Rundumsachbearbeitung etc. ist im nachhinein durchaus
  technisch möglich, weil es sich weitgehend über das SAP-Berechti-
  gungssystem steuern läßt. Natürlich sind aus Gründen einer arbeits-

orientierten Personalentwicklung (z.B. in Richtung einer assistenz-
gestützten Sachbearbeitung) und Anwenderqualifizierung (fachlich,
sozial und SAP-Handling) große Umstellungen in diesem Bereich
auch hier nicht von heute auf morgen oder ohne großen Aufwand
und Belastungen machbar.

- Aber ein arbeitsorientiertes Umstrukturieren von ganzen Abläufen
  inkl. ihrer SAP-Unterstützung, wie z.B. eine Änderung oder Rück-
  meldefrequenz und -tiefe aus der Fertigung aufgrund selbststeu-
  ernder Produktionsgruppen und damit verbunden die Veränderung
  der SAP-Datenstruktur und Planungsgenauigkeit für die Produktionsplanung, Kostenrechnung und das Controlling, sind nach einer
  SAP-Einführung z.T. mit Aufwänden und Widerständen verbunden,
  die einer Neueinführung gleichkommen. Insofern ist die Planung
  einer solchen Umorganisation für den Zeitpunkt nach der SAP-Installation auch aus arbeitsorientierter Sicht nicht zu empfehlen.

- Im Gegensatz zur Betrachtung aus der Sicht eines „Robusten Unternehmens" ist aus arbeitsorientierter Sicht aber auch eine Reorganisation vor der Technikeinführung im Bereich der systembezogenen
  Gestaltung von Arbeitsplätzen und Aufgabenzuschnitten nicht sinnvoll und teilweise nur schwer machbar. Die Software ist noch nicht
  verfügbar und entsprechend nicht im Detail bekannt. Deshalb kann
  bei der Arbeitsgestaltung auch nur von den Erfahrungen mit dem
  Altsystem ausgegangen werden. Entsprechend empfiehlt sich für
  diese Gestaltungsbereiche eher ein paralleles Prototyping des Systems, der Arbeitszuschnitte und Mitarbeiter oder eine verbindliche
  und gut evaluierte Anpassung nach dem Produktivstart.

Aus arbeitsorientierter Sicht läßt sich also, über alle Gestaltungsfelder
gesehen, keine eindeutige Präferenz ableiten.

Sozialverträglich

3. Aus sozialverträglicher Sicht, also unter Gesichtspunkten des Aus-
gleichs unterschiedlicher Interessen bzw. einer beteiligungsorientierten
Gestaltung der notwendigen Aushandlungsprozesse, ist eine Reorganisation im nachhinein sehr problematisch.

Zum einen - und hier sind nicht nur die großen Umorganisationen angesprochen - ist es für einen Betriebsrat immer schwieriger, Verbesserungen für die Kollegen und Kolleginnen im nachhinein durchzusetzen. Nicht nur weil „zusätzlicher Aufwand" entsteht, sondern weil in der Regel bewährte Mitbestimmungsdruckmittel (z.B. Leistungs- und Verhaltenskontrolle gem. § 87.1.6 BetrVG) nicht mehr greifen. Des weiteren bestehen zumeist große, nun auch noch SAP-gestützte Änderungswiderstände, die nicht nur dem Betriebsrat und der Geschäftsführung eine Top-Down-Promotion erschweren, sondern gerade bei machtsensiblen Verschiebungen von Aufgaben und Kompetenzen einen Aushandlungsprozeß zwischen Abteilungen und Personengruppen zusätzlich behindern.

Wenn also, aus welchen Gründen auch immer, eine Reorganisation unmittelbar nach einer SAP-Einführung strategisch positioniert werden muß, sollte dieser Prozeß zumindest genauso verbindlich ausbalanciert und ziel- sowie ablauforientiert vereinbart werden wie für das SAP-Projekt selbst. Eine klare Information aller Beteiligten über die Gründe dieses Nacheinander der Änderungsprojekte ist dafür ebenfalls eine zwingende Voraussetzung. Dies gilt natürlich auch, wenn eine softwareergonomische Anpassung erst nach dem Produktivstart erfolgt. Letzteres ist aber schon in dem von uns modifizierten SAP-Vorgehensvorschlag systematisch berücksichtigt worden (vgl. B 3 Task 891 ff.).

Keine Entkopplung der Mitbestimmung zulassen

Aber auch eine Reorganisation vor dem eigentlichen SAP-Projekt hat aus Sicht des Betriebsrats einige Tücken. Zwar sind Projekte beispielsweise zur Geschäftsprozeßoptimierung (GPO) prinzipiell auch mitbestimmungsrelevant und von der betrieblichen Interessenvertretung mitzugestalten (z.B. §§ 106, 111, 98, 99, 87.1.7 BetrVG, etc.), doch bedarf es hier einiger Durchsetzungskraft, vor allem auch gegenüber den meist in Methodenfragen sehr strikt auftretenden Unternehmensberatern. Darüber hinaus ist eine völlige Entkopplung von Reorganisation und SAP-Einführung meistens mit einem doppelten Aufwand für die Mitbestimmungsabklärung bzw. -durchsetzung verbunden, es sei denn, es wird - wie wir empfehlen - ein Mitbestimmungs- und Vereinbarungspaket für beide Prozesse bzw. Projekte einvernehmlich geschnürt.

Betriebsräte haben noch Hemmschwellen.

Schließlich besteht noch für viele Betriebsräte eine traditionsbedingte Hemmschwelle, sich arbeitsorientiert gestaltend in EDV-unabhängige Rationalisierungsprozesse à la GPO einzumischen. Dies hat sich zwar

in den letzten Jahren, bezogen auf Umstrukturierungen im Produktions-
bereich (z.B. teilautonome Fertigungs- und Montageinseln), geändert,
besteht aber gerade für den Sachbearbeiter- und Angestelltenbereich
noch vielerorts fort.

Voraussetzung sind vereinbarte Ziele und Rahmenbedingungen.

Auf jeden Fall ist für alle Vorgehensvarianten aus Betriebsratssicht eine
intensive Projektvorlaufphase unter seiner Beteiligung dringend zu
empfehlen. In dieser Vorphase sollte nicht nur eine Aushandlung von
Leitbildern und Zielen erfolgen, sondern auch die jeweiligen Projektrahmenbedingungen für die Reorganisation und die SAP-Gestaltung
einvernehmlich festgelegt werden. Weiterhin ist unter Sozialverträg-
lichkeitsgesichtspunkten für das Vorgehen zu bedenken, daß zumindest
der Interessenausgleichsprozeß zwischen Persönlichkeitsrechten und
Unternehmensinteressen auf den verschiedenen Gestaltungsterrains
einer direkten Betroffenenbeteiligung bedarf, weil sonst die notwendig
zu berücksichtigenden subjektiven und personenbedingten Faktoren
unter den „Tisch" der Planer und Projektarbeiter fallen. Wenn also eine
Geschäftsprozeßoptimierung mit einer EDV-gestützten Arbeitsplatz-
und Personalentwicklung gekoppelt werden soll, ist eine ganzheitliche
und integrierte Herangehensweise sicher von Vorteil, sofern eine
nachvollziehbare Systematik der Probleme, Schritte und Aufgaben nebst
entsprechender Zeit- und Qualifizierungsbudgets eingehalten wird.

Reparaturaktionen sind vorprogrammiert.

Zusammenfassend kann also aus dem Blickwinkel einer sozialverträglichen SAP-Einführung festgehalten werden, daß eine nachträgliche
Reorganisation, die über Zuständigkeitsverschiebungen festgelegter
Aufgaben (-ketten) hinausgeht, nicht zu empfehlen ist. Sie läuft aller
Erfahrung nach auf eine „Reparaturaktion" mit viel Konfliktpotential
für alle Beteiligten hinaus.
Eine Abwägung der Vor- und Nachteile einer vorausgehenden oder systematisch integrierten Organisationsgestaltung kann jedoch nur betriebsspezifisch erfolgen.

Bei allen Überlegungen muß dabei im Einzelfall beachtet werden, welche
Reorganisationsziele, Leitbilder und Maßnahmen verfolgt werden
sollen. Denn die Prozeßzeiten, z.B. einer umfassenden Umstrukturierung der Produktionsabläufe und Strukturen (z.B. teilautonome Fertigungsinseln) oder einer Reorganisation der Abläufe in der Kosten-
und Leistungsrechnung hin zu einem die Kernprozesse sowie die

strategische Ebene des Unternehmens beratenden Controlling, können sehr unterschiedlich sein - und zwar unabhängig davon, ob sie aus der Sicht der SAP-Funktionalität einfach abbildbar oder überaus komplex mit den Kultur-, Organisations- und Systembedingungen verflochten sind.

Koordinierte Parallelisierung von Projekten

Von daher ist - wie die Abbildung (B 4-4 umseitig) exemplarisch zeigt - nicht nur die Frage nach dem Vorher/Nachher zu stellen, sondern auch bei einem integrierten Ansatz die Möglichkeit einer koordinierten Parallelität von einzelnen Änderungsprojekten zu erwägen. Dabei muß jedoch nicht nur eine meilensteinbezogene Koordination und Kooperation der Projekte entwickelt werden, sondern es bedarf zu allererst eines verbindlichen gemeinsamen Leitbild- und Zielsystems sowie eines projektübergreifenden qualitativen und quantitativen Controllings.

Ganzheitliche Problemanalyse

Aber die Entwicklung dieses projektübergreifenden Leitbild- und Zielverständnisses sowie einer entsprechend abgestimmten Vorgehensstruktur der Einzelprojekte bedarf bei den meisten Betrieben zuerst einer grundsätzlichen und ehrlichen „Problemanalyse". Dieses von uns empfohlene „Innehalten" und ganzheitliche Infragestellen der bisherigen Praxis (vgl. dazu Kapitel B 4.2.2.) schafft für alle Beteiligten und Betroffenen, insbesondere für die betrieblichen Entscheider (Betriebsräte und Geschäftsführung) die Voraussetzung, zielorientiert die vordringlichen Probleme und Lösungskorridore zu beschreiben, die dann im Rahmen einer SAP-Vorstudie detailliert werden können.

4.1.3.   Anforderungen an ein erfolgsorientiertes Vorgehensmodell

Die bisher vorgetragenen Probleme und Defizite des SAP-Vorgehensmodells sowie unsere Erfahrungen mit den realen Projektabläufen in den Anwenderbetrieben haben uns dazu veranlaßt, ein anderes Vorgehensmodell zu entwickeln und als „Referenzmodell" für die betriebliche Projektplanung sowie eine Vereinbarung zwischen den Betriebsparteien vorzuschlagen.

Bevor wir jedoch dieses Referenzmodell im einzelnen vorstellen, werden wir noch - abschließend und zusammenfassend für dieses Kapitel - seine „Konstruktionsvorgaben" kurz darstellen.

Führt man sich noch einmal die Erfolgs- und Mißerfolgsfaktoren aus Teil A (Kapitel 2.) dieses Buches vor Augen, so können sie nicht unmittelbar in operative Vorgehensabläufe übersetzt werden. Gleichwohl geben sie Ziele und Grenzbedingungen an, an denen sich ein Vorgehensmodell messen lassen muß.

B 4-4
Projektstruktur eines SAP-
gestützten
Reorganisationsprozesses

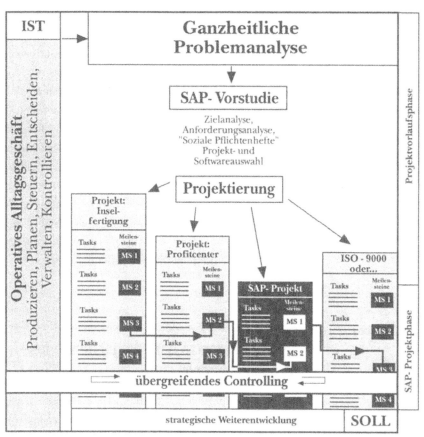

Weiterhin sei an das „Modell der 5 Prozeßebenen" aus Kapitel B 2.2. erinnert, mit dessen Hilfe wir in Teil B 2.3. die Probleme, sozialen Pflichten und Empfehlungen der einzelnen Aufgabenpakete exemplarisch geordnet haben. Entsprechend gehen wir auch weiterhin davon aus, daß - wie auch immer explizit geplant und umgesetzt - die Projektpraxis auf diesen Ebenen verläuft und auf die dahinter stehenden Gegenstände, Zusammenhänge und Menschen massiv Einfluß nimmt.

B 4-5
Erfolgs- und
Mißerfolgsfaktoren

Erfolgfaktoren	Mißerfolgsfaktoren
1. Leitbildorientierung des gesamten Änderungsprozesses	1. Dominanz von Transparenzinteressen zentraler Stellen
2. Top-Down-Promotion "Tayloristische Projektarbeit"	2. Tayloristische Projektarbeit
3. Integration von Arbeitsgestaltung, Organisations- und Personalentwicklung	3. Isolierung des SAP-Projektes von parallelen Änderungsprozessen
4. Konstruktive Umsetzung von sozialen Pflichten, u.a. aus "zugunsten der Arbeitnehmer geltenden Gesetzen, Verordnungen"	4. Abdrängen, Behindern oder Ignorieren des Betriebsrates
5. Beteiligung und Wissensbildung	5. Unzureichende Qualifizierung aller Beteiligten
6. Behutsame Integration der Abläufe und Organisationsbereiche mittels SAP	6. Unrealistische Terminierung und Ressourcenplanung
7. Realistische Kombination von Reorganisation und SAP-Technikgestaltung	

Auch diese fünf Prozeßebenen ergeben aus sich heraus noch keine arbeitsorientierte Aufgabenstruktur und -sequenz. Sie sind aber insofern konstruktionsleitend, als sie die notwendigen Aufgabenbereiche querschnittsartig angeben und deshalb von Anfang an in einem Vorgehensmodell Berücksichtigung finden müssen.

B 4-6
Die fünf Prozeßebenen
eines SAP- Projektes

• ORG:	Organisation des Projektes, der Abläufe und der Arbeitsverteilung der ganzen Arbeit			
• TG (IMW/IMG):	SAP-Gestaltung:	• Funktionalitätenauswahl • Customizing • Datendefinition	• Modifikation • Anwenderdefinition • etc.	
• WA/WB:	Wissensakquisition und Wissensbildung für den Betrieb/Berater/Mitarbeiter: z.B. Ist-Analyse, Gefährdungsanalyse, Prototyping, Evaluation etc.			
• PA:	Partizipation, Interessenausgleich (zwischen Gruppen/Personen), Beteiligung, Führungskultur, Mitbestimmung etc.			
• PE:	Personalentwicklung der Projektmitarbeiter und Betroffenen fachlich, SAP-bezogen, sozial, mit kurz- und mittelfristiger Orientierung, z.B. durch Schulung, Training, Fortbildung etc.			

Anforderungen an ein Vorgehensmodell

In der Zusammenschau der Argumente dieses Abschnitts ergeben sich nun folgende Anforderungen an ein erfolgreiches Vorgehensmodell:

- Es sollte den Gesamtablauf von einer ganzheitlichen Zielentwicklung über Vorstudie, Systemauswahl und die Festlegung der Projektrahmenbedingungen bis hin zum SAP-Einführungsprojekt im engeren Sinne planbar und aushandelbar machen. Dabei sind Korrekturschleifen auch auf der Ziel- und Konzeptebene vorzusehen.

- Es sollte die einzelnen Projektphasen so auslegen, daß einerseits jede Phase ein verwertbares, praktisches Ergebnis produziert, andererseits eine qualitative und quantitative Steuerung des Gesamtprozesses durch die Betriebsparteien möglich wird (Controlling).

- Die Projektstruktur sollte selbst, z.B. über Prototyping von Reorganisationsmaßnahmen und Technikeinstellungen, einen ganzheitlichen Lernprozeß für alle Beteiligten in kleinen Schritten unterstützen.

- Das Vorgehensmodell sollte den (Re-)Organisationsprozeß und die technische SAP-Ausgestaltung so miteinander verbinden, daß sich beide unter dem Primat der Organisationsziele und -leitbilder sukzessive und kontrollierbar aufeinander zubewegen, also einen integrierten Technik- und Organisationsgestaltungsansatz verfolgen.

- Es sollte eine prozeßkettenorientierte Einführung von SAP unterstützen, ohne in die Überforderungs- und Komplexitätsfalle klassischer Big-Bang-Einführungen zu führen.

- Dem Projekt sollte weitgehende Autonomie zur Ausfüllung der vereinbarten Ziel- und Gestaltungskorridore gegeben werden können. Zugleich sollte aber der Prozeß übersichtlich und in realistisch verkraftbaren Schritten plan- und steuerbar strukturiert werden.

- Dem Betriebsrat und der Geschäftsführung sollte das Vorgehensmodell die Möglichkeit bieten, sich selbst steuernd, lernend und
  gestaltend im Projekt zu bewegen, ohne durch die Projektarbeit
  überfordert zu werden (Delegation, Prototyping, Beteiligung der
  Anwender).

**Ein betriebsspezifisches
Vorgehen entwickeln**

- Das Vorgehensmodell sollte die Einführung und Anwendung
  von SAP als versionsorientierte betriebliche Sofwareentwicklung
  unterstützen.

Eingedenk der Erfahrungen, die wir mit konkreten betrieblichen „Modifikationen" des SAP-Vorgehensmodells gemacht haben, scheint es notwendig zu sein, auch an dieser Stelle darauf hinzuweisen, daß das von
uns entwickelte Vorgehensmodells nicht als neuer Standardvorschlag
bzw. als unmittelbar übernehmbare Musterlösung mißverstanden werden darf.

Vielmehr bietet es als „Referenz-Modell" die Möglichkeit, auf Betriebs-
ebene - möglichst noch vor der endgültigen Systementscheidung - das
geplante oder bislang praktizierte Vorgehen zu überdenken und die hier
vorgestellten Konzepte und Schrittfolgen für die Entwicklung eines
eigenen betriebsspezifische Vorgehensmodells kreativ zu nutzen.

4.2. Das Vorgehensmodell der kleinen Schritte

In diesem Kapitel soll zunächst ein erster Überblick über das arbeits-orientierte Vorgehensmodell gegeben werden. Dazu wird der Gesamt-zusammenhang der einzelnen Phasen vorgestellt. Im Anschluß daran werden wir jede einzelne Phase hinsichtlich ihrer Ziele, ihres Ablaufs und ihrer Ergebnisse beschreiben und methodische Hinweise geben, die aber für wesentliche Punkte auch im Teil C dieses Buches wieder aufgegriffen und vertieft werden.

B 4.2-1
Das arbeitsorientierte SAP-Vorgehensmodell
- Versionsorientiert -

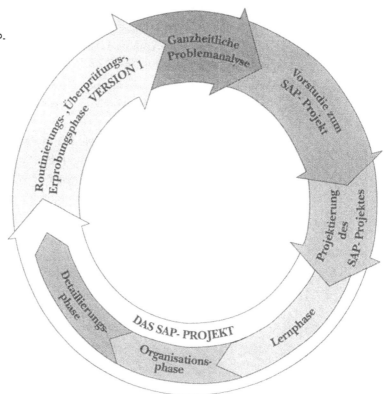

4.2.1 Die 5 Phasen im Überblick

Die kreislauforientierte Darstellung des Referenz-Vorgehensmodells soll eingangs auf die notwendige Versionsorientierung einer SAP-Instal-lation hinweisen. Nicht nur SAP-Putlevel- und -Releasewechsel sind z.T. mit gravierenden Änderungen der Funktionalitäten und sinnvollen Erweiterungsangeboten verbunden, sondern auch die betriebliche

Organisation, die Mitarbeiter und der Markt geben Änderungsanstöße und Anlässe im Verlauf des SAP-Software-Lebenszyklus. Also gilt es, in den nächsten 10 - 15 Jahren vieles neu zu überdenken und u. U. tiefgreifend zu verändern. Von daher ist es aus robuster, arbeitsorientierter und sozialverträglicher Sicht sinnvoll, von Anfang an die betriebliche Einstellung zu entwickeln, daß die erste SAP-Installation auch nach einem formellen Projektende nur als „Version" zu gelten hat. Diese Auffassung hat jedoch gravierende Konsequenzen, wenn man bedenkt, daß in vielen Unternehmen ein Planungshorizont von 5 Jahren ungewohnt ist, auf der anderen Seite aber die Gefahr besteht, sich gleich im ersten SAP-Einführungsschritt durch eine zu detaillierte und integrierte Abbildung der Geschäftsprozesse zukünftige Organisationsalternativen zu verbauen. Deshalb sollte dieser Problemkreis in einer Projektvorlaufphase ausführlich bearbeitet werden. Geeignete Verfahren, Ressourcen, Ziele und Leitbilder für diesen Prozeß wären mit dem Betriebsrat abzustimmen.

Versionsorientierung ist eine Einstellungssache

Die meisten Unternehmen scheuen jedoch diesen Aufwand und leben lieber mit dem Risiko, zu einem vielleicht noch ungünstigeren Zeitpunkt mit noch höheren Kosten und demotivierten Mitarbeitern die Folgen zu schneller Festlegungen auszubaden. Dieses kurzzyklische Denken und Planen wird häufig noch von der irrigen Vorstellung genährt, daß der Weg einer SAP-Version 2 wieder durch alle Projektphasen laufen muß. Gleichwohl empfiehlt es sich, bei gravierenden Änderungen z. B. einer Migration von R/2 zu R/3 die Essentials der einzelnen Phasen und die im Erstprojekt entwickelten, bewährten und eingeübten Verfahren und Methoden wieder zu nutzen. Im Kern kommt es also darauf an, über den betrieblichen Schatten zu springen und es einmal mit einer integrierten Projektplanung zu versuchen, die nicht den Anspruch verfolgt, entgültige Lösungen zu produzieren.

Für die erste Übersicht des „Referenz-Modells" gehen wir vom Status einer Ersteinführung aus und beschreiben so einen „idealen" Zyklus. Für diejenigen Leser, die entweder derzeit in einer SAP-Einführung stehen oder sich gerade vor der Einführung von zusätzlichen SAP-Komponenten befinden, bieten wir am Ende dieses Teils das Konzept „Stop & Go" zum Einstieg in eine neue Projektpraxis an.

B 4.2-2
Empfohlener Ablauf
einer SAP-Einführung

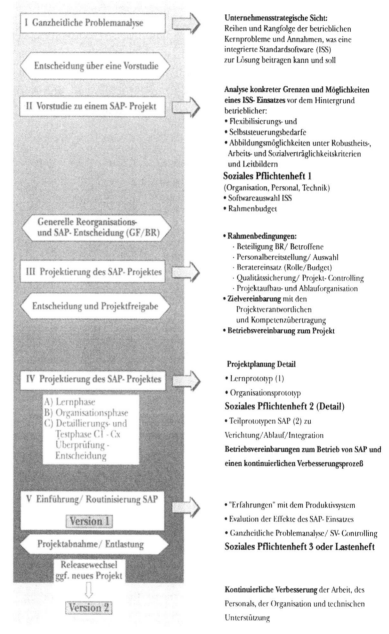

I Ganzheitliche Problemanalyse

Unternehmensstrategische Sicht:
Reihen und Rangfolge der betrieblichen
Kernprobleme und Annahmen, was eine
integrierte Standardsoftware (ISS)
zur Lösung beitragen kann und soll

Entscheidung über eine Vorstudie

II Vorstudie zu einem SAP- Projekt

**Analyse konkreter Grenzen und Möglichkeiten
eines ISS- Einsatzes** vor dem Hintergrund
betrieblicher:
• Flexibilisierungs- und
• Selbststeuerungsbedarfe
• Abbildungsmöglichkeiten unter Robustheits-,
  Arbeits- und Sozialverträglichkeitskriterien
  und Leitbildern
Soziales Pflichtenheft 1
(Organisation, Personal, Technik)
• Softwareauswahl ISS
• Rahmenbudget

Generelle Reorganisations-
und SAP- Entscheidung (GF/BR)

• **Rahmenbedingungen:**
  · Beteiligung BR/ Betroffene
  · Personalbereitstellung/ Auswahl
  · Beratereinsatz (Rolle/Budget)
  · Qualitätssicherung/ Projekt- Controlling
  · Projektaufbau- und Ablauforganisation
• **Zielvereinbarung** mit den
  Projektverantwortlichen
  und Kompetenzübertragung
• **Betriebsvereinbarung zum Projekt**

III Projektierung des SAP- Projektes

Entscheidung und Projektfreigabe

IV Projektierung des SAP- Projektes

Projektplanung Detail
• Lernprototyp (1)
• Organisationsprototyp
Soziales Pflichtenheft 2 (Detail)
• Teilprototypen SAP (2) zu
Verrichtung/Ablauf/Integration
**Betriebsvereinbarungen zum Betrieb von SAP und
einen kontinuierlichen Verbesserungsprozeß**

A) Lernphase
B) Organisationsphase
C) Detaillierungs- und
   Testphase C1 - Cx
   Überprüfung -
   Entscheidung

V Einführung/ Routinisierung SAP

Version 1

• "Erfahrungen" mit dem Produktivsystem
• Evaluation der Effekte des SAP- Einsatzes
• Ganzheitliche Problemanalyse/ SV- Controlling
Soziales Pflichtenheft 3 oder Lastenheft

Projektabnahme/ Entlastung

Releasewechsel
ggf. neues Projekt

Version 2

Kontinuierliche Verbesserung der Arbeit, des
Personals, der Organisation und technischen
Unterstützung

Wie die Übersicht über die ganze Vorgehenssequenz (Abb. B 4.2-2) zeigt, folgt das Vorgehensmodell dem Prinzip einer stetigen Detaillierung und Konkretisierung von Zielen und Leitbildern. Ihre Entwicklung erfolgt stufenweise in Aushandlungsprozesse und rekursiven Überprüfungen vorab getroffener Konzepte und Entscheidungen. Diese werden ei-

Schrittweise
Konzeptentwicklung mit
Korrekturschleifen

nerseits durch die „Sozialen Pflichtenhefte", andererseits durch Betriebs-vereinbarungen zwischen den Betriebsparteien und Zielvereinbarungen mit dem Projekt verbindlich gemacht.

Diese Grundstruktur bietet für alle Beteiligten die Gewähr, daß die Integrität von Zielen, Aufgaben und deren Umsetzung durch Verfahren gesichert ist, also Maßnahmen überprüft, korrigiert, ggf. sogar zurück-geholt werden können. Damit ist - um einem möglichen Mißverständnis vorzubeugen - jedoch nicht die Illusion verbunden, bruchlos von strate-gischen Zielen (Phase I u. II) einzelne System- und Organisations-einstellungen ableiten zu können. Im Gegenteil, das Vorgehensmodell soll über den Weg sukzessiver Detaillierung, Erfahrungsbildung und Aushandlung gerade die in der Praxis unvermeidlichen Brüche, Ziel-abweichungen und vorab nicht erkannten Auswirkungen bzw. „stillen Effekte" über Korrekturschleifen handhabbar machen.

"Gestaltungs-Korridore"
vorgeben

Jede Projektphase soll deshalb einen spezifischen „Gestaltungskorridor" aufspannen bzw. eine jeweils besondere Sicht auf das Vorhaben ent-wickeln, das Unternehmen mit integrierter Standardsoftware zu reor-ganisieren. Dabei sind die jeweiligen „Wände" des Korridors - je nach Betrieb - mehr oder weniger elastisch und die Aufgabe in ihrem Umfang in bestimmbaren Grenzen variabel zu gestalten. Dieses Verfahren min-dert also - um im Bild zu bleiben - das Risiko, daß das Projekt im Korridor der eigentlichen SAP-Einführung stecken bleibt.

Eine beteiligungsorientierte
Projektorganisation ist
erforderlich

Doch braucht ein solches Vorgehen auch Kraft, Zeit und Mut, die Auf-gaben durch die Korridore zu rollen oder zu pressen. Das Vorgehens-modell berücksichtigt diese erforderlichen Kräfte einerseits durch eine beteiligungsorientierte Projektaufbauorganisation, die über die einzel-nen Phasen kontinuierlich zu entwickeln ist. Andererseits gestatten die einzelnen Projektphasen durch verschiedene Prototypingsequenzen die Auflösung der Gesamtaufgabe in „kleine Schritte", schnelle und spür-bare Erfolge und eine flexiblere Anpassung des Projektaufwandes an die jeweilige Belastungssituation der Mitarbeiter und Gesamtorgani-sation. Es wird also eine kontinuierliche Steuerung des Kräfteeinsatzes ermöglicht.

Diese einzelnen und spezifischen Konzepte können aber besser weiter unten im Rahmen der Darstellung der einzelnen Phasen beschrieben werden. Es bietet sich an dieser Stelle aber an, noch auf phasenübergreifenden Empfehlungen zur Projektaufbauorganisation einzugehen.

Betriebsrat/ Geschäftsleitung

Das Referenz-Vorgehensmodell basiert auf der Vorstellung, daß jede Phase in einem spezifischen Wechsel von Top-Down- und Bottom-Up-Aktivitäten verläuft. Das Top-Down, also Geschäftsleitungs- und Betriebsratsaktivitäten, bezieht sich im wesentlichen auf strategische und Interessenausgleichsentscheidungen, deren Moderation, die Sicherung der Rahmenbedingungen sowie das Projektcontrolling (vgl. dazu auch Kapitel C.4).

Betroffene Mitarbeiter

Die Bottom-Up-Aktivitäten sollten sich nicht nur in der Abarbeitung deligierter Projektaufgaben und der Aufrechterhaltung des Alltagsbetriebes erschöpfen, sondern ebenfalls über direkte Aushandlung und Betroffenenbeteiligung den gesamten Prozeß mitsteuern und gestalten lassen (vgl. dazu vertiefend auch Kapitel C.3). Es ist zu empfehlen, über alle 5 Projektphasen hinweg diesen Beteiligungsprozeß zu erproben und ihn selbst als Lern- bzw. Organisationsentwicklungsprozeß zu gestalten. Daher sollte schon die „ganzheitliche Problemanalyse" nicht nur als eine Stabs- oder Managementveranstaltung konzipiert werden, sondern über Projektgruppen (PG) bzw. Untersuchungseinheiten (UE) die Fachabteilungs-Mitarbeiter breit mit einbeziehen.

In Abweichung zur üblichen Projektstruktur, wie sie von SAP sowie den meisten Beratungsunternehmen empfohlen und praktiziert wird, schlagen wir nebenstehende Aufbauorganisation vor:

Diese Aufbauorganisation berücksichtigt insbesondere drei wesentliche Erfolgsfaktoren:

1. die betriebsverfassungskonforme Top-Down-Steuerung und Verantwortung mit entsprechenden Entlastungsstrukturen (z.B. Koordinationsgruppe BR/ Beratungskreis),

2. die Integration der verschiedenen Aufgaben- bzw. Prozeßebenen in der Struktur einer relativ autonomen Projektleitung über die Zuordnung von Teilverantwortungen auf entsprechend kompetente Mitarbeiter/ Berater im Projekt-Leitungsteam,

3. die Beteiligung der betroffenen Anwender, hier durch die Delegation von „Vertrauenspersonen" in die Projektgruppen/ Untersuchungseinheiten, Prototyping und direkte Vorschlags- und Beschwerderechte.

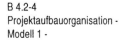

B 4.2-4
Projektaufbauorganisation -
Modell 1 -

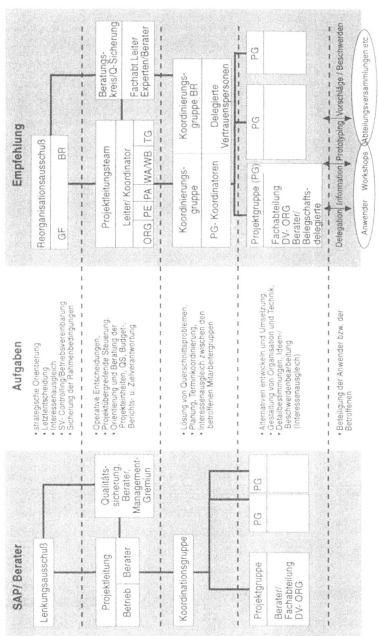

Wie alle formalen Strukturen, so ist auch diese Aufbauorganisation nur ein Gerüst, das über verschiedenste Rahmenbedingungen (z. B. Zeit in der Arbeitszeit für die Beteiligung der Betroffenen, Qualifizierung, Personalauswahl, Grundkonsens zwischen den Betriebsparteien) erst lebendig werden muß. Insofern ist die Empfehlung, diese Grundstruktur von Anfang an einzurichten, im betriebsspezifischen Kontext selbst einem Lern- und längeren Willensbildungsprozeß unterworfen. Wir werden deshalb in Teil C genauer auf die Gründe und Bedingungen einer Betriebsrats- und Betroffenenbeteiligung eingehen und sie dort in den Kontext einer generellen sozialverträglichen Organisationsentwicklung stellen. Insbesondere verweisen wir hier auch auf unser „SAP-Lesebuch: SAP, Arbeit, Management", in dem exemplarisch von praktischen Erfahrungen mit einer partizipativen Projektaufbauorganisation berichtet wird.

Es geht auch weniger aufwendig.

Wie die meisten formalen Strukturen wirkt auch dieses Modell einer Projektaufbauorganisation zunächst abschreckend, vor allem, wenn man sich vorstellt, wie und durch wen all die Posten besetzt und die Aufgaben sinnvoll bewegt werden sollen - zumal, wenn ein Unternehmen weniger als 500 Beschäftigte hat. Aber die in dieser Struktur eingebauten Mechanismen der Steuerung, des Interessenausgleichs, der Beteiligung, der Entlastung des Betriebsrats, der Machtbalance (z. B. Beratungskreis) und Kompetenzverteilung (z.B. Projektleitungsteam) sind wesentliche Erfolgsbedingungen, nicht so sehr die u. U. verwirrenden Kästchen im Organigramm. Bei kleineren Projekten und in Unternehmen, die aufgrund ihrer Mitarbeiterzahl (500) oder einer flachen Hierarchie sich keine so aufwendige Aufbauorganisation leisten wollen, kann man durchaus ganz auf die Koordinationsebene verzichten. Damit fallen zumindest formell die "Koordinierungsgruppen" und der "Beratungskreis" weg. Für diese zumeist erforderlichen Entlastungsstrukturen der Geschäftsführung (Hofstaat) und den Betriebsrat müssen jedoch Alternativen geschaffen werden, sonst läuft man Gefahr, daß das Linienmanagement das Projekt unterläuft und der Betriebsrat überfordert wird.
Deshalb wird in dem Modell 2 (vgl. Abb. B 4.2-5 nebenstehend) die konstruktive Einbindung der Linie über eine "Erweiterte Projektgruppe" empfohlen, die den operativen "Kern" zeitweilig funktional unterstützen soll und vom paritätischem "Reorganisationsausschuß" sowie der "Projektleitung" orientiert und genutzt werden kann.

Für beide Modelle ist es jedoch erforderlich, vorab klare funktionale Aufgaben, Ressourcen und politische Kompetenzen zu verteilen. Denn eine völlig unbürokratische Projektorganisation, wie sie im Fallbeispiel 4 (Teil A) entlang der Alltagsstruktur einer fraktalen Produktion und Montage praktiziert wurde, bedarf einer langen Lernzeit bzw. gut eingespielter und auf gegenseitigem Vertrauen gegründeter Problemlösungspraxis aller Ebenen.

B4.2-5
Projektaufbauorganisation
- Modell 2 -

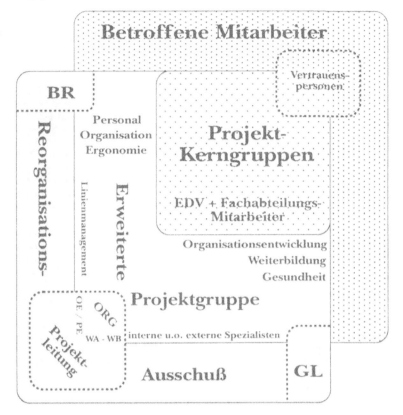

Abschließend für diesen ersten Überblick und als Überleitung zu der Darstellung der einzelnen Phasen des Vorgehensmodells der kleinen Schritte, soll das gesamte Vorgehensmodell (siehe Abb. 4.2-6 umseitig) in detaillierter Aufgaben-Folge vorgestellt werden.

4.2.2.   Zu den einzelnen Projektphasen

In diesem Kapitel wird nun jede einzelne Phase des Vorgehensmodells in ihrer „idealen" Reihenfolge vorgestellt. Die Darstellung und Erläuterungen beziehen sich dabei auf ihre Ziele und Aufgaben, Empfehlungen zu ihrer Durchführung und fassen schließlich die zu erwartenden Ergebnisse der jeweiligen Phase zusammen.

Da auch hier eine Vielzahl von Querschnittsproblemen einer SAP-Ein-

B 4.2-6
Das arbeitsorientierte
SAP-Vorgehensmodell
(Übersicht)

• Wer ist für was
  verantwortlich?
• Was ist zu tun?
• Was kostet das?

• Welche Probleme stehen an?
• Was hat Priorität?
• Welche Lösungen kommen in
  Frage?

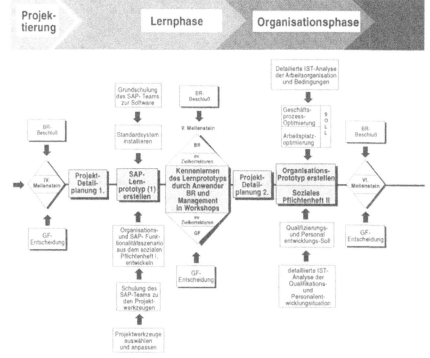

• Wie eignet sich der Betrieb am besten die
  technischen und organisatorischen
  Bedingungen und Eigenschaften der
  Software an?

• Wie soll die neue Ablauf- und
  Aufbauorganisation im Datail
  aussehen und funktionieren?
• Was müssen die Mitarbeiter dafür
  lernen?

- Was heißt z.B. Flexibilität?
- Welche Anforderungen sind an die Organisation, das Personal und die Software zu stellen?
- Wie geht das sozialverträglich?

- Welche Software ist für diese Ziele und Leitbilder geeignet?
- Welche Rahmenbedingungen, Ressourcen und Vorgehen sind erforderlich?

- Welche Kosten können/ dürfen entstehen

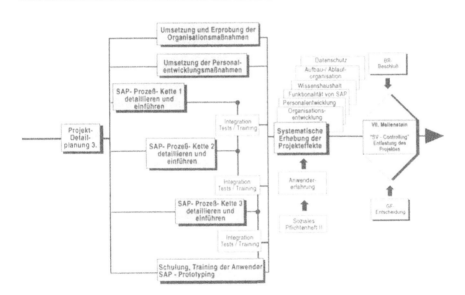

- Wie ist die Software im Detail einzustellen?
- Wie bewähren sich die Organisationsänderungen im Zusammenspiel mit der Software?
- Was müssen die Mitarbeiter dafür lernen und ändern?

- Welche Projektziele werden wie gut erreicht?
- Wie kommen die Mitarbeiter mit den neuen Bedingungen persönlich klar?
- Was steht jetzt zur Verbesserung an?
- Welche Kosten sind bislang entstanden?

führung angesprochen und berührt werden (Qualifikation, Beteiligung, humane Arbeitsgestaltung etc.), wird entsprechend zur weiteren Vertiefung auf den Teil C dieses Buches verwiesen.

I.   Die Ganzheitliche Problemanalyse (GPA)

a) Ziele der GPA

Als unternehmensweites Reorganisationsprojekt ist die Einführung von integrierter Standardsoftware à la SAP mit vielen z.T. widersprüchlichen Zielen, Erwartungen, Ängsten und Interessen verbunden. So treffen wir auf Situationen, in denen beispielsweise vom Standpunkt der EDV-Altsysteme zwar ein schneller Umbau erforderlich ist, aber vom Standpunkt der Kundenorientierung notwendige Projekte, z.B. zur Produktentwicklung oder Verfahrensverbesserung der Produktion, mit einer SAP-Einführung ressourcenbezogen konkurrieren.

Man kann nicht alles gleichzeitig machen.

Weil man bekanntlich nicht alles gleichzeitig machen kann, ist eine möglichst alle Bereiche des Unternehmens einbeziehende Bestandsaufnahme der aktuellen Probleme erforderlich. Sie müssen gewichtet und über ihre mittel- sowie langfristigen Lösungsperspektiven in eine Rangfolge gebracht werden. Nur so kann man den Lösungsbeitrag einer SAP-Einführung strategisch und ressourcenbezogen (Personal und Kosten) zukunftssichernd und sozialverträglich positionieren.

Mit einer beteiligungsorientierten „ganzheitlichen Problemanalyse" (GPA) wird weiterhin das Ziel verfolgt, die Mitarbeiter in die mittel- und langfristige Entwicklungsperspektive des Unternehmens einzubinden. Da die strategischen Vorgaben und Entscheidungen in allererster Linie eine Managementaufgabe sind, kann diese Integrationsleistung von Problemdefinitionen und Lösungskorridoren durch Beteiligung sogar für die Geschäftsführung sehr entlastend wirken. Eine Betriebsrats- und Mitarbeiterbeteiligung deckt dabei nicht nur verschiedene Sichten und Interessen auf und hilft sie zu homogenisieren, sondern kann auch die für einen Wandlungsprozeß notwendigen Kräfte mobilisieren. Schließlich ist eine ganzheitliche Problemanalyse auch eine Chance, von vornherein eine technikzentrierte SAP-Einarbeitung zu vermeiden, indem sie vor allem auch Organisationsprobleme, Arbeitsbedingungen und Führungsprobleme zu thematisieren hat.

Insofern kann sie auch als eine Maßnahme im Sinne der im neuen Arbeitsschutzgesetz geforderten verknüpfenden Planung von „Technik, Arbeitsorganisation, Arbeitsbedingungen, sozialen Beziehungen und Einfluß der Umwelt auf den Arbeitsplatz" (§ 4, 4.) verstanden und betrieben werden.

Ziele einer ganzheitlichen Problemanalyse

- Rangfolge von betrieblichen Kernproblemen unter kurz-, mittel- und langfristiger Perspektive

- erste Abschätzung des Lösungspotentials von SAP für das Unternehmen und die Mitarbeiter

- ganzheitliche Problembearbeitung aller betrieblichen Stellen

- Vereinheitlichung der Problemsichten und Zielkorridore im Management und der Belegschaft

- Entlastung der strategischen Führungsebene durch Beteiligung (GF und BR)

- Mobilisierung von Kräften für einen längeren Reorganisationsprozeß

- erste Erprobung einer beteiligungsorientierten Projektorganisation

- entsprechende Entwicklung sozialer und methodischer Kompetenzen im Leitungsteam

b) Zur Durchführung der GPA

Grundsätzliche Bedingungen:

- Eine ganzheitliche Problemanalyse muß vom Top-Management und dem Betriebsrat gewollt und einvernehmlich vereinbart sein sowie entsprechend offensiv unterstützt werden. Geschäftsführung und Betriebsrat sollen sich als eigenständige Untersuchungseinheiten (UE) an der GPA beteiligen.

- Die Projektaufbauorganisation, vor allem die Zusammensetzung der Leitungsteams und der Untersuchungseinheiten (UE/PG), muß vor dem Projektstart abgeklärt und interessenbezogen ausbalanciert sein.

- Eine genaue Zielvereinbarung zwischen Geschäftsführung und dem Leitungsteam sollte vorab abgeschlossen werden.

- Ein professioneller Moderator sollte das Leitungsteam unterstützen (Schulung/Coaching/Supervision).

- Für die Planung und Vorbereitung der GPA durch das Leitungsteam sollte ausreichend Zeit (ca. 2 - 3 Wochen) angesetzt werden. Die operative Durchführung der GPA in den UEs bzw. Projektgruppen sollte straff organisiert und mit einem klaren Endtermin versehen sein (Zeitrahmen je nach Zahl der UEs und der laufenden Alltagsbelastung jeweils 2 - 3 Sitzungen je UE a 3 Stunden, z.B. innerhalb von 3 - 4 Wochen).

- Die Zusammenfassung der Ergebnisse durch das Leitungsteam ist öffentlich zu machen. UE-spezifische Begründungen und gar Minderheitsvoten dürfen hingegen nur mit Zustimmung der UE-Mitglieder veröffentlicht werden.

Zum Ablauf:

Der folgende Phasenausschnitt aus der aufgabenorientierten Darstellung des Vorgehensmodells weist nun detaillierter die einzelnen Pakete und ihre empfohlene Abfolge aus.

Die Planung bzw. Vorbereitung der GPA und die Zusammenfassung der Ergebnisse in der Task „Rangfolge der Probleme und des Lösungspotentials integrierter Standard-Software (ISS)" obliegt im wesentlichen dem Leitungsteam. Im Rahmen des 2. Meilensteins hat die Geschäftsführung und der Betriebsrat konsensorientiert darüber zu entscheiden, ob überhaupt eine SAP/ISS-Vorstudie stattfinden soll und/oder welche

B 4.22-1

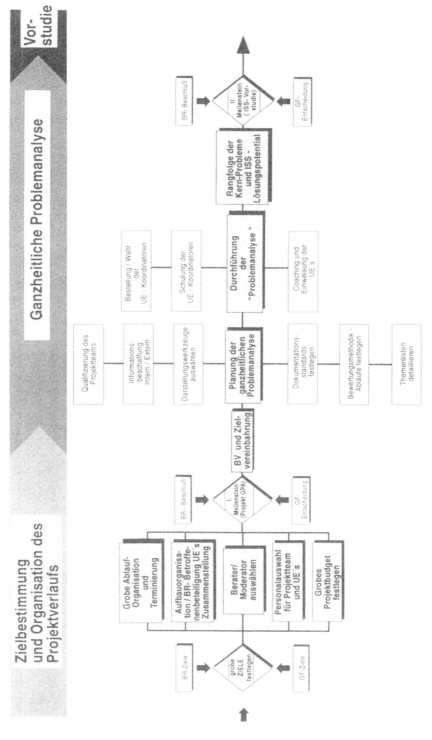

anderen Maßnahmen aus den Analyseergebnissen zu erfolgen haben. Aber auch diese Top-Entscheidungen sollten in geeigneter Form allen Beteiligten zugänglich gemacht und erklärt werden.

Darüber hinaus ist das Leitungsteam für diese Projektphase zu entlasten und das Verfahren zielbezogen (Meilenstein 1) zu bewerten. Für die folgende Phase sind organisatorische und personelle Korrekturen anzubringen, sofern sich entsprechende Probleme entwickelt haben.

c) Zum Inhalt einer GPA

Die folgende Liste von Themenbereichen soll nur als Anregung dienen. Das Themenspektrum ist im Leitungsteam und den UEs betriebsspezifisch auszuarbeiten. Um die Authentizität der Ergebnisse zu sichern und den Beteiligungsprozeß zu unterstützen, sollte vor allem auf betriebsübliche Begriffe und eine verständliche Sprache geachtet werden.

Themenspektrum einer
ganzheitlichen
Problemanalyse

- Aktueller Stand und die Zukunft der Produkte im Markt

- Gebrauchswert, Preis- und Entwicklungspotential der Produkte (z.B. Portfolio)

- Qualität der Kundenbeziehungen (z.B. Service, Partnerschaften/ Kooperationen, zukünftige Wünsche, Bedarfe)

- Verfahrenssicherheit der Produktion hinsichtlich z.B. Termintreue, Qualität, Planung und Steuerung, Technik und Logistik für die Eigen- u. Fremdfertigung

- Kostenverteilung zwischen Kernprozeß, Verwaltung und betrieblichen Dienstleistungen

- Aktuelle und mittelfristig erwartete Finanz-, Eigenkapital- und Gewinnsituation

- Leistungsfähigkeit der betrieblichen EDV-Unterstützung für die verschiedenen Bereiche

- Qualität der betrieblichen Managementstruktur (z.B. strategische Orientierung, Planung, Zielvorgaben, Entscheidung, Unterstützung, Mitarbeiterförderung, Kontrolle)

- Qualität der Unternehmenskultur (z.B. GF-BR-Beziehung, Führungsstil, Problemlösungsverhalten, Moderation, Motivation, Zielorientierung, Mitarbeiterbeurteilung, positive und negative Anreize)

- Qualität der Arbeitsbedingungen der Mitarbeiter (z.B. Belastung, Ergonomie, Arbeitssicherheit, Handlungsspielräume, Entgelt, Arbeitszeit, Arbeitsplatzsicherheit)

- Qualität und Zukunftssicherheit der Qualifikation, Altersstruktur und Erfahrung der Belegschaft

- Qualität des Unternehmensimage nach innen und nach außen (z.B. ökologisch, innovativ, sozial)

- Auswirkungen der aktuellen oder zukünftigen Einbindung des Unternehmens in einen Konzern, einen Lieferantenverbund, eine Holding (z.B. Anforderungen, Vorgaben, Entscheidungsspielräume)

Je drei Fragen zum Themenbereich

Dieses Themen- bzw. Problemspektrum wäre nach seiner betrieblichen Anpassung in den einzelnen Untersuchungseinheiten (UEs) unter drei Fragestellungen zu bearbeiten:

1. Bestehen in diesem Bereich Probleme: aktuell (0 - 1 Jahr), mittelfristig (1 - 5 Jahre) und langfristig (5 - 10 Jahre)?
2. Wie sind diese Probleme für sich und im Sinne einer Rangreihe im Hinblick auf die Zukunftssicherung des Unternehmens zu gewichten?
3. Welche Probleme können in welchem Maße durch eine neue integrierte EDV-Struktur (z.B. SAP) gelöst werden bzw. welche anderen, auch nicht EDV-gestützten Lösungsmöglichkeiten bieten sich alternativ und/oder zusätzlich an?

Auch die Stärken
dokumentieren

Über diese Problemorientierung hinaus empfielt es sich, auch die Frage nach den Stärken des Unternehmens bzw. der Untersuchungsbereiche zu stellen und diese Einschätzungen ebenfalls zu dokumentieren. Diese Zweigleisigkeit hat nicht nur positive psychologische Effekte, sondern ist auch bei der Bildung von Prioritäten und der Einschätzung der Gesamtsituation hilfreich.

d) Methodische Aspekte der GPA

Vorgehensvarianten:
Spontan oder
analytisch

Grundsätzlich hat man die Wahl zwischen zwei methodischen Varianten: der „spontanen" und „analytischen". Die spontane Vorgehensvariante geht davon aus, daß die Mitarbeiter und Verantwortlichen ohne besondere Recherchen, Expertenbefragungen, Informationsaufbereitungen etc. eine zumindest für ihren Erfahrungs- und Einflußbereich treffsichere Einschätzung der Situation und Perspektive liefern können. Wenn Vorurteile, Fehleinschätzungen zu Tage gefördert werden, so ist das ebenfalls ein wichtiges und nützliches Ergebnis, denn nun bietet sich die Chance, sie nachzuarbeiten und zu korrigieren.

Die analytische Variante hingegen versucht im Rahmen der Vorbereitung durch das Leitungsteam Grundinformationen zusammenzutragen und weitergehende Informationskanäle zu öffnen. Die UEs können und sollen darüber hinaus möglichst selbst ihre Informationsbasis systematisch erweitern und dann Einschätzungen entsprechend begründen. Das analytische Vorgehen ist aufwendiger als das spontane, hat aber den Vorteil, daß es mehr direkte Kommunikation zwischen den UEs und mit dem Beraterkreis schafft. Darüber hinaus kann die problembezogene Informationsaufbereitung auch im weiteren Projektverlauf Verwendung finden. Doch ist auch bei diesem Vorgehen vor zu großen Erwartungen an die Objektivität der so gewonnenen Einschätzungen zu warnen, zumal der Begründungsdruck die Tendenz einer Wertung in Richtung „sozialer Erwünschtheit" eher verstärkt als mindern hilft. Von daher ist für beide Varianten das Gebot „offen gesagt" glaubhaft zu propagieren, nicht aber zu garantieren.

Moderierte
Gruppenarbeit

Die GPA sollte in moderierten Gruppen stattfinden, in denen möglichst nur in „positiven" Ausnahmen direkte Vorgesetzte und Untergebene zusammenarbeiten, um auch die Problembereiche Kultur, Führungsverhalten, Managementqualität etc. bearbeitbar zu gestalten. Der Moderator (sei es ein Mitglied aus dem Leitungsteam oder ein speziell geschultes Mitglied der UE oder ein Externer) hat die Gruppe einzuweisen, die Aufgabe zu strukturieren und die Diskussion zu leiten. Ein weiteres Gruppenmitglied sollte (nur) die Ergebnisse kurz protokollieren sowie einen „Ideen-Speicher" und „Beschwerden-Sack" (z.B. mit Metaplankarten) beschicken.

Es empfiehlt sich für die drei Grundfragestellungen der GPA grundsätzlich der Einsatz von Ratingverfahren mit entsprechenden Formularen (siehe exemplarisch ein Beispiel im Anhang). Sie kanalisieren nicht nur die sonst leicht ausufernden Debatten, sondern stellen auch eine gute Dokumentationsform der Gruppenergebnisse und späteren Zusammenführung dar. Darüber hinaus bietet sich auch eine angeleitete Diskussion von Abhängigkeitsbeziehungen der Probleme untereinander an (zur Straffung des Verfahrens empfiehlt sich eine Begrenzung auf die 10 gravierendsten Probleme). Die Probleme können dafür in einer Matrix zueinander in Beziehung gesetzt und ihr Abhängigkeitsgrad mit Zahlenwerten von null bis drei leicht dokumentiert werden.

B 4.2.2-4
Dokumentation von Abhängigkeiten zwischen Problemen am Beispiel der Untersuchungseinheit "Lager/Einkauf"

Hauptprobleme	A	B	C	D	E...
A. keine Reserve für Sonderaufträge	X	1	0	1	0 ...
B. Information über Bestellvorgänge lückenhaft	0	X	2	1	0 ...
C. Lieferanten- bewertung/Auswahl	0	2	X	1	2 ...
D. Informelle Läger in der Werkstatt	3	1	1	X	0 ...
E. Sicherheits- datenblätter und Schadstofflager fehlen	0	1	1	0	X...
...	...	...	...	(Fragerichtung: bedingt bzw. beeinflußt durch? Z.B. a ← d / d ← a)	

(0 = keine Abhängigkeit..., 3 = sehr starke Abhängigkeit)

Damit wird in der Regel nicht nur ein größeres Problembewußtsein erzeugt, sondern auch eine zielgerichtete Komplexitätsreduktion gefördert (siehe Muster im Anhang). Der Vorteil dieser Werkzeuge ist ihre leichte Erlernbarkeit und gute Anpassungsfähigkeit an die betriebsspezifischen Belange. Sie können darüber hinaus - natürlich mit anderen Fragestellungen - gut in den folgenden Projektphasen wieder aufgegriffen werden und schaffen dadurch auch eine methodische Kontinuität.

Die Resultate der GPA sind, wie eingangs gefordert, prinzipiell betriebsöffentlich. Von daher sind geeignete Verfahren zu wählen, die diese Transparenz herstellen können. Dazu sind beispielsweise Belegschafts- und Abteilungsversammlungen, aber auch Diskussionsrunden und Workshops auf der Grundlage der zusammengefaßten Ergebnisse empfehlenswert.

e) Die Ergebnisse einer GPA

Eine GPA ist auch in anderen Kontexten sinnvoll.

Die ganzheitliche Problemanalyse ist, wie oben beschrieben, ein Verfahren bzw. eine betriebliche Maßnahme, die auch unabhängig vom Anlaß oder Wunsch, integrierte Standardsoftware einzuführen, eingesetzt werden kann. Von daher ist es auch ein wichtiges Ergebnis, daß die GPA für alle als nützliches Entscheidungsvorbereitungs- und Diskussionsverfahren über die Lage des ganzen Unternehmens verstanden wird. Der Organisationsentwicklungseffekt ist insofern ein eigenständiges Resultat, unabhängig davon, ob nun eine „SAP-Vorstudie" als Maßnahme im Entscheidungskorridor der Betriebsparteien liegt oder nicht. Auch die vielen Ideen oder Beschwerden, die quasi als „Abfallprodukte" in den Ratingdebatten entstehen, sind - wie klein und lokal begrenzt sie auch sein mögen - ein authentisches Potential für schnell wirkende Verbesserungsmaßnahmen, die möglichst einvernehmlich und unbürokratisch umgesetzt werden sollten.

Außerdem ist die Öffnung zu weiteren, eine SAP-Einführung ergänzenden oder gar vom Platz 1 der Prioritätenliste verdrängenden Maßnahmen, Projektideen oder Lösungskorridoren als wesentliches Resultat zu sehen.

Das wichtigste Ergebnis für den weiteren Projektverlauf wird jedoch die betriebsweite Einschätzung des Lösungspotentials integrierter Standardsoftware für die undefinierten Kernprobleme des Unternehmens sein.

II.   Die SAP-Vorstudie

In vielen Unternehmen, die SAP einführen wollen, nehmen sich externe Berater der Aufgabe an, mit sogenannten „Machbarkeitsstudien" die Frage zu klären, ob SAP oder andere Software-Produkte die betrieblichen Abläufe effektiv zu unterstützen in der Lage sind. Dabei ist zuweilen auf Vorstands- und Beraterseite das grundsätzliche Ergebnis - SAP - schon vorher klar. Die Studien dienten in diesen Fällen sowohl der Einarbeitung der Berater in die Unternehmenssituation bzw. der Akquisition für das Hauptprojekt als auch dem Top-Mangement zur „nachträglichen" Legitimation und Absicherung ihrer Investitionsentscheidung.

Die Themen der Untersuchung und die mächtigen Abschlußberichte beziehen sich dann auch im wesentlichen auf den Abgleich von vorgeschlagenen Fachkonzepten mit der Softwarefunktionalität und enden schließlich mit einem Vorgehensvorschlag nebst Grobkalkulation der Aufwände für das SAP-Einführungsprojekt.

All diejenigen Unternehmen, die sich - in welcher Form und mit wessen Hilfe auch immer - selbst ganzheitlich mit der Frage intensiv beschäftigt haben, warum sie sich Unterstützung durch integrierte EDV wünschen, konnten nicht nur die eigentliche SAP-Projektphase wesentlich verkürzen, sondern haben letztlich auch weniger unangenehme Überraschungen erlebt. Voraussetzung dafür ist jedoch, daß nicht bereits Entscheidungen in den Chefschubladen schlummern und das Spektrum der Fragen nicht schon auf nur eine Organisations- oder Softwarelösung zugeschnitten ist.

Aus Sicht eines arbeitsorientierten Vorgehens hat die Vorstudienphase folgende Ziele:

Nicht nur zur nachträglichen Legitimation

Ziele der SAP-Vorstudie

* Entwicklung von betriebsspezifischen Leitbildern und Zielen zur Organisation, zum Personal und zum EDV-Einsatz auf der Grundlage der GPA-Ergebnisse

- Entwicklung von konkreten Anforderungen an die Organisation, das Personal und die EDV-Unterstützung

- Dokumentation der Leitbilder, Ziele und Anforderungen in einem „Sozialen Pflichtenheft 1"

- Auswahl geeigneter Softwarelösungen auf der Grundlage des „Sozialen Pflichtenheftes"

- Konkretisierung bzw. Entwicklung eines breiten Konsens über Leitbilder, Ziele und Maßnahmenkorridore zwischen den Betriebsparteien, den betroffenen bzw. beteiligten Organisationseinheiten und Interessengruppen

- Stabilisierung und Weiterentwicklung der Projektstruktur, Teamarbeit, Betroffenenbeteiligung sowie unternehmensweiter Kommunikation und Transparenz

- Detailliertes und betriebsöffentliches Wissen über die formellen und informellen Abläufe, Arbeitsbedingungen, Interessen- und Kräfteverhältnisse sowie personellen Potentiale

a) Zu Inhalten der Vorstudie

Wir werden uns hier auf die Inhalte und Fragen beschränken, die aus der Sicht unserer Rahmenleitbilder - robust, arbeitsorientiert und sozialverträglich - erforderlich sind. Die sonst üblichen, fachkonzeptionellen und EDV- und verfahrenstechnischen Elemente eines Pflichtenheftes lassen wir außen vor.

Robust

Aus der Sicht robuster Unternehmensstrukturen mit klarer Kunden- und Kernprozeßorientierung sind vier zentrale Fragen zu stellen:

- Welche Flexibilität in den Abläufen, Strukturen, Verfahren und beim Personal ist derzeit vorhanden und soll für die Zukunft abgebaut, erhalten oder erweitert werden, und wo sind neue zu entwickeln?

- Wo sind derzeit Selbststeuerungsmechanismen in den Abläufen

B 4.2.2-3
Die vier Köpfe, die von SAP
unterstützt werden können

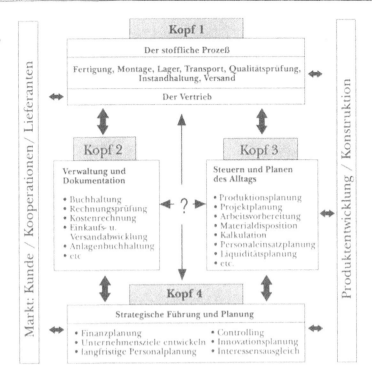

formell und informell vorhanden; wo sind sie auch in Zukunft nützlich, erforderlich bzw. auszubauen?

- Wie und wo ist derzeit schon eine Abbildung bzw. EDV-gestützte
  Formalisierung und Standardisierung von Prozessen und Funktionen erfolgt?

- Ist Formalisierung und EDV-Unterstützung nützlich und robust, wo
  kann sie sinnvoll ausgedehnt, erweitert und integriert werden, oder
  sollte sie an manchen Stellen zurückgenommen werden?

Da diese Kernfragen unter der Perspektive integrierter Software-Syste-
me gestellt werden, betreffen sie das gesamte Betriebsgeschehen.

Das obige Schema der „vier Köpfe" (siehe Abb. 4.2.2-3) bietet dazu
eine einfache Sicht und Diskussionsvorlage für die Grundfunktionen
eines Betriebes, die potentiell mit SAP unterstützt, also daten- und ab-
laufbezogen integriert werden können.

Im Gegensatz zu Organigrammen oder komplexen Organisations- und Ablaufdarstellungen, wie aus den „R/3-Referenzmodellen", wird hier eine Gruppierung betrieblicher Aufgaben vorgeschlagen, die es gestattet, auf zunächst grober Ebene die Beziehungen betrieblicher Funktionen, Stellen und Fachbereiche zum „Kernprozeß" (Kopf 1) zu diskutieren (Ist) und neu zu bestimmen.

Unter der Fragestellung "Was nützt den Kunden?" und "Was hilft dem Kernprozeß?" sind die Stärken und Schwächen der derzeitgen Ablauf- und Aufbauorganisation im Grobraster der vier Köpfe zu bewerten und zu beschreiben. Dabei sollten aber nicht allein die funktionalen Beziehungen wie beispielsweise Reihenfolgen und Informationsbedarfe auf den Prüfstand, sondern auch die formellen und informellen (politischen) Abhängigkeiten und Kräfteverhältnisse aufgedeckt und in Frage gestellt werden.

Fragen zu kritischen Bestandsaufnahmen

Da in vielen Betrieben noch der "Schwanz mit dem Hund wedelt", also aus der Kernprozeßsicht Kopf 2 und 3 den Alltag dominieren, ist zu empfehlen, diese kritische Bestandsaufnahme mit einer bewußt polarisierenden Diskussion über Alternativen und Freiheitsgrade bzw. Entkopplungspotentiale mit folgenden Fragen anzureichern:

- Sind Reihenfolgen in typischen Geschäftsprozessen (nacheinander-parallel-entkoppelbar) zu organisieren?

- Sind zeitliche Abhängigkeiten (gleichzeitig-sequentiell-entkoppelbar) erforderlich?

- Ist der Stand der Formalisierung bzw. Standardisierung von Informationsbeziehungen (hoch-teilsteils-gering) unter Beachtung des Aufwandes und möglicher Kontextverluste weiterhin erforderlich oder auszubauen?

- Soll eine gemeinsame Datenbasis bei Stamm- und Bewegungsdaten (über alle Abbildungsebenen, für nur eine Abbildungsebene z. B. Werthfluß oder nur dezentral differenziert mit Austausch aggregierter Daten) entwickelt oder erweitert werden?

Wenn es einem Unternehmen gelingt, diese Diskussion vorurteilsfrei zu führen, d. h. bewußt SAP-unabhängig Alternativen zu einer völligen

Integration von Information, Abläufen und Funktionen zu entwickeln und dies kernprozeßorientiert zu bewerten, ist die Chance sehr groß, nicht nur die alten Strukturen und Abhängigkeiten aufzubrechen, sondern auch die Integrationsangebote und Sachzwänge eines SAP-Systems dann mit Hilfe seiner Referenzmodelle realistisch einzuschätzen.

So ergeben sich häufig völlig andere Sichten beispielsweise auf das Verhältnis von Produktionssteuerung und Produktionsplanung hinsichtlich des Informationsaustausches, des Abbildungsgrades und der Aufgabenverteilung zwischen Kopf 2 und 1; oder es wird schon in dieser Projektphase die Rolle und Aufgabe des Controllings als interner Beratungsdienstleister für die Kernprozesse (Kopf 1) deutlicher und nicht nur für das Topmanagement akzeptabel.

Es darf jedoch an dieser Stelle nicht verschwiegen werden, daß auch ein so holzschnittartiger Analyse- und Diskussionsprozeß viel Widerstand und schmerzliche Einsichten hervorbringen kann, so daß es zu empfehlen ist, sich hierzu sachkundiger (externer) Moderatoren zu bedienen.

Über diesen Weg kann man auf einer noch für alle nachvollziehbaren Ebene das Leitbild „Robustes Unternehmen" betriebsbezogen konkretisieren, detaillieren und sogar schon einige Kriterien der Arbeitsorientierung (z. B. Kooperation, Kommunikation) abprüfen oder im Sollkonzept berücksichtigen.

Aus arbeitsorientierter Sicht sind folgende Kernfragen an die Ist-Situation, aber auch an die Sollvorstellungen, die schon aus robuster Sicht entwickelt worden sind, zu stellen.

Sind die Abläufe und die Aufbauorganisation so gestaltet, daß sie

Arbeitsorientiert

- die Kooperation und Kommunikation zwischen den Mitarbeitern und den Organisationseinheiten fördern?

- keine Belastungen und Behinderungen für die Aufgabenerfüllung und die Mitarbeiter darstellen?

- Aufgabenzuschnitte zulassen und fördern, die den Mitarbeitern und

Organisationseinheiten bewältigbare, lernförderliche und eigenverantwortliche Arbeiten ermöglichen?

- die Bewältigung von Sondersituationen unterstützten?

- die Lösung von Problemen und Abhilfen bzw. Verbesserungen unbürokratisch und schnell ermöglichen?

Sind die bislang genutzten oder angezielten EDV-Verfahren, Maschinen und Hilfsmittel so gestaltet, daß

- sie die Aufgabenbewältigung anwenderbezogen gut unterstützen?

- von ihnen keine Belastungen und Gefährdungen ausgehen?

- sie die Wissensentwicklung der Anwender unterstützten?

Sind die Mitarbeiter so qualifiziert, daß sie

- ihre derzeitigen Aufgaben eigenverantwortlich, belastungsfrei und wirksam erledigen können?

- die funktionalen Kooperationsbeziehungen fachlich und sozial bewältigen und weiter entwickeln können?

- situative Probleme eigenständig regulieren und entsprechende Verbesserungen entwickeln können?

Sozialverträglich

Aus sozialverträglicher Sicht ist schließlich der Fokus auf Fragen nach einem angemessenen Ausgleich von Interessenlagen

- zwischen den Unternehmens- und Belegschaftsinteressen

- zwischen einzelnen Organisationseinheiten und Mitarbeitergruppen

- zwischen Persönlichkeitsrechten und Unternehmensanforderungen

- zwischen den Mitarbeitern und Führungskräften bzw. horizontalen Kooperationspartnern

im Rahmen der derzeitigen Organisation und Kultur des Betriebes gerichtet.

Die Beziehungen der vier Köpfe berücksichtigen

Diese zunächst abstrakt erscheinenden Interessen- und Verteilungsbeziehungen werden schnell konkret, wenn man in den Untersuchungsgruppen auf der groben Abbildungsebene der „vier Köpfe" die derzeit wirksamen Interessengruppen- und Machtzentren im Unternehmen lokalisiert und ihren hemmenden oder protegierenden Einfluß auf die Entwicklungs-Leitbilder/Ziele der Arbeitsorientierung und Kernprozeßorientierung analysiert.

Wenn beispielsweise aus der leitbildorientierten Kritik der bestehenden Ablauf- und Aufbauorganisation sich als konkretes Reorganisationsziel die Auflösung des zentralen Einkaufs und der Arbeitsvorbereitung zugunsten einer Dezentralisierung bzw. Integration dieser Aufgaben an und teilweise sogar in die Fertigungs- und Montageinseln herauskristallisiert hat, dann wären hier entlang der obigen Ebenen des Interessenausgleichs u. a. folgende Probleme zu lösen:

- Zwischen Unternehmen und Belegschaft: z.B. der neue Arbeitsplatzsaldo, die Verteilung des erwarteten Produktivitätszuwachses, die Lohnsicherung etc.,

- zwischen den alten Organisationseinheiten (Einkauf/AV), den traditionellen Berufsgruppen (Einkäufer, Disponenten, Arbeitsvorbereiter) und der Produktion: z. B. die Kompensation des Status- und Machtverlustes bzw. die Integrationsprobleme dieser Personen und ihres Wissens in die neue Arbeits- und Organisationsumwelt,

- zwischen Unternehmensanforderungen (z. B. derzeit keine Neuinvestitionen in ergonomischere Hardware und detailliertes Controlling des Einkaufsverhaltens) und den Persönlichkeitsrechten auf Datenschutz und gesundheitsförderliche bzw. gefährdungsfreie Arbeitsplatzgestaltung,

- zwischen den neuen Führungsstrukturen (z. B. der Produktionsleitung, den Meistern und den Fertigungsinseln) oder den Inseln untereinander: Hinsichtlich der Ausgestaltung von Rechten, Pflichten, Verantwortungen (z. B. Zielvereinbarungen, Beurteilung, Weisungsbefugnisse, Konkurrenz, Hilfe bei Engpässen).

Konflikte offenlegen und bearbeiten

Über diese Fragen zur Sozialverträglichkeit des Ist und des Soll werden die unter Umständen schon vorab entstandenen Konflikte bei der Entwicklung der Zukunftsoptionen noch einmal systematisch aufgeblättert. So liegen spätestens jetzt - zum Zeitpunkt des "Sozialen Pflichtenheftes 1" - die Konflikt- und Konfrontationslinien klar auf dem Tisch und müssen letztlich vom Betriebsrat und mit der Geschäftsleitung entschieden werden, wenn eine Moderation durch das Leitungsteam zu keinem Einvernehmen oder besseren Lösungen führt.

b) Zum Ablauf der Vorstudie

Wie die Abbildung B 4.2.2-4 schematisch aufzeigt, besteht die Vorstudie aus drei Analyseschritten: Der „Zielanalyse", der „Anforderungsanalyse" und der „Softwareauswahl", letztere wenn nötig aufgrund einer zusätzlichen Marktanalyse. Diese drei Analyseschritte sollten auch strikt auseinandergehalten werden. Trotzdem kann z. B. aufgrund von Einschätzungen und Detaillierungen aus der Anforderungsanalyse durchaus wieder in die Zielanalyse zurückgesprungen werden, weil beispielsweise die (idealen) Anforderungen an das Personal im angezielten Umsetzungszeitraum nicht sozialverträglich umgesetzt werden können oder weil die Dezentralisierung des Einkaufs aus verschiedenen Gründen doch durch einen zentralen „strategischen Einkauf" (z. B. für Rahmenverträge) ergänzt werden müßte.

Korrekturschleifen einplanen

Die ersten beiden Analysephasen sollten hinsichtlich ihrer Ergebnisse in die Abfassung eines sozialen Pflichtenheftes münden. Diese systematische Zusammenfassung der Ziele, Leitbilder und Anforderungen an das Personal, die Technik und die neue Organisation ist nicht nur die Grundlage für die Softwareauswahl, sondern nach einvernehmlichem Beschluß der Betriebsparteien (Meilenstein IIIa) die verbindliche Zielvorgabe für die folgenden Projektphasen. Im Anhang zu diesem Kapitel haben wir zur Veranschaulichung einen Strukturvorschlag entwickelt, der exemplarisch die zentralen Themen und Gegenstände dieses ersten "sozialen Pflichtenheftes" aufführt.

Es hat sich bewährt, die Vorstudie inhaltlich und methodisch genau

B 4.2.2-4

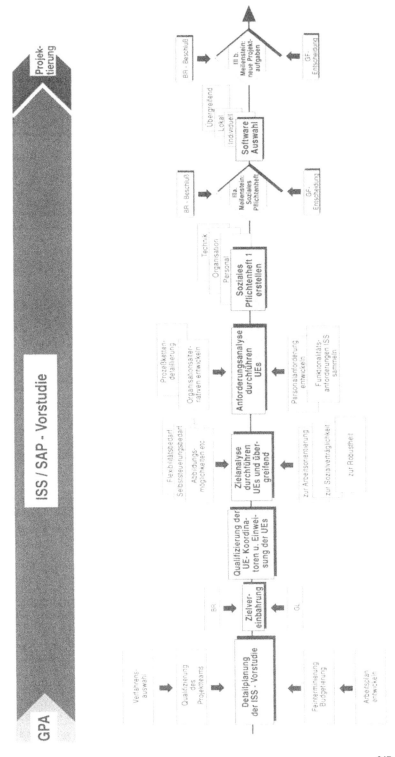

vorzubereiten. Deshalb empfehlen wir, die Zielvereinbarung mit dem Projekt und eine Anpassung der eventuell schon abgeschlossenen Projektvereinbarung zwischen Betriebsrat und Geschäftsführung erst nach der Detailplanung dieser Projektphase verbindlich zu machen.

Eine Vorstudie spart Zeit bei der Einführung.

Die Dauer einer solchen Vorstudie wird je nach Stand der schon geleisteten Vorarbeiten bzw. dem vorgefundenen Dokumentationsstand, dem Formalisierungsgrad des Unternehmens sowie der Differenziertheit der bislang betriebenen Organisation und Technik unterschiedlich sein. Unserer Erfahrung nach sollte für diese Analyse,- Auswertungs- und Aushandlungsarbeiten ca. ein halbes Jahr veranschlagt werden.

Deshalb sei an dieser Stelle noch einmal daran erinnert, daß die Zeit, die in eine solche Vorstudie investiert wird, im darauf folgenden SAP- und Reorganisations-Projekt wieder eingespart werden kann. In einem gering formalisierten mittelständischen Unternehmen konnte so beispielsweise die Big-Bang-Einführung von SAP-R/2 auf 1,5 Jahre gedrückt werden. Dabei spielte nicht nur die präzise Vorstellung über die erwartete SAP-Funktionalität eine wichtige Rolle, sondern vor allem waren die vorab breit ausgehandelten Ziele, Maßnahmen und die Abschätzung ihrer Folgen der Schlüssel für ein allseitiges Engagement im sicher nicht belastungsarmen SAP-Einführungsprojekt und Produktionsalltag.

c) Methodische Empfehlungen zur Vorstudie

Auch für die Vorstudie ist es erforderlich, ein fachlich und sozial kompetentes Leitungsteam (weiter) zu entwickeln. Der Einsatz von externen Beratern / Moderatoren bzw. Trainern ist dafür i. d. R. sehr hilfreich. Da aber hier betriebsspezifisch technische, personelle, organisatorische und politische Probleme im Zentrum stehen, bedarf es eines kompetenten internen „Beraterkreises", der vor allem übergreifende Zusammenhänge und Sichten beisteuern und die "Nabelschau" einzelner Untersuchungseinheiten relativieren kann. Zu vermeiden ist jedoch in dieser Phase eine Einbindung von externen EDV-Beratern in das Leitungsteam, da sonst das Projekt Gefahr läuft, vorschnell das Heil z. B. in der „SAP-Welt" zu suchen und die organisatorischen und personellen Perspektiven zu verengen.

Es sei daher nochmals betont, daß in den ersten beiden Analyseschritten der Vorstudie die organisatorischen, personellen und technischen

Technik, Organisation und Personal leitbildorientiert betrachten

Sichten auf das Unternehmen zunächst gleichgewichtig und getrennt berücksichtigt werden. Denn genauso wie bei der Analyse durch die Brille der Rahmenleitbilder werden sich die Prioritäten, Gewichtungen und Abhängigkeiten dieser Sichten wieder zusammenführen und abstimmen lassen, wenn es um konkrete Maßnahmen geht. Für das Einschätzen und die Entwicklung von Leitbildern, Zielen und Sollkonzepten empfehlen wir in Kontinuität zur „ganzheitlichen Problemanalyse" den Einsatz von „Rating-Verfahren" und die Abwägung von komplexen Abhängigkeiten und Widersprüchen.

Für die „Prozeßkettenanalyse" sollte ein graphisch unterstütztes Verfahren gewählt werden, das sowohl zu Dokumentationszwecken auf einem PC verarbeitet als auch in der Gruppenarbeit händisch auf Pinwänden oder Magnettafeln moderiert werden kann. Dabei ist auf eine klare Symbolik der Graphiken zu achten, da in den Untersuchungseinheiten Mitarbeiter aufeinandertreffen, die unterschiedliche Lern-, Abstraktions- und Wahrnehmungsgewohnheiten haben. „Die PS-Methode" (siehe exemplarisch Abb. B 4.2.2-5) ist z. B. ein dafür empfeh-

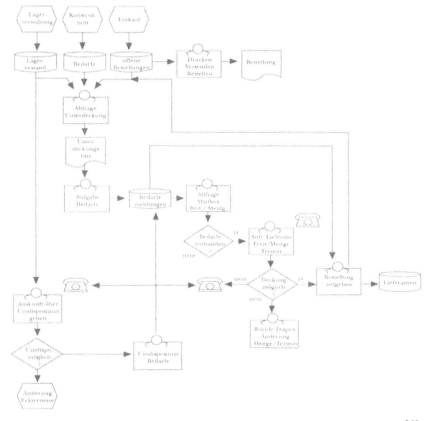

B 4.2.2-5
Grafisches
Darstellungsmittel
für Prozeßkette,
hier Disposition
und Einkauf mit
der PS-Symbolik

lenswertes Werkzeug, zumal sie auch die verwendeten Medien und Werkzeuge symbolisieren kann.

Für die arbeitsorientierten Fragestellungen bieten sich auch schon für die Vorstudienphase arbeitspsychologische Verfahren (z.B. KABA / P-TAI) an, die es gestatten, z B. exemplarische Engpaßarbeitsplätze oder typische Aufgabenbündel unter funktionalen und humanen Kriterien zu untersuchen. Sie bieten darüber hinaus z. T. auch die Möglichkeit über das Ist hinaus, „prospektiv" das Soll zu beschreiben und diskutierbar zu machen (zur Vorstellung und Bewertung einzelner Verfahren Kapitel C 1). Darüber hinaus ist es eine empfehlenswerte Möglichkeit im Rahmen der Vorstudie, zur Einbeziehung von Mitarbeitern über die Untersuchungseinheiten hinaus Fragebögen zur subjektiven Einschätzung von Kooperationsbeziehungen, Führungshilfen und Belastungen zu verteilen und ihre Ergebnisse mit den Mitarbeitern zu diskutieren.

Zwei nützliche Spielregeln

Abschließend seien noch zwei Spielregeln für die Vorstudie empfohlen:

- Für die Entwicklung von Sollkonzepten und Anforderungen sollte es Pflicht sein, immer mindestens zwei positive Alternativen auszuarbeiten. Diese formale Regel unterstützt die Bewertung von Maßnahmevorschlägen vor allem im Bereich der Aushandlung von Organisationsänderungen. Es hilft, gruppendynamisch bedingte Sackgassenbildungen bzw. eine vorschnelle Verengung des Gestaltungskorridors zu vermeiden. Diese Regel sollte möglichst auch für die Software-Konzeption angewendet werden.

- Sofern es in den Untersuchungseinheiten oder den anderen Interessenausgleichsgremien nicht zu einvernehmlichen Einschätzungen und Sollvorstellungen kommt, sind die unterschiedlichen Auffassungen zu dokumentieren (auch Minderheitsvoten) und von der nächst „höheren Stelle" zu beraten, ggf. zu entscheiden. Bei grundlegenden Dissenspunkten zwischen Geschäftsführung und Betriebsrat kann es sogar hier schon sinnvoll sein, eine Einigungsstelle oder Schlichtung anzurufen. Von einer Verschleppung solcher Auseinandersetzungen ist auf jeden Fall abzuraten.

d) Die Ergebnisse der Vorstudie

Die zentralen Ergebnisse der Vorstudienarbeit sind zweifelsohne das „soziale Pflichtenheft" und die Auswahl geeigneter Softwareinstrumente zur Unterstützung der dort formulierten Anforderungen. Doch die Art und Weise, wie die Vorstudie durchgeführt wurde, produziert darüber hinaus weitere Ergebnisse in Richtung Organisationsentwicklung und für die unternehmens- bzw. mitarbeiterbezogenen Wissens- und Zielbildung. Entsprechend sei aus arbeitsorientierter und sozialverträglicher Sicht betont, daß gerade dieser Prozeß die Einstellung und Motivation sowohl des Betriebsrats als auch der späterhin von integrierter Standardsoftware betroffenen Mitarbeiter für die folgende Umsetzungsphase einschneidend prägen wird. Versäumnisse im Aushandlungsprozeß, sei es auch nur die klare Dokumentation von unterschiedlichen Interessen, Vorstellungen und Zielen, werden sich späterhin negativ bemerkbar machen.

Darüber hinaus ergeben sich aus dieser Projektphase wie bei ihren Vorgängen, eine Fülle von Ideen und Vorschlägen, die sich schon jetzt als Ad-hoc-Maßnahmen zur Verbesserung des Arbeitsalltages umsetzen und ausprobieren lassen.

III. Die Planung des SAP-Projektes

a) Zu den Zielen und Aufgaben

Die Tatsache, daß wir die Planung des eigentlichen SAP-Einführungsprojektes als eigenständige Projekt-Phase empfehlen, liegt in den Erfahrungen begründet, die wir im Rahmen unserer Fallstudien und Beratungen haben machen müssen:

I. d. R. wird zusammen mit Unternehmensberatern eine grobe Budgetierung von Zeiten und Kosten vorgenommen, Endtermine werden festgelegt, und das grobe Vorgehen wird anhand der „Best-Ways"und Vorgehensmodelle der Berater vorgestellt. An diesem Prozeß sind zumeist nur die Geschäftsführer und einige ausgewählte Top-Manager, z. B. der EDV-Chef, beteiligt. Die Mitarbeiter und der Betriebsrat werden dann mit den Resultaten konfrontiert und können, wenn überhaupt,

B 2.2-6
Planung der
SAP-Einführung

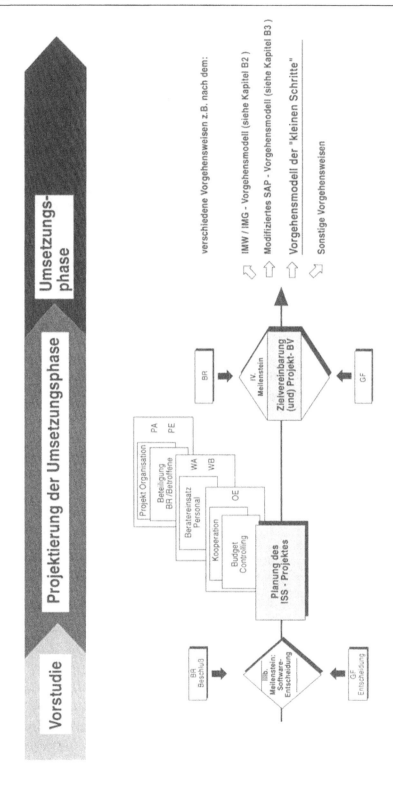

nur noch wenige Korrekturen, Ideen oder Forderungen wirksam einbringen. Daß man hier die Beteiligung vernachlässigt, ist aber nur einer der gängigen Fehler. Dies zeigten u. a. die in Teil A vorgestellten Fallbeispiele und Erfolgs- bzw. Mißerfolgsfaktoren. Deshalb ist es dringend zu empfehlen, vor allem zu diesem Zeitpunkt die folgenden Aufgaben abzuarbeiten.

Ziele / Aufgaben der Projektierungsphase

Ausgehend vom Sozialen Pflichtenheft und der gewählten Softwarelösung:

- Grobplanung des Vorgehensmodells (Aufgaben und Termine)

- Grobplanung der Personalressourcen für das Projekt und die betroffenen Fachbereiche

- Definition der Beraterrollen / Umfang / Vertragsgestaltung

- Grobplanung der Kosten (Budgetansatz und Controlling)

- ggf. Planung der Schnittstellen zu anderen Projekten

- ggf. Korrektur oder Neukonzeption der Beteiligung des Betriebsrates und der Betroffenen in Abhängigkeit vom Vorgehensmodell und den Vorerfahrungen

- Aushandeln der Absicherungen für die Betroffenen und Projektbeteiligten

- Festlegung / Aushandlung der Entscheidungswege und Verantwortlichkeiten und Betriebspflichten zwischen Projekt / Leitungsteam und Entscheidern (Geschäftsführung und Betriebsrat)

- Formulierung einer projektbezogenen Betriebsvereinbarung sowie einer Zielvereinbarung mit dem Projekt unter Einschluß des "Sozialen Pflichtenheftes 1"

b) Zu den Inhalten

Nach einer beteiligungsorientierten Vorstudie und bei einer realistischen Einschätzung ihrer politischen, funktionalen und ökonomischen Tragfähigkeit der Ergebnisse ist die Bewältigung der obigen Aufgaben kein großer Akt.

Auf zwei aus arbeitsorientierter und sozialverträglicher Sicht besonders wichtige Punkte soll jedoch an dieser Stelle noch eingegangen werden:

- Die Beteiligung und Absicherung der Belegschaft hinsichtlich ihrer materiellen Existenz, sofern dieser Rationalisierungsschutz oder Interessenausgleich noch nicht konkreter Gegenstand der Maßnahmen und Ziele des Sozialen Pflichtenheftes gewesen ist, sowie

- die Planung der Personalressourcen im Projekt und den beteiligten Fachbereichen für die Projektlaufzeit.

Zur Absicherung und Beteiligung der Betroffenen

Aus unserer Erfahrung sind die Möglichkeiten einer Absicherung der beteiligten und betroffenen Mitarbeiter nicht allein mit einer zeitlich begrenzten Beschäftigungs-, Entgeld-, und Qualifizierungsgarantie erschöpft. Vielmehr können - auch unter der gesetzlichen Konstruktion des „Interessenausgleichs" gemäß § 111 BetrVG - über eine konkret gefaßte Beteiligung im eigentlichen SAP-Einführungsprojekt eine Vielzahl von „Absicherungen" konstruktiv erst im Projekt selbst entwickelt werden (vgl. dazu Kapitel C 4 und C 3).

Die vielen Ideen zu arbeitsorientierten und sozialverträglichen Maßnahmen aus der „ganzheitlichen Problemanalyse" und (SAP-) „Vorstudie" sowie das „Soziale Pflichtenheft 1" werden sicherlich dieses Problemlösungspotential überzeugend dokumentiert haben.

Dennoch ist es zu empfehlen, diese Vorgaben und Erfahrungen jetzt noch einmal genau abzuprüfen und verbindlich zu vereinbaren. Die folgenden fünf Fragenkomplexe zur Beteiligung der betroffenen Mitarbeiter im SAP-Projekt können Anregungen geben, entsprechende Spielregeln betriebsspezifisch zu entwickeln.

Beteiligungskorridore und
Beteiligungsbedingungen

1. Wie stark ist der Beteiligungsprozeß zu formalisieren?

Z. B. durch

- Festlegung von Rechten und Pflichten (z. B. Delegation oder Wahl von Vertrauenspersonen oder Koordinatoren, Beschwerde- und Vorschlagsrechte)
- Gremien, Versammlungen, Zeitbudgets (z. B. 2 Std./Woche in der Arbeitszeit)
- Vor-Ort-Entscheidungsmöglichkeiten bei Alternativlösungen mit Veto-Möglichkeit der Geschäftsführung und des Betriebsrates
- Vorschläge werden über das „Betriebliche Vorschlagswesen" abgewickelt

2. Wie ist die Beteiligung in die Mitbestimmungskultur des Betriebsrats eingepaßt?

Z. B. durch

- paritätischer SAP-Ausschuß (Leitbilder, Ziele, Projekt-Controlling und Meilensteinabnahme, ggf. Anpassung und Neuorientierung des Prozesses)
- Vetorecht bei dezentralen Lösungen und Verfahren
- Teilnahme- und Initiativrecht für alle Sitzungen/Versammlungen
- Betroffenenbeteiligung ersetzt keine Kollektivrechte und Pflichten des Betriebsrats und der Geschäftsführung

3. Wie wird der Nutzen aus dem Beteiligungsprozeß verteilt?

Z.B. durch

- Absicherung von Beschäftigung, Einkommen, Qualifikation etc.
- höhere und arbeitsmarktgerechte Qualifizierung
- humane bzw. gesundheitsförderliche Arbeitsgestaltung
- Honorierung von Sonderleistungen

4. Woran soll/darf sich der einzelne Mitarbeiter beteiligen?

Z. B. durch

- Belange seines Arbeitsplatzes, seiner Person
- Belange seines Organisationsbereichs bzw. seiner Prozeß-Kette
- unternehmensbezogene Leitbild- und Ziel-Entwicklung

5. Wie wird die Beteiligung von der Geschäftsführung und dem Betriebsrat unterstützt (Glaubwürdigkeit)?

Z. B. durch

- Top-Down-Promotion und Transparenz der eigenen Entscheidungen
- die Förderung dialog- und gruppenorientierter Planungs- und Arbeitsmethoden, sowie verständliche und prozeßbegleitende Präsentationen und (System-)Dokumentation
- die Bereitstellung von Zeit und Qualifizierung für Beteiligung (fachlich, Arbeitstechniken, soziales Verhalten) sowie ausreichender Moderationskapazitäten

Zur Kapazitätsplanung

Ging es bei den obigen Fragen auch um die langfristigen Auswirkungen des SAP-Projektes auf die Mitarbeiter, so berührt die Frage nach einer realistischen Ressourcenplanung für das Umsetzungsprojekt mehr die kurz- bis mittelfristigen Interessen und Ziele. Viele Unternehmen terminieren ihre SAP-Projekte entweder von funktional sinnvoll erscheinenden Endterminen (z. B. Geschäftsjahreswechsel, Neubau / Umzug, Inkrafttreten von neuen Gesetzen und Verordnungen) einfach rückwärts. Aber auch durchaus aufgabenbezogene Planungen mit halbwegs realistischen Erfahrungswerten von Beratern führen häufig zu knappen Terminplänen, da man sich vorab nicht darüber klar wurde, ob das parallele Alltagsgeschäft und weitere Änderungprojekte überhaupt die errechnete Freistellung der Mitarbeiter aus den Fachbereichen zuläßt. Die Folgen für die Mitarbeiter (Streß, Überstunden etc.) und für die Qualität der Projekt-Ergebnisse wurde schon im 6. Mißerfolgsfaktor in Teil A zusammengefaßt.

Rollierend Planung mit Grenzwerten

Da nun aber auch in diesem Projektstadium noch nicht alle Aufwände realistisch abgeschätzt werden können (siehe die Detailplanungstasks in Vorgehensmodell - Abb. B 4.2.2-7), ist es für eine seriöse Projektabwicklung zu empfehlen, ein Verfahren für die Korrektur bzw. Anpassung von Terminen, Personalkapazitäten und Normen für maximale (Zeit-) Belastungen festzulegen. Darüber hinaus muß - wenn nicht schon geschehen - für die Fachabteilungen (z.B. Hilfskräfte, befristete Neueinstellungen), aber auch für den Betriebsrat (z.B. Freistellungsquote /

entlastender Sachverständigen-Einsatz) eine realistische Kapazitätsbetrachtung angestellt und über Entlastungsstrategien verhandelt werden. Für eine überschlägige Kapazitätsbetrachtung eines Einführungsprojektes haben wir deshalb im Anhang zu diesem Buchteil einen praxiserprobten Vorgehensvorschlag zur Orientierung beigefügt.

c) Zu den Ergebnissen

Die Projektphase „Projektierung" sollte zu drei formalen Ergebnissen führen.

1. Einer Betriebsvereinbarung zum Umsetzungsprojekt
   (vergl. Strukturvorschlag im Anhang von Kapitel C 4),

2. einer Zielvereinbarung mit dem Projektleitungsteam
   (Aufgaben, Termine, Verantwortungsverteilung, Ressourcen),

3. ggf. zu Verträgen mit Beratern für das Projekt und den Betriebsrat.

Darüber hinaus ist es als ein wichtiges Ergebnis im Sinne der Organisationsentwicklung zu werten, wenn sich die Betriebsparteien nun rechtsverbindlich auf ein gemeinsames Vorgehen und sozialverträgliche Rahmenbedingungen für das Einführungsprojekt geeinigt haben.

IV.   Das Vorgehensmodell „der kleinen Schritte"

Im folgenden wird die SAP-Einführungphase als Vorgehensmodell „der kleinen Schritte" vorgestellt. Diese aus Sicht des Referenzmodells vorletzte Phase hat im Kern fünf Aufgaben bzw. Ziele:

Die Kernaufgaben dieser Phase

1. Die Organisationsleitbilder, Ziele und Maßnahmen aus dem „Sozialen Pflichtenheft 1" zu detaillieren und, soweit sinnvoll, mit SAP- und anderen EDV-Anwendungen zu unterstützen,

2. die SAP-Software und ggf. andere EDV-Anwendungen funktionell einzustellen und die betrieblichen Abläufe und Objekte in ihr abzubilden (Customizing),

3. die Projektmitarbeiter, späteren SAP-Anwender und reorganisationsbetroffenen Mitarbeiter im Einführungsprozeß so zu qualifizieren, daß sie ihre Aufgaben erfüllen können und dabei den im „Sozialen Pflichtenheft" gesetzten Zielen und Maßnahmen zur Personalentwicklung umgesetzt werden,

4. das Wissen bei den Anwendern, dem Linienmanagement - also nicht nur bei den Projektmitarbeitern - so zu entwickeln, daß sie auch in Zukunft mit SAP-Software und (Re-)Organisationsanforderungen arbeitsorientiert umgehen können,

5. die in der Zielvereinbarung und Projektbetriebsvereinbarung bestimmten Ziele und Beteiligungsverfahren eines sozialverträglichen Technik- und Reorganisationsprojektes zu erproben und ggf. einvernehmlich zu modifizieren, so daß ein kontinuierlicher Verbesserungs- und Organisationsentwicklungsprozeß ermöglicht wird.

Warum "Kleine Schritte?" Das Vorgehensmodell der „kleinen Schritte" versucht, diesen Anforderungen im Rahmen einer Sequenz von drei relativ autonomen Teilphasen gerecht zu werden (vgl. Abb. B 4.2.2-7 umseitig). Mit dem Bild der "kleinen Schritte" verbinden wir einmal das Ziel, die Mitarbeiter im Projekt und in den Fachabteilungen im Hinblick auf die Software und die Organisationsänderungen schrittweise so vorzubereiten, daß das eigentliche Customizing und Produktivsetzen des Systems modul- bzw. komponentenübergreifend für einzelne Prozeßketten erfolgen kann. Zum zweiten soll in den drei Phasen des Modells das Dilemma der Integration von technischer, organisatorischer und personeller Veränderung über eine rollierende Planung sowie schrittweise Detaillierung und Erprobung ihrer Abhängigkeiten aufgelöst werden: In der "Lernphase" kennt man schon die organisatorischen Maßnahmenkorridore aus dem Pflichtenheft 1. In der "Organisationsphase" kann man schon auf eine intime Kenntnis des SAP-Systems zurückgreifen und entsprechende Sachzwänge oder alternative Möglichkeiten berücksichtigen (Soziales Pflichtenheft 2). In der "Detaillierungs- und Umsetzungsphase" können dann schließlich beide Erfahrungen und Vor-

B 4.2.2-7
Das SAP-Vorgehensmodell
der "kleinen Schritte"

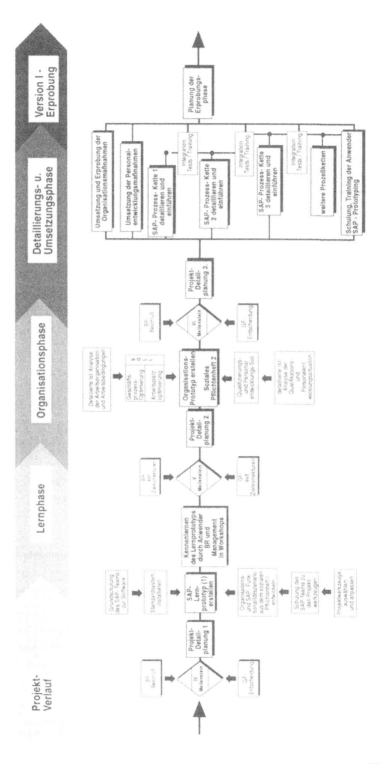

gaben konkret und schrittweise für einzelne Prozeßketten zusammengeführt werden.

Zum dritten soll dieser Vorschlag dazu anregen, die Komplexität des Prozeßketten- SAP-Systems und der organisatorischen Veränderungen für die betroffenen Mitarbeiter in für sie nachvollziehbaren und verarbeitbaren Schritten zu entwickeln. Insofern sind die "kleinen" Schritte relativ bzw. betriebsspezifisch im Hinblick auf die konkreten Fähigkeiten und Möglichkeiten des Personals sowohl inhaltlich als auch zeitlich zu bemessen. Dazu ist es erforderlich, daß jede Projektphase spezifisch im Detail geplant und gesteuert wird, in jeder Projektphase das Ergebnis über Prototyping und intensive Abstimmung mit den betroffenen Mitarbeitern der Fachbereiche entwickelt wird, die Entwicklung und z. T. schon die Erprobung von Reorganisationsmaßnahmen von der eigentlichen Softwaregestaltung getrennt als eigener Schritt durchgeführt wird (Organisationsphase), die Zusammenführung von Organisationsmaßnahmen und entsprechend gestalteter Software (Detaillierungs- und Umsetzungsphase) in weniger als 6 Monate dauernden Einführungssequenzen durchgeführt wird.

Dieses mit den Erfolgsfaktoren aus Teil A 2 harmonierende Vorgehen zielt insgesamt auf eine pragmatische Entzerrung und Neuanordnung der Projekttätigkeiten, wie sie im Rahmen der Kritik der SAP-Vorgehensmodelle in den Kapiteln B 2 und B 3 schon gefordert wurde.

Darüberhinaus kann dieses Vorgehen gut mit dem neuen Ansatz des "Iterativen Prozess-Prototyping (IPP)" kombiniert und durch die R/3 - Referenzmodelle und Werkzeuge unterstützt werden.

Es bietet darüber hinaus für die Betriebsparteien nicht nur definierte Eingriffsmöglichkeiten, sondern schafft für die Projektarbeit eine klare und kalkulierbare Auftrags- und Rückmeldebasis.

Die Lernphase

Die erste Teilphase - also die Lernphase - dient einer produktiven Erarbeitung von Kenntnissen über das SAP-System durch die Projektmitarbeiter unter Berücksichtigung der Vorgaben aus dem „Sozialen Pflichtenheft 1". Am hier zu entwickelnden „SAP-Lernprototyp" z.B. im SAP-'Spielsystem´ IDES sollten an exemplarischen, grob abgebildeten Prozeßketten die verschiedenen Gestaltungsanforderungen und Möglichkeiten des SAP-Systems durchgespielt und getestet werden.

Dazu empfiehlt es sich, auch einen softwareergonomischen Musterarbeitsplatz zu erstellen. Neben den daraus erwachsenden Fähigkeiten des Projektteams und den nun greifbaren Grenzen und (versteckten) Möglichkeiten des Systems sollte der Lernprototyp aber auch mit dem Ziel eines ersten Kennenlernens und einer Vorbereitung auf die Organisationsphase von den späteren Anwendern genutzt werden können. Durch dieses Vorgehen können Probleme bereits zu diesem Zeitpunkt zu Kursänderungen führen oder in der weiteren Projektdetailplanung berücksichtigt werden.

Die
Organisationsphase

Die zweite Teilphase - also Organisationsphase - kann nun schon auf intime Kenntnisse der Softwarefunktionalitäten bei den betrieblichen Akteuren aufbauen. Die Organisationsvorgaben aus dem „Sozialen Pflichtenheft 1" können unter Berücksichtigung der Möglichkeiten des Systems und des Personals detailliert und umsetzungsbezogen geplant werden. Dabei sind die vielfältigen Organisationsmaßnahmen, wie beispielsweise andere Reihenfolgen, Mischarbeit, qualifizierte Assistenz, Zusammenlegung von Abteilungen bzw. deren Dezentralisierung vielfach durchaus auch schon ohne ein produktives SAP-System z.T. umzusetzen, zu erproben oder qualifikatorisch vorzubereiten. Insofern ist der hier zu erstellende "Organisationsprototyp" nicht nur ein in Graphiken oder Texten zu dokumentierendes Konzept, sondern ein praktisches Lernobjekt, das nun mit den Erkenntnissen aus der „Lernphase" zu einem zweiten, detaillierten „Sozialen Pflichtenheft" verdichtet werden kann. Zwischen dem Projekt und den Betriebsparteien ist das "Soziale Pflichtenheft 2" auszuhandeln und zu verabschieden.

Die
Umsetzungsphase

In der dritten Teilphase - also der SAP-Detaillierungs- und Umsetzungsphase - sollen nun „in kleinen Schritten", d. h. für abgegrenzte Prozeßketten, die SAP-Funktionalitäten im Detail gestaltet und zur Erprobung freigegeben werden (vgl. IMW-Tasks 311-814 bzw. IMG 2.2-3.0). Parallel dazu sind die geplanten reorganisations- und personalbezogenen Maßnahmen umzusetzen und integriert zu erproben. Die nach jedem Schritt bzw. jeder Prozeßkette durchzuführenden „Integrationstests" sollen nicht nur SAP-technisch das Zusammenspiel aller Maßnahmen sicherstellen und für die Anwender einen verständigen und durch Prototyping mitgestalteten Einstieg in die „neue Arbeit" ermöglichen.

Diese Kurzcharakteristik des neuen Vorgehensmodells einer integrierten Reorganisation und SAP-Einführung soll nun entlang der „5 Prozeß-ebenen" aus B 2.3 erweitert werden. Wir haben dazu wieder eine tabellarische Darstellung gewählt, weil so (bis auf die „Personalentwick-lung") die jeweilige Aufgabenverteilung auf die Teilphasen deutlicher wird. Auch an dieser Stelle sei noch einmal betont, daß hier „nur" die aus arbeitsorientierter Sicht wesentlichen Aufgaben und Empfehlungen exemplarisch dargestellt werden.

Organisation

Lernphase	Organisationsphase	Detaillierungs- u. Umsetzungsphase
➡ Es soll ein Grobszenario aus dem "Sozialen Pflichtenheft 1" für den SAP-Einsatz entwickelt werden, z.B. mit der "PS-Methode"	➡ Wo erforderlich, sollte eine Vertiefung der Ist-Analyse	➡ Hier sollte eine sukzessive Umsetzung von Organisationsmaßnahmen im Verbund mit den einzelnen SAP-Einführungsschritten für einzelne Prozeßketten stattfinden.
• für das ganze Spektrum des geplanten SAP-Einsatzes,	• für spezielle, kritische oder belastende Abläufe,	
• für einzelne Prozeßketten,	• für typische und besonders belastende Arbeitsplätze vorgenommen werden.	➡ Die "Integrationstests" sollten bezogen auf die gesamten Prozesse und Verrichtungen (nicht nur die SAP-unterstützten!) unter
• für typische/exemplarische Arbeitsplätze,	➡ Eine Geschäftsprozeßoptimierung mit Ausrichtung auf den Kernprozeß sollte die arbeitsorientierten Vorgaben des sozialen Pflichtenheftes 1 konkretisieren und detaillieren.	ablauf- und aufbauorganisatorischen Gesichtspunkten und unter Beachtung der Arbeits-und Sozialverträglichkeitsvorgaben durchgeführt werden. Sie dienen somit der sukzessiven Hamonisierung von Systemeinstellungen und Organisationsvorgaben. Auch hier ist eine Dokumentation der Erfahrungen sinnvoll.
damit der "Lernprototyp" des SAP- Systems möglichst den Organisationsleitbildern und Zielen angepaßt werden kann.		
➡ Eine genaue Dokumentation des Szenarios soll der Weiterentwicklung in der Organisationsphase und betrieblichen Diskussion im Rahmen der Erfahrungen mit dem Lernprototypen dienen.	➡ Vor diesem Hintergrund sollte die EDV-Unterstützung für den gesamten Organisationsprototyp "Soziales Pflichtenheft 2" bestimmt werden: und zwar	
	• für die unternehmensweite Integration (Daten / Abläufe),	
	• für spezielle fachbereichs- bzw. lokale Funktionalitäten und Daten,	
	•für spezielle arbeitsplatzbezogene, also individuelle Anwendungen.	
	➡ Erste Umsetzungen und Erprobungen von Organisationsmaßnahmen, die nicht zwingend an bestimmte neue EDV-Funktionalitäten gebunden sind, sollten eingeleitet werden, (Organisationsprototyping mit Dokumentation der Erfahrungen).	

SAP-Technikgestaltung

Lernphase	Organisationsphase	Detaillierungs- u. Umsetzungsphase
➡ Das Standardsystem (R/2 / oder R/3) kann u. U. zum getrennten Üben u. U. zum Projekt auch zunächst zusätzlich bei einem externen Rechenzentrum zur Verfügung gestellt werden.	➡ Die Erfahrungen aus der Lernphase (Dokumentation der Probleme und Alternativen zur Umsetzung des "Sozialen Pflichtenheftes 1") sollten in die Konzeption des "Organisationsprototyps" eingebracht werden.	➡ Sequentielle oder teilsimultane Detaillierung, Realisierung, und Einführung von einzelnen modulübergreifenden SAP-Prozeßketten (jeweils Tasks 311-814 - vergl. Abb B 2-6).
➡ Das grobe Funktionalitätsszenario aus dem "Sozialen Pflichtenheft 1" kann nun SAP-spezifisch abgeleitet werden (z. B. mit Hilfe des IMW oder R/3-Referenzmodell).	➡ Softwarelösungen für evtl. sinnvolle lokale und individuelle Anwendungen sollten konzipiert werden.	➡ Technischer Integrationstest zwischen den Einzelsequenzen bzw. Prozeßketten der SAP-Einführung
➡ Der "Lernprototyp" sollte im SAP-System von allen Projektmitgliedern entwickelt werden, d. h.	➡ Die Integration zwischen SAP und lokalen wie individuellen Anwendungen sollten hinsichtlich ihrer Machbarkeit und Aufwand-Nutzen-Relation bewertet werden. (Soziales Pflichtenheft 2)	➡ Prototyping mit den Anwendern je Einzelsequenz:
• grobe Unternehmensstruktur (Mandanten/Buchungskreis, Werk etc. einrichten,		• zur Qualität des Funktionalitätsangebots (Daten, Funktionen, Berichte),
• grobe Abläufe mit Daten und Funktionen abbilden (ohne Batch und Schnittstellen),		• zum Arbeitszuschnitt (Verteilung von Funktionen auf Arbeitsplätze),
• Alternativsichten entlang des Grobszenarios Organisation erarbeiten,		• zur Softwareergonomie (z. B. Bildschirm-, Menü-, Bildfolgen-, Transaktionsgestaltung),
• exemplarische Arbeitsplätze gestalten (Berechtigungen, Matchcode, Menü, Dynprogestaltung, Dynprofolgen, Hardwareergonomie etc.).		• zur Ablaufsteuerung (Integrationstest) in Zusammenhang mit den Organisationsmaßnahmen.
➡ Weiterhin sollte eine Spielstruktur für die Projektmitglieder und die späteren Anwender und die Entscheider entwickelt und zur Verfügung gestellt werden (evtl. mit Alternativen und exemplarischen Aufgaben)		
➡ Eine genaue Dokumentation der Erfahrungen sollte erfolgen für:		
• die Umsetzungsprobleme des "Sozialen Pflichtenheftes 1",		
• spätere Qualifizierungskonzepte für die Anwenderebene und für das Linienmanagement,		
• die Erprobung von SAP-bezogenen Dokumentationsstandards für die Umsetzungsphase.		

Wissensakquisition und Wissensbildung

Lernphase	Organisationsphase	Detaillierungs- u. Umsetzungsphase
Projektmitarbeiter:	**Projektmitarbeiter:**	**Projektmitarbeiter:**
➡ Intensives Erkunden und Erlernen des SAP-Systems	➡ Vertiefung der Kenntnisse über die Ist-Abläufe, Arbeitsbedingungen, die "Erfahrungsschätze" der Belegschaft und ihres Entwicklungspotentials (z.B. über Geschäftsprozeßoptimierungs-Methoden, "PS-Methode", Befragungen)	➡ Umsetzungserfahrungen im Bereich SAP, Personal, Organisation betriebsspezifisch weiterentwickeln
• durch Grundschulungen (z.B. extern/ inhouse durch Berater),		
• durch das Erstellen des Lernprototyps,		➡ Erfahrungen mit systembezogenen bzw. integriertem Prototyping (Integrationstraining)
• durch Experimentieren mit den Lernprototypen,	➡Einbringen der eigenen Erfahrungsschätze aus den Fachbereichen in die Teamarbeit	➡ Vertiefung der System- und Fachkenntnisse (SAP, Ergonomie, Arbeitsorganisation, Datenschutz etc.) in der Umsetzungspraxis
• durch Demontrationen und erste Einweisungen der Anwender und Entscheider.	➡ Lernen von arbeitsorientiertem Fachwissen (Arbeitsgestaltung etc.)	
➡ Erlernen von Teamarbeit mit Planungswerkzeugen z.B. anhand der Grobszenarien für den "Lernprototyp")	➡ Lernen des Umsetzens und des Umgangs von/mit Organisationsleitbildern durch die Entwicklung von Alternativen (z. B. mit der PS-Methode)	
➡ Aneignung von arbeitsorientierten Grundkenntnissen (z.B. Ergonomie, Arbeitsorganisation, Datenschutz) im Rahmen der Entwicklung von exemplarischen Arbeitsplätzen		
➡ Praktische Erfahrungen im Umgang mit den Leitbildern und Zielen des "Sozialen Pflichtenheftes 1" im Rahmen der Erstellung des Lernprototyps		
➡ Einbringen ihres Betriebswissens sowie ihrer persönlichen Facherfahrung		
Zukünftige Anwender:	**Anwender / Betroffene:**	**Anwender / Betroffene:**
➡ Erstes Kennenlernen der Möglichkeiten von SAP, z. B. im Workshop und Spielen am Lernprototyp	Abgabe von persönlichen "Erfahrungsschätzen", Insiderwissen und Ideen im Rahmen der Geschäftsprozeßoptimierung	➡ Intensive Aneignung der EDV-Systeme durch Training, Schulung, Prototyping
➡ Frühe Sensibilisierung für Restriktionen im System für die Umsetzung der Leitbilder / Ziele	• Fachliche Qualifizierungsbedarfe für evtl. neue Aufgabenzuschnitte ermitteln	➡ Prozeßkettenorientiertes Integrationswissen soll ebenso in kleinen Schritten aufgebaut werden.
➡ Erste Einschätzung ihres fachlichen und EDV-technischen Lernbedarfs	• Kennenlernen von Gesamtabläufen/Prozeßketten	➡ Neu-Erfahrungen werden kurzzyklisch abgegeben (Prototyping)
	• Kennenlernen von Gefährdungsfaktoren und Sensibilisierung für "gute Arbeit"	➡ Konsolidierung des neuen Fachwissens in der Entwicklungs- und Umsetzungspraxis
		➡ Praktische Sensibilisierung für "gute Arbeit" inclusive entsprechender Fachkenntnisse über Schulung und Prototyping

Wissensakquisition und
Wissensbildung

Lernphase	Organisationsphase	Detaillierungs- u. Umsetzungsphase
Entscheider / Management: ➤ praktisches Kennenlernen der Möglichkeiten, Grenzen und Restriktionen von SAP für ihre eigenen Bedarfe und die Ziele bzw. Leitbilder der Reorganisation (z. B. im Workshop u. Spielen am Lernprototyp)	**Entscheider / Management:** ➤ Zur-Verfügung-Stellen ihrer Erfahrungen, Ideen und Kenntnisse als "interne Berater" ➤ Intensives Kennenlernen der eigenen Organisation und der Mitarbeiter über die Ressort- und Abteilungsgrenzen hinaus	**Entscheider / Management:** ➤ Lernen, in den neuen Strukturen zu führen ➤ Aneignung von für sie relevanten Systemkenntnissen ➤ Rat und Tat als "interne Berater" zur Verfügung stellen
Externe Berater: ➤ Intensive Qualifizierung der Projektmitarbeiter durch Schulung und Beratung zum Lernprototyp ➤ Erstes Kennenlernen des Unternehmens, der Akteure und der praktischen Ziele (Soziales Pflichtenheft 1)	**Externe Berater:** ➤ Intensives Kennenlernen des Betriebes, der Personen und politischen Strukturen ➤ Abgabe von Methodenkompetenz und Organisationserfahrungen, Ideen und Fachkenntnissen an die Projektmitarbeiter	**Externe Berater:** ➤ Detail-Tips und Kniffe dem Projekt für die SAP- und Organisationsgestaltung zur Verfügung stellen

Partizipation

Lernphase	Organisationsphase	Detaillierungs- u. Umsetzungsphase
➤ Erproben der Arbeit in fachlich heterogenen Teams (Projektgruppen) und teamübergreifender Koordination sowie Kooperation am Lernprototyp ➤ Funktionale Betroffenenbeteiligung über z. B. Workshops und Spielen am Lernprototypen ➤ Abbau von sozialen Hemmschwellen zur Technik und zum Projekt z. B. durch Öffentlichkeitsarbeit und Workshops ➤ Rollenfindung der "Vertrauenspersonen" der Betroffenen ➤ Rollenfindung des Betriebsrats in die zentralen Beteiligungsstrukturen ➤ Den Lernprototyp als ein wichtiges Projekt-Ergebnis betrachten und nutzen lernen ➤ Bewertungsmaßstäbe von Ergebnissen ändern (Prozeßdenken / Lernende Organisation	➤ Zusammendenken von Organisation, Technik, Personal und Führung als Bestandteil von konkreten Veränderungen ➤ Information und Beteiligung von Betroffenen sowie Mitbestimmung des Betriebsrats (Soziales Pflichtenheft 2) ➤ Management als orientierende, dienende und beratende Funktion entwickeln (v. a. der Beraterkreis) ➤ Entlastung des Betriebsrats durch Delegation und Betroffenen-Beteiligung in die eigene Arbeitsorganisation des Gremiums umsetzen ➤ Experten-Dominanz durch Beteiligung bei der Organisationsgestaltung abbauen ➤ Veränderung von Machtstrukturen erlernen (Organisationsprototyp) und als Verfahren etablieren (Projektorganisation als Keimzelle von Veränderung) ➤ Qualitatives Controlling (Meilensteine ggf. auch projektübergreifend) auf Entscheider- und	➤ Vertiefung und Erprobung der vorangegangenen Anknüpfungspunkte für eine Organisationsentwicklung ➤ Die Umsetzung von detaillierten Technik-, Organisations- und Personalentwicklungskonzepten (Soziales Pflichtenheft 2) ➤ Gestaltungs- und Lernprozesse optimieren lernen. (Phase V) ➤ Integration sollte nicht (allein) an die Technik (SAP-Daten, Workflow etc.) delegiert, sondern weiterhin als Führungsaufgabe und Kooperationsauftrag von den Mitarbeitern und Organisationseinheiten entwickelt werden. ➤ Die Interessenausgleichsmechanismen, Projektarbeit und Beteiligung sollten als Chancen für kontinuierliche Organisationsentwicklung begriffen werden (v. a. Betriebsrat/Geschäftsführung). ➤ Die hier gefundenen zentralen und dezentralen Lösungen z.B. zum Datenschutz, zur Leistungs- und Verhaltenskontrolle (SAP und Führungsstil), sollten mög-

Weiter auf der nächsten Seite

Lernphase	Organisationsphase	Detaillierungs- u. Umsetzungsphase
➡ Leitbildern im Operationalisierungsprozeß als Kommunikationsmedium nutzen lernen ➡ Externe Berater als Wissens- und Ideenlieferanten führen lernen ➡ Anwender und Entscheider offensiv informieren und mit den Ergebnissen konfrontieren	Projektebene erproben (Vertrauenskultur) ➡ Komplexe Zusammenhänge auf operativer Detailebene (Reorganisation) unternehmensweit diskutier- und bewertbar machen (Dokumentation, Präsentation, Moderation, Workshops etc.) ➡ Leitbilder, Ziele und konkrete Maßnahmen (hier Personalentwicklung / Organisation) an den Möglichkeiten der Mitarbeiter relativieren lernen ➡ Von der Expertenorientierung zur Arbeitsorientierung bzw. vom "Grünen Tisch" zur Betroffenenbeteiligung	lichst nicht nur dokumentiert, sondern auch in Form von Betriebsvereinbarungen und Organisationsregeln verbindlich gemacht werden (siehe dazu C. 4).

Für die Prozeßebene Personalentwicklung würde eine nach den Phasen des Umsetzungsprojektes gegliederte Ziel- und Aufgabenstruktur reale Verläufe eher unkenntlich machen. Zwar sind verschiedene Mitarbeitergruppen in den verschiedenen Phasen stärker gefordert, doch ist Personalentwicklung als kontinuierlicher Prozeß mit individuellen Hürden und Gräben zu begreifen. Deshalb wird für diese Prozeßebene eine Darstellung entlang der beteiligten Personengruppen gewählt.

Personalentwicklung

Für die Fachbereichsdelegierten (Projekt):

- Sie können integrationsbedingt und entlang der Prozeßkettenorientierung ihre Fachsicht und Schnittstellenkenntnisse erweitern.
- Sie werden im Umsetzungsprozeß sensibel und fachkundig hinsichtlich arbeitsorientierter Gestaltung von Arbeitsabläufen und Arbeitsplätzen.
- Sie gewinnen (SAP-)technisches Know-how vor allem auch in Richtung arbeitsorientierter Gestaltbarkeit (Stellschrauben vgl. C1) und auf die Grenzen dieses Werkzeugs.
- Sie entwickeln in der Projektarbeit soziale Kompetenzen und instrumentelle Fertigkeiten der Team- und Projektarbeit.

Von daher ist es ein mögliches Entwicklungsziel für diese Personengruppe, später koordinative Tätigkeiten in einer (kern-) prozeßorientierten Organisation zu übernehmen.

Für die EDV- und Organisationsmitarbeiter (Projekt):

- Sie gewinnen mehr soziale Kompetenz im Rahmen beteiligungsorientierter Systementwicklung (Teamarbeit, Prototyping, Vor-Ort-Programmierung, PS-Methode etc.)
- Sie integrieren Technik- und Organisationsgestaltungswissen, entwickeln arbeitsorientiertes Verständnis und Fachkompetenz.
- Sie lernen anwendungsgebiets- bzw. modulübergreifendes (kern-) prozeßorientiertes Denken und Arbeiten.

Von daher können sich diese Mitarbeiter gut in Richtung von DV-Koordinatoren und Teil-Projektleiter entwickeln.

Für die „Vertrauenspersonen" der Betroffenen (Projekt):

- Sie können ihre Fähigkeiten genauso wie die Fachbereichsdelegierten entwickeln (s. o.).
- Zusätzlich und speziell werden von ihnen die Entwicklung

von sozialen Kompetenzen und betriebspolitisch interessen-
ausgleichenden Fähigkeiten verlangt: Vertretung von Anwenderinteressen und Gruppen im Projekt.

- Weiterhin werden sie sich stärker in den Gegenstandsbereichen der "sozialen Pflichten" qualifizieren, zumindestens aber
mit den spezifischen Experten (z.B. Datenschutzbeauftragter,
Fachkraft für Arbeitssicherheit) kooperieren müssen (Schnitt-
stellenqualifikation).

Von daher empfehlen sie sich später ebenfalls für koordinierende
Tätigkeiten, gar für Führungspositionen, aber auch für die Arbeit
in der gesetzlichen Interessenvertretung.

Für das Projektleitungsteam:

- Sie können sich im Rahmen der Projektleitungsarbeit interdisziplinäre Fähigkeiten und Fertigkeiten aneignen,
- ihre (Projekt-)Managementqualifikation erweitern und früh
auf die neue Organisation und Kultur abstimmen,
- sowie ihre betriebspolitische und strategische Sensibilität
weiterentwickeln.

Von daher empfehlen sie sich späterhin für Führungspositionen
in der Linie oder eine weiterhin verantwortliche Leitung bereichs-
übergreifender Projekte. Aber auch verantwortliche Stellen in Un-
ternehmensberatungen sind als Perspektive denkbar.

Für den Beraterkreis / das Linienmanagement:

- Durch die beteiligungsorientierte „By-pass-Struktur" des Projektes wird von ihnen verlangt, ihre eigene Situation zu überdenken und ihre Funktion als Führungskraft ggf. zu ändern.
So z.B.:
- ihr „Fürstentumdenken" aufzugeben und kernprozeßorientiert ihre „Wichtigkeit" zu relativieren (Dienen/Beraten),
- ihre Wertmaßstäbe und Leitbilder in Richtung „Arbeitsorientierung" und „Personenförderlichkeit" zu ändern,
- den Wunsch aufzugeben, ihre Managementaufgaben (z. B.
Koordination, Integration) an Technik zu delegieren.

Von daher ist zu erwarten, daß sich das Linienmanagement in Richtung eines kooperativen Führungsstils entwickelt oder aber für die neue Organisation disfunktional wird und entsprechend ersetzt werden muß!

Für die Geschäftsleitung und den Betriebsrat (Reorganisationsausschuß):

- Auf beiden Seiten wird im Zuge der Umsetzung der Ziele und Leitbilder aus der Vorstudie (Soziales Pflichtenheft 1) und des Projekt-Controlling (Meilensteine) ein großer Druck entstehen, der von den Gremienmitgliedern (Geschäftsführung/ Betriebsrat) in hohem einem Maße Führungsstärke, Konsenswillen und gegenseitigen Respekt vor den jeweilig anderen Interessen verlangt. Um diese Situation zu meistern, müssen sich Betriebsrat und Geschäftsführer nicht nur über das Projekt auf dem laufenden halten, sondern auch ihre betriebspolitischen „Antennen" verlängern, um das Wechselspiel von Delegation, Interessenausgleich und Top-Entscheidung besser beherrschen zu lernen. Von der Entwicklung dieser Fähigkeiten auf beiden Seiten wird nicht nur der operative Erfolg des SAP-Projektes in einem starkem Maße bestimmt, sondern von ihnen hängt ferner ab, ob dieses Projekt nur ein „Treibhaus" mit zeitlich begrenzter Luft- und Wärmezufuhr ist, oder ob es sich zur „Keimzelle" einer robusten und sozialverträglichen Organisation entwickelt.

Für die Anwender und Betroffenen:

- Neben den EDV- bezogenen und fachlichen Qualifikationszuwächsen im laufenden Projekt wird von ihnen auch die Entwicklung von sozialen Kompetenzen (Gruppen- und Teamarbeit, Beteiligung über Prototyping etc.) abverlangt. Dies kann für manche Mitarbeiter ein massives Problem sein und muß von daher unterstützt und offiziell abgefordert werden.
- Weiterhin - je nach Leitbildvorgabe der Organisation von Sachbearbeiterarbeitsplätzen, z.B. „rundum" oder „assistenzge-

stützte Sachbearbeitung" mit SAP - müssen schon früh (Organisations-Phase) ehemalige Hilfskräfte zu „qualifizierten" Assistenten weiterentwickelt oder die Sachbearbeiter fachlich weitergebildet werden.

- Auch die Arbeitsorientierung, vor allem in Richtung Beteiligung und kompetenter Selbstorganisation von „gesunder Arbeit" (Bildschirmarbeitsverordnung), ist ein Personalentwicklungsziel von weitreichender Bedeutung, das im Rahmen des Projektes praxisnah angegangen werden muß (z.B. belastungsorientierte Arbeitszuschnitte und SAP-Prototyping, Information und Sensibilisierung zu Belastungen und Gefährdungen).

- Schließlich bringt eine prozeßkettenorientierte und integrierte (DV-) Organisation die Notwendigkeit mit sich, daß auch Sachbearbeiter und Werker über den Tellerrand des eigenen Arbeitsplatzes und Bereiches sehen können und wollen. Hier müssen Ängste abgebaut und Kenntnisse sowie Fähigkeiten spätestens beginnend mit dem Ende der Lern-Phase breitflächig gefördert werden.

Von daher ist von diesem Personenkreis in unterschiedlicher Intensität zu erwarten, daß er sich selbstbewußter und teamorientiert in den kontinuierlichen Verbesserungsprozeß einbringt, aber auch anstehende Belastungen durch Änderungen des eigenen Arbeitsfeldes besser bewältigt, also flexibler wird.

Die Glaubwürdigkeit der Entscheider ist gefordert

Wir haben nun ein breites Ziel- und Aufgabenspektrum aufgefächert, das über die anspruchsvolle technische Bewältigung einer SAP-Einführung hinaus noch umgesetzt werden muß. Da nun aber diese komplexen Zusammenhänge real existieren - ob man sie wahrnehmen, planen und gestalten will oder nicht -, ist gerade ein integrierendes Vorgehen in „kleinen Schritten" unserer Erfahrung der einzige Weg, diese Prozesse offensiv und zielgerichtet zu steuern, ohne die Organisation und die Mitarbeiter dabei zu überfordern.

Dazu müssen aber die konkreten Leitbilder, Ziele und Ansprüche sowie die daraus folgenden operativen Maßnahmen den jeweiligen betriebspolitischen und personellen Verhältnissen tatsächlich angepaßt werden. Ohne eine glaubwürdige Beteiligung und konzertierte Top-Down-Orientierung des Projektes läuft sonst auch dieses Vorge-

hensmodell Gefahr, im Sumpf von Grabenkriegen oder technikge-
stützten „Best Ways" der externen Berater stecken zu bleiben. Von daher
verstehen sich auch rückblickend unsere Empfehlungen zu den intensiven Vorphasen, in deren Verlauf auf allen Prozeßebenen - mit Ausnahme der SAP-Technikgestaltung - einschlägige Erfahrungen gemacht
werden können. Damit werden die Risiken eines solchen Organisations-
entwicklungsprozesses ebenfalls in „kleinen Schritten" abschätzbar.

Das Resultat dieser Einführungsphase sollte dieser Denkart entsprechend „nur" als „Prototyp" einer neuen SAP-gestützten Organisation
begriffen werden, die sich nun als „Version 1" im Alltag zu bewähren
hat.

V.   Die Erprobung der SAP-Version 1

Nachdem nun in „kleinen Schritten" alle SAP-Funktionalitäten produktiv anlaufen und die organisations- sowie personalbezogenen Maßnahmen formell durchgeführt worden sind, tritt für die Anwender der
„normale" Alltag ein. Das heißt, sie müssen jetzt unter Bedingungen
des laufenden Geschäfts alle neuen Organisations- und SAP-Abläufe
testen und routinisieren.

Da sicherlich trotz Beteiligung, Integrationstests, hoffentlich intensivem
Prototyping und angemessener Qualifizierung auf allen fünf Prozeßebenen Probleme auftreten werden, sind die Projektmitarbeiter noch
keineswegs aus ihrem Projekt entlassen. Damit sie jedoch nicht wie sonst
üblich als "Feuerwehrleute" in individueller Hilfe aufgerieben werden,
sollte diese Phase ebenfalls klare Ziele, einen formellen organisatorischen Ablauf, einen geplanten Endtermin und entsprechende Ressourcen zugewiesen bekommen.

a) Die Ziele/Aufgaben der Erprobungsphase

* Unterstützung der Anwender bei der Routinisierung der Abläufe
  und EDV-Funktionalitäten
* Einleitung eines kontinuierlichen Verbesserungsprozesses (KVP)
* Einleitung eines kontinuierlichen Organisationsentwicklungs-
  prozesses

- Vorbereitung und Durchführung des projektbezogenen „Sozial-verträglichkeits-Controllings"
- formelle Entlastung des Projektleitungsteams
- evtl. Betriebsvereinbarung zum weiteren Betrieb und Ausbau der SAP-Anwendungen

Um tragfähige Aussagen über die funktionale und arbeitsorientierte Qualität, also Sozialverträglichkeit der Projektergebnisse gewinnen zu können, muß von einem Erprobungszeitraum von einem halben bis dreiviertel Jahr ausgegangen werden.

B 4.2.2-8
Die Erprobung der SAP-
Version 1

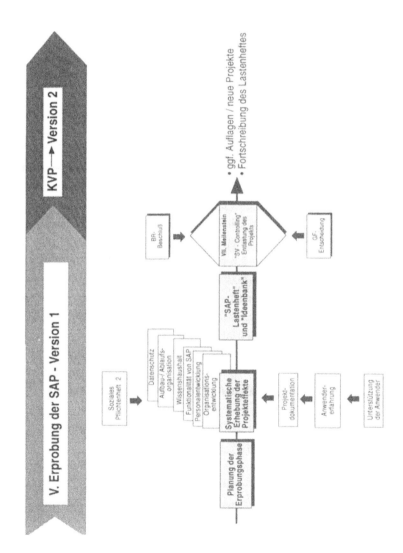

b) Vorgehensempfehlungen

Die notwendige Personalkapazität von Projektmitarbeitern für spontane Hilfestellungen nimmt zwar bei guten Projekten erfahrungsgemäß nach 1 bis 2 Monaten rapide ab. Es findet aber dafür im zunehmenden Maße eine Verlagerung ihrer Arbeit auf die Evaluation der Auswirkungen und kleine Verbesserungen statt (z.B. Reporte programmieren, Stammdaten hinzufügen, Abläufe und Zugriffsberechtigungen ändern). Deshalb muß man für die Projektmitarbeiter insbesondere aus der EDV und für die Koordinatoren bzw. Vertrauenspersonen von einer kontinuierlichen Auslastung von ca. einem Viertel bis zur Hälfte ihrer bisher normalen Projektkapazität ausgehen.

Zu den in Abbildungen B 4.2.2-8 aufgeführten Aufgaben der Anwenderunterstützung und Projektevaluation ist über die in Task 814 und 815 bzw. 4.1 u. 4.2 (B 2) sowie in den neuen arbeitsorientierten AFOS-Tasks 891-896 (vgl. die Übersicht in Kapitel B 3) hinaus folgendes zu empfehlen.

Hilfe möglichst in Gruppen organisieren
- Die Unterstützung der Anwender sollte möglichst nicht individuell erfolgen, sondern in kurzen Workshops mit prozeßkettenorientierter Zusammensetzung stattfinden. Dadurch wird nicht nur die ablauforientierte Kommunikation verbessert, sondern es können zugleich auch die Probleme der SAP-gestützten Organisation schneller herausgearbeitet und behoben werden. Diese Workshops können somit auch zur Erhebung der Auswirkungen der SAP-gestützten Reorganisation genutzt werden („Ideenbank" und „Lastenheft").

- Die Erhebung der Projektauswirkungen sollte sich vereinbarungsgemäß an den qualitativen Vorgaben des „Sozialen Pflichtenheftes 2" orientieren. Die operativen Ziele wie z. B. die Verkürzung der Durchlaufzeiten und die Projektkosten sollten ebenfalls nicht vernachlässigt, vielmehr erhoben und überprüft werden.

Für die Analyse der Effekte im Bereich der arbeitsorientierten Vorgaben empfiehlt sich ein zweigleisiges Vorgehen. Zum einen sollte im Rahmen der obigen Anwender-Workshops die subjektive Sicht der Anwender erhoben werden. Dazu bieten sich die bei der Ist-Analyse in der Vorstudie und der Organisationphase des Umsetzungsprojekts schon erprobten Checklisten und Ratingverfahren an. Zum anderen sollten für

273

Gefährdungsanalysen aus subjektiver Sicht

typische und als kritisch eingestufte Arbeitsplätze „objektive" Arbeitsplatzanalysen durchgeführt werden. Deren Ergebnisse sollten in Workshops mit den Anwendern durchgesprochen werden (vgl. dazu vertiefend Kapitel C1).

Darüber hinaus hat sich vor allem in größeren Unternehmen eine schriftliche Befragung aller Mitarbeiter in doppelter Hinsicht bewährt. Zum einen schafft sie flächendeckende Aussagen, zum anderen bietet sie gute Anknüpfungspunkte für ein unternehmensweites Feed-back der gemeinsamen Anstrengungen der vergangenen Jahre und wirken so förderlich auf die neue Kultur. Zu den Aufgaben dieser Phase gehört weiterhin eine erste Revision des SAP-Systems unter Datenschutzgesichtspunkten und den Grundsätzen für ordnungsgemäße Datenverarbeitung (GoDV).

Revision der Ordnungsmäßigkeit des SAP-Systems

Alle Analysen und Bewertungen der neuen Technik, Organisation, Belastung und Effizienz sollten in einem "Lastenheft" und einer "Ideenbank" zusammengeführt werden. Das Lastenheft dient der kontinuierlichen Dokumentation von Problemen und Mängeln, die Ideenbank der Sammlung von Verbesserungsvorschlägen, Lösungsansätzen, Wünschen, welcher Reichweite auch immer. Es hat sich bewährt, beide "Hefte" getrennt, auch über die formelle Erprobungszeit hinaus, zu führen. Dann dienen sie zum einen den Entscheidern zur Kursbestimmung im Rahmen eines kontinuierlichen Verbesserungsprozesses, zum anderen den Mitarbeitern als öffentliches Dokument ihres Engagements und Anspruchs auf Verbesserungen. Nicht zuletzt wird damit auch die gesetzliche Auflage gemäß § 6 Arbeitsschutzgesetz konstruktiv unterstützt, nach der der Arbeitgeber die erhobenen Belastungen, Gefährdungen und die kontinuierlichen Maßnahmen zu deren Abwendung zu dokumentieren hat (vgl. Kapitel C 1).

Vom Lastenheft zum Controlling der Sozialverträglichkeit

Die Zusammenführung der hier empfohlenen Einzelmaßnahmen und die Bewertung ihrer Ergebnisse könnte man eingedenk der Rahmenleitbilder aus Kapitel A 3 "Sozialverträglichkeits-Controlling" nennen. Dies setzt jedoch voraus, daß sowohl die Projektziele aus Sicht der Arbeitsorientierung und Robustheit überprüft werden, als auch der Interessenausgleich von den Betriebsparteien und Mitarbeitern tatsächlich bewertet wird.

Da nun aber für ein robustes Unternehmen die Entwicklung nach der formalen Entlastung des Projektes weder auf der EDV-Seite noch für die Organisation und die Mitarbeiter zum Stillstand kommt, muß nicht nur über die Vorschläge aus der Überprüfung entschieden werden. Es ist auch über den Fortgang der Entwicklung, ihre Ziele und die Spielregeln ein Konsens zwischen Betriebsrat und Geschäftsführung anzustreben. Ein Resultat könnten z. B. eine die Projekterfahrungen berücksichtigende Betriebsvereinbarung zu Grundsätzen des weiteren SAP-Betriebs, zur Organisations- und Personalentwicklung oder einvernehmlich formulierte Projektmanagementrichtlinien sein. Gleichwohl sollte bei allen Betriebsvereinbarungen und betrieblichen Richtlinien darauf geachtet werden, daß sie offene Prozesse unterstützen und keinem Mißtrauen zementierenden Bürokratismus Vorschub leisten.

4.2.3. "Stop & Go" - Arbeitsorientierung in laufenden Einführungen und Migrationsprojekten

Für Projektleiter, Geschäftsführungen und Betriebsräte gibt es viele Gründe, sich in laufenden SAP-Projekten Gedanken darüber zu machen, den eingeschlagenen Weg radikal zu ändern.

- Z. B. entwickeln sich schon produktiv geschaltete SAP-Module vor allem im Bereich der Kernprozesse zu „Dauerbaustellen" (z. B. Fall 2 aus Teil A),
- z. B. wird die betriebspolitische Situation so prekär, u.a. bei einem "Fürstenaufstand", daß ein völliger Umbau der Vorgehensstrategie notwendig wird (z.B. Fall 1 aus Teil A),
- z. B. blockiert der Betriebsrat, aufgrund fehlender frühzeitiger Einbindung, auf juristischem Wege über § 87.1.6 BetrVG (Leistungs- und Verhaltenskontrolle) oder § 87.1.7 BetrVG (Gesundheitsschutz) den Produktivstart von schon „fertigen" Modulen, oder eine Einigungsstelle beschließt strukturelle Auflagen,
- z. B. ergeben sich aus parallelen Projekten oder „einsamen" Beschlüssen der Geschäftsführung , z. B. in Richtung einer teilautonomen Fertigungs- und Montageorganisation, völlig andere Systemanforderungen an die Produktionsplanung und -steuerung nebst Materialbereitstellung,
- oder es läßt sich schon kurz nach der Konzeptionsphase absehen,

daß der gesetzte Termin für den Produktivstart nicht mehr zu realisieren ist.

In derartigen Situationen auf unser Idealmodell zu verweisen, wäre wenig hilfreich, in manchen Fällen gar zynisch, weil man schließlich nicht einfach völlig neu anfangen kann und das bislang Erreichte und Erabeitete sicherlich nicht zu 100% falsch ist.

Deshalb werden in diesem Abschnitt einige Empfehlungen und Anregungen gegeben, wie man in solchen Situationen umsteuern kann.

Diese Empfehlungen lassen sich aber auch weitestgehend auf Migrationsprojekte (R/2 -> R/3) übertragen, wenn man sie als Chance zu einer nicht nur technischen Verbesserung der Organisation und Arbeit nutzen will.

Der nebenstehende Ablaufplan faßt unsere Empfehlungen zunächst kurz zusammen:

Mut und Verantwortungsbewußtsein sind gefordert

Der alles entscheidende Schritt bei dieser Empfehlung ist das **"STOP"**, also die Entscheidung, das Ruder herumzuwerfen. Wie es zu einer solchen Entscheidung kommt, hängt i.d.R. vom Mut und dem Verantwortungsbewußtsein einiger weniger Personen oder Personengruppen ab, beispielsweise des Projektleiters, des Betriebsrats, eines Geschäftsführers oder einer betroffenen Fachabteilung. Diese müssen bereit sein, die Probleme beim Namen zu nennen, und das Risiko eingehen, als schuldige Nestbeschmutzer an den Pranger gestellt zu werden.

Ohne eine solche grundsätzliche Entscheidung jedoch wird es kein neues **"GO"** geben. Es bleibt dann wie in Fall 1 aus Teil A nur noch der Weg, Änderungen von innen heraus zu bewegen, als Betriebsrat juristische Schritte einzuleiten, oder - wie wir es auch schon erlebt haben - als Projektleiter bzw. Abteilungsleiter die persönliche Konsequenz zu ziehen und zurückzutreten bzw. zu kündigen.

Ist jedoch einmal die Entscheidung getroffen, muß es zumindest mit dem Betriebsrat einvernehmlich weitergehen.

Im Falle einer Migrationsentscheidung ist zumeist die politische Situation nicht so brisant, da ja vor allen die technische Zukunftssicherheit der bestehenden SAP-Installation im Vordergrund steht. Gleichwohl ist es häufig zu beobachten, daß auch in dieser, scheinbar klaren Situation eine Fülle von Problemen, Erwartungen und Politik im Hintergrund wirken. Wenn dies nicht ebenfalls aufgedeckt und entscheidungsleitend

B 4.2.2-9
"Stop & Go"
Das Vorgehensmodell der
kleinen Schritte in einem
laufenden SAP-Projekt

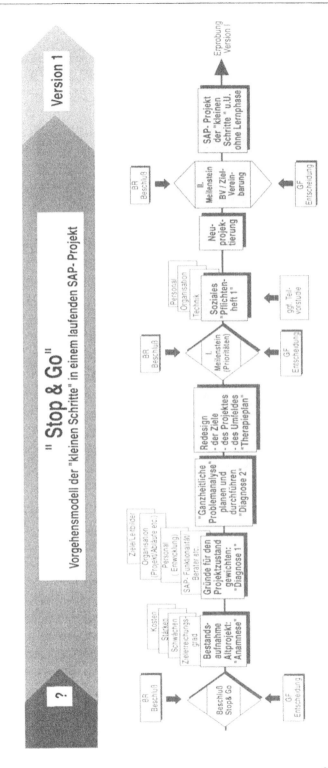

berücksichtigt wird, ist erfahrungsgemäß auch eine Migration gefährdet, zumindest aber so stark belastet, daß die Chance zu einem Neuanfang mit R/3 ("Go") nur schwerlich genutzt werden kann.

Eine ehrliche
Bestsandsaufnahme

Wir empfehlen dazu als ersten Schritt, eine ehrliche Bestandsaufnahme der bisherigen SAP-Aktivitäten bzw. der R/2-Installation vorzunehmen. Damit soll vermieden werden, daß - wie in manchen Unternehmen vorschnell geschehen, z. B. der SAP-Software, dem Berater oder der EDV-Abteilung die Schuld zugewiesen wird und nach einem entsprechenden Personalwechsel im Prinzip alles beim Alten bleibt. Denn fast immer sind es betriebliche Probleme der Organisation, Zielfindung, Kooperationskultur der Betriebsparteien, Führung etc., die in Sackgassen geführt haben. Auch eine falsche Software- und Beraterwahl ist letztlich nur ein Ausdruck dieser betrieblichen Verhältnisse!

Eine „Anamnese" hat zunächst von den ehemals projektleitenden Zielvorgaben und Erwartungen auszugehen und sollte nicht von vornherein neue Leitbilder und Ansprüche zum Maßstab nehmen. Sonst ist die Versuchung groß, die Gründe für die Ist-Situation zu schnell von einer neuen und noch viel zu abstrakten Aufbruchstimmung verwischen zu lassen. Diese Vorgehensdisziplin und die damit notwendigerweise verbundene Balance zwischen einer unproduktiven Suche nach den Schuldigen oder einer verletzenden Selbstzerfleischung (z.B allgemeine Selbstkritik) sollte in der Regel durch externe Moderatoren unterstützt und methodisch vorbereitet werden.

Für ein Migrationsprojekt empfiehlt es sich in dieser Phase, in prozeßkettenorientierten Workshops mit R/2-Anwendern und separat mit den entsprechenden Führungskräften die Stärken und Schwächen der Organisation, Technik und des Personals zusammenzutragen und dabei schon erste Verbesserungsideen zu sammeln (Lastenheft und Ideenbank). Diese Anamnese sollte auch die Erfahrungen aus dem vorangegangenen R/2-Einführungsprozeß möglichst ungeschminkt in das betriebliche Gedächtnis zurückrufen, um für das neue Projekt erste Korrekturbedarfe zu ermitteln. Diese arbeits- und beteiligungsorientierten Vorarbeiten sind sinnvoller Weise mit einer "Gefährdungsanalyse" gemäß § 3 Bildschirmarbeitsverordnung (vgl. Kapitel C 1) zu koppeln bzw. zu integrieren und im Sozialen Pflichtenheft 1 zusammenzuführen.

Eine gründliche Diagnose

Der zweite Schritt sollte die Gewichtung der Gründe sein. Diese „Diagnose 1" sollte vor allem die Wechselwirkung und Beeinflussungsgrade der einzelnen Faktoren (Probleme, Defizite etc.) zum Inhalt haben und nicht in die Suche nach „einem Grund" oder Schuldigen abgleiten. Zur Strukturierung empfehlen wir zum einen die drei Rahmenleitbilder und das Modell der "5 Prozeßebenen".

Auch für diese Phase sollte eine möglichst breite Beteiligung der Betroffenen in verschiedenen Workshops mit einer Mischung von Ratingverfahren etc. (vgl. die methodischen Empfehlungen zur ganzheitlichen Problemanalyse GPA) angestrebt werden.

Inwieweit zudem noch ein „ganzheitliche Problemanalyse" oder eine auf die spezielle Situation ausgerichtete „Vorstudie" notwendig ist (Diagnose 2), um über ein Redesign der Ziele etc. nun zu einem „Sozialen Pflichtenheft 1" zu gelangen, muß von Fall zu Fall entschieden werden. Doch ist davor zu warnen, die „Therapieplanung" im Schweinsgalopp voranzutreiben, denn wie schon zum Referenz-Vorgehensmodell mehrfach betont, ist ein wirksamer Projektvorlauf neben seinen operativen Zielen und Ergebnissen vor allem auch ein wichtiger Organisationsentwicklungsschritt, in dem auf allen Ebenen der Verantwortlichen und Betroffenen der „neue Weg" verankert werden muß.

Therapieplanung

Vor allem sollten die Risiken diskutiert werden, die man einzugehen bereit ist, wenn man auf eine „ganzheitliche Problemanalyse" und / oder neue Vorstudie verzichtet und damit dem erforderlichen Kulturbruch in Richtung arbeitsorientierterter Beteiligung in die neue Umsetzungsphase „der kleinen Schritte" verlagert. Denn gerade aus Betriebsrats- und Betroffenensicht ist eine konstruktive Beteiligung an einer SAP-gestützten Organisationsgestaltung vor allem an eine glaubwürdige - i.d.R. durch eine Betriebsvereinbarung verbindlich gemachte - Absicherung berechtigter Beschäftigten-Interessen und eine klare, langfristige Zielorientierung politisch gebunden. Aber auch für Geschäftsführungen müssen der Betriebsrat und das (Projekt-)Management (wieder) zielbezogen und machtpolitisch kalkulierbar werden.

Beteiligung neu organisieren und vereinbaren

Für ein Migrationsprojekt sollte aber eine projektbezogene Betriebsvereinbarung keine Option sein. Hier ist erfahrungsgemäß die technische Komplexität der Änderungen (Client-Sever- und R/3-Architektur) so groß, daß ohne klare und verbindliche Strukturen und Aufgabenpakete das Projekt Gefahr läuft, die Arbeitsorientierung,

279

robuste Organisationsveränderungen und damit die Sozialverträglichkeit der Lösungen zu verdrängen.

Und die Kosten? Wenn man in der Anamnese ehrlich gewesen ist, dürfte
eigentlich nur eine tiefe Finanzkrise ein ernsthaftes Hindernis sein. Dann
aber müßte eine Weiterführung des SAP-Projektes oder eine Migration
sowieso zugunsten anderer Maßnahmen grundsätzlich zur Disposition
gestellt werden.

4.3   Kurshalten will gelernt sein

In punkto EDV-Projekte und Reorganisationsmaßnahmen erscheinen
viele Unternehmensleitungen geschichtslos.

Sie denken rollenkonform nach vorn, sehen Technik, Organisation und
das Personal als Mittel zum Zweck, gute Produkte und Jahresergebnisse
zu produzieren. Ein häufiger Wechsel der Führungsriegen - gerade in
Kapitalgesellschaften - läßt einen solchen Umgang mit betrieblichen
Erfahrungen unter dem Erfolgszwang von 3-Jahresverträgen vielfach
sogar zur Regel werden. Das Fehlen von ehrlichen Projektabschluß-
berichten, Nachkalkulationen und systematischer Überprüfung von
Auswirkungen bzw. Ergebnissen kommt erschwerend hinzu.

Ein Blick zurück
lohnt sich.

Die einzigen Träger guter oder schlechter "Traditionen" und Erfahrungen sind vielfach nur die EDV-Anwender, die alten "Projekthasen" aus
den EDV-Abteilungen und der Betriebsrat.

Erfolgreiche Unternehmen dagegen lernen systematisch aus ihren
Erfahrungen, erlauben sich also auch auf den Top-Etagen einen Blick
zurück und ermöglichen eine Entwicklung, die auf den betrieblichen
Realitäten aufsetzt und nicht abstrakten Moden oder externen Berater-
Best-Ways folgt.

Letzteres gilt natürlich auch für die Empfehlungen dieses Buches.
Deshalb sei abschließend sowohl für das modifizierte SAP-Vorgehensmodell als auch für das Idealkonzept der vielen "kleinen Schritte"
betont, daß es entscheidend darauf ankommt, unsere Vorgehensphi-
losophie und Praxisempfehlungen mit den realen Erfahrungen und
Leitbildern des Betriebes zu verbinden. Diese Arbeit kann Ihnen kein
Buch und kein Berater abnehmen. Beide können nur ein "Kompaß" sein,

der in der Händen der Entscheider und Projektverantwortlichen das Navigieren erleichtert.

Entsprechend muß man sich als Betrieb zunächst einmal verorten, also seinen Ausgangspunkt definieren lernen, um dann seine Ziele sozial-verträglich anzusteuern.

Das ideale Ergebnis eines solchen Prozesses wäre aus unserer Sicht neben einer robusten SAP-Installation die Entwicklung und Kon-struktion eines eigenen betriebsspezifischen Projektkompasses, der über das konkrete SAP-Projekt hinaus als authentisches Referenzmodell für Folgeprojekte dienlich ist.

Anlage: Empfehlung für die Struktur eines Sozialen Pflichtenheftes 1

1. **Zusammenfassung der Stärken und Schwächen des Ist-Zustands**

Aus der Dokumentation der "ganzheitlichen Problemanalyse", der Vorstudie und sonstigen Erhebungen - möglichst knapp, aber nicht nur für Experten verständlich formulieren.

Zumindest folgende Bereiche sollten bewertet weren:

→ **Kunden und Marktbeziehungen, z.B. Produkte, Lieferanten, Kundenstruktur**

→ **Organisation**

- Ablauforganisation, z.B. entlang des "4-Köpfe-Schemas" (Abb. B 4.2.2-3)
- Aufbauorganisation, z.B. Arbeitszuschnitte, Leitungsspanne, Fürstentümer
- Effizienz laufender DV-Anwendungen und des internen Berichtswesens (formalisierte Kommunikation)
- Kultur, z.B. Führungsstil, Beteiligung, Interessenausgleich, Leistungs- und Verhaltenskontrollen

→ **Personal**

- Qualifikation und betriebliche Erfahrung (Verrichtungen und Gesamtprozeßbewältigung)
- Gesundheit/Belastung
- Wirksamkeit leistungspolitischer Maßnahmen (z.B. Entgeld/Beurteilung)
- Motivation und (spontane) Problemlösungsbereitschaft vor Ort

2. **Ziele und Leitbilder**

Aus der ganzheitlichen Problem- und Zielanalyse zusammenfassen und in den projektbezogenen Teilen differenzieren, d.h. auch die ausgewählten Konzeptleitbilder aufführen.

Zumindest folgende Punkte beschreiben:

→ **mittel und langfristige Unternehmensperspektive** (z.B. Produktinnovation, Fertigungstiefe, Kooperationen, Kunden, Finanzen)

→ **kurzfristige operative Ziele** (z.B. Gemeinkostenabbau, bessere Termintreue)

→ **Leitbilder und Ziele für die Organisationsentwicklung / Unternehmenskultur** (z.B. das ISS-Projekt als Keimzelle für Betroffenenbeteiligung, KVP, Mitbestimmung)

→ **Leitbilder und Ziele für die Aufbau- und Ablauforganisation** (z.B. entlang des "4-Köpfe-Schemas" und einzelner Prozeßketten: teilautonome Gruppenarbeit, assistenzgestützte Sachbearbeitung, Controlling als Beratungsinstanz, Cost-Center)

→ **Leitbilder und Ziele für die Personalentwicklung / -planung** (z.B. fachliche und soziale Kompetenz, Hilfskräfte zu Assistenten entwickeln, kooperatives Führen lernen, Kostendenken)

→ **Leitbilder und Ziele für den Technikeinsatz** (z.B. sparsame Integration, Kernprozeßorientierung, EDV als Werkzeug, Datenschutz, Unterstützung von Gruppenarbeit, Gesundheitsschutz)

→ **offene bzw. strittige und noch zu konkretisierende Ziele**

3. ISS / SAP-projektbezogene Anforderungen / Aufgaben

Aus der Anforderungsanalyse zusammenfassen:

→ **Organisationsänderungen (entlang den 4 Köpfen darstellen), z.B.:**

- Auftragssteuerungsgruppen einrichten (Verkauf, Arbeitsvorbereitung, Produktionsplanung, Fertigung, Einkauf ...)
- Fertigungsinseln als teilautonome Gruppe entwickeln
- EDV als Cost-Center einrichten
- strategischen Einkauf (z.B. Rahmenverträge) mit prozeßnahen Einkaufsstellen kombinieren
- Wiedereingliederung der "Zahnkranzfertigung" und Fremdvergabe von XY-Teilen
- Arbeitsvorbereitung, Produktionsplanung und Controlling als interne Dienstleitung entwickeln
- belastungsarme und personenförderliche Arbeitszuschnitte gestalten

→ Personelle Anforderungen / Maßnahmen, z.B.:

- fachliche Fortbildung der Hilfskräfte im Einkauf, Verkauf, der Arbeitsvorbereitung und Personalabteilung zu Assistenzkräften
- Sensibilisierung und Weiterbildung zu Gesundheitsschutz, Datenschutz, humaner Arbeitsgestaltung
- Führungstraining für die Linienvorgesetzten (z.B. Zielvereinbarung, Moderation)
- Qualifizierung für Gruppenarbeit (Fertigung, Montage, Auftragsabwicklung)
- Weiterbildung der EDV-Mitarbeiter in Client-Server-Strukturen, Datenschutz, Systemsicherheit

→ Anforderungen an die neue Hard- und Software, z.B.:

- klassisches, an Funktionalitäten bzw. den Organisationsvorgaben orientiertes technisches Pflichtenheft: Verrichtungen, Prozeßunterstützung (Fachkonzept, Datenmodell, Ablaufalternativen etc.)
- Datenschutz, Datensicherheit und Revisionsfähigkeit (z.B. Protokollierung von personenbezogenen Auswertungen / Revisionsmonitor / Firewalls)
- softwareergonomische Stellschrauben (z.B. Maskeninhalt, Bildschirmfolgen, stufiges Hilfesystem mit betrieblichen Gestaltungsmöglichkeiten, DIN/EN-Normen ...)
- Kombinierbarkeit von dezentralen Datenstrukturen mit den integrierten Datenmodellen (zentral, lokal, Arbeitsplatz bzw. individuell)
- Realisierbarkeit unterschiedlicher Integrationsgrade von Prozeßketten ohne aufwendiges Schnittstellenmanagement (nicht verrichtungsorientierte Modularisierung)
- nice to have ...
- offene Fragen, z.Z. nicht konsensfähige Punkte

4.   **Rahmenbedingungen und Maßnahmen (vgl. Kapitel C 3 u. C 4)**

→ **grobe Projektrahmenbedingungen** (z.B. Beteiligung, Ersatzkapazitäten für die Fachbereiche, Mitbestimmungsbereiche, Sachverständiger für den BR)

→ **Absicherung für betroffene Mitarbeiter** (z.B. Arbeitsplatz, Entgelt, arbeitsmarktgerechte Qualifizierung)

→ **Beratereinsatz** (z.B. Rolle, Arbeitsbereiche, Profile, grober Aufwand)

→ **grober Zeit- und Kostenrahmen für das Projekt etc.**

Empfehlungen zu einer Struktur des Sozialen Pflichtenheftes 2

1.   **Änderungen von Projektzielen und ihre Gründe**

Hier sollten die Änderungen aufgeführt und kurz begründet werden, die aufgrund der "Lern- und Organisationsphase" des Projektes bzw. im Zuge einvernehmlich ausgehandelter strategischer Überlegungen seit dem "Sozialen Pflichtenheft 1" beschlossen worden sind. Das Nennen von Gründen ist deshalb besonders wichtig, weil auch späterhin eine Nachvollziehbarkeit des gemeinsamen Lernprozesses (Projekt, Betroffene, BR/ GF) gegeben ist und so einem "Nachkarten" verschiedenster Interessengruppen vorgebeugt werden kann.

2.   **Organisationsmaßnahmen**

Hier sollen all diejenigen Organisationsmaßnahmen im Detail aufgeführt werden, die im SAP-Projekt der "kleinen Schritte" oder in verbundenen Parallelprojekten zur Umsetzung anstehen. Insbesondere geht es dabei um:

→   Änderungen in der Ablauforganisation von einzelnen Prozeßketten und dem Gesamtablauf

→ Änderungen in der Verteilung von Tätigkeiten, Verantwortung und Ressourcen auf Fachbereiche oder Gruppen

→ Änderungen der formalen Aufbauorganisation, also z.B. Hierarchiestufen, Änderungen der Organisationseinheiten etc.

→ Änderungen auf der Verrichtungsebene, also arbeitsplatzbezogene Tätigkeitszuschnitte (z.B. Sachbearbeiterebene) bzw. die Definition von "Kernaufgaben" für einzurichtende teilautonome Gruppen

→ Änderungen im Führungskonzept, wie z.B. Zielvereinbarungen für Gruppen, Organisationseinheiten und Mitarbeiter

Änderungen bzw. Maßnahmen sind zu dokumentieren, z.B. :

• Beschreibung der Organisationsmaßnahme mit der graphischen Unterstützung (z.B. PS-Methode), die schon bei ihrer Entwicklung verwendet wurde (Dokumentation des Organisationsprototyps)

• Leitbilder und (operative) Ziele der Maßnahme

• technische Unterstützung der neuen Organisation (mit einer Ordnungsnummer zum Verweis auf die Detailvorgabe der technischen Maßnahme, z.B. mit SAP-IMG-Werkzeugen)

• Arbeitssicherheits- und Gesundheitsförderungs- sowie Datenschutz- und Systemsicherheitsaspekte bzw. entsprechende Vorgaben

• ggf. Änderungen im Bereich der Entlohnungsgrundsätze und der Arbeitszeit

• Maßnahmen zur Kompensation von Nachteilen für betroffene Mitarbeiter (Interessenausgleich)

• Änderungsaufwand (Kosten / Personal), Grob-Terminierung und Umsetzungsstand

• Sonstiges, wie z.B. offene Fragen, Alternativüberlegungen, Minderheitsvoten und aufgetretene Konfliktzonen als zu bearbeitende Aufgaben für die Umsetzungsphase

3.   Personalentwicklungsmaßnahmen

Hier sollen diejenigen Maßnahmen zusammengefaßt werden, die in Folge der geplanten Organisationsmaßnahmen im Kontext des Projekts oder aufgrund einer Personalplanung umgesetzt werden sollen. Dabei sollte - wenn nötig und möglich - schon auf einzelne Mitarbeiter Bezug genommen, zumindest aber auf Mitarbeitergruppenebene bzw. nach Organisationseinheiten (z.B. Einkauf, Arbeitsvorbereitung) detailliert werden. So z.B.:

- Maßnahmen der Fort- und Weiterbildung (z.B. fachliche, soziale Kompetenzen, Gesundheitsprävention, Datenschutz etc.)
- Qualifizierungsvorgaben im Rahmen der "technischen" Umsetzung (z.B. Lernformen und Mindestnormen bezogen auf Dauer und Inhalte)
- Maßnahmen der Umsetzung, Versetzung bzw. Beförderung (vertikal und horizontal)
- Kompensationsmaßnahmen für den Interessenausgleich u.U. benachteiligter Mitarbeitergruppen (im Extrem ein Sozialplan)

4.   EDV-Maßnahmen

Hier sollen die sich aus der Lern- und Organisationsphase (Lernprototyp und Organisationsprototyp) in Abweichung zum "Sozialen Pflichtenheft 1" ergebenden Änderungen der Gestaltungsvorgaben für SAP-Software, ggf. andere EDV-Systeme sowie der Hardware mit Angabe von Zielen und Gründen zusammengefaßt werden. Neben einer tabellarischen Übersicht sollte sich die Darstellung an der Systematik des "Sozialen Pflichtenheftes 1 (Punkt 3.3.) orientieren. Ein Feinkonzept als Customizing-Vorgabe ist sukzessive zu entwickeln und beizufügen.

5.   Übergreifende oder flankierende Maßnahmen zur Umsetzungs- und Routinierungsphase

Hier sollten begründete Korrekturen der grundsätzlichen Aufbau- und Ablauforganisation des SAP-Projekts aufgeführt werden, sofern sie sich aus den Erfahrungen der vorangegangenen Teilphasen ergeben haben. Insbesondere ist hier aber die grobe Planung für die beiden folgenden Phasen darzulegen. D.h. beispielsweise:

- Festlegung der Prozeßketten zur SAP-Umsetzung "in kleinen Schritten"
- Festlegung ihrer Abbildungsreihenfolge, Qualifizierungsmaßnahmen und Integrationstests etc.
- Instrumente und Verfahren der Überprüfung der Projektergebnisse (z.B. Arbeitsplatzanalyse, Revisionsinstrumente für den Datenschutz und die Systemsicherheit)
- Aufwandsbudgetierung, Terminierung etc.
- Sonstige Vorgaben und Planungen

Vorgehensvorschlag für eine überschlägige Kapazitätsbetrachtung

Dieser Vorgehensvorschlag hat sich sowohl für die Projektverantwortlichen bei der Grobplanung als auch für eine Überprüfung durch den Betriebsrat bei der Kapazitätsplanung von SAP-Projekten bewährt.

Für die betroffenen Mitarbeiter und Fachbereiche kann eine solche Übersicht ebenfalls sehr dienlich sein, um sich auf die Anforderungen des Projektes konstruktiv einzustellen.

I. Kapazitätsbetrachtung für das SAP-Projekt

1. Geplanter Kapazitätsbedarf für das Projekt

Hier sollten alle Projektaufgaben incl. der Beteiligungs- und Schulungsaktivitäten zeitlich bewertet werden. Dann ist die Summe über alle Planzeiten zu bilden und erfahrungsgemäß mit einem Sicherheitsaufschlag von 30% zu belegen. In der Regel wird diese Arbeit mit Hilfe einer Projektmanagementsoftware (z.B. MS-Projekt) oder einem Tabellenkalkulationsprogramm durchgeführt.

Beispiel

33100 Stunden über alle geplanten Projektaktivitäten + 30% Sicherheitszuschlag = 43030 Stunden

2. Pauschales Kapazitätsangebot der betrieblichen Projektmitarbeiter

2.1. Annahmen/Festlegungen
(z.B. aus der Projektbetriebsvereinbarung)
a) Produktive Jahreskapazität eines Mitarbeiters: z.B. 210 Tage p.A.
b) Tariflich/betrieblich bestimmte tägliche Arbeitszeit: z.B. 8 Stunden
c) %-Satz der geplanten durchschnittlichen Abordnung der Mitarbeiter für das Projekt : z.B. 50%
d) Anzahl der Projektmitarbeiter insgesamt: z.B. 36
e) geplante Laufzeit des Projektes: z.B. 1,5 Jahre

Das Modell kann auch dahingehend differenziert werden, daß die jeweilige Anzahl der Projektmitarbeiter mit unterschiedlichen Abordnungsprozentsätzen beachtet wird (z.B. 5 x 100% / 28 x 50% / 3 x 20%)

2.2. Rechenweg für das Kapazitätsangebot in Stunden

a x b x c x d x e = Verfügbare Kapazität für das Projekt (Plan)

Beispiel

210 Tg. x 8 Std. x 50% Verfügbark. x 36 P-Mitarb. x 1,5 Jahre = 45.360 Std. pauschales Kapazitätsangebot

3. Globaler Ablgeich Kapazitätsangebot und Kapazitätsbedarf

Der folgende erste Kapazitätsabgleich unterstellt, daß die zukünftigen Projektmitarbeiter die ihnen zugedachten Aufgaben ohne zusätzlichen Aufwand (z.B. Qualifikation) erfüllen können und die Fachbereiche sie wirklich in dem geplanten Maße freistellen können (vgl. II).

geplanter Kapazitätsbedarf (1) <-> geplantes Kapazitätsangebot (2.1)

Beispiel

43030 Std. <-> 45360 Std. - also vorerst ok.

4. Belastungsanalyse einzelner Projektmitarbeiter (exemplarisch):

Da bei der Aufgabenplanung (z.B. mit dem IMG/MS-Projekt) üblicherweise manche Mitarbeiter (Schlüsselpersonen/Spezialisten) überplant werden, ist es zu empfehlen, stichprobenartig bei einzelnen Mitarbeitern für die einzelnen Quartale ihren geplanten Projektarbeitszeitaufwand mit ihrem persönlichen Kapazitätsangebot abzugleichen.

Beispiel

Herr Müller ist für das III. Quartal 1998 als HR-EDV-Koordinator z.B. mit 53 Tg. u. a. für das Customizing eingeplant worden. Sein Kapazitätsangebot (z.B. 75%, 3 Monate) ist aber nur 47,25 Tage. Er ist also überplant worden.

II. Kapazitätsbetrachtung für die Fachbereiche, die Projektmitarbeiter entsenden

1.

Feststellung der Jahres-Plankapazität je Abteilung:

Anzahl der Planstellen je Abteilung x 220 (= durchschnittliche Arbeitstage p.A).

Beispiel
Einkauf: 7 Stellen x 220 Tg. = 1540 Tg. p.A).

2.

Feststellung der realen Jahreskapazitäten je Abteilung:

IST-Besetzung der Planstellen x 220 Tage abzüglich der durchschnittlichen Fehlzeiten der letzten 2 Jahre (%) und besonderer Ereignisse wie Schwangerschaften, Langzeitkranke, etc.

Beispiel
Im Einkauf ist eine Planstelle nicht besetzt und die durchschnittliche Fehlzeitenrate beträgt 6%.
6 Mitarbeiter x 220 Tg. = 1230 Tg. abzgl. 6% Fehlzeiten (=79,2 Tg.) = 1240 Tg. Jahreskapazität im Einkauf

3.

Abschätzung der Belastung der jeweiligen Abteilungen

Mehrarbeit/Überstunden (Jahresdurchschnitt), zyklische Spitzen (z.B. Monatsabschlüsse) und andere parallele Projekte zeigen u.U. zusätzliche Belastungen der Fachabteilungen an.
Diese sind grob auf Tage p.A. hochzurechnen und z.T. von der Jahreskapazität (2.) abzuziehen.

Beispiel
• Einkauf: Überstunden im Jahresdurchschnitt = 40 Tage ohne SAP-Projekt
• Parallel ist ein weiteres geplantes Projekt geplant, z.B. 1240 Tage - 15 Tage [ISO 9000 Projekt] = 1225 Tage. Diese bereinigte Gesamtkapazität der jeweiligen Fachabteilung sollte zur Grundlage der Einschätzung einer zu entsendenden Personalkapazität für das SAP-Projekt verwendet werden.
• Belastung des Einkaufs durch das SAP-Projekt: Einkauf (Herr Maier 50%): 1225 - 110 Tage = **1115Tage** p.A. Weiterhin sind hier noch die u.U. vereinbarten Zeiten für die Beteiligung aller Einkaufsmitarbeiter

(z.B. 2 Stunden pro Woche = 65 Tage p.A.) sowie der grob geplante Schulungs- und Trainingsaufwand (z.B. 5 Tage x 5 Personen = 25 Tage im Einführungsjahr) zeitlich abzuziehen.

So verbleiben nur noch 1050 Tage bzw. im Einführungshalbjahr, 500 Tage als Restzeit für die Aufgabenerledigung der normalen Einkaufsaktivitäten unter SAP-Projektbedingungen, und dies bei durchschnittlich derzeit schon 40 Tagen Mehrarbeit pro Jahr ohne Projekte.

4. Bewertung der Fachbereichsbelastung durch das SAP-Projekt

*Die Kapazitätsbetrachtung aus 3. (also hier im Beispiel mehr als zwei ganze Stellen Differenz zur Plankapazität und ca. eine Stelle zum Ist-Kapazitätsangebot des Einkaufs) ist der Ausgangspunkt für die nun folgende fachbereichsspezifische **Bewertung und Maßnahmenplanung** hinsichtlich der Möglichkeiten einer realistischen Bewältigung der Alltagsaufgaben und des SAP-Projektes.*

Beispiel

- befristete Einstellung von Ersatzkapazitäten (z.B. Fach- und Hilfskräfte)

- Rückfahren der Abteilungsleistungen auf die notwendigen Kernaufgaben während der Projektlaufzeit

- Streckung der Projektlaufzeit oder Reduzierung der Kapazitäten der Abteilung für das Projekt

- Einkauf von mehr externer Beratungskapazität für die entsprechenden Prozeßketten

- Beantragung von Mehrarbeit für den Fachbereich gemäß § 87. 1.3. beim Betriebsrat beispielsweise für Spitzenzeiten der Projektarbeit, etc.

Exemplarisches Ratingformular

Analyse des Selbststeuerungspotentials Ebene 1, stofflicher Prozeß	UE Nr.: KUE-Name

Bereiche Objekte	Selbststeuerunsgrad [1]	Ist Bewertung für die Mitarbeiter [2] Abläufe [3]
Personaleinsatz		
Reihenfolgeplanung Fertigungsaufträge		
Reihenfolgeplanung Bearbeitungsschritte		
Rückmeldetermine Losgrößenoptimierung		
Kapazitätsangebot		
Einschleusung von Sonder-/Eilaufträgen		
Kooperation, Abstimmung mit vor und nachgelagerten Bereichen		
Wahl der Betriebs- mittel u. Verfahren		
Fremdvergabe von Teilaufträgen		
etc.		

1) Selbststeuerungsgrad: 0= alles vorgegeben und so umgesetzt, 1= weitgehend vorgegeben aber kleine Spielräume/ Kompensation nötig, 2 0 Rahmenvorgaben, Ausfüllung über Anweisung vor Ort (z.B. Meister), 3 0 Rahmenvorgaben, Ausfüllung durch Mitarbeiter/ Gruppe (z.B. Maschinenbediener)
2) Bewertung für Mitarbeiter: 0 = durchgängig hohe Belastung, Überforderung, 1 = zeitweilig belastend, 2 = insgesamt akzeptiert und bewältigbar, 3 = positiv und weiterzuentwickeln

	Moderator		Takt 1 Datum

Prozesskette: Teilefertigung

Fertigung 1 (Ersatzteilefertigung)

			Soll	
	Beispiele, Gründe	Ist Wert aus Summe 1,2 u. 3	die für Mitarbeiter [4]	für robuste Abläufe [5]
			-3 0 $+3$	-3 0 $+3$
			-3 0 $+3$	-3 0 $+3$
			-3 0 $+3$	-3 0 $+3$
			-3 0 $+3$	-3 0 $+3$
			-3 0 $+3$	-3 0 $+3$
			-3 0 $+3$	-3 0 $+3$
			-3 0 $+3$	-3 0 $+3$
			-3 0 $+3$	-3 0 $+3$
			-3 0 $+3$	-3 0 $+3$
			-3 0 $+3$	-3 0 $+3$

3) Bewertung für die Abläufe: 0 = ständiges Chaos, 1 = viel unnötiger Abstimmungsaufwand, 2 = eingespielte Abstimmung, relativ stabile Struktur, 3 = positiv für die Abläufe (robust)
4 u. 5) Soll: (-)weniger Selbststeuerung, (+) mehr Selbststeuerung

Den Kompaß eichen

Zur Schnittstelle Mensch/ Technik

Die Kursbestimmung mit Hilfe von Leitbildern, das Kurshalten und Navigieren mittels zielorientierter Projektorganisation und Aufgabenbestimmung waren die Themen der ersten beiden Teile dieses Buches.

Dabei wurde deutlich, daß der Erfolg einer SAP-Einführung weit weniger von der Software bestimmt wird als durch die betrieblichen Akteure und deren zielgerichtetes Zusammenspiel im Projekt. Entsprechend richtet sich auch unser Kompaß immer wieder auf die Erfolgsfaktoren und Konzepte aus, die letztlich ein Naviegieren zwischen den Klippen und Untiefen in den politischen Gewässern der Unternehmen erleichtern.

Ein Kompaß ist nun aber selbst stark von seinen Umfeldbedingungen abhängig, vor allem von den (magnetischen) Kraftfeldern am Einsatzort. Es können Fehlweisungen auftreten, wenn er nicht spezifisch geeicht bzw. eingemessen wird.

Die folgenden Kapitel sollen nun anhand von vier zentralen Querschnittsthemen diese Werkzeug präzisieren und spezifischer ausrichten helfen.

Das Kapitel C1 greift entsprechend die schon vielfach angesprochenen "sozialen Pflichten" zur arbeitsorientierten Gestaltung der Software und Arbeitszuschnitte auf. Dafür wird zunächst die rechtliche Grundlage (Arbeitsschutzgesetz, Bildschirmarbeitsverordnung und die DIN/EN 29241) als Gestaltungskorridor vorgestellt. Empfehlungen zur softwareergonomischen Anpassung des SAP-Systems mit Hilfe seiner zahlreichen Stellschrauben führen schließlich zu einer Darstellung von Wegen und Modellen zur "menschengerechten" Gestaltung SAP-gestützter Arbeitsplätze.

Das Kapitel C2 bietet für die Planer und Entscheider, die sich mit der Qualifizierung im Rahmen von SAP-Projekten befassen müssen, nicht nur auf der Ebenen der Inhalte und Vermittlungsmethoden Orientierung, sondern befaßt sich darüber hinaus mit dem Planungsprozeß in Abhängigkeit zum jeweils gewählten Vorgehensmodell.

Im Kapitel C3 wird die Schnittstelle Mensch/ Technik über die Planung, Organisation und Aushandlung der Beteiligung der Beschäftigten beschrieben. Das Konzept der "Vertrauenspersonen", Prototyping, Rahmenbedingungen aber auch die rechtliche Verpflichtung zur Information und Einbeziehung der Vorschläge von Mitarbeitern sind hier Thema. Orientiert wird dabei auf eine Verstetigung der im Projekt erprobten Beteiligungsverfahren in Richtung eines kontinuierlichen Verbesserungsprozesses.

Das Kapitel C4 faßt schließlich nicht nur für die gesetzliche Arbeitnehmervertretung die rechtlichen Interventions- und Steuerungsinstrumente für einen sozialverträglichen SAP-Einführungsprozeß zusammen. Auch hier wird konkret Bezug auf die bislang empfohlenen Vorgehensweisen, Leitbilder und Organisationsbedingungen genommen, und entsprechend die Mitbestimmung des Betriebsrats konsequent als Erfolgsfaktor entwickelt. Eine Veränderung der Arbeitsweise und Rolle des Betriebsrats ist dafür u.U. genauso erforderlich wie eine glaubwürdige und verbindliche Regelung der Ziele, Spielregeln und Aufgaben eines SAP-Projektes. Deshalb wurde diesem Kapitel ein Strukturvorschlag für eine SAP-Projekt betriebsvereinbarung angefügt.

Humane Arbeitsgestaltung und SAP-Software

Mit dem System R/3 hat SAP auch auf dem Gebiet der Softwareergonomie im Verhältnis zu der Großrechnervariante R/2 große Fortschritte gemacht. Gleichwohl haben wir im Rahmen unseres Projektes und diverser Beratungen feststellen müssen, daß unabhängig von der eingesetzten SAP-Version die jeweiligen softwareergonomischen SAP--"Stellschrauben" nur wenig oder gar nicht genutzt wurden.

Darüber hinaus zeigte sich, daß ein erweitertes Verständnis von humaner Arbeitsgestaltung, wie es beispielsweise im Arbeitsschutzgesetz (§2.1) von den EU-Richtlinien zur Bildschirmarbeit oder den DIN/ EN-Normen 29241 gefordert wird, in nahezu allen Fällen außerhalb des Wahrnehmungsspektrums von SAP-Einführungsprojekten lag und liegt.

Diese Feststellungen beziehen sich zunächst auf die unmittelbar SAP-gestützten Planungs- und Sachbearbeitungsarbeitsplätze. Aber auch für die mittelbar von SAP-Modulen betroffenen Arbeiten, z.B. im Bereich der Fertigung, der Montage und der Läger war nur selten eine human- bzw. arbeitsorientierte Gestaltung der Aufgaben, Abläufe und sozialen Bedingungen vorzufinden. Dies haben wir in unseren einleitenden Fallbeispielen und den Erfolgs- bzw. Mißerfolgsfaktoren (A 2) schon entsprechend markiert.

Die Gründe für die verbreitete Unbekümmertheit gegenüber diesen nicht zuletzt auch betriebswirtschaftlich relevanten Gestaltungsfeldern - man denke z.B. an Krankenstand, Arbeitszufriedenheit, Effektivität, Qualität etc. - sind sicher sehr betriebsspezifisch. Auch dies haben wir eingangs (Teil A und B) strukturell diskutiert, so daß sich dieses Querschnittskapitel darauf konzentrieren kann, einige arbeitsorientierte Anforderungen zu erklären und so darzustellen, daß man ihnen bei einer SAP-Einführung Rechnung tragen kann.

Dazu werden

- im ersten Abschnitt die neuen Vorschriften bzw. sozialen Pflichten aus dem Arbeitsschutzgesetz bzw. den EU-Richtlinien, DIN/EN-Normen und dem Entwurf der VBG 104 dargestellt,

- im zweiten Abschnitt ein exemplarischer Überblick über die softwareergonomischen Anforderungen und SAP-Stellschrauben gegeben und

- im dritten Abschnitt verschiedene Modelle für den Aufgabenzuschnitt an SAP-gestützten Arbeitsplätzen zur Diskussion gestellt.

1. Neue Pflichten und Hilfestellungen für eine humane Gestaltung SAP-gestützter Arbeit

Seit dem 1.1.1993 gelten in der BRD die EU-Richtlinien zum Gesundheitsschutz - hier insbesondere die „Rahmenrichtlinie" und die sogenannte „Bildschirmrichtlinie".

Nachdem nun im August 1996 das "Arbeitsschutzgesetz" und im Dezember 1996 die "Bildschirmarbeitsverordnung" die parlamentarischen Hürden mit fast dreijähriger Verspätung genommen haben, sind die EU-Bestimmungen, mit einigen Abweichungen, nationales Recht.

Diejenigen Unternehmen, die schon seit 1993 bemüht waren, die bislang geltenden Gesetze und Bestimmungen zum Arbeitsschutz an Bildschirmarbeitsplätzen EU-richtlinienkonform umzusetzen, treffen nunmehr die jetzt unmittelbar geltenden Pflichten nicht mehr unvorbereitet. So z.B. ist es für sie keineswegs mehr unbekanntes Neuland, Gefährdungs- und Belastungsanalysen durchzuführen und sie sogar spätestens bis zum 21.08.1997 (vgl. Art. 6ArbSchG) zusammen mit den erfolgten und geplanten Maßnahmen dokumentiert zu haben.

Im folgenden werden zunächst diejenigen Pflichten und Bestimmungen vorgestellt, die aus dem Arbeitsschutzgesetz und der Bildschirmarbeitsverordnung einem SAP-Projekt erwachsen. Daran anknüpfend stellen wir entlang der Leitbilder aus Teil A die These auf, daß diese Bestimmungen durchaus geeignet sind, eine Konvergenz zwischen "Robustem Unternehmen" und "Arbeitsorientierter SAP-Gestaltung" zu fördern. Schließlich liefert dieser Abschnitt einige praktische Empfehlungen zur Durchführung von Arbeitsplatzanalysen in SAP-Projekten und endet mit einer Übersicht über die derzeit geltenden Vorschriften zur Bildschirmarbeit.

Pflichten aus dem Arbeitsschutzgesetz

Das Arbeitsschutzgesetz greift schon in den Begriffsbestimmungen weit über die bislang geltende Auffassung von Arbeitsschutz hinaus, wenn es da heißt: "Maßnahmen des Arbeitsschutzes im Sinne dieses Gesetzes sind Maßnahmen zur Verhütung von Unfällen bei der Arbeit und arbeitsbedingten Gesundheitsgefahren einschließlich Maßnahmen der menschengerechten Gestaltung der Arbeit" (§ 2.1 ArbSchG). Daraus ergeben sich arbeitgeberseitig u.a. folgende Pflichten:

Integration

- Er muß bei der Planung von Arbeitssystemen „Technik, Arbeitsorganisation, Arbeitsbedingungen, soziale Beziehungen und (den) Einfluß der Umwelt auf den Arbeitsplatz ...sachgerecht" (§ 4.4) verknüpfen, um vorausschauend Gesundheitsschäden für die Mitarbeiter zu vermeiden. Dies bedeutet eine entscheidende Ausweitung des Gesundheitsschutzes von einem rein technischen Arbeitsschutz, der sich auf die Schädigungsfreiheit bzw. ergonomische Gestaltung allein der Geräte (etwa den Bildschirm) beschränkt, hin zu einer Berücksichtigung aller Faktoren, die die Arbeitsbedingungen beeinflussen (Integration).

Damit wird zugleich ein auf gesundheitsförderliche Arbeitsorganisation und Führung orientiertes Aufgabenpaket an das SAP-Projekt delegiert.

- "Der Arbeitgeber hat (...) eine Beurteilung der für die Beschäftigten mit ihrer Arbeit verbundenen Gefährdung" (§ 5.1,) also eine Gefährdungsanalyse durchzuführen, um den Auftrag eines präventiven Gesundheitsschutzes realisieren zu können. Dies bedeutet - wie auch mit den in Teil B entwickelten Vorgehensmodellen vorgeschlagen-, daß im Rahmen eines SAP-Projektes Arbeitsplatzanalysen an den bestehenden und im Projekt neugestalteten Bildschirmarbeitsplätzen durchgeführt werden müssen.

Prävention

Dabei können zwar bei gleichartigen Arbeitsbedingungen Arbeitsplätze exemplarisch analysiert werden (s.w.u.), doch müssen für alle die Gefährdungen und Belastungen gemäß § 6 ArbSchG samt der getroffenen Maßnahmen zu ihrer Abwendung dokumentiert werden.

Beteiligung

- Weiterhin hat der Arbeitgeber "Vorkehrungen zu treffen, daß (...) die Beschäftigten ihren Mitwirkungspflichten nachkommen können" (§ 3.2). Dies bedeutet - wie auch die neue DIN/EN-Norm 29241, Teil 2 detaillierter empfiehlt -, daß die betroffenen Arbeitnehmer und ihre Vertreter beispielsweise über Prototyping, Befragungen und über Mitbestimmung in den Planungs- und Gestaltungsprozeß von SAP-Anwendungen einbezogen werden müssen (Beteiligung). Das gilt natürlich ebenso für eine einschlägige Qualifizierung und Unterweisung der Mitarbeiter, Beauftragten (z.B. Projektmitarbeiter) und Betriebsräte (vgl. § 12.1 ArbSchG).

Stand der Technik

- Der Arbeitgeber muß darüber hinaus solche technischen Geräte und auch solche Software auswählen und anschaffen, die dem aktuellen "Stand der Technik" entsprechen (§ 4.3 ArbSchG). Dies bedeutet derzeit beispielsweise für PC-Bildschirme als R/3-Endgeräte eine Orientierung an der TCO-Norm oder die Nachrüstung von R/2-Arbeitsplätzen mit der CUA-konformen graphischen Oberfläche nebst geeigneten PC-Endgeräten. Fristen für diese Modernisierung der Technik werden in der Bildschirmarbeitsverordnung (s. u.) präzisiert.

Pflichten aus der Bildschirmarbeitsverordnung

Diese allgemeinen Vorschriften des Arbeitsschutzgesetzes werden nun in der Bildschirmarbeitsverordnung konkretisiert und in der neuen DIN/EN-Norm 29241 sowie im Entwurf der VBG 104 weiter präzisiert:

Bezogen auf die „Gefährdungsanalyse" heißt es in § 3 der Bildschirmarbeitsverordnung:

"Bei der Beurteilung der Arbeitsbedingungen (...) hat der Arbeitgeber die Bildschirmarbeitsplätze insbesondere hinsichtlich einer möglichen Gefährdung des Sehvermögens sowie körperlicher Probleme und psychischer Belastungen zu ermitteln und zu beurteilen". Bei alten Arbeitsplätzen (bis zum 20.12.1996 installiert) müssen entsprechende Maßnahmen bei "wesentlichen Änderungen", also beispielsweise einer

Gefährdungsanalyse
Migration von R/2 nach R/3 oder einer bei der "Arbeitsplatzanalyse" erhobenen Gefährdung erfolgen (§ 4.2 BildscharbV).

In der DIN/EN 29241 Teil 2 sind dazu unter dem Kapitel 4.3 (Festlegung der Gestaltungsanforderungen) methodische Hinweise zu finden, die die in den „Leitsätzen" formulierten Ziele und Merkmale „gut gestalteter Arbeitsaufgaben" (4.1 und 4.2) operationalisieren helfen sollen. Schließlich wird in dem Neuentwurf der VBG 104 in § 4 ebenfalls unter Hinweis auf die Beachtung von Additions- und Kombinationswirkungen von Belastungen und Gefahren eine Analyse der Bildschirmarbeitsplätze gefordert.

Zum "Stand der Technik" als investitionsleitende Vorschrift aus dem Arbeitsschutzgesetz (§ 4.3) setzt die Bildschirmarbeitsverordnung den Stichtag 20.12.1996. Für die Nachrüstung alter Arbeitsplätze, also vor dem 20.12.1996 eingerichtete, läßt die Verordnung eine Frist bis zum Dezember 1999 gelten, es sei denn, es werden "wesentliche Änderungen" vorgenommen oder die laufenden Arbeitsplatzanalysen fördern entsprechende Gefährdungen zutage.

Mischarbeit/ Pausen
Der § 5 der Bildschirmarbeitsverordnung verpflichtet den Arbeitgeber zudem, „die Tätigkeit des Arbeitnehmers so zu organisieren, daß die tägliche Arbeit an Bildschirmgeräten regelmäßig durch andere Tätigkeiten oder Pausen unterbrochen wird, die jeweils die Belastung durch die Arbeit an Bildschirmgeräten verringern". Dieses Gebot zu Pausen bzw. zu belastungsmindernder Mischarbeit wird ebenfalls von der VBG 104 aufgegriffen. Die DIN/EN 29241 Teil 2 geht in ihren „Merkmalen gut gestalteter Arbeitsaufgaben" noch wesentlich weiter, und zwar in Richtung personenförderlicher Arbeitsgestaltung (s. u. Abschnitt 3).

Augenuntersuchung
Schließlich sei an dieser Stelle noch auf den § 6 der Bildschirmarbeitsverordnung „Untersuchung der Augen und des Sehvermögens" - hingewiesen, da hier eindeutig das Recht der Arbeitnehmer auf regelmäßige Untersuchungen und kostenlose „spezielle Sehhilfen" festgeschrieben ist. Auch diese Verpflichtung ist im VBG 104-Entwurf übernommen und in ihren Durchführungsanweisungen mit Hinweisen zur präventiven „Vermeidung von hohen Belastungen" ergänzt worden (§ 8).

Jede dieser hier angeführten Vorschriften oder Verpflichtungen, die die neue Gesetzgebung einem SAP-Projekt auferlegt, sind einzeln betrachtet abstrakt und wenig handlungsleitend. Auch der Anhang zur Bildschirmarbeitsverordnung bringt einem SAP-Projektleiter keine klaren und eindeutigen Anweisungen, zumal er sich von seinem Selbstverständnis her eher selten um die ergonomische Gestaltung von SAP-Arbeitsplätzen (z.B. Beleuchtung, Tische, Stühle) zu kümmern hat. Gleichwohl sind diese Vorschriften in zwei Punkten eindeutig:

1. Sie verpflichten zu Maßnahmen eines erweiterten Gesundheitsschutzes in SAP-Projekten wie z.B. einer auch psychische Belastungen erfassenden Arbeitsplatzanalyse.
2. Sie stellen es den Betrieben anheim, einen eigenen Weg zu finden, wie sie diesen allgemeinen Anforderungen zur Prävention, Integration und Beteiligung der Mitarbeiter umsetzen wollen.

Diese Verbetrieblichung der Umsetzung der neuen Arbeitsschutzgesetzgebung (B-Pflichten) stellt natürlich die Geschäftsführung, den Betriebsrat und die für die SAP-Einführung Verantwortlichen vor enorme Probleme, es sei denn, die Fachkraft für Arbeitsschutz, der Betriebsrat oder externe Experten können sie entsprechend konkret und kompetent beraten.

Doch bevor man all dies beiseite schiebt, sollte man den einheitlichen Grundgedanken aller neuen Vorschriften zum Gesundheitsschutz bedenken, daß erst die Integration aller Einflußfaktoren und eine auf Prävention und Beteiligung orientierte Vorgehensweise auch betriebswirtschaftlichen Erfolg verspricht. In der SAP-Projektarbeit ist es daher nicht nur eine Pflicht, einen ganzheitlichen Ansatz zu wählen, der sowohl Arbeitsorganisation als auch Technikgestaltung einbezieht und insgesamt versucht, die Ziele humaner Arbeitsbedingungen und Effizienz miteinander zu verknüpfen, sondern er ist ein echter Erfolgsfaktor.

Das Ergebnis von zwei Anwenderbefragungen, die wir im Rahmen unseres Projektes zu körperlichen Belastungen an SAP-Bildschirmarbeitsplätzen durchgeführt haben, verdeutlichen diesen Zusammenhang anschaulich (Abb. C 1-1).

Die Vorschriften sind betrieblich zu konkretisieren (B-Pflichten).

Gesundheitsschutz als Erfolgsfaktor

C 1-1
Körperliche
Belastung an Bildschirmar-
beitsplätzen
(Befragungsergebnisse aus
zwei Betrieben)

**Augen-
beschwerden**

55,6%

23,4%

**Kopf-
schmerzen**

27,8%

16,9%

**Rücken-
beschwerden**

32,4%

22,1%

**Mitarbeiter, die
mehr als 60%
der Arbeitszeit
am Bildschirm
arbeiten**

47,2%

29,9%

Berlin

Hamburg

Der erste Betrieb (Berlin), in dem sich die Mitarbeiter signifikant über mehr körperliche Belastungen beklagten, hatte sich im Einführungsprojekt keinerlei Gedanken über die von der EU-Bildschirmrichtlinie, den DIN/EN-Normen und der VBG 104 geforderten Mischarbeit gemacht, geschweige denn soft- und hardwareergonomische Sorgfalt bewiesen. Zugleich - und hier liegt der Kern unserer Konvergenzthese (siehe Abb. C 1-2) - war diese SAP-Installation auch vom Standpunkt funktionaler Effizienz eher ein Flop als dem Leitbild robuster Strukturen ähnlich.

Funktionale und
betriebswirtschaftliche
Vorteile

Der zweite Betrieb hatte dagegen sein System konventionell, aber solide (vgl. Fall 3) eingeführt und so für alle Beteiligten ein besseres Ergebnis produziert. Aufgrund dieser Befragungsergebnisse hat das Unternehmen sogar die Arbeitsbedingungen schrittweise noch verbessert.

Bedenkt man, daß gesundheitsförderliche Arbeitsgestaltung nicht nur den Mitarbeitern nützt, sondern sich auch betriebswirtschaftlich rechnet (z.B. geringerer Krankenstand, höhere Akzeptanz, bessere Funktionalität), so fördert das Arbeitsschutzgesetz nebst Bildschirmverordnung unmittelbar eine Konvergenz zwischen unseren Rahmenleitbildern Robustheit und Arbeitsorientierung (vgl. Kapitel A 3). Deshalb empfehlen wir, die Vorschriften dieser Gesetze, der DIN/EN-Normen und des vorliegenden VBG 104-Entwurfs als Chance für ein sozialverträgliches SAP-System zu begreifen und in den Projekten - wie schon im Teil B vorgeschlagen - formell zu verankern. Auf Seiten der Betriebsräte besteht zudem diesbezüglich nicht nur eine Überwachungsverpflichtung (§ 80.1 BetrVG), sondern über die Beratungspflicht nach § 90 BetrVG hinaus sind auch effektive Mitbestimmungsaufgaben beispielsweise im Rahmen des § 87.1.7 BetrVG (Regelungen zum Gesundheitsschutz) aufzugreifen.

C 1-2
Konvergenz der
Leitbilder

Bevor wir nun einige Gestaltungsbereiche im Detail vorstellen, sei noch auf das methodische Kernstück der neuen sozialen Pflichten, die Gefährdungsanalyse, näher eingegangen.

Gefährdungsanalyse als
Kernfrage

Für die meisten Betriebe dürfte die Auswahl eines geeigneten Analyseinstruments das Hauptproblem sein, zumal weder in den EU-Richtlinien noch im Arbeitsschutzgesetz hierzu Konkretes gesagt wird.

Fest steht jedoch, daß die Gefährdungsbereiche „Sehvermögen", sonstige „körperliche Probleme" wie z.B. des Stützapparates, des Kreislaufs, einseitige muskuläre Belastungen, die sich beispielsweise im RSI-Syndrom als Krankheitsbild äußern können, vor allem aber auch „psychi-

Auswahlkriterien

sche Belastungen" (z.B. Streß, Über- oder Unterforderung) abgedeckt werden müssen.

Weiterhin fordert das Präventionsgebot des Arbeitsschutzgesetzes, daß insbesondere auch vor der Inbetriebnahme eine Analyse zu erfolgen hat (vgl. auch § 4 VBG 104), und sie unterstellt dabei, daß die Analyseinstrumente geeignet sind, Gestaltungs- bzw. Verbesserungsvorschläge für das (SAP-)Projekt zu liefern.

Unter dem Gesichtspunkt des Beteiligungsgebotes des Arbeitsschutzgesetzes und der Betriebsverfassung, aber auch des entsprechenden SAP-Erfolgsfaktors aus unseren Analysen können drei weitere Auswahlkriterien für das Analyseinstrumentarium abgeleitet werden:

Verständlichkeit/
Verhandelbarkeit/
Beteiligungsorientierung

a) Verständlichkeit der Ergebnisse für arbeitswissenschaftliche Laien (also für die SAP-Projektleitung und -mitarbeiter, die betroffenen Beschäftigten und den Betriebsrat),

b) Verhandelbarkeit der Ergebnisse hinsichtlich erforderlicher Maßnahmen bzw. konkreter Gestaltungsorientierungen für die Betriebsparteien, das SAP-Projekt und die betroffenen Mitarbeiter,

c) beteiligungsorientierte Einsetzbarkeit des Analyseinstruments; da es für den Gestaltungsprozeß förderlich ist, wenn ein Verfahren nicht nur über eine Erhebung durch Experten (z.B. in Form einer Beobachtung oder einer Messung technischer Daten) objektive Ergebnisse produzierte, sondern über die aktive Teilnahme von Mitarbeitern auch subjektive Sichten, Bewertungen und Verbesserungsideen in die Analyseergebnisse einfließen läßt.

Die folgende, nach Gegenstandsbereichen gegliederte Übersicht einiger gängiger, auf Bildschirmarbeit gerichteter Analyseinstrumente (C 1-3) soll nun den erforderlichen betrieblichen Suchprozeß unterstützen helfen.

Ein genereller Mangel dieser Verfahren liegt - bis auf die STA - in ihrem methodischen Ansatz, nur einzelne Arbeitsplätze analysieren zu können. Dies macht es gerade für eine prozeßkettenorientierte SAP-Installation schwer, die Auswirkungen der SAP-Integration vor allem auf die Arbeitszuschnitte und die psychische Beanspruchung der Mitarbeiter zu erheben.

C 1-3
Übersicht ausgewählter
Verfahren zur Analyse von
Bildschirmarbeitsplätzen

**Kontrastive
Aufgabenanalyse im
Büro (KABA)**
von Dunckel / Volpert /
Zölch / Kreutnes / Pleiss /
Hennes

**subjektive Tätigkeits-
analyse (STA)** von Ulich

Gegenstandsbereich	Verständlichkeit	Verhandelbarkeit	Beteiligung
Auf Basis von Human-kriterien für eine ge-sundheitsförderliche Arbeitsgestaltung (Ent-scheidungsspielraum, Kommunikation, psy-chische Belastungen, Zeitspielraum, Varia-bilität, Kontakt, körper-liche Aktivität, Struktu-rierbarkeit) sollen Ar-beitsaufgaben im Büro analysiert werden. Ziel ist eine angemessene Aufgabenverteilung zwischen Mensch und Maschine, speziell von Informations- und Kom-munikationstechno-logien (vgl. auch Abb. C 1-4). Es werden Arbeits-plätze, keine Pro-zeßketten untersucht.	Betrieblichen Anwendern wird empfohlen, an KA-BA-Schulungen teilzu-nehmen, um die Analy-sen eigenständig durch-führen, die Ergebnisse interpretieren und Zu-sammenhänge zwischen den verschiedenen Teil-modulen herstellen zu können. Aufgrund der spezifischen Fachspra-che ist u. E. ein solches Vertrautmachen mit dem Verfahren erforder-lich.	Die Ergebnisse können mit Anforderungen aus den Humankriterien ver-glichen werden, um Ge-staltungsoptionen zu entwickeln. Es wird in den Ergebnissen ange-zeigt, wann ein Gestal-tungsbedarf vorliegt.	Die Mitarbeiter sind über die Ziele, Vorge-hensweise und Inhalte der Untersuchung zu informieren. Die Teil-nahme an der Analyse hat freiwillig zu erfol-gen. Die Untersuchung basiert auf Beobach-tungsinterviews. Das Verfahren mißt bzw. beurteilt Arbeitsplätze „objektiv". Der jeweilige Mitarbeiter ist im Ver-fahren „nur" Medium der Informationserhe-bung durch Experten.
Bewertung und Be-schreibung der eigenen Arbeitssituation sowie Erarbeitung von Gestal-tungsalternativen durch eine Gruppe von Mitar-beitern. Die Fragen er-strecken sich beispiels-weise auf die Beurtei-lung der Arbeitszufrie-denheit, die durch die Organisation, die Ar-beitsinhalte, Umge-bungsbedingungen, so-ziale Beziehungen be-einträchtigt sein kann. Es sollen Bausteine für „Wunsch-Arbeitsplätze" zusammengestellt, Qua-lifikationserfordernisse und -wünsche erfaßt werden. Durch eine entsprechende Zusam-mensetzung der Grup-pen können auch Belas-tungsfaktoren und Be-dingungen entlang der Prozeßketten untersucht werden.	Die Ergebnisse liefern ein Bild über die Wahr-nehmung von Arbeits-situation und die Sicht-weisen der Arbeitneh-mer. Es werden Gestal-tungsvorschläge von den „Experten vor Ort" entwickelt. Die Check-listen sind für arbeits-wissenschaftliche Laien verständlich. Der Ana-lyseprozeß bedarf der Moderation.	Die Ergebnispräsenta-tion kann die Diskrepanz zwischen Ist-Zustand und den entwickelten Soll-Konzepten den betrieblichen Gestaltern verdeutlichen und so als Verhandlungsbasis von Maßnahmen dienen.	Die Analyse und die Entwicklung von Gestal-tungsoptionen erfolgt aus den betroffenen Be-triebsbereichen selbst. Ein Moderator sollte helfend hinzugezogen werden.

	Gegenstandsbereich	Verständlichkeit	Verhandelbarkeit	Beteiligung
Arbeitsplatzanalyse von Bildschirmarbeitsplätzen nach EU-Richtlinien (ABETO) von der TBS-Oberhausen	Die Hardware-Ergonomie, die Arbeitsplatzgestaltung (Tisch, Stuhl etc.), die Arbeitsumgebung (Lärm, Klima etc.), die Software-Ergonomie und die Arbeitsaufgabe (Inhalt, Kommunikation etc.) sind Gegenstandsbereiche einer vollständigen ABETO-Analyse. Die Nutzung von Teilverfahren ist möglich.	Die Ergebnisse aus den Themenblöcken Hardware- / Software-Ergonomie und Arbeitsplatzgestaltung / -umgebung sind mit wenigen Ausnahmen für arbeitswissenschaftliche Laien verständlich. Die Ergebnisse des Teilmoduls „Arbeitsaufgabe" müssen wie bei KABA von entsprechenden Experten erläutert werden.	Bis auf die Ergebnisse des Teilmoduls „Arbeitsaufgabe" können aus den anderen Teilgebieten auch ohne Expertenunterstützung Gestaltungsoptionen entwickelt werden. Die Ergebnisse können als Verhandlungsgrundlage für die Entscheidung über Maßnahmen genutzt werden.	Obligatorisch sieht das Verfahren vor, die Mitarbeiter über die Ziele des Verfahrens zu informieren, sie in Form einer „Beschwerdeliste" zu ihrer eigenen Einschätzung zu befragen, eine eigene Einschätzung der Software-Ergonomie vorzunehmen und sie über die Zwischenergebnisse zu informieren. Die Einbeziehung der Mitarbeiter in eine für die Durchführung der Analyse zu gründenden Projektgruppe und bei der Maßnahmenentwicklung liegt im Ermessen des Anwenderbetriebes.
Gesundheit am Bildschirmarbeitsplatz (GESBI) von Ertel / Junghanns / Ullsperger	Objektivierbare und subjektive Einschätzungen der Arbeitnehmer zu psychomentalen Beanspruchungen und ihre Folgen. Es werden u.a. Themen wie Arbeitszeit, Pausenregelungen, Arbeitszufriedenheit, Ergonomie, persönlicher Umgang mit belastenden Anforderungen, arbeitsbezogene Gesundheitsbeschwerden analysiert.	Die Ergebnisse können gut von betrieblichen Praktikern und arbeitswissenschaftlichen Laien interpretiert und zum Ausgang für Veränderungen der Arbeitsorganisation, den sozialen Beziehungen und der Entwicklung von verhaltens- und verhältnispräventiven Maßnahmen genommen werden.	Die Ergebnisse liefern Hinweise auf offensichtliche Mängel u.a. in der Arbeitsorganisation (z.B. mangelnde Aufgabenvielfalt, Arbeitszeit, Kontakte). Ursachen für psychische Belastungen können benannt und entsprechende Abhilfe-/Gestaltungsmaßnahmen ausgehandelt werden.	Der Fragebogen wird von den betroffenen Arbeitnehmern selbst ausgefüllt. Die Themen sind z.T. so gestaltet, daß ihr subjektives Erleben und Wahrnehmen sowie ihre Kompensationsstrategien erfaßt werden. Sie werden zudem aufgefordert, Verbesserungsvorschläge zu unterbreiten.
Multimodale Arbeitsplatzanalyse für Bildschirmeinheiten von Sorgatz / Scheurer-Dietrich / Weisenstein	Es handelt sich um ein Analyse- und Trainingsinstrument zum Erkennen von arbeitsbedingten und verhaltensbedingten Beschwerden und dem Lernen von individuellen sowie kollektiven beanspruchungsmindernden Strategien. Es werden Ursachen von psychischen und körperlichen Belastungen (z.B. RSI) erläutert, ein Zusammenhang zur jeweiligen Arbeitssituation hergestellt und die individuellen Reaktionen auf die arbeitsbedingten Anforderungen diskutiert. Die Teilnehmer werden für ihr eigenes Handeln sensibilisiert und mit Methoden zum Umgang und Abbau von / mit Belastungen vertraut gemacht.	Das Verfahren wird in Gruppen unter Anleitung eines Kursleiters eingesetzt. Insgesamt sind 10 Sitzungen vorgesehen. Die Kursleiter erläutern die jeweiligen Sitzungsziele und eingesetzten Methoden.	Über den individuellen Lernansatz hinaus, ist die kollektive Verwertbarkeit der Ergebnisse vom Kontext, in dem das Verfahren eingesetzt wurde, abhängig. Z. B. können Ansprüche der Teilnehmer über die betrieblichen Entscheidungsinstanzen auch zu verhältnispräventiven Maßnahmen, zum Abbau von Streßsituationen, zu Veränderungen der Arbeitsorganisation und des Arbeitsablaufs führen.	Das Verfahren wird von den betroffenen Arbeitnehmern unter Anleitung selbst eingesetzt. Ihre subjektiven Wahrnehmungen, Kompensationsstrategien stehen im Mittelpunkt der Analyse sowie das Lernen, den eigenen Beitrag zum Entstehen von Streßsituationen erkennen und lenken zu können.

**Auswahl der
Arbeitsplätze**

Deshalb haben wir sowohl im Rahmen des Forschungsprojektes als auch in Betriebsberatungen sehr viel Sorgfalt darauf verwandt, die zu analysierenden Arbeitsplätze so auszuwählen, daß verschiedene Positionen innerhalb der Prozeßketten beleuchtet werden; andernfalls besteht die Gefahr, daß Verbesserungen an einer Stelle durch Verschlechterungen an einer anderen aufgewogen werden.

Zudem sind für den Bereich Arbeitsorganisation und psychische Belastung die derzeit verfügbaren Verfahren relativ zeitaufwendig und entsprechend teuer, zumal wenn sie anfangs durch externe Arbeitswissenschaftler durchgeführt werden sollen. Deshalb empfehlen beispielsweise die Anbieter des Verfahrens KABA, nur etwa 20% der Bildschirmarbeitsplätze vor und nach der Einführung zu analysieren. Auch bei einer solchen Beschränkung lassen sich bei guter Planung durchaus aufschlußreiche Ergebnisse erzielen.

**C 1-4
Humankriterien nach
KABA als Beispiel
Quelle: Resch, IAP**

Entscheidungsspielraum
Bei dem Entscheidungsspielraum geht es um das Ausmaß, in dem die Arbeitenden an ihrem Arbeitsplatz eigenständige Planungen und Entscheidungen bezüglich Arbeitsablauf, Arbeitsergebnis, verwendete Informationen und Arbeitsmittel vornehmen können müssen.

Zeitspielraum
Mit dem Zeitspielraum wird beurteilt, inwieweit eine Arbeitsaufgabe zeitliche Spielräume bietet, d.h. inwieweit zeitliche Planungen erforderlich sind, aber auch welche zeitlichen Vorgaben bei der Erledigung der Arbeitsaufgabe gestellt sind (Zeitbindung der Arbeitsaufgabe).

Variabilität
Bei der Variabilität wird beurteilt, ob die Arbeitsaufgabe unterschiedliche Arbeitsaufträge umfaßt, z.B. ob sich die Arbeitsaufträge in der Dauer oder in der Abfolge von Arbeitsschritten unterscheiden.

Strukturierbarkeit
Mit der Strukturierbarkeit wird beurteilt, inwieweit die eine Arbeitsaufgabe umgebenden Bedingungen (d.h. wesentlich der Zusammenhang mit anderen Arbeitsaufgaben) bekannt sind und entsprechend eigener Ziele und Erfordernisse gestaltet werden können.

Körperliche Aktivität
Bei der körperlichen Aktivität wird beurteilt, inwieweit die Durchfürung der Arbeitsaufgabe unterschiedliche Bewegungen und Körperhaltungen erlaubt und erfordert.

Kontakt
Hier wird beurteilt, welche Informationen bei dieser Arbeitsaufgabe in welcher Weise (d.h. auch über welche Sinneskanäle) aufgenommen und verarbeitet werden.

Kommunikation
Mit Kommunikation wird erfaßt, in welchem Maße die Aufgabendurchführung, die Abstimmung mit anderen (internen und/oder externen) Personen erfordert und in welcher Form dies vorwiegend geschieht.

Bei der Auswahl dieser Arbeitsplätze ist folgendes Vorgehen zu empfehlen. Dabei werden auch die im Arbeitsschutzgesetz (§ 5.2) bestimmten Möglichkeiten berücksichtigt, für "gleichartige Arbeitsbedingungen" nur einen exemplarischen Arbeitsplàtz beurteilen zu müssen.

Möglichst aus allen Fachbereichen mit SAP-Unterstützung sollte zumindest ein typischer und ein besonders belastungsträchtiger Arbeitsplatz (z.B. kurzzyklische Arbeit, organisatorischer Flaschenhals) ausgewählt werden. Weiterhin sollte der Auswahl der Arbeitsplätze eine Sichtung der bisherigen bzw. geplanten Abläufe der Geschäftsprozesse vorausgehen (z.B. Dokumentation aus der Ist-Analyse, der Berechtigungsvergabe, den Arbeitsplatz- bzw. Stellenbeschreibungen), um so Anhaltspunkte für ablaufbezogene Belastungen und Behinderungen zu gewinnen. Für diesen Schritt hat sich alternativ und ergänzend eine moderierte Gruppendiskussion mit betroffenen Mitarbeitern einer Abteilung oder einer Prozesskette zu Belastungen und Behinderungen aus ihrer Sicht bewährt.

Typische und extreme Arbeitsplätze auswählen

Außerdem empfiehlt es sich, diese Auswahl, z.B. im Rahmen einer Abteilungsversammlung mit den betroffenen Mitarbeitern, nach den genannten Auswahlkriterien abzustimmen. Weiterhin sollten mit ihnen auf der Grundlage von Freiwilligkeit das Wie und dabei insbesondere die Rückkopplung der Ergebnisse, die Entwicklung von Verbesserungsideen und der Datenschutz bei der Weiterleitung der Erhebungsergebnisse an das Projekt und den Betriebsrat als Spielregeln vereinbart werden. Schließlich sind in solchen Veranstaltungen die fachbereichsübergreifenden Ablaufprobleme anzusprechen und ggf. in gesonderten Gruppen-Interviews exemplarisch zu vertiefen.

Beteiligung der Mitarbeiter

Diese Kombination aus expertengestützter Arbeitsplatzanalyse und einer direkten Beteiligung der Mitarbeiter aus den Fachabteilungen hat sich insbesondere in Betrieben bewährt, die sich zum ersten Mal im

Rahmen von EDV-Projekten systematisch für eine menschengerechte Arbeitsgestaltung entschieden haben.

Doch für die Bereiche Sehvermögen und die Hardware-Ergonomie der Arbeitsplätze und ihr Umfeld muß schon von der Sache her anstelle einer Stichprobenauswahl eine flächendeckende Analyse durchgeführt werden. Sie ist zwar nicht zwingend im Rahmen des SAP-Projektes zu organisieren. Doch empfiehlt es sich, sie anläßlich einer SAP-Einführung einzuplanen, da u.U. neue Geräte angeschafft und neue Arbeitsplätze eingerichtet werden müssen

Spielregeln für Gefährdungs- und Belastungsanalysen

Ein Betriebsbeispiel zur Mitarbeiterinformation

Im Rahmen der Gefährdungs-/Belastungsanalyse werden Beobachtungs-interviews und Gruppengespräche durchgeführt sowie Fragebögen verteilt.

- Die Teilnahme der Mitarbeiter erfolgt auf freiwilliger Basis.
- Alle Informationen werden von den Teilnehmern und den Untersuchern vertraulich behandelt.
- Die Untersucher erstellen ein Auswertungsprotokoll, welches mit den Teilnehmern in Gruppengesprächen abgestimmt wird.
- Die Ergebnisse werden grundsätzlich verallgemeinert. Personenbezogene Rückschlüsse sind nicht möglich.
- Erst die abgestimmten Protokolle werden an die Entscheidungsgremien weitergegeben.
- Die Protokolle werden zentral bei der Fachkraft für Arbeitssicherheit aufbewahrt und können von allen Mitarbeitern eingesehen werden.
- Die Fragebögen werden an die Mitarbeiter zurückgegeben.
- Die Gruppengespräche finden ohne Vorgesetzte statt.
- Die Gruppengespräche finden während oder bezahlt außerhalb der Arbeitszeit statt.
- Die Sitzungszeiten werden so ausgewählt, daß sie für die Teilnehmer keine besonderen Belastungen verursachen und den betrieblichen Ab-lauf möglichst nicht stören (z.B. zum Schichtwechsel).
- Für die Gruppengespräche werden geeignete Räume und benötigte Hilfsmittel (z.B. Moderationsmaterial) zur Verfügung gestellt.

Abschließend für diesen Abschnitt wollen wir nun die angesprochenen Gesetze, Richtlinien und Verordnungen zur besseren Übersicht tabel-larisch nebeneinanderstellen und thematisch den Problembereichen Projektorganisation, Arbeitsorganisation, Qualifizierung, Softwareergonomie und Arbeitsplatzgestaltung zuordnen.

C 1-5
Übersicht zu den Vorschriften zur Bildschirmarbeit

	Arbeitsschutzgesetz bzw. EG-Rahmenrichtlinie (R-RL)	Bildschirmarbeitsverordnung bzw. EG-Rahmenrichtlinie (B-RL)
Zur Qualifizierung Information	Bei der Übertragung von Aufgaben auf Beschäftigte hat der Arbeitgeber je nach Art der Tätigkeiten zu berücksichtigen, ob die Beschäftigten befähigt sind, die für die Sicherheit und den Gesundheitsschutz bei der Aufgabenerfüllung zu beachtenden Bestimmungen einzuhalten (§ 7 ArbSchG bzw. Art. 6 Abs. 3 Buchstabe b und d R-RL). Der Arbeitgeber hat Vorkehrungen zu treffen, daß die Maßnahmen erforderlichenfalls bei allen Tätigkeiten, eingebunden in die betrieblichen Führungsstrukturen, beachtet werden und die Beschäftigten ihren Mitwirkungspflichten nachkommen können. Der Arbeitgeber hat die Beschäftigten über Sicherheit und Gesundheitsschutz bei der Arbeit während ihrer Arbeitszeit ausreichend und angemessen zu unterweisen. Die Unterweisung umfaßt Anweisungen und Erläuterungen, die eigens auf den Arbeitsplatz oder den Aufgabenbereich der Beschäftigten ausgerichtet sind. Die Unterweisung muß bei der Einstellung, bei Veränderungen im Aufgabenbereich, der Einführung neuer Arbeitsmittel oder einer neuen Technologie vor Aufnahme der Tätigkeit der Beschäftigten erfolgen. Die Unterweisung muß an die Gefährdungsentwicklung angepaßt sein und erforderlichenfalls regelmäßig wiederholt werden, (§ 12 Abs. 1 ArbSchG bzw. Art. 12 R-RL).	Umfassende Unterrichtung über alle gesundheits- und sicherheitsrelevanten Fragen im Zusammenhang mit ihrem Arbeitsplatz (Art. 6 B-RL) Ohne Wissen der Benutzer darf keine Vorrichtung zur qualitativen und quantitativen Kontrolle verwendet werden. (BildscharbV. Anhangziffer 22)
Zur Software-Ergonomie	Maßnahmen des Arbeitsschutzes im Sinne dieses Gesetzes sind Maßnahmen zur Verhütung von Unfällen bei der Arbeit und arbeitsbedingten Gesundheitsgefahren einschließlich Maßnahmen der menschengerechten Gestaltung der Arbeit (§ 2 Abs. 1 ArbSchG bzw. Art. 5 Abs. 1 R-RL). Der Arbeitgeber ist verpflichtet, die erforderlichen Maßnahmen des Arbeitsschutzes unter Berücksichtigung der Umstände zu treffen, die Sicherheit und Gesundheit der Beschäftigten bei der Arbeit beeinflussen (§ 3 ArbSchG). Der Arbeitgeber hat bei Maßnahmen des Arbeitsschutzes von folgenden allgemeinen Grundsätzen auszugehen: ... 3. bei den Maßnahmen sind der Stand der Technik, ... sonstige gesicherte arbeitswissenschaftliche Erkenntnisse zu berücksichtigen (§ 4 ArbSchG bzw. Art. 6 Abs. 2 Buchstabe e).	Anhang über an Bildschirmarbeitsplätze zu stellende Anforderungen: 20. Die Grundsätze der Ergonomie sind insbesondere auf die Verarbeitung von Informationen durch den Menschen anzuwenden. 21. Bei Entwicklung, Auswahl, Erwerb und Änderung von Software sowie bei der Gestaltung der Tätigkeit an Bildschirmgeräten hat der Arbeitgeber den folgenden Grundsätzen insbesondere im Hinblick auf die Benutzerfreundlichkeit Rechnung zu tragen: 21.1 Die Software muß an die auszuführende Aufgabe angepaßt sein. 21.2 Die Systeme müssen den Benutzern Angaben über die jeweiligen Dialogabläufe unmittelbar oder auf Verlangen machen. 21.3 Die Systeme müssen den Benutzern die Beeinflussung der jeweiligen Dialogabläufe ermöglichen sowie eventuelle Fehler bei der Handhabung beschreiben und deren Beseitigung mit begrenztem Arbeitsaufwand erlauben. 21.4 Die Software muß entsprechend den Kenntnissen und Erfahrungen der Benutzer im Hinblick auf die auszuführende Aufgabe angepaßt werden können. 22. Ohne Wissen der Benutzer darf keine Vorrichtung zur qualitativen und quantitativen Kontrolle verwendet werden.
Zur Arbeitsplatzgestaltung	s.o.	Anhang über an Bildschirmarbeitsplätze zu stellende Anforderungen: Bildschirmgerät und Tastatur (Ziffer 1 bis 9), Arbeitstisch (Ziffer 10), Arbeitsstuhl (Ziffer 11), Vorlagenhalter (Ziffer 12), Fußstütze (Ziffer 13), Beleuchtung (Ziffer 15), Reflexe (Ziffer 16), Lärm (Ziffer 17), Klima (Ziffer 18), Strahlung (Ziffer 19).
Zur Projektorganisation	Der Arbeitgeber ist verpflichtet, die erforderlichen Maßnahmen des Arbeitsschutzes unter Berücksichtigung der Umstände zu treffen, die Sicherheit und Gesundheit der Beschäftigten bei der Arbeit beeinflussen. Er hat die Maßnahmen auf ihre Wirksamkeit zu überprüfen und erforderlichenfalls sich ändernden Gegebenheiten anzupassen (§ 3 ArbSchG). Zur Planung und Durchführung der Maßnahmen ... hat der Arbeitgeber unter Berücksichtigung der Art der Tätigkeiten und der Zahl der Beschäftigten 1. für eine geeignete Organisation zu sorgen und die erforderlichen Mittel bereitzustellen sowie 2. Vorkehrungen zu treffen, daß die Maßnahmen erforderlichenfalls bei allen Tätigkeiten und eingebunden in die betrieblichen Führungsstrukturen beachtet werden und die Beschäftigten ihren Mitwirkungspflichten nachkommen können (§ 3 Abs. 2 ArbSchG). Maßnahmen sind mit dem Ziel zu planen, Technik, Arbeitsorganisation, sonstige Arbeitsbedingungen, soziale Beziehungen und Einfluß der Umwelt auf den Arbeitsplatz sachgerecht zu verknüpfen (§ 4 Nr. 4 ArbSchG bzw. Art. 6 Abs. 2 Buchstabe g R-RL). Der Arbeitgeber hat durch eine Beurteilung der für die Beschäftigten mit ihrer Arbeit verbundenen Gefährdung zu ermitteln, welche Maßnahmen des Arbeitsschutzes erforderlich sind (§ 5 Abs. 1 ArbSchG bzw. Art. 9 R-RL). Die Beschäftigten sind berechtigt, dem Arbeitgeber Vorschläge zu allen Fragen der Sicherheit und des Gesundheitsschutzes bei der Arbeit zu machen (§ 17 Abs. 1 ArbSchG bzw. Art. 11 R-RL).	§ 3 Bei der Beurteilung der Arbeitsbedingungen nach § 5 des Arbeitsschutzgesetzes hat der Arbeitgeber bei Bildschirmarbeitsplätzen die Sicherheits- und Gesundheitsbedingungen insbesondere hinsichtlich einer möglichen Gefährdung des Sehvermögens sowie körperlicher Probleme und psychischer Belastungen zu ermitteln u. zu beurteilen (BildscharbV § 3 bzw. B-RL Art.3). § 4 (2) Bei Bildschirmarbeitsplätzen, die bis zum 20.12.1996 in Betrieb sind hat der Arbeitgeber die geeigneten Maßnahmen nach Absatz 1 dann zu treffen, 1. wenn diese Arbeitsplätze wesentlich geändert werden oder 2. wenn die Beurteilung der Arbeitsbedingungen nach § 3 ergibt, daß durch die Arbeit an diesen Arbeitsplätzen Leben oder Gesundheit der Beschäftigten sind gefährdet, spätestens jedoch bis zum 31.12.1999. § 6 (1) Der Arbeitgeber hat den Beschäftigten vor Aufnahme ihrer Tätigkeit an Bildschirmgeräten, anschließend in regelmäßigen Zeitabständen sowie bei Auftreten von Sehbeschwerden,(...)eine angemessene Untersuchung der Augen und des Sehvermögens durch eine fachkundige Person anzubieten. (...).(2) Den Beschäftigten sind im erforderlichen Umfang spezielle Sehhilfen für ihre Arbeit an Bildschirmgeräten zur Verfügung zu stellen (...) (BildscharbV § 6 bzw. B-RL Art. 99).B-RL, Art. 8 Die Arbeitnehmer und /oder die Arbeitnehmervertreter werden zu den (...) unter die vorliegende Richtlinie sowie deren Anhang fallenden Fragen gehört und an ihrer Behandlung beteiligt.
Zur Arbeitsorganisation	Maßnahmen des Arbeitsschutzes im Sinne dieses Gesetzes sind Maßnahmen zur Verhütung von Unfällen bei der Arbeit und arbeitsbedingten Gesundheitsgefahren einschließlich Maßnahmen der menschengerechten Gestaltung der Arbeit (§ 2 Abs. 1 ArbSchG bzw. Art. 5 Abs. 1 und 6 R-RL).	Der Arbeitgeber hat die Tätigkeit der Beschäftigten so zu organisieren, daß die tägliche Arbeit an Bildschirmgeräten regelmäßig durch andere Tätigkeiten oder durch Pausen unterbrochen wird, die jeweils die Belastung durch die Arbeit am Bildschirmgerät verringern (§ 5 BildscharbV bzw. Art. 7 B-RL).

DIN/ EN 29241	UVV Arbeit an den Bildschirmar-beitsplätzen (VBG 104 Entwurf)
Leitbildorientierung und Ist-Aufnahme belastungsrelevanter Größen (DIN/EN 9241-2 Abschn. 4.3) Integrierte Planung von Organisation, Arbeitsmitteln, personelle Auswirkungen und Qualifizierung unter Beteiligung der Betroffenen (DIN/EN 9241-2 Abschn. 4.4) Laufende Überprüfung und kontinuierlicher Verbesserungsprozeß im Hinblick auf Ergonomie, Arbeitsinhalte, Arbeitszufriedenheit, Qualifizierungsmöglichkeiten, Kommunikationsmöglichkeiten (DIN/EN 9241-2 Abschn. 5)	Der Unternehmer hat dafür zu sorgen, daß die Versicherten über alle ihre Tätigkeiten sowie ihren Arbeitsplatz betreffenden Fragen und Maßnahmen umfassend unterrichtet werden. Die Unterrichtung muß die gesundheits- und sicherheitsrelevanten Aspekte beinhalten. (2) Die Versicherten sind vor Aufnahme ihrer Tätigkeit an Bildschirmgeräten und bei jeder wesentlichen Änderung des Arbeitssystems über die richtige Einstellung und Benutzung aller Arbeitsmittel und sonstigen Einrichtungen zu unterweisen. Die Unterweisung ist insbesondere bei festgestellten Fehlern zu wiederholen (§ 5).
Grundsätze der Dialoggestaltung: - Aufgabenangemessenheit - Selbstbeschreibungsfähigkeit - Steuerbarkeit - Erwartungskonformität - Fehlerrobustheit - Individualisierbarkeit - Lernförderlichkeit (siehe auch Abb. C 2-6) (DIN/EN 9241-10) In Vorbereitung DIN/EN 9241-13: Benutzerführung DIN/EN 9241-14: Dialogführung mittels Menüs DIN/EN 9241-15: Dialogführung mittels Kommandosprachen DIN/EN 9241-16: Dialogführung mittels direkter Manipulation DIN/EN 9241-17: Dialogführung mittels Bildschirmformularen Endgeräte-Ergonomie DIN/EN 9241-3: Anforderungen an visuelle Anzeigen DIN/EN 9241-4: Anforderungen an Tastaturen	Der Unternehmer hat dafür zu sorgen, daß bei der Gestaltung von Tätigkeiten mit Bildschirmgeräten sowie bei Entwicklung, Auswahl, Erwerb und wesentlicher Änderung von Software nach Maßgabe der jeweiligen Arbeitsaufgabe die Gestaltungsprinzipien nach dem Stand von Technik, Arbeitsmedizin und den sonstigen gesicherten arbeitswissenschaftlichen Erkenntnissen angewendet werden, um die Sicherheit und den Gesundheitsschutz der Versicherten am Arbeitsplatz zu gewährleisten (§ 30). Aufgabenangemessenheit (§ 31), Selbstbeschreibungsfähigkeit (§ 32), Steuerbarkeit (§ 33), Erwartungskonformität (§ 34), Fehlerrobustheit (§ 35), Individualisierbarkeit (§ 36), Lernförderlichkeit (§ 37), Anordnung und Codierung (§ 38), Endgeräte-Ergonomie, Bildschirm (§§ 10, 11, 12, 13, 14, 15, 16, 17), Tastatur (§ 18), Lärm (§ 26), Strahlung (§ 28)
DIN/EN 9241-5: Anforderungen an Arbeitsplatzgestaltung und Körperhaltung DIN/EN 9241-4: Anforderungen an die Arbeitsumgebung	Arbeitsflächen, Arbeitstische (§ 19) ,Vorlagenhalter (§ 20) Arbeitsvorlagen (§ 21), Arbeitsstühle (§ 22) Fußstützen (§ 23), Platzbedarf (§ 24) Beleuchtung, Reflexionen und Blendungen (§ 25), Raumklima (§ 27)
	1. Der Unternehmer hat für eine Analyse der Arbeitsplätze zu sorgen, um die Sicherheits- und Gesundheitsbedingungen für die dort beschäftigten Versicherten beurteilen zu können. Dies gilt insbesondere im Hinblick auf die physischen und psychischen Belastungen. 2. Der Unternehmer hat auf der Grundlage der Analyse und der Beurteilung nach Absatz 1 zweckdienliche Maßnahmen zur Beseitigung festgestellter Gefährdungen und Gesundheitsbeeinträchtigungen zu treffen, wobei aus gegebener Veranlassung Additionen oder Kombinationen der Wirkungen zu beachten sind. 3. Die Arbeitsplatzanalyse ist vorzunehmen: (1) bei der Inbetriebnahme, (2) bei jeder wesentlichen Änderung des Arbeitssystems, (3), im Einzelfall an einem Arbeitsplatz, wenn an diesem Arbeitsplatz Beschwerden auftreten, die auf die Arbeit am Bildschirmgerät zurückgeführt werden können (§ 4). (1) Der Unternehmer hat zur Vermeidung von Gesundheitsbeeinträchtigungen der Versicherten dafür zu sorgen, daß bei der Arbeit an Bildschirmgeräten auftretende zu hohe physische und psychische Belastungen verringert werden. (2) Die zur Vermeidung von Gesundheitsbeeinträchtigungen getroffenen Maßnahmen dürfen zu keiner finanziellen Mehrbelastung der Versicherten führen (§ 7). (1) Der Unternehmer hat dafür zu sorgen, daß die Versicherten vor Aufnahme der Arbeit am Bildschirmgerät, anschließend in regelmäßigen Zeitabständen sowie bei Auftreten von Sehbeschwerden, die auf die Arbeit am Bildschirmgerät zurückgeführt werden können, nach dem berufsgenossenschaftlichen Grundsatz für arbeitsmedizinische Vorsorgeuntersuchungen „Bildschirm-Arbeitsplätze" (G 37) untersucht werden (§ 8).
Merkmale gut gestalteter Arbeitsaufgaben gem. DIN/EN 9241-2 Besonders wichtige Gestaltungsfelder sind die Dauer und zeitliche Verteilung der Arbeit, der Handlungsspielraum i. S. v. Autonomie bezüglich der Wahl zur Nutzung des Systems nach Art und Umfang sowie die Abhängigkeit, d.h. der Grad, in dem das System als Arbeitsmittel zur Erfüllung der Arbeitsaufgabe unverzichtbar ist (DIN/EN 9241-2 Abschn. 4.3)	Der Unternehmer ist verpflichtet, die Tätigkeiten der Versicherten so zu organisieren, daß die tägliche Arbeit am Bildschirmgerät regelmäßig durch andere Tätigkeiten oder Pausen unterbrochen wird, um Belastungen durch die Arbeit am Bildschirmgerät zu verringern (§ 6).

311

2. Software-Ergonomie und ihre SAP-Stellschrauben

Software-Ergonomie ist bekanntermaßen ein komplexes, facettenreiches Thema. Deshalb ist es auch nicht verwunderlich, daß die Vorgaben und Empfehlungen der EU-Bildschirmrichtlinie bzw. Bildschirmarbeitsverordnung und der VBG 104 für fachkundige Personen zu allgemein formuliert sind, als daß sie von Software-Herstellern oder von den Anwenderbetrieben als unmittelbar umzusetzende Gestaltungsanleitung verwendet werden könnten (vgl. auch die Übersicht C 1.5). SAP nimmt für sein R/3-System in Anspruch, hinsichtlich der Benutzeroberfläche den - von den gängigen Microsoft-Produkten bekannten - CUA-Standard zu erfüllen. Im übrigen habe man sich mehr an den DIN/ EN bzw. ISO-Normen orientiert, als an der EU-Bildschirmrichtlinie bzw. ihrer deutschen Umsetzung, weil letztere zu abstrakt und unpräzise sei.

C 1-6
Grunsätze der
Dialoggestaltung
gemäß
DIN/ EN 29241-
Teil 10 (1995)

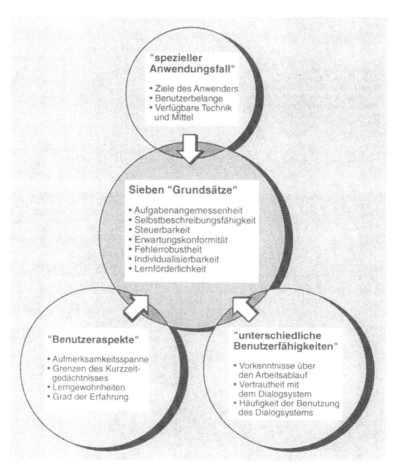

"spezieller Anwendungsfall"
• Ziele des Anwenders
• Benutzerbelange
• Verfügbare Technik und Mittel

Sieben "Grundsätze"
• Aufgabenangemessenheit
• Selbstbeschreibungsfähigkeit
• Steuerbarkeit
• Erwartungskonformität
• Fehlerrobustheit
• Individualisierbarkeit
• Lernförderlichkeit

"Benutzeraspekte"
• Aufmerksamkeitsspanne
• Grenzen des Kurzzeitgedächtnisses
• Lerngewohnheiten
• Grad der Erfahrung

"unterschiedliche Benutzerfähigkeiten"
• Vorkenntnisse über den Arbeitsablauf
• Vertrautheit mit dem Dialogsystem
• Häufigkeit der Benutzung des Dialogsystems

Da zudem die software-ergonomischen Vorschriften immer im Lichte der betrieblichen, aufgaben- und auch benutzerspezifischen Besonderheiten konkretisiert werden müssen, scheint uns aus Sicht der Praxis die Anpaßbarkeit der Standard-Software an Software-Ergonomie- Standards die wichtigste Eigenschaft zu sein.

Wir können nun im Rahmen dieses Buches nicht alle „SAP-Stellschrauben" bzw. die Customizingwerkzeuge darstellen, geschweige denn für alle Fälle eindeutige Orientierung geben. Selbst die DIN/EN-Norm 29241 macht die Konkretisierung ihrer Dialoganforderungen - die sieben Grundsätze - von drei betriebsspezifischen Bedienungskomplexen abhängig, die betriebsspezifisch sind. Wie in Abbildung C 1-6 aufgezeigt, spielt hier die Beachtung der jeweiligen „Benutzer-Aspekte" und „Fähigkeiten" eine ebenso große Rolle wie beispielsweise die Ziele des Anwenders.

Prototyping und Anwenderbeteiligung

Man kommt also als betrieblicher SAP-Gestalter kaum daran vorbei, in einen Dialog mit den konkreten Anwendern zu treten und beispielsweise im Rahmen eines sukzessiven Prototyping-Prozesses auch ein softwareergonomisch angemessenes Customizing durchzuführen. Eine einmalige Einstellung der Tabellen am „Grünen Tisch" dürfte nicht ausreichen - obwohl es den ausgelieferten Standard vielfach schon verbessern würde, wenn beispielsweise die nicht belegten Datenfelder in den Bildschirmmasken (Dynpros) ausgeblendet und die verbleibenden dann neu gruppiert würden.

Auch unter Datenschutzgesichtspunkten ist eine solche Anpassung bei Datenfeldern mit personenbezogenem Inhalt geboten, da erfahrungsgemäß sorgfältige oder ängstliche Sachbearbeiter auch explizit nicht benötigte Datenfelder ausfüllen und pflegen, wenn sie in den Masken angeboten werden.

Aber auch eine aufgabenbezogene Zusammenstellung und Gruppierung von Daten in speziellen Masken und Bildfolgen für das Erstellen von kleinen Tabellen, Bescheinigungen und Übersichten verkürzen die Bearbeitungszeit und die Belastungen der Mitarbeiter erheblich, da dadurch das leidige Suchen und Blättern in den SAP-Standard-Dynpros vermieden werden kann. Die Einrichtung von benutzerindividuellen Menüs hat ähnlich positive Effekte, muß aber vor dem Hintergrund der jeweiligen PC- und SAP-Vorerfahrungen und dem Routinierungsgrad der Anwender gesehen werden. Beispielsweise vermissen SAP-R/2 geübte Anwender die Anzeige des Transaktionscodes in R/3 und

C 1-7
Beispiel einer
angemessenen
Bildschirmmaske

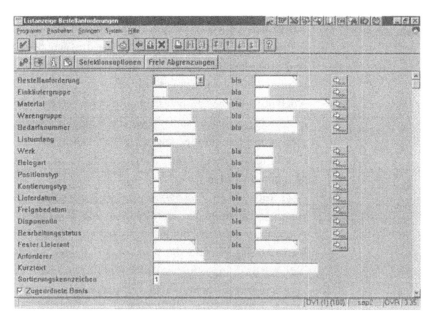

© SAP AG

C 1-8
Beispiel einer
noch zu
optimierenden
Bildschirmmaske

© SAP AG

effizienter durch
Softwareergonomie

ärgern sich entsprechend über das aufwendige Blättern durch die Pull-Down-Menüs.

In unseren Beratungs- und Fallbetrieben mußten wir jedoch leider feststellen, daß diese und ähnliche betriebliche Maßnahmen zur Arbeitserleichterung bzw. Softwareergonomie (vgl. Übersicht C 1 - 9 umseitig) nur selten durchgeführt wurden. Zum einen lag dies an den beschränkten Möglichkeiten der R/2-Software (ohne Grafik-User-Interface), bei der z.T. sogar die einfachsten Stellschrauben nicht putlevel- bzw. releasewechselstabil waren und somit einen ständigen Nachpflegeaufwand mit sich brachten. Vor allem aber waren weder Zeit noch die Sensibilität für diese Gestaltungsaufgaben vorhanden, so daß entsprechende Maßnahmen maximal über massiven Druck der Anwender oder des Betriebsrates und u.U. erst nach dem Produktivstart durchgeführt wurden.

SAP bietet viele
Möglichkeiten.

Die SAP-R/3-Software - insbesondere ab Release 3.0.c u.a. mit dem Tool "Session-Manager" - bietet nun eine Fülle von z.T. integrierten softwareergonomischen "Stellschrauben", die den betrieblichen Argumenten "es geht nicht ... zu aufwendig ... nicht releasewechselstabil ..." nunmehr den Wind aus den Segeln nimmt. Damit liegt in über 80% der Fälle die Verantwortung allein beim Anwenderbetrieb und dort bei den Entscheidern und den Projektverantwortlichen, ob im Prozeß des Customizing die Anwenderfunktionalität den objektiven, d.h. nach softwareergonomischen Anforderungen und subjektiven Bedarfen gestaltet wird oder nicht. Neben der Festlegung betrieblicher Standards - am besten auf Grundlage einer entsprechend orientierten Ist-Analyse - und der entsprechenden Zeit für das Customizing und Prototyping mit den Anwendern muß vor allem eine breite Sensibilisierung und Qualifizierung der Projektmitarbeiter, Anwender und Entscheider in Angriff genommen werden. Ansonsten - so unsere Erfahrung - bleiben auch diese arbeitsorientierten Projektaufgaben wohlmeinende Absichtserklärungen in Betriebs- und Zielvereinbarungen.

315

C 1-9
Exemplarische
Maßnahmen zur
Softwareergonomie

Anforderungen bzw. SAP-Möglichkeiten	software-ergonomische Effekte
- nicht genutzte Datenfelder ausblenden	die Übersichtlichkeit der Bildschirmmasken erhöhen
- betriebsspezifische Feldnamengestaltung	Erhöhung der Selbstbeschreibungsfähigkeit und Erwartungskonformität des Systems
- Datenfelder in den Dynpros neu gruppieren	die Übersichtlichkeit der Bildschirmmasken erhöhen
- Dynpro-Reihenfolgen verändern	den speziellen Aufgaben angemessene Abläufe anbieten
- benutzerindividuelles Dynpro-Angebot	s. o.
- benutzerindividuell Menügestaltung: a) spezielle Auswahlmenüs b) Veränderung der Pull-Down-Standardmenüs	- aufgabenangemessene Eingrenzung des Funktionsangebots - schnelleres Aufrufen der benötigten Transaktionen - Unterstützung eines individuellen Routinisierungsprozesses
- Alternativmodi benutzerindividuell zuweisen	Anpassung der Funktionenwahl an den persönlichen Arbeitsstil und die Aufgabe
- benutzerindividuelle Funktionstastenbelegung	arbeitsstil- und aufgabenorientiertes Schnellaufrufen von SAP-Funktionen
- benutzerindividuelle oder anwendergruppenbezogene Match-Code-Gestaltung	aufgaben- und arbeitsstilspezifisches Auffinden von Informationen bzw. Datengruppen
- betriebs- und anwenderspezifische Hilfe - Textgestaltung	Erhöhung der Selbsthilfemöglichkeiten und des Orientierungsangebotes für neue Anwender (Lernförderlichkeit)
- häufig genutzte Reports als Transaktionen anbieten	aufgabenangemessene Beschleunigung von Funktionsaufrufen
- häufig genutzte Reports als ICONS anbieten	aufgabenangemessene Beschleunigung von Funktionsaufrufen
- PC-Download	Individualisierbarkeit der Datenaufbereitung und Auswertungen, verbesserter Aufgabenbezug und Lernförderlichkeit
- betriebsspezifische Muß- und Kannfelderdefinition	Erhöhung der Fehlerrobustheit und Erwartungskonformität
- betriebsspezifische Texte zu Fehlermeldungen	Erhöhung des Selbsthilfepotentials über eine erhöhte Selbstbeschreibungsfähigkeit des Systems
- betriebsspezifische Plausibilitätsprüfungen	Erhöhung der Fehlerrobustheit des Systems, psychische Entlastung der Anwender
- betriebsspezifische Schnellerfassungsmasken	Entlastung durch schnellere Eingabemöglichkeit; Erhöhung Fehlerrobustheit und persönliche Überprüfung vor der Verbuchung
- betriebs- und nutzerindividuell zusätzliche Daten (mehr als SAP-Standard)	Erhöhung der Aufgabenangemessenheit des Funktionsangebots
- benutzerindividuelle Reports und Auswertungen	s.o.

3. Menschengerechte Gestaltung der Aufgabenzuschnitte an SAP-Arbeitsplätzen

Arbeitsgestaltung über Zugriffsberechtigungen

Ein unvermeidlicher Berührungspunkt zwischen (SAP-) Technik, Arbeitsorganisation und arbeitsplatzbezogenen Aufgabenzuschnitten ist die Vergabe von Zugriffsberechtigungen.

Hier wird u.a. mittels sogenannter Profile im System definiert, wer welche Systemfunktionen benutzen darf, also welche Aufgaben, Zuständigkeiten, Kompetenzen und Informationen ihm zugewiesen werden.

In den meisten SAP-Einführungsprojekten werden unserer Beobachtung nach zwei problematische Strategien verfolgt. Da in der Regel keine Leitbilder und operationalen Ziele einer humanen Arbeitsgestaltung vorliegen, neigt man zunächst dazu, entweder sehr weite oder sehr enge Berechtigungen zu vergeben.

zwei problematische Srategien

Die Strategie der „weiten Berechtigungsvergabe" ist für ein Projekt zunächst sehr entlastend, denn der Aufwand, über die Profile die gesamte betriebliche Aufbau- und Ablauforganisation arbeitsplatz- und personenbezogen genau abzubilden, wird zugunsten einer weitgehenden Übernahme der SAP-Standardprofile radikal reduziert. Doch zeigt sich u.U. im Produktivbetrieb sehr bald, daß es funktionale und innenpolitische Sachzwänge gibt, diese offene Berechtigungsstruktur zugunsten einer sukzessiven Verengung und Differenzierung aufzugeben. So ergeben sich beispielsweise - nicht allein vom Betriebsrat oder dem betrieblichen Datenschutzbeauftragten gefordert - aus Datenschutz- und Systemsicherheitsgründen Anforderungen, die ein aufwendiges Nachbessern erforderlich machen. Dieser „Enteignungsprozeß" von Zugriffsrechten produziert dann wiederum Widerstand und Unzufriedenheit bei den betroffenen Anwendern und führt zudem nicht selten zu belastenden funktionalen Blockaden in den gerade frisch eingeübten Arbeitsabläufen.

Die Strategie der „engen Berechtigungsvergabe" macht hingegen im Rahmen der Detaillierungsphase viel Arbeit. Dabei wird entweder auf die alte Arbeitsverteilung meist ungeprüft Bezug genommen oder vom „Grünen Tisch" aus das mühsame Geschäft detaillierter, nur funktionaler Arbeitsteilung betrieben. Dieses Vorgehen führt jedoch aller Erfahrung nach wiederum zu einem sehr lästigen nachträglichen Korrekturprozeß in der Produktivphase.

Arbeitsgestaltung ist
ein Politikum.

Für beide Strategien kommt jedoch erschwerend hinzu, daß die
Berechtigungsvergabe kein rein funktionaler bzw. sachlich bestimmter
Prozeß ist. Vielmehr stellt die Verteilung von Arbeit auch ein betriebliches Politikum dar, weil hiermit unmittelbar in die Macht- und Kompetenzverteilung der Fürstentümer (Abteilungs- und Berufsgruppenin-
teressen) eingegriffen wird.

Weitab von der Illusion, man könne Berechtigungs- bzw. Arbeits-
verteilungskonzepte bei guter Planung auf den ersten Wurf arbeitsorientiert hinbekommen, sehen wir in einer frühen Benutzerbeteiligung
(Prototyping, Integrationstraining vgl. C 2), und in definierten Ge-stal-
tungsanforderungen für SAP-gestützte Arbeitsplätze einen guten Weg
zur Versachlichung und ganzheitlichen Effektivitätserhöhung.

Versachlichung durch
leitbildgestützte
Arbeitsgestaltung

Letzteres aufgreifend, wollen wir im folgenden den Weg über eine
leitbildgestützte Arbeitsstrukturierung für SAP- Sachbearbeitungsplätze
genauer betrachten.

Einleitend kann hierfür das in Abb. C 1-10 (nebenstehend) dargestellte
arbeitswissenschaftliche Stufenmodell zur Gestaltung humaner Bildschirmarbeit einige Orientierung bringen.

Die Abbildung beinhaltet hierarchisch geordnet allgemeine Bewertungs-
kriterien, die mit den Vorschriften bzw. Empfehlungen des Arbeitsschutzgesetzes (u.a. § 2.1), der EU-Richtlinien, der DIN/EN 29241 und
dem VBG 104 Entwurf dann harmonieren, wenn die Stufe „Beeinträchtigungslosigkeit" zumindest erreicht wird.

Dies schließt natürlich die Verpflichtung mit ein, die darunterliegenden
Stufen der „Ausführbarkeit" und „Schädigungslosigkeit" ebenfalls in
der Struktur und Ausstattung der SAP gestützten Arbeitsplätze zu
erfüllen. Unter dem Präventionsgebot des Arbeitsschutzgesetzes, vor
allem aber unter der Maßgabe, mit der SAP-Anwendung auch die
Flexibilitäts- und KVP-Potentiale der Mitarbeiter zu erschließen, ist das
Leitbild bzw. die Stufe der „Personenförderlichkeit" durchaus auch aus
betriebswirtschaftlicher Sicht anstrebenswert.

Da nun alle Vorschriften und Empfehlungen im Rahmen von Bildschirmarbeit zum einen das operationale Ziel der „Mischarbeit" vorgeben, zum
andern auch die Bewertung und Vermeidung von psychischen Belastungen vorschreiben, entsteht für die betrieblichen Praktiker in der
Projektarbeit ein Bündel von neuen Anforderungen, die leicht über den
Weg der Verunsicherung und Überforderung zu einer pragmatischen
Ablehnung oder Verweigerung führen. Dieses betriebliche Negativ-Spiel

C 1-10
Stufenmodell der
Gestaltung menschlicher
Arbeit am Bildschirm
nach Hacker

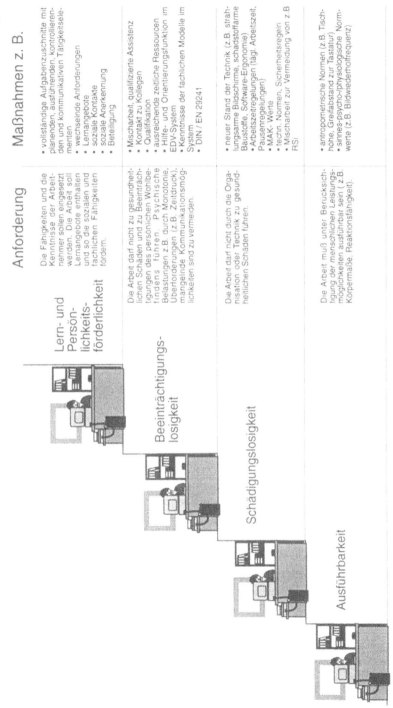

Maßnahmen z. B.

- vollständige Aufgabenzuschnitte mit planenden, ausführenden, kontrollierenden und kommunikativen Tätigkeitselementen
  - wechselnde Anforderungen
  - Lernangebote
  - soziale Kontakte
  - soziale Anerkennung
  - Beteiligung

- Mischarbeit, qualifizierte Assistenz
  - Kontakt zu Kollegen
  - Qualifikation
  - ausreichende zeitliche Ressourcen
  - Hilfe- und Orientierungsfunktion im EDV-System
  - Kenntnisse der fachlichen Modelle im System
  - DIN / EN 29241

- neuer Stand der Technik (z.B. strahlungsarme Bildschirme, schadstoffarme Baustoffe, Software-Ergonomie)
  - Arbeitszeitregelungen (tägl. Arbeitszeit, Pausenregelungen)
  - MAK- Werte
  - techn. Normen, Sicherheitsregeln
  - Mischarbeit zur Vermeidung von z.B RSI

- antropometrische Normen (z.B. Tischhöhe, Greifabstand zur Tastatur)
  - sinnes-psycho-/physiologische Normwerte (z.B. Bildwiederholfrequenz)

Anforderung

Die Fähigkeiten und die Kenntnisse der Arbeitnehmer sollen eingesetzt werden. Die Arbeit soll Lernangebote enthalten und so die sozialen und fachlichen Fähigkeiten fördern.

Die Arbeit darf nicht zu gesundheitlichen Schäden und zu Beeinträchtigungen des personlichen Wohlbefindens führen. Psychische Belastungen z.B. durch Monotonie, Überforderungen (z.B. Zeitdruck), mangelnde Kommunikationsmöglichkeiten sind zu vermeiden.

Die Arbeit darf nicht durch die Organisation oder Technik zu gesundheitlichen Schaden führen.

Die Arbeit muß unter Berücksichtigung der menschlichen Leistungsmöglichkeiten ausführbar sein (z.B. Korpermaße, Reaktionsfähigkeit).

Lern- und Persönlichkeitsförderlichkeit

Beeinträchtigungslosigkeit

Schädigungslosigkeit

Ausführbarkeit

319

wird zumeist noch dadurch genährt, daß beispielsweise Betriebsräte in Betriebsvereinbarungen oder "sozialen Pflichtenheften" bloß die abstrakten Vorschriften aus dem Arbeitsschutzgesetz nebst Bildschirmarbeitsverordnung festgeschrieben haben wollen, nach denen z.B. bei der Planung/Gestaltung von Arbeitssystemen "die Technik, Arbeitsorganisation, Arbeitsbedingungen, sozialen Beziehungen und der Einfluß der Umwelt auf den Arbeitsplatz (...) sachgerecht" verknüpft werden sollen. Angesichts so viel "ganzheitlicher Allgemeinheit" gilt es nicht nur hier, sondern vor allem betrieblich, schrittweise konkrete Kriterien und Arbeitsplatzmodelle zu entwickeln, die in der Projektpraxis aushandelbar und umsetzbar sind.

Im ersten Schritt fassen wir (vgl. Abb. C 1 - 11 nebenstehend) noch einmal die bisher verstreut angesprochenen Leitbilder einer arbeitsorientierten Gestaltung von Bildschirmarbeitsplätzen zusammen. Diese Leitbilder und Kriterien sollten betrieblich diskutiert und konkretisiert werden. Um möglichst viele Synergien erzeugen zu können, sollte dabei das Schwergewicht auf das Zusammenspiel bzw. die Kohärenz der Leitbilder gelegt werden.

Im zweiten Schritt wollen wir das für viele Planer, Praktiker und Anwender neue - zwar persönlich sicherlich nicht unbekannte - Phänomen der „psychischen Belastung" exemplarisch erläutern.

Im dritten Schritt schließlich werden konkrete Modelle zur Organisation von SAP-gestützten Arbeitsplätzen zur Diskussion gestellt.

Zu psychischer Belastung und Arbeitsgestaltung

Zum Phänomen: Psychische Belastung bei der Bildschirmarbeit zunächst einige typische Erfahrungen:

Wer kennt nicht
- die aufkommende Nervosität und den Ärger, wenn die Antwortzeiten der SAP-Anwendung oder eines PC-Programmes unkalkulierbar über die Sekundenschwelle ansteigen;

- die Hektik und Rumtelefoniererei, wenn der Rechner die Versandpapiere nicht ausdruckt, weil beispielsweise eine Fertigmeldung aus der Endmontage noch nicht eingegeben wurde und der Spediteur schon an der Rampe steht;

C 1-11
Arbeitsgestaltung

- den Adrenalinstoß, wenn man sich gerade wieder einmal in einen komplizierteren Bestellvorgang eingedacht hat und zum fünfundzwanzigsten Mal das Telefon klingelt;

- die Resignation, wenn man trotz Überstunden den Berg von Rechnungsprüfungsbelegen nicht abgearbeitet bekommt;

- die Wut, wenn ein Vorgesetzter vor den Kolleginnen und Kollegen die gewünschte SAP-Übersicht zur Kapazitätsauslastung als unbrauchbar und unverständlich zerreißt;

- den Streß, wenn man kurz nach der SAP-Anwenderschulung zwar weiß, welche Tasten man drücken muß, aber den fachlichen Integrationshintergrund noch nicht ganz versteht oder bei Sonderfällen eingedenk der Risiken einer Fehlerfortpflanzung im System Angstschweiß vergießt....

Nicht auf persönliche Kompensationsstrategien setzen

All diese Belastungserlebnisse sind als sporadische Ereignisse weder problematisch noch gänzlich vermeidbar. Wenn sie aber die Regel werden und so Arbeitshindernisse oder Überforderungen produzieren sowie über wenig erfolgreiche persönliche Vermeidungsstrategien zu großen zusätzlichen (Zeit-)Aufwänden führen, besteht Gefahr, daß negative gesundheitliche Folgen eintreten. Deshalb ist es erforderlich, diese Gefährdungen frühzeitig zu erkennen und sie bei der Arbeitsstrukturierung präventiv zu beachten (s. o. Gefährdungsanalyse). Damit erspart sich der Betrieb die zumeist kontraproduktive Entwicklung individueller und informeller Kompensationsstrategien, Demotivationstendenzen und krankheitsbedingte Fehlzeiten - und die Mitarbeiter gewinnen dabei ebenfalls auf der ganzen Linie.

Die folgende Abbildung (Abb. C 1-12 nebenstehend) faßt diese Zusammenhänge systematisch zusammen. Wir benutzen dabei das Modell und die Begrifflichkeit des Gefährdungsanalyseninstruments KABA, das psychische Belastungen an Bildschirmarbeitsplätzen pragmatisch zu erfassen in der Lage ist.

Objektiv oder subjektiv? Beides ist wichtig

Weitere Erhebungsmöglichkeiten psychischer Belastungen sind z.B. der „Belastungs-Monotonie-Sättigungserfassungsbogen" (BMS) oder GESIS, ein umfangreicher Fragebogen zur gesundheitlichen Lage von der Bundesanstalt für Arbeitsmedizin in Berlin. Aber auch „handgestrickte" betriebliche Fragebögen, die die subjektiven Belastungen der Mitarbeiter, ihre wahrgenommenen Gründe und Lösungsvorschläge erheben, sind geeignet, wenn ihre Ergebnisse - anonym versteht sich - unter Hinzuziehung des Betriebsrats und z.B. des Werksarztes in den entsprechenden Fachabteilungen maßnahmenorientiert diskutiert werden.

C 1-12
Modell Psychische
Belastungen

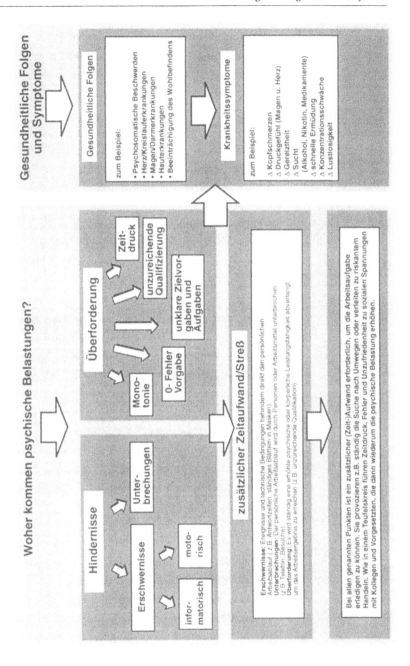

Modelle zur
Organisation von
SAP-Arbeitsplätzen

In allen rechtlich relevanten Vorschriften und Empfehlungen wird quasi querschnittsartig „Mischarbeit" an Bildschirmarbeitsplätzen gefordert. Dies ist zwar schon ein alter Hut und vielfach Bestandteil von Betriebsvereinbarungen aus den 80er Jahren. Doch bei fortschreitender Durchdringung und Integration von EDV-Anwendungen im Sachbearbeitungs- und Kommunikationsbereich stellt die Forderung, Bildschirm-arbeit mit direkt kommunikativen und durch andere Arbeitsmittel gestützte Aufgaben zu mischen, die Planer vor eine schwierige Aufgabe. Der Rettungsanker ist dann allzu vorschnell die Salvatorische Klausel „regelmäßige Pausen".

Mischarbeit oder Pausenregelung

Die Praxis zeigt , daß Pausenregelungen am Bildschirm zwar bei kurz-zyklischen, monotonen Dateneingabearbeitsplätzen durchaus greifen können. Voraussetzung ist dabei jedoch, daß ihre Einhaltung vor-geschrieben, tatsächlich gewollt, organisiert und kontrolliert wird. Im Sachbearbeitungsbereich werden sie u.U. weder ernsthaft vorge-schrieben noch von den Mitarbeitern eingehalten, weil sie subjektiv eher als Belastung oder Störung ihres persönlichen Arbeitsrhythmus emp-funden werden.

Nimmt man jedoch die Gesamtbelastung und die Gefährdungen andauernder Bildschirmarbeit ernst, so müssen der Aufgabenzuschnitt von SAP-Arbeitsplätzen, seine ablauforganisatorischen Rahmenbedin-gungen und Mengengerüste unter Berücksichtigung der Fähigkeiten der konkreten Mitarbeiter immer wieder sauber geplant, umgesetzt und hinsichtlich ihrer Auswirkungen überprüft werden (Prototyping/ Gefährdungsanalysen nach der Routinierungsphase s. Teil B 3 und 4). In den Arbeitswissenschaften und der Praxis haben sich zur Unter-stützung dieser betrieblichen Gestaltungsarbeit verschiedene Orga-nisationsmodelle herausgebildet, die wir im folgenden kurz vorstellen wollen (vgl. Abb. C 1-13 nebenstehend):

Zur Realisierung von Mischarbeit bieten vor allem die „assistenz-gestützte Sachbearbeitung" und die „gruppen- bzw. teamorientierte Sachbearbeitung" die meisten Chancen, weil sie im Gegensatz zur „autarken" und zur „servicegestützten Sachbearbeitung" mehr direkte Kommunikation und eine variable Aufgabenverteilung ermöglichen. So können einseitige Belastungen, z.B. durch ausschließliche Daten-eingabe und -pflege leichter vermieden werden sowie SAP-gestützte Planungsaufgaben, die Konzentration und Ruhe erfordern, ungestörter erledigt werden, da beispielsweise derzeit die qualifizierte Assistenz-kraft den Telefondienst versieht.
Darüber hinaus bieten beide Modelle die Chance für die klassischen Assistenzkräfte, wie z.B. Datentypistinnen oder Werkstattschreiber,

C 1-13
Organisationsmodelle SAP
gestützter Sachbearbeitung
nach Kiesmüller, modifiziert
und erweitert

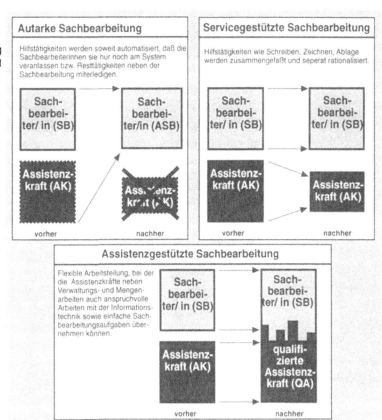

Autarke Sachbearbeitung

Hilfstätigkeiten werden soweit automatisiert, daß die Sachbearbeiterinnen sie nur noch am System veranlassen bzw. Resttätigkeiten neben der Sachbearbeitung miterledigen.

Sach-bearbei-ter/ in (SB) → Sach-bearbei-ter/in (ASB)

Assistenz-kraft (AK)   Assistenz-kraft (AK)

vorher   nachher

Servicegestützte Sachbearbeitung

Hilfstätigkeiten wie Schreiben, Zeichnen, Ablage werden zusammengefaßt und seperat rationalisiert.

Sach-bearbei-ter/ in (SB)   Sach-bearbei-ter/ in (SB)

Assistenz-kraft (AK)   Assistenz-kraft (AK)

vorher   nachher

Assistenzgestützte Sachbearbeitung

Flexible Arbeitsteilung, bei der die Assistenzkräfte neben Verwaltungs- und Mengen-arbeiten auch anspruchvolle Arbeiten mit der Informations-technik sowie einfache Sach-bearbeitungsaufgaben über-nehmen können.

Sach-bearbei-ter/ in (SB)   Sach-bearbei-ter/ in (SB)

Assistenz-kraft (AK)   qualifi-zierte Assistenz-kraft (QA)

vorher   nachher

(nach Kiesmüller, modifiziert und erweitert)

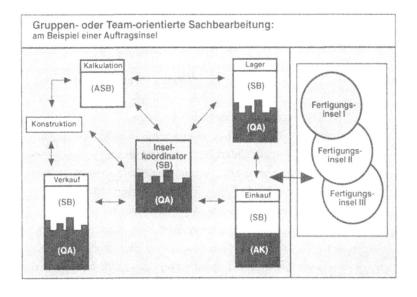

Gruppen- oder Team-orientierte Sachbearbeitung:
am Beispiel einer Auftragsinsel

Kalkulation
(ASB)

Lager
(SB)
(QA)

Konstruktion

Fertigungs-insel I

Insel-koordinator
(SB)
(QA)

Fertigungs-insel II

Verkauf
(SB)
(QA)

Einkauf
(SB)
(AK)

Fertigungs-insel III

deren Aufgabenprofil mit einer SAP-Einführung normalerweise aus-
stirbt, Personalentwicklungsmöglichkeiten in Richtung qualifizierter Assistenztätigkeit und später vielleicht sogar Sachbearbeitungsarbeit.

Die „autarke Sachbearbeitung" (zuweilen auch Rundum- oder integrierte Sachbearbeitung genannt) wird - häufig unkritisch - in SAP-Projekten favorisiert. Sie führt aber allzuhäufig zu Überforderung und starker Belastung der Betroffenen, denn:

- Die gesamte Stammdaten- und Bewegungsdatenpflege kommt zu
  den normalen Arbeiten hinzu, und die Sachbearbeiter sind dann
  weit über 50% ihrer Arbeitszeit an das SAP-System gebunden.

- Das Aufgabenspektrum verändert sich oftmals sowohl in fachlicher
  Hinsicht als auch im Umfang der EDV-Nutzung. Da die Schulungen
  auf diesen Fachgebieten oft zu knapp kalkuliert werden, entstehen
  reale Überforderungen und Qualitätsverluste.

- Die Ausweichmöglichkeiten (bei Vertretungen, Telefon, direkter
  Kommunikation) sind im Alltag sehr gering, und es kommt daher
  zu ständigen Hindernissen und Störungen der persönlichen Arbeitsabläufe.

- Die bislang beschäftigten Assistenzkräfte werden entweder flächendeckend freigesetzt, oder sie müssen in Einzelfällen ausschließlich
  kurzzyklische Restarbeiten verrichten.

Da nun aber alle Modelle nicht per se und allgemein dem Anspruch
einer persönlichkeits- und gesundheitsförderlichen Arbeitsgestaltung
genügen, bedarf es einer betrieblichen Abwägung der Vor- und Nachteile, der mitarbeiterbedingten Realisierungsmöglichkeiten und einer
aufgabenbezogenen Konkretisierung dieser Modelle. Dies sollte aber
nicht nur am „Grünen Tisch" der Projektgruppen stattfinden, sondern
unter Beteiligung der betroffenen Mitarbeiter. Im Teil B 3 und 4 haben
wir dazu einige Vorgehensweisen empfohlen (z.B. Prototyping, fachliche Qualifizierung, Arbeitsplatzanalysen). In Kapitel C 3 werden wir
dazu das Problemfeld Beteiligung noch einmal konzentriert aufgreifen
und in C 2 die qualifikatorischen Probleme beleuchten.

Abschließend für dieses Kapitel sollen die nun folgenden Übersichten zu den einzelnen Organisationsmodellen SAP-gestützter Bildschirm-arbeit die obigen Argumente zusammenfassen und für die betriebliche Diskussion aufbereiten.

Übersicht 1
Integrierte/autarke
Sachbearbeitung

Leitbilder/ Definitionen	Rechtliche Aspekte, Vorschriften und Empfehlungen	Gesundheitliche Probleme, die für Mischarbeit sprechen	(Arbeits-)organisatorische Probleme / Anforderungen	sonstige betriebliche Probleme / Anforderungen	SAP-Probleme und Stellschrauben
Ganzheitlicher, (hoch) qualifizierter, personenförderlicher Aufgabenzuschnitt, d.h. Kommunikation, Kooperation, Anforderungsvielfalt, Lern- und Entwicklungsmöglichkeiten der Arbeitnehmer. Alle Teilaufgaben, auch Schriftverkehr und sonstige Assistenzarbeiten, werden vom Sachbearbeiter selbst ausgeführt. Relativ hohe Automatisierung der Hilfstätigkeiten (z.B. Musterbriefe) • Umsetzungsbeispiele: im Personalwesen: Abrechnung, Verwaltung, Betreuung etc. in der Materialwirtschaft: für eine Produktgruppe, Produktauswahl, Disposition, Lieferantenpflege, Bestellung etc.	• DIN/EN 29241 • BtrVG: § 92 Personalplanung § 98 Qualifizierung § 99 Personelle Einzelmaßnahmen § 111 ff Interessenausgleich § 87.17 Maßnahmen zum Gesundheitsschutz §§ 90 Unterrichtung bei Planungen § 91 Mitbestimmung bei offensichtlichen Widersprüchen zu gesicherten arbeitswissenschaftlichen Erkenntnissen § 87.1.10 Entlohnungsgrundsätze • UVV Arbeit an Bildschirmgeräten (VBG 104 Entwurf 1995)	• Vermehrte Dateneingabe (—> Belastung durch kurzzyklische BS-Arbeit). • Belastung durch z.B. - hohe Verantwortung. - Qualifikationsdefizite, (technisch-fachlich-sozial), - Erfahrungsdefizite. - Neuorganisation der persönlichen Arbeitsabläufe. - zu hohe Fallzahlen. - externe Störungen (Telefon, Anfragen etc.), - keine Delegationsmöglichkeiten bei Kapazitätsengpässen. - häufiger ungeplanter Medienwechsel (z.B. Telefon). - zyklische Spitzenbelastungen (z.B. Monatsabschlüsse, Dispo- und Lohnläufe). • Gefährdungen, wie bei sonstiger Bildschirmarbeit, z.B. durch ergonomische Mängel, Chancen zur Mischarbeit psychische Entlastung, z.B. duch bessere Durchschaubarkeit und Kompetenz	• Belastungsorientierte Bemessung der Fallzahlen oder Betreuungsbereiche • Qualifizierung "On the Job", Lehrgänge, betriebliche Weiterbildung • Ausreichende Personalbemessung • Zeit zur Qualifizierung und Erwerb von Erfahrungen • Zyklische Spitzenbelastungen berücksichtigen • Häufige Störungen der Arbeitsabläufe bei der Kapazitätsplanung berücksichtigen	• (zentrale) Schreibdienste und Massendateneingaben werden aufgelöst. • Entlassung gering qualifizierter Assistenzkräfte • Chancengleichheit für Ältere, Frauen etc. bei der Personalentwicklung • Entgeltfindung • Statusprobleme bei Wegfall von Assistenzkräftern	• SAP-fördert dieses AO-Leitbild durch Integration und Einmaldatenerfassung • Belastung durch z.T. mangelnde Fehlerrobustheit und Probleme bei der Unterbrechung im Bearbeiten von Transaktionen • Fremdbestimmung des persönlichen Arbeitsstils durch Workflow-Automation oder Entlastung durch klare Ablaufvorgaben im Bereich der Standardvorgänge • Vermehrte Bildschirmarbeit durch Integration im System; Schnellerfassungsmasken bereitstellen • Individuelle Bildfolgen, Menü- und Maskengestaltung ermöglichen.

Übersicht 2
Mischarbeit an
Bildschirmarbeitsplätzen

Leitbilder/ Definitionen	Rechtliche Aspekte, Vorschriften und Empfehlungen	Gesundheitliche Probleme, die für Mischarbeit sprechen	(Arbeits-)organisatorische Probleme / Anforderungen	sonstige betriebliche Probleme / Anforderungen	SAP-Probleme und Stellschrauben
Mischarbeit an BS-Arbeitsplätzen klassische Definition: nicht mehr als 4 Stunden täglich am Bildschirm oder weniger als 50% der täglichen Arbeitszeit. D.h. Unterbrechungen durch andere Tätigkeiten, wie z.B. Verhandlungen, Teambesprechungen und andere, nicht so EDV-gestützte Aufgaben.	Forderung aus • Bildschirmarbeitsschutzverordnung § 5 • EU-BS Richtlinie (Art 7) • DIN/EN 29241-2/4.1.4.2: 4.3 • Bestandteil vieler alter Betriebsvereinbarungen aus den 80er Jahren • BetrVG • § 90 / 91 • § 80.1 • § 87.17 • UVV-Arbeit an Bildschirmgeräten VBG 104 Entwurf 1995	• Für kurzzyklische EDV-Arbeiten (z.B. Dateneingabe, Belegprüfung) wichtig, weil z.B. - Augenbelastung - Bewegungsarmut - Strahlenbelastung - einseitige körperliche Belastung --> RSI/Rücken etc • Für EDV-gestützte Sachbearbeitung (SAP) wichtig, weil: - Streß, z.B. durch Ablaufprobleme aufgrund von Systemfehlern anderer Mitarbeiter (Fehlerdomino) oder Störungen - Vermehrte Dateneingabetätigkeit (--> integrierte Sachbearbeitung), sonst wie kurzzyklische BS-Arbeit • Hardware-ergonomische Mängel (Tisch, Stuhl, Bildschirm) und Software-ergonomische Mängel (z.B. Fehlerrobustheit, Maskengestaltung etc.) verstärken g.f. obige Probleme bzw. bedingen sie ursächlich	• Der zunehmende Durchdringungsgrad von BS-Arbeit läßt immer weniger Mischarbeit zu (z.B. SAP/Multimedia) • Pausenregelungen werden von den Arbeitnehmern kaum eingehalten bzw. ihre Mißachtung wird von oben billigend akzeptiert, gar organisatorisch provoziert • Direkte menschliche Kommunikation, Abstimmung wird u.a. durch tayloristische Workflow-Systeme zu ersetzen versucht. • Qualifizierte Assistenzarbeit reduziert u.U. die Belastungen kurzzyklischer BS-Arbeit • Teamstrukturen, bereichsübergreifend oder lokal, erfordern mehr direkte Absprachen, Sitzungen bzw. Medienwechsel (z.B. Telefon) • Sparsame Integration von Datenstrukturen ermöglichen weiterhin analoge Arbeitsmittel (z.B. Akten, Kataloge etc.)	• Sensibilisierung der Mitarbeiter für Gefährdungen und eigene Verantwortung (Verhaltensprävention) • der BR schwimmt gegen den Strom (Technikbremser) • die Durchsetzung der EU-Richtlinie wird in den Widerspruch zwischen Krisenbewältigung und Gesundheitsgefährdung getrieben • Widerstand der EDV-Organisatoren und SAP-Projekte aufgrund von Überforderung oder Unverständnis • Flucht in die 'Pausen-Regelung'	• Berechtigungssystem --> Arbeitsverteilung/Arbeitszuschnitte • ein hoher Integrationsund Abbildungsgrad des Systems erschwert die Mischarbeit • Softwareergonomische Gestaltung der Masken, Bildfolgen etc. zur Belastungsminderung • Belastung durch Datenverantwortung (Einmalerfassung) • Belastung durch fehlendes Integrationswissen (z.B Fehlerdomino) und direkte Kommunikation entlang der Geschäftsprozesse

Übersicht 3
(qualifizierte)
assistenzgestützte
Sachbearbeitung

Leitbilder/ Definitionen	Rechtliche Aspekte, Vorschriften und Empfehlungen	Gesundheitliche Probleme, die für Mischarbeit sprechen	(Arbeits-)organisatorische Probleme / Anforderungen	sonstige betriebliche Probleme / Anforderungen	SAP-Probleme und Stellschrauben
Im Gegensatz zur "Service-gestützten Sachbearbeitung" übernehmen die Assistenz-kräfte nicht nur die Daten-eingabe und Ablagearbeiten, sondern auch (< 50) an-spruchsvollere Sachbearbei-tungstätigkeiten. Die Arbeitsteilung ist flexibel gestaltet (—> Mischarbeit).	• DIN/EN 29241 Teil 1, 2 und 10 • BetrVG: § 92 Personalplanung § 98 Qualifizierung § 99 Personelle Einzelmaß-nahmen § 111 ff Interessenausgleich § 87.1.7 Maßnahmen zum Gesundheitsschutz § 90 Unterrichtung bei Planungen § 91 Mitbestimmung bei offensichtlichen Widersprüchen zu gesicherten arbeits-wissenschaftlichen Erkenntnissen § 87.1.10 Entlohnungsgrund-sätze • UVV Arbeit an Bildschirm-geräten (VBG 104 Entwurf 1995)	• bei Abwälzung nur kurz-zyklischer BS-Arbeit auf die Assistenzkräfte klas-sische BS-Gefährdungen (—> Mischarbeit) • Streßbelastungen durch Probleme flexibler Ar-beitsteilung (—> Team) • Überforderung bei nicht angemessener Qualifi-zierung der Assistenz-kräfte und • zu große Fallzahlen bzw. Betreuungsbereiche • soft- und hardwareergo-nomisch bedingte Bela-stungen. Gefährdungen: - gute Möglichkeiten für Mischarbeit - lernförderliche Arbeits-situation - Abbau von Isolation - bessere Vertretungs-möglichkeiten als bei der integrierten Sach-bearbeitung	• Schwierige Bestimmung des Verhältnisses von Ar-beitsvolumen und Perso-nalbemessung (z.B. 1 Sachbearbeiter, halbe Assistenz bei x Fällen) • Flexible Arbeitsteilung erfordert die Qualifizie-rung der Assistenzkräfte vom Standpunkt der maximalen Anforde-rung aus. • Kooperationsunterstüt-zende Maßnahmen sind zumeist erforderlich (—> Teambildung) • Sprungbrett für Assi-stenzkräfte zur Sachbe-arbeitung (Personalent-wicklung) • Assistenzgestützte Sach-bearbeitung ist als Maß-nahme gegen den Arbeits-platzverlust von klassi-schen Assistenzkräften und Überforderungen bei autarker SB geeignet.	• Entgeltfindung • Personalauswahl (Assistenzkräfte) • Statusdenken klassischer Sachbearbeiter • verkürzte Wirtschaftlich-keitsüberlegungen • arbeitsmarktgerechte Qualifizierung für Assi-stenzkräfte (kein Berufs-bild!) • Sachbearbeiter als (kleine) Führungskraft	• Mischarbeit wird auch hier bei fortschreiten-der EDV-Integration und Automation schwierig. • hohe Anforderungen an die Assistenzkräfte bei der Übernahme von Da-tenerfassung und Pflege (Verantwortung, Diszi-plin, Qualifikation) • Es fehlt derzeit ein Verfahren, das SAP-ge-stützte Arbeitsvolumen für die kleinteamflexible Arbeitsteilung zu planen. • Berechtigungsvergabe • Software-ergonomische Stellschrauben, z.B. - persönliche Masken-und Menügestaltung - Schnellerfassungsmasken - spezifische Hilfetexte

Übersicht 4
Gruppen und
Teamorientierte
Sachbearbeitung

Leitbilder / Definitionen	Rechtliche Aspekte, Vorschriften und Empfehlungen	Gesundheitliche Probleme, die für Mischarbeit sprechen	(Arbeits-)organisatorische Probleme / Anforderungen	sonstige betriebliche Probleme / Anforderungen	SAP-Probleme und Stellkschrauben

Gruppenarbeit:
 	
• Gemeinsame Kernaufgabe
• Autonomie z.B. bei der internen
  - Arbeitsverteilung
  - Verantwortungsverteilung
  - Wahl der Arbeitsmittel
• gemeinsame Vertretung nach außen
• Aufgabenintegration entlang der Prozeßkette und über die Fachbereichsgrenzen hinaus.
  z.B. bereichsorientierte Personalarbeit
  z.B. Auftragsinseln
  z.B. Logistikinseln
 	
Teamarbeit:
 	
• Zeitlich begrenzte Gruppenarbeit, z.B. Projektarbeit bei (Groß-)Aufträgen, zumeist fachbereichsübergreifend
	• DIN/EN 29241 Teil 1, 2 und 10
	• BetrVG.
	§ 92 Personalplanung
	§ 98 Qualifizierung
	§ 99 Personelle Einzelmaßnahmen
	§ 111 ff u.U. Interessenausgleich
	§ 87 17
	§ 90 / 91
	§ 87 1 10
	• VBG 104 (Entwurf)
		• Belastung / Gefährdung durch z.B.:
		  - zu große Arbeitsvolumina
		  - zu geringe Zeitbudgets für Abstimmungsarbeiten
		  - fehlende Mischarbeit, besonders bei den Assistenzkräften
		  - Gruppenkonflikte
		  - einseitige interne Aufgabenteilung (v.a. Assistenztätigkeiten)
		  - Arbeitsintensivierung via Gruppendruck
		  - nicht gruppentaugliche Arbeitsmittel (z.B. EDV-Präsentation, unterschiedliche Benutzeroberflächen)
		  - Gefährdung durch Bildschirmarbeit (—> Mischarbeit)
		• gute Chancen für Mischarbeit
		• Lernförderliche Arbeitssituation (Abbau von Überforderung und Isolation)
			• Integration von qualifizierten Assistenzkräften (Abschiebeeffekte auf klassische Assistenztätigkeiten)
			• Ausgrenzung von Minderleistungsfähigen
			• klare Definition der Kernaufgabe bzw. der Projektziele, Ressourcen, Verantwortung
			• Qualifizierung (soziale Kompetenzen und fachliche Schnittstellenqualifikationen)
			• Bestimmung des Autonomiegrades des Teams bzw. der Gruppe
			• (fehlende) Beratungs- bzw. Moderations- und Supervisionsressourcen
			• Einordnung des unteren Linienmanagements (z.B. Gruppenleiter)
				• Entgeltfindung
				• Fachbereichsabschottung (Fürstentümer)
				• Gruppenegoismus gegenüber Kollektivinteressen
				• By-pass-Selbstvertretung am Betriebsrat vorbei (eigene Interessenvertretung)
				• Entmachtung des Linienmanagements bzw. Wegfall der Aufgaben von z.B. klassischen Gruppenleitern
				• Personalauswahl und Personalentwicklung
					• SAP kann aufgrund der Integrationsleistung, der homogenen Benutzeroberfläche und des differenzierten Berechtigungssystems Team- und Gruppenarbeit unterstützen
					• Die hohe Integrationstiefe und Abbildungstiefe führt zu einer starken Medienbindung (SAP) und Einschränkung der Wahl der Arbeitsmittel
					• SAP setzt auch hier eine umfassende Qualifizierung, insbesondere hinsichtlich der verschiedenen Abbildungsebenen und Integrationsabläufe voraus (fachliches Methodenwissen besonders an den fachlichen Schnittstellen)
					• Online-Präsentation von SAP-Informationen, z.B. Overheaddisplays
					• flexibles, selbstbestimmtes Workflow-Management

Qualifizierung als Schlüssel zum Erfolg und ständiger Interessenkonflikt

In vorangegangenen Kapiteln und anderen Teilen dieses Buches haben wir schon auf die Notwendigkeit intensiven Lernens und Qualifizierens im Rahmen von SAP-Einführungsprozessen hingewiesen.

Die Tatsache aber, daß bei vielen Projekten immer noch an der Qualifizierung der Mitarbeiter gespart oder mit ungeeigneten Methoden Wissen vermittelt wird, hat uns veranlaßt, diesen zentralen Punkt einer arbeitsorientierten und sozialverträglichen SAP-Einführung aus der integrierten Betrachtung herauszulösen und hier als Querschnittsthema zu behandeln.

Dabei werden wir im ersten Abschnitt anhand einer detaillierten Darstellung verbreiteter Defizite in der Planung und Durchführung von Qualifizierungsprozessen den erforderlichen Handlungsrahmen abstecken. Der zweite Abschnitt befaßt sich mit den Vor- und Nachteilen von Lernformen in SAP-Projekten und deren arbeitsorientierten Optimierungsmöglichkeiten. Im dritten Abschnitt werden, ausgehend von den in Teil B entwickelten Vorgehensmodellen, Empfehlungen zur Organisation und Planung entwickelt sowie notwendige Rahmenbedingungen für projektbezogene Qualifizierungsprozesse beschrieben.

1. Der normale Gang der Dinge?

Zum Einstieg wollen wir drei Episoden aus dem SAP-Qualifizierungsalltag erzählen. Die meisten Leser werden sich sicher an ähnliche Situationen erinnern können.

Herr Schulz

a) Herr Schulz ist als Organisationsprogrammierer seit zwei Jahren im Unternehmen tätig. Er ist EDV-seitig im SAP-Projektteam und soll in der MM-Projektgruppe mit einem ebenfalls noch nicht mit SAP vertrauten EDV-Kollegen zusammenarbeiten. Der MM-Spezialist einer namhaften Unternehmensberatung steht ebenfalls - aber nur begrenzt - zur Verfügung. Das Logistikwissen sollen die Projektmitglieder aus dem Einkauf, der Arbeitsvorbereitung und der Produktionssteuerung einbringen.

Die Projektleitung hat sich im Rahmen des Aufgabenpakets 1.3 (Task 117 Projektteam schulen) aufgrund knapper Zeit- und Geldressourcen für ein „kombiniertes Konzept" aus Herstellerschulung, gegenseitiger Vermittlung im Team und einem durch den Berater angeleiteten „Training on the Job" entschieden. Ein durchaus überzeugendes Konzept - aber es kam anders:

- Jedes Projektgruppenmitglied fuhr allein auf je einen speziellen Kurs zu SAP nach Walldorf.
- Die persönliche Nacharbeit der SAP-Kurse am System und die gegenseitige Wissensvermittlung fiel aus Zeitgründen unter den Tisch: „Die Produktion geht vor" (für die Fachbereichs-Mitarbeiter), „die Projektarbeit geht vor" (für die EDV-Leute).
- Der externe MM-Spezialist übernahm (zwangsläufig) das Zepter in der Projektgruppe und trainierte nach seinem Gutdünken das Team: Task für Task, denn eine formelle „Nachschulung" ging oben nicht mehr durch.
- Herr Schulz war ständig überfordert, da er sich weder sicher im SAP-System bewegen konnte noch die logistischen Fach- und Betriebsspezifika soweit beherrschte, daß er sie mit der Systemfunktionalität eigenständig hätte „verheiraten" können.

Frau Meier

b) Frau Meier ist seit 23 Jahren, zuletzt als Disponentin, im produktionsnahen Einkauf tätig. Sie ist beliebt und geachtet, da sie mit ihren Betriebskenntnissen und Lieferantenkontakten schon manchen Materialengpaß hat „managen" können. Nicht zuletzt aufgrund dieser Unentbehrlichkeit und ihres Alters ist sie nicht Mitglied der Projektgruppe geworden. „Auch die Jüngeren müssen ihre Chance bekommen", philosophiert sie dazu. Vom laufenden SAP-Projekt hat sie aber ansonsten, bis auf einige aus ihrer Sicht oberflächliche Fragen während der IST-Analyse, einigen Bemerkungen ihres Chefs und der Kollegen sowie auf der Betriebsversammlung über den Betriebsrat nichts Inhaltliches mitbekommen. Nur die sowieso schon knappe Zeit für die normalen Dispositions- und Bestellvorgänge - denn es soll alles besser werden - wurde durch die ca. 50%ige Abwesenheit eines Kollegen - „ich muß ins Projekt, kannst Du das mal übernehmen" - für sie noch enger. Dauernde Überstunden und ein zunehmend angespanntes Klima im Einkauf - „einer wird langfristig über sein", so die Gerüchte - ließ sie an ihre persönliche Belastungsgrenze kommen. Nach ca. einem halben Jahr war es endlich soweit, der Anwender-Schulungstermin für den Einkauf war auf Donnerstag und Freitag festgelegt. Vorarbeiten war angesagt, damit nicht während der Schulung die Produktion zusammenbricht. Gerade in dieser Woche kamen auch noch die neuen Terminals / PCs, „zunächst bloß zum Üben" - wurde gesagt.

Völlig entnervt, noch mit einigen laufenden Bestellposten im Kopf, saß sie am Donnerstag im SAP-Schulungsraum, der verglichen mit ihrem Arbeitsplatz mehr einem Konferenzzimmer ähnelte (alles neu und vor allem hell). Ein smarter Jüngling erzählte foliengestützt zunächst etwas über SAP-Module - Integration - Ablaufmodellierung - Einmaldatenerfassung usw. und daß man sich nun etwas umstellen müsse. Stücklisten, Primärbedarfe, BANFEN, Lieferantenstamm, Einkaufsgruppen, Terminierung etc. folgten als Überblick im Folienkino. Danach wurde es ernst, die Geräte (für jeden ein persönliches) sollten eingeschaltet werden ... Code eingeben ...Transaktionen durchhecheln, Tabellenerklärungen etc. und zwischendurch immer wieder ein zaghaftes Nachvollziehen am eigenen System. Nach zwei Tagen nimmt der Dozent sich selbst in Schutz, indem er darauf hinweist, daß man jetzt sicherlich noch nicht völlig fit sei, aber die Geräte stehen ja nun schon am Arbeitsplatz, und „Sie haben noch ca. drei Wochen zum Üben - bis zum Produktivstart - und für Fragen stehe ich Ihnen auch weiterhin gerne zur Verfügung. Meine Haustelefonnummer ist ...".

Aufgrund der nicht abnehmenden „Normalbelastung" kam natürlich niemand so recht zum Üben und zu Fragen an den netten Herrn. Für Frau Meier und nicht nur für sie wurde der Start im Echtsystem zu einem persönlichen Desaster.

Der Betriebsrat

c) **Der Betriebsrat** eines großen Unternehmens bekam über eine engagierte Vertrauensfrau aus dem Verkauf und gerüchteweise aus der Kommissionierungs- und Versandstelle des Betriebes mit, daß ca. drei Monate nach dem Produktivstart von SAP-RV immer noch chaotische Zustände herrschten. Beispielsweise fehlten Lieferscheine für die von der Produktion angelieferten Chargen; Kunden bekamen die falschen Produkte oder die richtigen mit falschen Versandpapieren; viele Kommissionslisten stimmten in Einzelposten nicht mit den Kunden-Auftragspositionen überein etc. Die verantwortlichen Führungskräfte und das schon entlastete Projektteam führten diese Störungen zunächst auf normale Anlaufschwierigkeiten, dann auf die aktuelle konjunkturelle Überlastung der Abteilungen, schließlich auf die Sturheit und Inflexibi-

lität der Mitarbeiter zurück - sogar das Wort „passiver Widerstand"
fiel. Doch jede Abteilung schob natürlich der anderen die Schuld an
den Fehlern zu, und alles blieb wie es war. In Eigeninitiative versuchte
nun der Betriebsrat gemeinsam mit der Vertrauensfrau, den Zuständen
auf den Grund zu gehen und setzte nach eingehender Befragung der
Betroffenen eine eintägige Nachschulung der Versandstelle und des
Verkaufs durch (gefordert waren zwei Tage). Er machte mit Unterstützung eines RV-kundigen Kollegen aus der ehemaligen Projektgruppe
für diesen Kurs auch einen detaillierten Vorschlag, der im Kern darauf
abzielte, normale SAP-Abläufe zwischen Verkauf, Produktion, Versand
und Fakturierung in einem Raum arbeitsteilig durchzuspielen und die
dabei aufgetretenen Probleme, Unsicherheiten und Fehler zu diskutieren. Diese Veranstaltung wurde von den Betroffenen so stark als Erfolg
und Entlastung empfunden, daß sie in Eigeninitiative den anschließen-
den Samstag vormittag noch weitermachten. Der Kern ihrer gemeinsamen Erfahrung war nämlich, daß sie zum ersten Mal praktisch die SAP-
Integration erlebten, das Fehlerdomino falscher oder fehlender Eingaben
nachvollziehen und vor allem ihre persönliche Wirkung auf die folgenden Arbeitsschritte und Kollegen hautnah spüren konnten. Die Folge
dieses „Integrationstrainings" auf Betriebsrats-Initiative war ein deut-
liches Zurückgehen der Fehlerraten und eine Zunahme positiver, ab-
stimmungsorientierter, direkter Kommunikation zwischen den Abteilungen.

Sensibilität ist gefordert   Mit diesen drei, - bis auf die letzte - noch allzu normalen Episoden aus
dem Qualifizierungsalltag von SAP-Projekten wollten wir entlang der
klassischen Qualifizierungstirade Schulung der Projektgruppe, Anwenderschulung, Nachbetreuung nicht nur für die funktionale Seite des
Problems, sondern vor allem auch für die menschliche, persönliche Be-
lastungs- und Verarbeitungssicht sensibilisieren. Denn diejenigen, die
die Qualifizierung von Mitarbeitern planen, darüber (mit)entscheiden
oder gar ihr mühsam erworbenes SAP-Wissen in Schulungen weitergeben, haben allzuhäufig weder ein Gespür dafür entwickelt noch
sich das Verständnis bewahrt, was es bedeutet, sich über ein EDV-System
vermittelt neue Abläufe, Datenstrukturen bzw. eine neue persönliche
Arbeitsorganisation anzueignen. Man braucht dazu kein professioneller
Erwachsenenpädagoge oder ein Naturtalent zu sein, sondern sich bloß
einmal die Mühe machen, sich in die eigene Vergangenheit oder in einen
konkreten Mitarbeiter hineinzuversetzen.

So eingestimmt verwundern die obigen Umfrageergebnisse aus zwei SAP-Fallbetrieben sicher ebensowenig wie die nun folgenden sys-

C 2-1
exemplarische
Befragungsergebnisse
aus zwei SAP-
Anwenderbetrieben

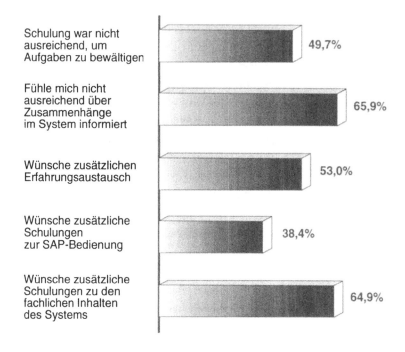

Schulung war nicht ausreichend, um Aufgaben zu bewältigen — 49,7%

Fühle mich nicht ausreichend über Zusammenhänge im System informiert — 65,9%

Wünsche zusätzlichen Erfahrungsaustausch — 53,0%

Wünsche zusätzliche Schulungen zur SAP-Bedienung — 38,4%

Wünsche zusätzliche Schulungen zu den fachlichen Inhalten des Systems — 64,9%

Übliche Defizite weisen auf Anforderungen hin.

tematischen Defizit- bzw. Problemlisten, die uns sowohl im Forschungsprojekt als auch in unseren Beratungen immer wieder entgegentreten. Wir haben diese Defizitaufstellungen nach drei Problembereichen gegliedert.

a. Qualifizierungsinhalte für die verschiedenen Zielgruppen (Projektleiter/ Projektmitarbeiter / SAP-Anwender / die Entscheider: Geschäftsführung und Betriebsrat) jeweils nach zwei Wissensarten differenziert,

- dem „Überblicks- bzw. Kooperationswissen", das zum Navigieren in der Projektkomplexität und zur Kommunikation auch über die Modul- bzw. Fachbereichsgrenzen hinaus erforderlich ist und
- dem „Handlungs- bzw. Werkzeugwissen", das für die „handwerkliche" Umsetzung von Projektaufgaben benötigt wird.

b. Vermittlungsformen von Wissen für die Projektarbeit und SAP-Anwendung

c. Rahmenbedingungen des Lernens im Projekt und nach dem Projektstart

A. Problembereich: Qualifizierungsinhalte

1. Für Projektgruppenmitglieder, (Teil-) Projektleiter und Berater

Zu wenig Überblicks- bzw. Kooperationswissen über:

- mögliche Auswirkungen von SAP auf die gesamte Unternehmensorganisation (z.B. neue Macht- und Aufgabenverteilung, Formalisierung) und entsprechende Alternativen und Leitbilder,
- fachliche Zusammenhänge im SAP-Anwendungsbereich (z.B. Produktions-Planungsverfahren) bzw. EDV-Restriktionen (z.B. Abbildungsprobleme von teilautonomen Fertigungsinseln),
- menschengerechte Arbeitsorganisation, Soft- und Hardware-Ergonomie und deren einschlägige Vorschriften und Empfehlungen (vgl. C 1),
- Datenschutz und Betriebsverfassung sowie andere rechtliche Vorgaben und Pflichten, z.B. aus Betriebsvereinbarungen,
- Organisations- und Personalentwicklungsprozesse nebst ihren betrieblichen Rahmenbedingungen,
- Projektablauf und Aufbauorganisationsalternativen, Führen in Projekten, Teamarbeits- und Beteiligungsformen (z.B. Prototyping, Moderation, Öffentlichkeitsarbeit),
- erwachsenengemäßes Lernen (Didaktik und Methodik),
- die jeweiligen betriebsspezifischen Traditionen, Spielregeln, Praktiken und Leitbilder bzw. Ziele, um in den Teams die jeweiligen Sprach-, Denk- und Handlungsmuster der jeweiligen Fachspezialisten verstehen, einbeziehen und bewerten zu können.

Zu wenig Handlungs- bzw. Werkzeugwissen über:	• Arten von beteiligungsorientierten Ist-Analyseverfahren und Ziel- bzw. Soll-Konzeptentwicklungen, (z.B. Formulierung sozialer Pflichtenhefte),

- Arten von beteiligungsorientierten Ist-Analyseverfahren und Ziel- bzw. Soll-Konzeptentwicklungen, (z.B. Formulierung sozialer Pflichtenhefte),

- arbeitsplatzbezogene Gefährdungsanalysen (Methoden / Vorgehen / Grenzen),

- Team- und entscheidungsbezogene Arbeitstechniken, Präsentations- und Moderationsverfahren, rollierende Projektplanung etc.,

- detaillierte Kenntnisse zu Vorschriften und Empfehlungen zur Gestaltung von Bildschirmarbeitsplätzen (z.B. Bildschirmarbeitsverordnung / DIN-EN-Normen),

- Stellschrauben des SAP-Systems hinsichtlich arbeitsorientierter Gestaltungsanforderungen und des Datenschutzes,

- anwenderbezogene Vermittlungsformen von Fach- und SAP-Wissen,

- menschengerechte Ablauf- und Arbeitsplatzgestaltung,

- Navigationsmöglichkeiten und Integrationszusammenhänge im gesamten SAP-System,

- beteiligungsorientiertes Prototyping bzw. Customizing und ABAP-Programmierung vor Ort,

- realistische Kapazitätsplanung für die Projektmitarbeiter und die Entsenderfachbereiche.

2. Für die unmittelbaren SAP-Anwender:

Zu wenig Überblicks- bzw. Kooperationswissen über:

- die Ziele, Leitbilder und möglichen Auswirkungen sowie Perspektiven des gesamten SAP-Projektes, für alle Mitarbeiter und sich persönlich,

- die Projektaufgaben, ihre Ablauf- und Aufbaustruktur sowie die eigenen Einflußmöglichkeiten und Rechte,

- die gesamte (neue) Ablauf- und Aufbauorganisation des Betriebes (die „Struktur" der Prozeßketten),

- die an die eigene Aufgabe angrenzenden bzw. über SAP-integrierten fachlichen Abläufe, Daten, Personen, Interessen und SAP-Funktionalitäten in ihrem Geschäftsprozeß,

- Belastungen und Gefährdungen durch Bildschirmarbeit aus verhältnis- und verhaltenspräventiver Sicht,

- alternative Organisationsformen SAP-gestützter Sachbearbeitung und ihre Auswirkungen auf die Gesundheit, Qualifikationen und die Entgeltgestaltung,
- die Ziele und laufenden Mitbestimmungsaktivitäten des Betriebsrates, bestehende Betriebsvereinbarungen etc.

Zu wenig Handlungs- bzw. Werkzeugwissen über:

- Navigations-, Informations- und Einstellungsmöglichkeiten im eigenen SAP-Arbeitsbereich über die Kenntnisse der Kern-Transaktionen bzw. Menüs hinaus,
- die notwendigen und optionalen abstimmungs- und SAP-bedingten Arbeitsabläufe bzw. Entscheidungsgegenstände im eigenen Aufgabenprofil,
- die Datenqualität und fachlichen Funktionalitätsgrundlagen (z.B. Aktualität, Rechenwege, Modellannahmen),
- die rechtlichen und betrieblich gebotenen Datenverarbeitungskonventionen (z.B. Datenschutz, Grundsätze ordnungsgemäßer Datenverarbeitung/ aus betrieblichen Richtlinien, Betriebsvereinbarungen),
- die Möglichkeiten einer belastungs- und gefährdungsarmen Arbeitsplatzgestaltung und der persönliche Mitwirkungs- bzw. Gestaltungsanteil daran (z.B. Sitzposition, aktive Pausen, SAP-Stellschrauben zur persönlichen Arbeitserleichterung),
- die Auswirkungen der eigenen Arbeit im System (nicht nur das Fehlerdomino) auf andere SAP-Anwender und mittelbar betroffene Bereiche/ Mitarbeiter (z.B. Fertigung, Montage, Lager).

3. Für die mit SAP befaßten Entscheider (Geschäftsführung / Betriebsrat / Mitglieder des Lenkungskreises)

Zu wenig Überblicks- bzw. Kooperationswissen über:

- die Notwendigkeit, ein SAP-Projekt Top-Down zu orientieren (Leitbilder), zu unterstützen (z.B. Ressourcen, Promotion) und sozialverträglich zu steuern,
- die sozialen Pflichten, Rechte der Mitarbeiter und Interessenver-

tretungen, für deren Umsetzung und Aushandlung auch Ressourcen (z.B. Zeit, Qualifikationen) bereitgestellt werden müssen,

- die technischen und aufwandsbezogenen Grenzen und Möglichkeiten des SAP-Systems im Verhältnis zu den gewünschten und angezielten betrieblichen Effekten des Projektes,
- die betriebliche Integration des SAP-Projektes in weitere laufende oder geplante Änderungsprojekte (Multiprojekting),
- die sonstigen Mißerfolgs- und Erfolgsfaktoren einer SAP-Einführung und die damit einhergehende Verantwortung des Top-Managements.

Zu wenig Handlungs- bzw. Entscheidungs- wissen über:

- die realen Aufgaben, Abläufe, Probleme und Schwierigkeiten des SAP-Projektes als Voraussetzung für zielgerichtete Interventionen auch außerhalb eines Meilenstein-Controllings (Untersuchungs- und Informationsanforderungen),
- die realen Alternativen einer Organisation von Prozeßketten und Arbeitszuschnitten, um im Konfliktfall die Letztentscheidung kompetent und leitbildorientiert treffen zu können,
- die konkreten Möglichkeiten und Voraussetzungen einer konsequenten zielorientierten Delegation von Problemlösungen in das SAP-Projekt (z.B. über Vertrauenspersonen für den Betriebsrat, SAP-Fachbereichs-Koordinatoren, externe Berater),
- die rollenspezifischen Techniken und Verhaltensweisen zur Aushandlung von Widersprüchen und Konflikten zwischen Betriebsrat und Geschäftsführung sowie zwischen Mitarbeitergruppen, Abteilungen bzw. Fürstentümern,
- flexibel an Sozialverträglichkeit und der Betriebsverfassung orientierte Projektaufbau- und Ablauforganisations-Alternativen für SAP-Projekte.

B. **Problembereich: Vermittlungsformen von Wissen für die Projektarbeit und SAP-Anwendung**

- zu wenig auf die Teilnehmervorerfahrungen und Lerngewohnheiten abgestimmte Wissensvermittlung,
- zu geringe konkrete Betriebsbezogenheit der Beispiele und SAP-Funktionalitätenauswahl (vor allem für Anwender) bei externen Schulungen und externen Dozenten in Inhouseschulungen,
- zu wenig eigene Erkundungsarbeit im System, zuviel frontales Dozieren und Vorführen,
- zu wenig Möglichkeiten (Zeit und Testsystem) zum eigenständigen Nacharbeiten am System nach vorangegangenen Frontalschulungen,
- zu wenig gruppenbezogenes Lernen und integrationsbezogenes Planspielen entlang der SAP-gestützten Prozeßketten,
- zu wenig offizielle Nachschulungs- und Erfahrungsaustauschmöglichkeiten im Projektverlauf und nach dem Produktivstart,
- zu wenig betriebsspezifische Dokumentations- und Hilfetexte im System für persönliche Eigenerkundung, Nacharbeit und Spezialfälle außerhalb der Routinen,
- zu wenig unterstützende Mitarbeit durch Projektgruppenmitglieder und Koordinatoren bzw. echtes „Training on the Job" mit entsprechenden fehlerverzeihenden Rahmenbedingungen (Zeit, Fehlerrobustheit des Systems, fachliche Unterstützung),
- zu wenig Prototyping (Ausprobieren) bezogen auf Abläufe, Gestaltung der Benutzeroberfläche, Arbeitszuschnitte und SAP-Funktionen in der Projektphase,
- zu wenig didaktische Integration von SAP-Funktionen, fachlichem Wissen und sozialem Lernen.

C. **Problembereich: Rahmenbedingungen des Lernens im Projekt und danach**

- zu wenig arbeitsmarktrelevante Qualifizierung (z.B. Zertifizierung / Berufsbildbezug),
- zu wenig Zeit und Entlastung von der Normalarbeit in den Lern-

phasen (unrealistische Kapazitätsplanung im Projekt und in den Fachbereichen),

- zu wenig Unterstützung und Motivation seitens der Linienvorgesetzten („Die Produktion geht vor!", „Das müßten Sie jetzt aber können!"),
- zu starke Belastung der Kollegen im Fachbereich durch fehlende oder unzureichende projektbezogene Kapazitätsplanung,
- zu späte Schulung von beteiligungsrelevanten fach- und SAP-bezogenen Inhalten,
- fehlendes oder unbrauchbares SAP-Test- oder Spielsystem,
- zu starker (Zweck-)Glaube der Führungskräfte und Entscheider, daß SAP leicht erlernbar ist oder daß die systemeigenen Disziplinierungspotentiale zum Erlernen und Arbeiten ausreichen,
- keine Evaluation der fachlichen und EDV-bezogenen Kenntnisse und Vorerfahrungen (z.B. in der Ist-Analyse),
- zu kleine Schulungsbudgets (Geld und Zeit) für kompetente in-house- oder externe Schulungen,
- keine fachliche Unterstützung des Projektes durch die Personalabteilung bei der Qualifizierungsplanung und Personalentwicklung,
- kein Controlling zur Unterstützung und Steuerung der Qualifizierungs- und Personalentwicklungsprozesse.

Die in den obigen Defizitlisten aufgeführten Wissensbereiche für die verschiedenen Akteure der SAP-Projekte sind nicht alle allein durch formelle Schulungs- oder Qualifizierungsmaßnahmen zu erlernen. Sie können vielfach erst in einem gemeinsamen betrieblichen Lernprozeß entwickelt werden. Gleichwohl sollten auch diese Lernprozesse zielgerichtet im Projekt organisiert, d.h. in der Projektaufbau- und -ablauforganisation berücksichtigt werden.

Deshalb werden wir in den folgenden Kapiteln unter Rückgriff auf unsere Vorgehensempfehlungen aus Teil B die Organisation und Planung von Qualifizierung und Lernen in den Vordergrund rücken.

2. Zu arbeitsorientierten Lernformen in SAP-Projekten

Wenn es nach unseren Betriebsbeobachtungen ginge, gäbe es nur zwei SAP-bezogene Lernformen: Training on the Job bzw. sich durchwursteln (Muddling through) und Frontalunterricht mit Übungsaufgaben am Testsystem, sei es bei SAP in Walldorf oder in unternehmenseigenen Schulungsräumen. Mittlerweile gibt es aber auch Computer-basiertes-Training (CBT-Programme) für einzelne SAP-Funktionen und Überblicke, die hier und da an Mitarbeiter verteilt werden, ohne jedoch entsprechende Zeiten dafür zu budgetieren, sowie Bücher und Artikel zu SAP, die auch hier und da betrieblich empfohlen werden.

Individuelles Lernen steht im Vordergrund.

Kurz: alle derzeit formell praktizierten Lernformen sind auf individuelle Wissensaneignung und das System-Handling ausgerichtet. Daß dies teilweise in (Groß-)Gruppen stattfindet, ist nur eine Frage des Wirkungsgrades des jeweiligen Dozenten und nicht etwa eine Frage der Methodik im Sinne einer dialogorientierten Lernsituation. Daß diese Experten- und Individualorientierung weder mit Team- oder Gruppenarbeit, ablaufintegrierenden Softwaresystemen noch mit kontinuierlichen Verbesserungsprozessen usw. harmoniert, ist ebenso evident. Zudem sind diese Lernformen aus Sicht der Erwachsenenpädagogik weniger effektiv als dialogorientiertes Lernen in Gruppen und benachteiligen systematisch diejenigen Mitarbeiter, die diese klassischen Lernformen nicht (mehr) gewohnt sind oder aufgrund ihres spezifischen Lerntyps andere Aneignungsarten von Wissen benötigen.

Damit diese betriebliche Monokultur des Lernens etwas in Bewegung kommt, haben wir im folgenden verschiedene Lernformen mit ihren Vorteilen und Problemen sowie arbeitsorientierten Optimierungsmöglichkeiten übersichtlich darzustellen versucht. Im wesentlichen hatten wir bei dieser Charakterisierung von Schulungen, Trainings, Prototyping und Lerngruppen die Kernqualifizierung in SAP-Projekten - also SAP-spezifische Funktionalitäten und Fachwissensvermittlung - im Blick und überlassen es dem Leser, die Verbindung zu anderen Wissensarten bzw. Inhalten selbst herzustellen.

343

C 2-2
Verschiedene Lerntypen

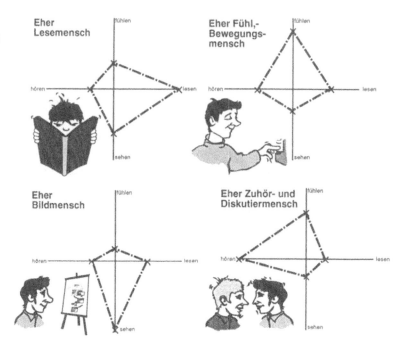

Obwohl wir aus arbeitsorientierter und erwachsenenpädagogischer Sicht dialogorientierte Lernformen favorisieren, ist in der Praxis ein auf den Gegenstand und die Mitarbeiter, also auf ihre Erfahrungen und Fähigkeiten hin abgestimmtes Mix von Vermittlungsformen anzustreben.

Dieser Auswahl- und Planungsprozeß, der z.B. für die Anwender gemäß unseres „modifizierten SAP-Vorgehensmodells" (vgl. B 4) mit der Ist-Analyse im Rahmen der Evaluation von fachlichen Wissensdefiziten und Lernerfahrungen beginnen sollte, ist im weiteren Projektablauf sukzessive unter Beteiligung der Betroffenen weiterzuentwickeln und zu überprüfen. Doch mehr dazu im folgenden Kapitel.

I. Die klassische Schulung:

zur Vermittlung von SAP-Funktionalitäten, Überblicks-Fachwissen für alle Beteiligten

Vorteile	Nachteile/Probleme	arbeitsorientierte Optimierungsmöglichkeiten
• effektiver Experteneinsatz als Dozent (intern/extern),	• i.d.R. Einbahnkommunikation (Experte —> Teilnehmer),	Einbau von echten Dialogphasen (nicht nur Verständnisfragen!), z.B. Eigenerkundung im System, Gruppendiskussion etc.,
• kostengünstiger Einkauf von Spezialwissen, das betrieblich nicht vorgehalten werden kann/konnte,		
• klare Inhaltsstruktur und sequentielle, aufeinander aufbauende Stoffbündel,	• Qualität hängt sehr stark von den didaktischen und methodischen Fähigkeiten der Dozenten ab,	• Supervision/Coaching des Dozenten,
• vom Arbeitsalltag formal abgegrenzte Lernsituation,	• wenig Chance zur Berücksichtigung individueller Vorkenntnisse, Lernerwartungen, Lernfähigkeiten und Erfahrungen,	• Modularität des Angebots (siehe SAP-Angebot) mit Angleichungsphasen bzw. Auffrischung des vorausgesetzten Wissens,
		• Medienwechsel (hören, reden, machen, lesen),
• inhaltlich, zeitlich und personell gut planbar,	• wenig Möglichkeiten zur Lernziel- und Erfolgskontrolle auf beiden Seiten (isolierte Sondersituation),	• Nachbereitungszeit individuell oder in Gruppen (Minimum 50% der Schulungszeit).
• gut zertifizierbar, standardisierbar / wiederholbar, somit relativ geringer Vorbereitungsaufwand und geringe Kosten für das Schulungssystem,	• Betriebsspezifität erfordert hohen Vorbereitungsaufwand,	• Inhouse-Schulung mit homogenen Gruppen (z.B. Abteilungen oder entlang von Prozeßketten),
• bei überbetrieblichen Schulungen: Möglichkeiten zum Erfahrungsaustausch	• externe-überbetriebliche Schulungen sind häufig zu abstrakt bzw. arbeiten mit unspezifischen Beispielen	• wenigstens zu zweit auf eine externe Schulung fahren und gemeinsam nacharbeiten - Betriebsspezifika in Gruppen von den Teilnehmern selbst einarbeiten lassen,
	• teure externe Schulungen werden häufig als Belohnung für spezielle Mitarbeiter mißbraucht bzw. zur verdeckten Personalentwicklung genutzt	• Transparenz der Auswahlkriterien schaffen (bei Spezialkursen u.U. unproblematisch),
		• Kurse mit der Verpflichtung zur Wissensweitergabe belegen und die dazu notwendigen Bedingungen schaffen (z.B. Zeit)

II. Training:

von SAP-Funktionalitäten
sowie Arbeitstechniken,
Moderation etc.

a) individuelles Training
am Testsystem oder mit
CBT-Programm
(Anwender und
Projektmitarbeiter)

Vorteile	Nachteile/Probleme	arbeitsorientierte Optimierungsmöglichkeiten
• Anpaßbarkeit der Lernzeit an den Arbeitsanfall im Alltag,	• "der Arbeitsalltag geht vor", d.h. keine Zeit, keine Ruhe, keine Konzentration am Arbeitsplatz (auch ein Führungsproblem),	• extra Trainingsraum einrichten (Distanz zur Arbeitssituation ermöglichen),
• individuelle Lerngeschwindigkeit und Lernverantwortung möglich,	• keine Dialog-, Diskussions-, Nachfragemöglichkeiten (Festfahren oder Querfragen, die z.B. nicht im CBT behandelt sind),	• Ansprechpartner zur Verfügung stellen, Dokumentationen, Bücher etc. erreichbar machen, Aufgaben vorher durchsprechen etc.,
	• Lernzielkontrolle nur individuell möglich,	• möglichst in Kleingruppen trainieren (2 - 4 Personen),
		• kleine Erfahrungsworkshops anbieten (auch zur Lernzielkontrolle),
• Vorbereitungsaufwand (Übungsaufgaben für Testsystem) relativ gering,	• schlecht plan- und formalisierbar —> häufig als Abwälzung des Qualifzierungsauftrags des Projektes an die Mitarbeiter mißbraucht	• Nachweis von Trainingsstunden einführen (Bindung der Linienvorgesetzten),
• als Nacharbeit von Schulungen (I) geeignet,		• geplante Arbeitsentlastung für das Training
• als Erkundungs- und Navigationstraining einsetzbar,		
• für Personen mit ausgesprochener Vorliebe für Handlungslernen bzw. Ausprobieren geeignet,		
• kostengünstig, u.U. auch privatisierbar (CBT)		

b) Training on the Job
(für Anwender und
Projektmitarbeiter von
SAP-Funktionalitäten,
aber auch von
Arbeitstechniken,
Teamarbeit etc.)

Vorteile	Nachteile/Probleme	arbeitsorientierte Optimierungsmöglichkeiten
• Lernen an realen Problemen und mit nutzbaren Ergebnissen,	• Gefahr der Eingrenzung des Lernstoffes auf den aktuellen Problemhorizont und den unmittelbaren Arbeitsplatz,	• Kombination mit Grundschulungen und sichterweiterndem Integrationstraining,
• Simulation von Echtsituationen läßt Anwendungsprobleme deutlicher werden,	• wenig Didaktisierungsmöglichkeiten des Lernens (Grundlagen und Überblicke),	• didaktische Vorgaben für das Training entwickeln (z.B. Aufgaben),
• individuelle Anpassung der Lerngeschwindigkeit möglich,	• Lernen unter Produktionsdruck bzw. Sondersituation verschwimmt mit Alltagsarbeit,	• reale und offizielle Zeitspielräume bzw. Arbeitsentlastungen festlegen sowie Zeitnachweis für Trainingsstunden,
	weiter auf der nächsten Seite	

Vorteile	Nachteile/Probleme	arbeitsorientierte Optimierungsmöglichkeiten
• geringe Kosten für Vorbereitung, Dozenten und Arbeitsausfall, wenn das eingerichtete System zur Verfügung steht,	• zumeist nur individuelles, isoliertes Lernen (Arbeitsplatz/ Einzelaufgaben) (wie a),	• kurze Erfahrungsworkshops häufig durchführen,
• Prototyping der Arbeitszuschnitte (Berechtigungsvergabe) ist damit verbindbar	•Anleitung und Hilfen schwer organisierbar - häufig als Abwälzung von Belastungen des Projektes auf die Mitarbeiter mißbraucht (wie a)	• Coaching, Mentorenprinzip ermöglicht belastungsarmes, effektives und angeleitetes Training,
		• bewußt als eine Art Prototyping organisieren (Fehler- und Problembeseitigung über Problemlisten zu Funktionalitäten, Softwareergonomie und Arbeitsverteilung)

c) Integrationstraining - auch Planspiele: für Anwender und Projektmitarbeiter, aber auch für Entscheider und Lenkungskreismitglieder eine gewinnbringende Form, SAP-Übersichtswissen zu gewinnen

Vorteile	Nachteile/Probleme	arbeitsorientierte Optimierungsmöglichkeiten
• gruppenorientiertes Lernen mit real kooperierenden Mitarbeitern möglich,	• die Unzulänglichkeiten, Defizite einzelner Mitarbeiter werden sehr deutlich,	• gute Grundlagenschulung, gute Moderation und Anleitung schaffen Angstfreiheit (evtl. Mentoren hinzuziehen),
• Problemwahrnehmung über den Tellerrand des einzelnen Arbeitsplatzes bzw. der Aufgabe und Abteilung praktisch möglich,	• Überforderung durch die Komplexität der Prozesse möglich,	• mit einfachen Fällen beginnen und aufsteigend komplex werden; Zeit zur Diskussion und Erfahrungsaustausch ist einzuplanen,
• Prototyping der realen bzw. der geplanten Abläufe (Fehler- und Problembeseitigung),	• der Zeitaufwand für die Vorbereitung (Fälle), die Pflege des Testsystems und die Durchführung ist groß,	• mehrere, anders verzahnte (personell und fachlich) Trainings anbieten und organisieren, bzw. zum Routinebestandteil von Anwenderworkshops und Erfahrungsaustauschgruppen machen (Produktivbetrieb),
• es hilft, prozeßorientierte Kommunikationstrukturen aufzubauen bzw. Barrieren zwischen Organisationseinheiten abzubauen,	• Gefahr der Fehler- und Problemabwälzung der Technik auf die Mitarbeiter (Anpassung an und Kompensation von schlecht modellierten Abläufen)	• uneingeschränkte Infragestellung von technischen und organisatorischen Lösungen ermöglichen (—> Prototyping —> KVP)
• Sensibilisierungschance für Koordinatoren, Mentoren und Führungskräfte		

III. Prototyping:

von SAP-Funktionalitäten, aber auch von neuen Abläufen und Arbeitszuschnitten für Anwender / Projektmitarbeiter

Vorteile	Nachteile/Probleme	arbeitsorientierte Optimierungsmöglichkeiten
• sowohl für neue Organisationsformen, SAP-Anwendungen und die Kombination von beiden geeignet, die meisten Erfahrungen liegen für die softwareergonomische Gestaltung vor,	• Gefahr der Überlastung durch überkomplexe Szenarien/Modelle oder falsche Vereinfachungen bzw. Modellabgrenzungen, sie schaffen unrealistische Prüfbedingungen (z.B. nur Maskenlayout für die Anwender),	• Prototyping muß von allen gelernt werden; d.h. offene, fehlerverzeihende Situationen für Anwender und Projekt-Mitarbeiter schaffen und bearbeitbare Komplexität ausloten (Grundlagenqualifikation und ständige Information ist jeweils vorauszusetzen.),
• im Planungs- und Detaillierungsstadium des Systems sind ohne Druck Alternativen durchspielbar (—> iterative Lösungen),	• hohe Anforderungen an die soziale und fachliche Kompetenz der Projektmitarbeiter/Moderatoren (z.B. Customizing und Programmierung vor Ort),	• häufiger und mit wachsendem Komplexitätsgrad üben sowie Unterstützung der Projektmitarbeiter (Zeit/Supervision),
• Kombination von Wissensbildung und Wissensakquisition für alle Beteiligten,	• hohe Anforderungen an dieProjektablauforganisation, je komplexer der Prototypinggegenstand wird,	• mit relativ stabilen Personalzusammensetzungen (Paare und Gruppen) arbeiten,
• Beteiligung wird unterstützt (z.B. Meilensteinprüfung durch die Anwender); Beteiligung findet noch im Stadium der Beeinflußbarkeit des Systems und der Organisation statt,	• der Zeitaufwand ist schwer legitimierbar, weil Präventionseffekte nicht meßbar sind,	• Transparenz der Prioritätensetzung und Gegenstandsauswahl sowie Beteiligungsmöglichkeiten des Betriebsrates nutzen,
		• als offizielle Qualifizierungsmaßnahme in der Gesamtplanung ausweisen und berücksichtigen: Vorqualifizierung/methodische Unterstützung/Kombination mit anderen Lernformen,
• Zeiteinsparung durch frühe Problem- und Fehlererkundung und geringere Nacharbeit - Vermeidung von "Dauerbaustellen",	• Festbeißen in "Kleinklein-Problemen" führt zum Verlust des Überblicks und der Prioritäten,	• Ideen und Verbesserungsvorschläge nicht individualisieren, aber umsetzen und rückkoppeln - Grundsatzentscheidung für dieses Vorgehen (Top-Down) erforderlich
	• groß ankündigen und dann den Wünschen und Ideen der Anwender doch keine Chance geben —> Demotivierung	

IV. Lerngruppen

(Projektmitarbeiter/ Anwender)

Vorteile	Nachteile/Probleme	arbeitsorientierte Optimierungsmöglichkeiten
stabile, über längere Zeit arbeitende Lerngruppen können:		
• Ungleichzeitigkeiten von Lernfortschritten ausgleichen (z.B. bessere Integration älterer Mitarbeiter),	• Problem der Zusammensetzung von Lerngruppen: - nach Organisationseinheiten, - nach Aufgaben, arbeitsplatzbezogen, hierarchiebezogen, - entlang von Prozeßketten, - nach persönlichen Neigungen und Vorlieben bzw. ihrem Gegenteil,	• Lerngruppen möglichst aufgabenorientiert unter Beteiligung der Mitarbeiter zusammensetzen (Kriterien diskutieren, Selbstfindung zulassen); kleine Gruppen (2 - 5 Personen) bilden und für bestimmte Lernphasen/Themen, die Gruppen zusammenlegen (z.B. "Integrationstraining"),
	weiter auf der nächsten Seite	

Vorteile	Nachteile/Probleme	arbeitsorientierte Optimierungsmöglichkeiten
	- Fortgeschrittene und Anfänger kombinieren (Mentorenprinzip), - Isolierung der Lerngruppen untereinander (Ingroup),	
• informelle, gegenseitige Hilfestellungen entlasten das Projekt bzw. die externen Berater, • die spätere Kommunikation und Problemwahrnehmung (-> KVP) wird unterstützt, • eine effektive Organisationsform wird als Beteiligungsgrundlage geschaffen (Gruppe),	• hohe Anforderungen an die (didaktische) Flexibilität der Spezialisten und Qualifikationsplaner sowie die soziale Kompetenz der Mentoren bzw. Gruppenbetreuer (z.B. Konkurrenz und Ausgrenzungen in den Gruppen),	• die Gruppenzusammensetzung sollte möglichst über die gesamte Projektlaufzeit stabil gehalten werden, • methodische Unterstützung (Teamtraining/ Moderation/ Supervision/ etc.) für die Mentoren, Betreuer sowie Dozenten planen und durchführen, • Experten für die Gruppen erreichbar machen (z.B. Berater), • didaktisch sinnvolle Aufgaben, Lernziele, Artikel, Testsystem etc. zur Verfügung stellen (Medienvielfalt/ Orientierungen),
• die Qualifizierungsplanung (Bedarfe, Lernformen etc.) kann beteiligungsorientierter unterstützt werden,	• die Zeitplanung und Koordination ist aufgrund u.U. hoher informeller Lernsituationsanteile problematisch, ebenso eine Lernziel- und Fortschrittskontrolle.	• Zeitkontingente /Jour fixe für die Lerngruppen offiziell einplanen und abstimmen (in der Arbeitszeit!),
• die Nachbereitung und Weitergabe von (externem) Schulungswissen kann so effektiv organisiert werden, • Verringerung des formellen Schulungsaufwandes, • Unterstützung von dialogorientierten Lernformen wie Integrationstraining und Prototyping je nach Gruppenzusammensetzung, • gute Chance, auch sehr persönliche Themen, wie z.B. Belastung, Gesundheit, Führungsprobleme in die Qualifizierung und Projektarbeit zu integrieren, • gute Anknüpfungspunkte für USER-Groups in der späteren Produktivphase (-> KVP)	• eine Kostenabschätzung (Budgets) ist nur gruppenspezifisch möglich und überprüfbar	• Zeitnachweis für die Lerngruppen einführen

3. Zur Organisation, Planung und Kontrolle von Qualifizierungs- bzw. Lernprozessen im Projektablauf

In den zwei in Teil B 3 und 4 vorgeschlagenen Vorgehensmodellen war schon die Qualifizierung aus arbeitsorientierter Sicht berücksichtigt worden. Daran anknüpfend wollen wir im folgenden für beide Szenarien separat die relevanten Aufgabenpakete (TASK) und Phasen herauslösen und zusammenfassend im Überblick darstellen. Dieser Reduktionsschritt soll es vor allem Projektleitern und Betriebsräten erleichtern, ihre Planungs-, Gestaltungs-, Mitbestimmungs- und Controllingaufgaben zur Qualifizierung als überschaubare Teilaufgaben wahrzunehmen.

3.1. Qualifizierung im modifizierten SAP-Vorgehensmodell

Das modifizierte und erweiterte SAP-Vorgehensmodell zielte, wie im Teil B 3 beschrieben, auf eine Anreicherung der SAP-Standardempfehlungen durch arbeitsorientierte Aufgaben (AFOS-TASK) und die ablauforientierte Berücksichtigung „sozialer Pflichten". Bezogen auf den Aufgabenbereich Qualifizierung wurden deshalb folgende Empfehlungen gemacht, die umseitig entlang der Projektphasen zusammengefaßt dargestellt sind (C2 - 4).

Schwächen der klassischen Vorgehensweise

Diese Erweiterung qualifikationsbezogener Projektaufgaben berücksichtigt folgende Schwächen des klassischen Qualifizierungs-Dreischritts (Projektmitarbeiter schulen-> Anwender schulen -> Training on the Job):

1. Die Konzentration der Schulung in der Organisationsphase allein auf die unmittelbaren Projektmitarbeiter schafft im Bereich der Linie ein Wissensvakuum. Dies trägt gleich am Anfang zu Isolierung und entsprechenden Akzeptanzverlusten des Projektes bei. Darüber hinaus werden notwendige Kooperations- und Unterstützungserfordernisse, z.B. im Bereich Personalplanung, Gesundheitsschutz, Parallelprojekte, Betriebsrat ausgegrenzt.

2. Die Schulung /Qualifizierung der Anwender liegt am Ende der Realisierungsphase viel zu spät für einen Beteiligungsprozeß. Bei der

C 2-4
Modifiziertes
SAP-Vorgehens-
modell (aus B 3)

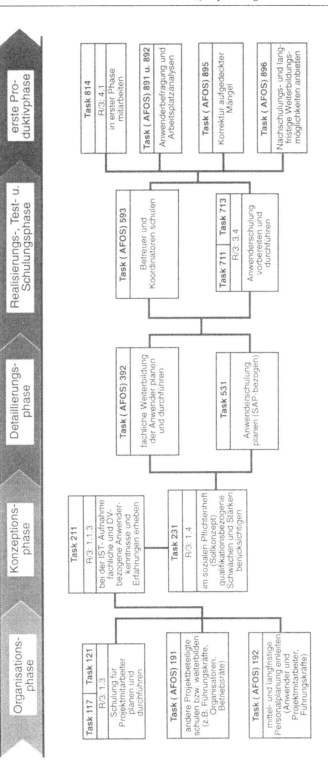

Entwicklung von Fachkonzepten und einem Prototyping der SAP-Anwendung (z.B. Optimierung von Geschäftsprozessen, Softwareergonomie) können die späteren Anwender kaum ihre Erfahrungen, Erwartungen und Vorschläge einbringen.

3. Die zeitliche Konzentration der Anwenderschulungen auf die Endphase des SAP-Projektes birgt die Gefahr massiver Kapazitätsengpässe im Projekt und in den Fachabteilungen, zumal in dieser Phase erfahrungsgemäß bei allen Beteiligten angesichts des nahenden Produktivstarttermins „die Nerven blank liegen".

4. Das Fehlen einer Evaluation und der Ausgleich fachlicher (z.B. betriebswirtschaftlicher) Kenntnisdefizite entzieht nicht nur einer akzeptanz- und qualitätsförderlichen Anwenderbeteiligung die Grundlage, sondern würde, zum Zeitpunkt der üblichen Anwenderschulung nachgeschoben, das Kapazitätsdilemma noch verschärfen.

5. Das Mitarbeiten in der ersten Produktivphase reicht unserer Erfahrung nach nicht aus, um die Wissens- und Trainingsdefizite aus einer normalen Anwenderschulung zu kompensieren. Sogenannten „Spätzündern" wird zudem keine realistische Chance gegeben, ohne gravierenden Streß das System in ihren persönlichen Arbeitsprozeß einzugliedern.

Deshalb ist im modifizierten Modell für die Anwender schon eine frühe Qualifizierung (211,231 —›AFOS 392) eingeplant worden, die zum einen die fachlichen Defizite aus Sicht einer betriebswirtschaftlich optimierten Organisation (Sollkonzept) aufgreifen, zum anderen die Wissensgrundlage schaffen soll, die zu einer kompetenten Beteiligung der Anwender an einem Arbeitsorganisations- und Softwaregestaltungsprozeß erforderlich ist. Letzteres bedeutet in erster Linie:

• Vermittlung und Diskussion des Sollkonzeptes (inkl. seiner Ziele und Leitbilder) mit einer ersten Demonstration von SAP-Abläufen und Funktionen,

• Sensibilisierung für arbeitsorganisatorische Alternativen mit ihren unterschiedlichen qualifikatorischen, sozialen, gesundheitlichen und

persönlichen Konsequenzen (Soziales Pflichtenheft / Betriebsvereinbarungen),

- Sensibilisierung für (software-) ergonomische Probleme und ihre
arbeits- und gesundheitsbezogenen Folgen und Chancen,
- Sensibilisierung für Datenschutzprobleme, also für ein sozialverträgliches Verhältnis von Systemsicherheit, Kooperation und
leistungs- bzw. verhaltensorientieren Kontrollen im Arbeitsprozeß
(Soziales Pflichtenheft, Betriebsvereinbarung),
- Motivierung für eine aktive Mitarbeit im Projekt im Rahmen per-
sönlicher Interessen, Fähigkeiten und Rechte, z.B. aus einer
Betriebsvereinbarung.

Auch die Dienstleister für das SAP-Projekt müssen qualifiziert werden.

Damit nun ein solcher formeller Einbezug der späteren Anwender an
dieser Stelle überhaupt erfolgreich sein kann, müssen auch die Projektmitarbeiter selbst anwender- und arbeitsorientiert qualifiziert werden. Dazu haben wir zum einen mit der Task 191 die „Schulung" von
Personen hinzugenommen, die die Projektmitarbeiter als interne
Experten und Orientierer (Führungskräfte, Betriebsräte, betrieblicher
Datenschutzbeauftragter, Werksärzte, Fachkräfte für Arbeitssicherheit
etc.) unterstützen sollen. Zum anderen wird mit der Task 593 denjenigen
Projektmitarbeitern eine spezielle Qualifizierungsmöglichkeit eingeräumt, die sie als SAP-Koordinatoren oder Vertrauenspersonen (vgl.
C 3) im Einführungs-, Realisierungs- und kontinuierlichen Verbesse-
rungsprozeß dringend benötigen. Schließlich sollte angesichts unserer
Defizitliste am Anfang dieses Kapitels die klassische SAP-bezogene
Schulung der Projektmitarbeiter (Task 117 / 121 bzw. R/3: 1.3) mit
arbeitsorientierten Inhalten, (Leitbild-)Orientierungen und Instrumenten angereichert werden. Damit kann auch für sie der Bezug zu
einer persönlichen Personalentwicklung (TASK 192) deutlich werden.

Schließlich weisen die neuen Arbeitspakete, die wir für die erste Produktivphase vorschlagen, auf die zumeist vernachlässigte Notwendigkeit eines auch qualifikationsbezogenen Projekt-Controllings (Task 891
und 892) hin.
Weiterhin bieten sie die Chancen (TASK 895 und 896) zu einer kontinuierlichen und offiziell mit Ressourcen gestützten Weiterbildung der SAP-
Anwender für einen kontinuierlichen Verbesserungsprozeß der SAP-
Anwendung und einer personenförderlichen Arbeitssituation. Eine

C 2-5
Exemplarische
Anwendung
der fünf
Prozeßebenen

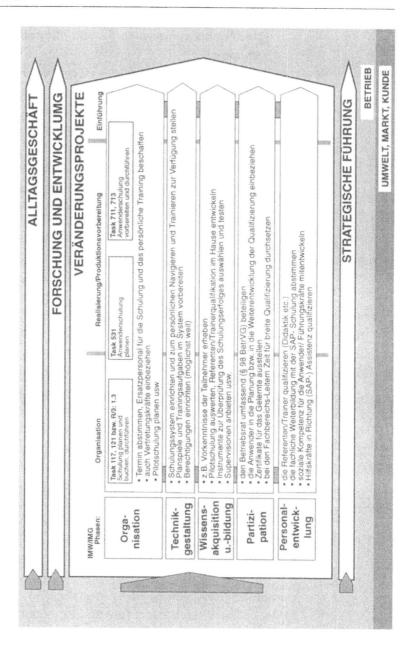

Qualifizierung für einen
kontinuierlichen
Verbesserungsprozeß

inhaltliche, d.h. auch leitbildorientierte Planung all dieser Aufgaben kann zur Reduzierung ihrer Komplexität sehr gut mit Hilfe unseres „Prozeßebenenmodells" aus B 2 unterstützt werden (Abb. C2-5).

Wie exemplarisch für die klassischen Qualifizierungstasks aufgezeigt, führt eine solche Systematisierung bzw. Zuordnung von Teilaufgaben zu Prozeßebenen nicht nur zu erhöhter Transparenz, sondern unterstützt aus verschiedenen Sichten bzw. Querschnittsaufgaben auch eine Reintegration der Qualifizierungsprozesse in den Gesamtzusammenhang des Projekts.

3.2.   Qualifizierung im Vorgehensmodell der „kleinen Schritte"

Das Vorgehensmodell der „kleinen Schritte" hatte es sich zur Aufgabe gemacht, das klassische SAP-Wasserfallmodell durch ein langzyklisches (Versionsorientierung) und kurzzyklisches (Prototyping) Entwickeln einer SAP-gestützten Organisation abzulösen. Läßt man die Vorphasen des Projektes - also die Zielbestimmung, die ganzheitliche Problemanalyse, die SAP-Vorstudie und die Projektierungsphase - als eigenständige Lernprozesse einmal außer acht und konzentriert sich auf das Kernprojekt, so ergibt sich für die Projektmitarbeiter (inkl. Koordinatoren / Vertrauenspersonen) und die Anwender folgendes Bild (C 2-6 nebenstehend).

Lernen als Arbeitsform des Projektes

Wurden schon im modifizierten Vorgehensmodell die formellen Qualifizierungsaufgaben zeitlich weiter gestreut sowie zielgruppenbezogen und inhaltlich differenziert, so wird aus der Abbildung (C 2-6) deutlich, daß gemäß der Prototypensequenz auch andere Formen der Wissensaneignung und weitere Qualifizierungsgegenstände in das Zentrum der einzelnen Lernphasen rücken müssen. Zwar ist es sicher erforderlich, zu jedem Projektabschnitt Wissensvermittlung, z.B. in Form von Schulungen, also Input für die Akteure, zu organisieren, doch stehen sowohl für die Projektmitarbeiter als auch die Anwender aktive, aneignungs- und dialogorientierte Lernformen im Vordergrund des Qualifizierungsgeschehens. Denn bis auf die Input-Angebote muß im „Vorgehensmodell der kleinen Schritte" das Lernen in die unmittelbare Projektarbeit - quasi als Arbeitsform - integriert werden.
Damit wird aber die eben noch für das erste Szenario geforderte formelle und spezielle Planung von Qualifizierung scheinbar unmöglich.

Selbstorganisation des Lernens als Herausforderung

Doch das Gegenteil ist der Fall: Damit das Prototyping überhaupt erfolgreich sein kann, muß der Qualifizierungsbedarf hier unmittelbar und zeitnah gemeinsam mit den Zielen und Ergebnissen der einzelnen (Teil-) Aufgaben formuliert werden. Nur ist diese Planungsaufgabe nicht

C 2-6
Qualifizierung im
Vorgehensmodell der
"kleinen Schritte"

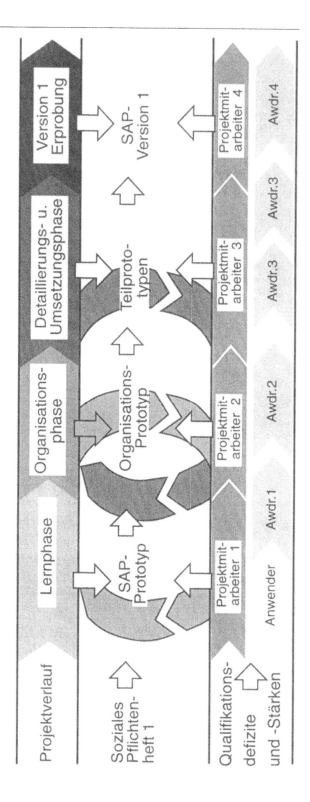

mehr zentralisierbar oder Top-Down bzw. aus Expertensicht verbindlich vorzudenken, sondern ein wesentlicher Bestandteil der Projektgruppen- und Anwenderarbeit selbst. Diese Selbstorganisation des Lernens im Projekt stellt sowohl die Projektleitung, die Experten, aber auch den Betriebsrat und die Mitarbeiter in eine zumeist ungewohnte Situation. Manche mag es zunächst auch an eine neue Form des sich Durchwurstelns erinnern.

Arbeitsfortschritts-kontrolle als Lernhilfe

Die Projektleitung gerät dadurch zunächst in eine reine Dienstleisterrolle, in der sie für von „unten" angefordertes Wissen die entsprechenden Experten und Ressourcen bereitzustellen hat. Sie berät die Projektgruppen und koordiniert zwischen ihnen. Sie muß aber auch - und hier liegt nun ihre eigentliche Führungs- und Controllingaufgabe - verstärkt den vereinbarten Arbeitsfortschritt einfordern, die Ziele überprüfen, die integrierte Rahmenplanung nachbessern bzw. zeitlich nachführen und so die Selbststeuerung (auch) des Qualifizierungsprozesses ergebnisorientiert überwachen.

Die Experten, seien es externe SAP-Berater, die Fachkräfte für Arbeitssicherheit mit Kenntnissen zur Softwareergonomie und humaner Arbeitsgestaltung, die Weiterbildungsleute oder die Personalplaner stehen temporär als Wissensvermittler, Anleiter und Ratgeber zur Verfügung, ohne sich aber im klassischen Sinne zu Vertretern eines „Best Ways" aufschwingen zu dürfen.

Nur bei Konflikten und Zielabweichungen eingreifen

Die Betriebsräte müssen ebenfalls umdenken, und zwar von einer zentralisierten Verhandlung von Projekt-Qualifizierungsplänen nach § 98 BetrVG hin zu einem Prozeßcontrolling, das die Eckpunkte des Interessenausgleichs und der vereinbarten Leitbilder entlang der Prototypen überprüft und damit die relative Autonomie der Projektarbeit und Qualifizierung akzeptieren muß. Gleichwohl sollte der Betriebsrat - wie der/die Projektleiter - bei Interessenkonflikten zwischen den Beteiligten ausgleichend eingreifen und bei strukturellen Abweichungen eine Entscheidung auf der Top-Ebene einfordern.

Die Projektmitarbeiter und Anwender müssen ihre Arbeit als Lernprozeß begreifen und ihn gemeinsam und zielorientiert selbst organisieren. Dabei müssen sie das unterschiedliche Spezialwissen, die Erfahrungen sowie personenbedingte Unterschiede ausgleichend nutzen

357

Die Anwender als Lernkontrolle akzeptieren und nutzen (Prototyping)

oder tolerieren und so als Team bzw. Gruppe zusammenwachsen. Sie sollten dafür Moderation und externes Wissen selbstbewußt anfordern und zugleich ihren Arbeits- bzw. Lernfortschritt nach außen z.B. der Projektleitung und den anderen Teilprojektgruppen gegenüber offen vermitteln und dokumentieren. Das Verhältnis Projektmitarbeiter / Anwender ist in dieser Projektorganisation ebenfalls zwangsläufig als gegenseitiger Lernprozeß in kurzen aufgabenbezogenen Lernschritten (Information, Prototyping, Training) zu begreifen. Dabei sind auf Seiten der Projektmitarbeiter sicherlich die meisten Schwellen zu überwinden, da ihre Arbeitsergebnisse nicht nur einmal, also zum Zeitpunkt der klassischen Anwenderschulung und Einführung auf dem Prüfstand stehen, sondern kontinuierlich. Dies bedeutet neben einer persönlichen Einstellungsänderung auch die Herausbildung kommunikativer Fähigkeiten, gepaart mit dem Vermögen, z.B. vor Ort - d.h. im Beisein der „Kunden" - an den Customizing-Stellschrauben des SAP-Systems zu drehen oder kleinere Reports zu schreiben usw.

Die Angst der Experten als "Hemmschuh"

Vielerorts hören wir, daß eine solche Selbstorganisation von Lernen bzw. Qualifizierung in SAP-Projekten nicht funktionieren kann. All diejenigen, die entsprechend dem klassischen Frontalunterricht, der expertendominierten Planung von Projekten und SAP-gestützten Geschäftsprozessen das Wort reden, vergessen dabei aber, daß in der Mehrzahl aller Projekte (weil es gerade an einer ausreichend formellen Qualifizierung mangelt) die Mitarbeiter sich schon heute selber organisieren müssen, um überhaupt im neuen SAP-Alltag klarzukommen. Dieses verbreitete Mißtrauen gegen formell definierte Selbstorganisation spiegelt also eher das mangelnde Selbstvertrauen und die Ängste der Experten und Führungskräfte wider. Deshalb bedarf es auch für diese Form der Qualifizierung im Arbeitsprozeß klarer, akzeptanzschaffender Rahmenbedingungen.

3.3 Rahmenbedingungen für die Qualifizierung in SAP-Projekten

Sicherlich ist das jeweils gewählte Vorgehensmodell des betrieblichen SAP-Projektes auch für die Qualifizierung die entscheidende Rahmenbedingung. Doch zeigte sich bei den beiden zuvor skizzierten Szenarien, daß darüber hinaus auch allgemeine Rahmenbedingungen definiert, ausgehandelt und kontrolliert werden müssen. Denn allzu häufig wird die Qualifizierung der Projektmitarbeiter und Anwender zum Spielball betrieblicher Einzelinteressen, was nicht nur den Projekterfolg gefährdet, sondern auch massiv die Interessen und die gesundheitlichen Belastungen der Mitarbeiter negativ berührt.

Qualifizierung als Spielball betrieblicher Einzelinteressen

Die häufigsten Spiele sind folgende:

- Das "Nullsummenspiel" der Projektkosten:
  D.h. beispielsweise lieber mehr externe Berater bezahlen als in die eigenen Mitarbeiter zu investieren.

- Das "Hase- und Igelspiel":
  D.h. beispielsweise Projektverzögerungen auf Kosten der Anwenderschulung ablehnen und auf jeden Fall zunächst ersteinmal das System produktiv schalten.

- Das "Powerplay"
  der Fachabteilungen um die zeitliche Verfügbarkeit der Projektmitarbeiter und zukünftigen Anwender in der Alltagsarbeit auf Kosten von Trainigs- und Schulungszeiten.

- Das "Vater-Sohn/Tochter-Spiel":
  D.h. Förderung nur der genehmen Mitarbeiter bei begrenzten Schulungsbudgets.

All diese Spielformen können beredt mit rationalen Argumenten versehen werden und entsprechend viel Zeit in den Abstimmungsgremien binden. Aber in der Regel werden sie eher verdeckt gespielt, damit niemand später die Verantwortung für die Überlastung und Überforderung der Mitarbeiter, wissensbedingte Fehlfunktionen im System, Fehlbedienungen und holperige Prozeßketten übernehmen muß. Die Tragik dieses allseitigen "Versteckspiels" ist schließlich, daß aus dem Dilemma noch nicht einmal etwas für die Zukunft gelernt wird.

Zur Vermeidung solcher kontraproduktiven Spiele empfiehlt es sich, im Rahmen der projektbezogenen Betriebs- und Zielvereinbarung sowie im „Sozialen Pflichtenheft" zumindest folgende Rahmenbedingungen verbindlich zu machen:

359

<table>
<tr><td>Eine neue Lernkultur
vereinbaren</td><td>

- Ein angemessenes Finanzbudget für Qualifizierung festlegen und bedarfsbezogen im Rahmen der Meilensteine zur Anpassung öffnen.
- Zeitbudgets für Projektmitarbeiter und Anwenderqualifizierung festlegen (z.B. 50% der formellen Schulungszeit zur Nacharbeit und Vertiefung einplanen) und mit den Zeitbedarfen des Projektes sowie der Fachabteilungen abstimmen.
- Ein funktionierendes Test- und Schulungssystem nebst entsprechenden Räumlichkeiten gleich zu Anfang zur Verfügung stellen (z.B. mieten).
- In Abhängigkeit vom jeweiligen Vorgehensmodell den Mitarbeitern angemessene Lernformen ermöglichen (z.B. gruppen- und dialogorientiertes Lernen).
- Qualifizierung und Lernen auf allen "5 Prozeßebenen" des Projektes organisieren und zielbezogen planen.
- Beteiligungsrechte und Möglichkeiten der Mitarbeiter bei der Qualifizierungsplanung und Durchführung einräumen und organisieren (z.B. Aufgabe der Vertrauenspersonen, vgl. C 3).
- Mitbestimmung des Betriebsrats, qualifizierungsbezogenes Controlling als Verfahren vereinbaren (z.B. Soziales Pflichtenheft, Meilensteincontrolling).
- Qualifizierung und Information der nicht direkt im Projekt stehenden Führungskräfte, betrieblichen Experten und Betriebsräte planen und budgetieren.

</td></tr>
</table>

Top-down:
Verbindlichkeit und
Beteiligung müssen sich
ergänzen

Diese konkret zu vereinbarenden Rahmenbedingungen können naturgemäß am Anfang eines SAP-Projektes nur grob- bzw. leitbildorientiert formuliert werden. Sie müssen also im Projektverlauf entsprechend konkretisiert und neu abgestimmt werden. Dieser Prozeß bedarf aber nicht nur eines klaren und durchgreifenden Votums der Geschäftsleitung und einer interessensichernden Mitbestimmung des Betriebsrates, sondern vor allem auch der Beteiligung der (Projekt-)Mitarbeiter. Gerade für diesen qualifizierungsbezogenen Beteiligungsprozeß und die diesbezügliche kollektive Interessenvertretung durch den Betriebsrat hat sich in der Praxis das Modell der "Vertrauenspersonen" schon mehrfach bewährt:

Diese von den Mitarbeitern des jeweiligen Fachbereichs und dem Betriebsrat bestätigte oder gewählte Person hat in ihrer SAP-Projektgruppe u.a. die Aufgabe, über die Einhaltung und Konkretisierung der obigen Rahmenbedingungen zu wachen und Ideen sowie Beschwerden der

Projektmitarbeiter und Anwender zur Projektleitung und dem Betriebsrat zu transportieren. Die Vertrauenspersonen entlasten somit zum einen
die Verantwortlichen (Projektleiter und Betriebsrat) und können zum
anderen auch die üblichen Beteiligungshemmnisse der Betroffenen
überwinden helfen (vgl. dazu weitergehend Kapitel C 3).

Beteiligung der Beschäftigten in SAP-Projekten

Alle Leitbilder und Erfolgsfaktoren moderner Unternehmensführung stellen die Mitarbeiterbeteiligung in den Vordergrund eines „Lernenden Unternehmens". So auch unsere schlichte Empfehlung für SAP-Projekte!

Doch die Praxis zeigt, daß sich hinter diesem Credo moderner Managementtheorien ein ganzer Strauß von Verfahrensproblemen, Ängsten, (Un-)Fähigkeiten, Kosten, unrealistischen Erwartungen und betriebspolitischen Problemen verbirgt.

Vieles spricht gegen Beteiligung.

So reden manche Topmanager und Projektleiter beispielsweise abwehrend von „unendlichen und ziellosen Diskussionen in Beteiligungsgruppen am Arbeitsplatz", kurz: "Quasselgruppen", von „unverhältnismäßig großem Zeitaufwand für die Linienmitarbeiter", oder von „der Gefahr einer Anspruchslawine" in Folge der Beteiligung von Anwendern.

Externe Projekt-Berater warnen vor einer beteiligungsorientierten Ist-Aufnahme und Soll-Konzeptionierung, weil hier Wünsche und Vorstellungen geweckt werden, die im nachhinein aus kosten-, integrations- oder softwaretechnischen Gründen nicht umgesetzt werden und dann zu Enttäuschungen bzw. Akzeptanzverlusten führen können.

Auch für Betriebsräte

Auch Betriebsräte können gewichtige Argumente gegen eine Betroffenbeteiligung auffahren:
„Das ist ja eh nur Vampirismus" im Sinne eines einseitigen Abschöpfens von Mitarbeiterwissen oder „es bilden sich dabei Beteiligungseliten heraus, weil eben doch nicht alle beteiligt werden können oder wollen; und überhaupt unterspült eine geschickte Beteiligungsstrategie des Managements die Rolle des Betriebsrats oder kann uns gehörig in die Klemme zwischen einzelnen Betroffenengruppen und kollektiven Belegschaftsinteressen bringen". „Letztendlich sollen wir und die Mitarbeiter ja nur den Karren aus dem Dreck ziehen, und danach wird die Rationalisierungsschraube wieder angezogen".
Aber genauso plausibel hören sich die Pro-Argumente an:
z. B. „Beteiligung ist der Schlüssel zu einer funktionierenden Abbildung

Es spricht auch vieles für eine starke Mitarbeiterbeteiligung.

von Abläufen in SAP, denn wo sonst als bei den Fachabteilungs-mitarbeitern liegt das Organisationswissen?"

„Der Mensch steht im Mittelpunkt, und wer dort steht, der muß auch höhere Erwartungen erfüllen und Verantwortung mittragen".

„Nur eine frühe Beteiligung - also ein Ernstnehmen von Ängsten und Erwartungen - ermöglicht eine akzeptanzbildende Mitarbeiterführung und Projektabwicklung, sie schafft so die Grundlage für einen kontinuierlichen Verbesserungsprozeß der Abläufe und SAP-Funktionalitäten über den Produktivstart hinaus".

„Beteiligung, wohlverstanden als eine Form der Delegation von Aufgaben und Verantwortung, entlastet nicht nur das Management und den Betriebsrat durch Selbststeuerung und dezentralen Interessenausgleich, sondern ist auch ein gutes Instrument der Personalentwicklung".

Unsere These zu diesem Orientierungsstreit lautet:

Beteiligung ist prinzipiell weder für die Geschäftsführung noch den Betriebsrat im Rahmen von SAP-gestützten Reorganisationsprozessen eine echte Option. Denn Beteiligung findet - ob man will oder nicht - sowieso statt. Die Wahlmöglichkeiten liegen „nur" in der Art der Beteiligung bzw. Selbstorganisation und damit bei den gewünschten Auswirkungen für alle beteiligten Personengruppen.

Diese These steht bewußt jenseits von Leitbildern einer harmonisch -demokratischen Betriebsgemeinschaft oder abstrakten Organisationsempfehlungen, sondern soll auf eine funktionale, pragmatische und betriebspolitische Behandlung des Problems „Beteiligung" in SAP -Projekten lenken.

Selbstorganisation und Beteiligung findet sowieso statt.

Bevor wir jedoch systematisch die echten Optionen einer Betroffenenbeteiligung aus verschiedenen Sichten entwickeln, müssen wir wohl noch kurz den Kern der obigen These „Beteiligung findet sowieso statt" etwas erläutern.

In unseren Fallstudien und Beratungen stießen wir auf vielfältige Strategien von SAP-Anwendern, die augenscheinliche Disfunktionalitäten des angebotenen Systems bzw. der von SAP gestützten Abläufe in ihrem persönlichen, aber auch im übergeordneten Interesse eines zügigen Ablaufes eigenständig kompensieren.

- So wurden beispielsweise von einer Werkstatt die von der Arbeitsvorbereitung und Fertigungssteuerung über das System vorgegebenen Losgrößen aus Fertigungssicht selbst informell optimiert
  und über eine „kleine Zettelwirtschaft", am System vorbei, eine
  eigene durchaus funktionale Neu-Planung betrieben.

- So verließen sich beispielsweise Fertigungssteuerer nicht auf die
  Systeminformationen, sondern liefen - vor der Einlastung und Freigabe von Sonder-Fertigungsaufträgen lieber erst selbst in die Produktion, um erwartete Belastungsspitzen, situative Maschinen- und
  Personalengpässe auszuloten und gemeinsam mit den Betroffenen
  die optimalen Lösungen auszuhandeln.

- So schalteten sich Verkauf und Versand auf Sachbearbeiterebene
  informell kurz, um den häufigen Fehleingaben und Inkonsistenzen
  in der Auftragsabwicklung im System auf den Grund zu gehen. Dies
  wurde erforderlich, weil der Dienstweg bislang zu keinen Verbesserungen geführt hatte.

- So wurden, um den Arbeitsfluß (Reihenfolge, Zeitpolster für Störungen etc.) nicht zu gefährden, Lagerentnahmen ohne freigegebene
  Fertigungsaufträge am System vorbei getätigt und Fertigrück-
  meldungen nur kumulativ und nicht zeitnah - wie verlangt - abge-
  setzt. Damit war die Aktualität und Datenkonsistenz im SAP-System
  nicht mehr zu gewährleisten und Top-Down-Optimierungsini-
  tiativen nahezu unmöglich.

- So wurden aus 'Aufwandsgründen' nicht ausgeblendete Datenfelder
  in Personalstammpflegedynpros trotz Betriebsvereinbarungsverbot
  von den Sachbearbeitern in „Eigenregie" gepflegt, weil sie sie für
  ihre Arbeit benötigen.

- So wurden, - weil bekannt war, daß die Planzeiten in den einzelnen
  AVO's (Arbeitsvorgängen) unrealistisch hoch waren (überalterte
  Werte) - eigenmächtig von der Arbeitsvorbereitung an den Stellschrauben Transport, Rüst- und Liegezeiten gedreht, um eine halbwegs realistische Durchlaufzeit zu erreichen, oder es wurden dazu
  gar einzelne AVO's (ohne Materialbezug) einfach ganz „ausgeplant".

Verbessern ist
produktiver als
Kompensieren.

Diese Phänomene sind Formen von informeller „Kompensationsarbeit", ohne die aus Sicht der Akteure kein ordentlicher Ablauf möglich erschien. Oder es wurde das System belogen, um die persönlichen Belastungen zu reduzieren oder Disfunktionen „weiter oben" endlich deutlich werden zu lassen. Ohne diese informelle, an Vorschriften, Planungen und EDV-Systemen vorbeilaufende Selbstgestaltung, Organisation und Rationalisierung würden die meisten Unternehmen nicht mehr existieren, und die Mitarbeiter könnten sich die neuen Werkzeuge erst gar nicht aneignen. Selbst F. W. Taylor - bekanntermaßen ein Verfechter einer 100 %igen formalen Arbeitsvorschrift - räumte den Sinn dieser „Spielräume" und Verbesserungspotentiale ein. Das Betriebliche Vorschlagswesen, Qualitätszirkel, KVP, TQM, Gruppenarbeit etc. zielen entsprechend auch auf dieses Selbststeuerungs- und Selbstrationalisierungspotential der Mitarbeiter und versuchen es in plan- und steuerbare, also formelle Bahnen zu leiten, um sie damit aus dem „Sumpf" zufälliger, aus EDV-Sicht kontraproduktiver, zuweilen gar widerstandsmotivierter Privataktionen herauszuziehen.

C 3-1
Beteiligungsformen

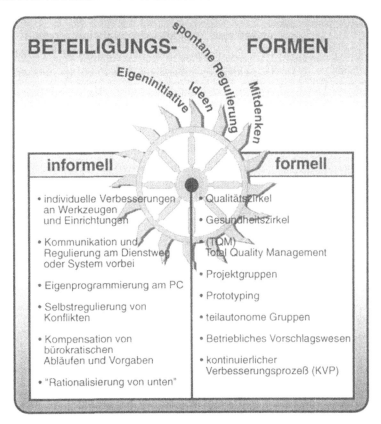

BETEILIGUNGS- *spontane Regulierung* **FORMEN**

Eigeninitiative *Ideen* *Mitdenken*

informell	formell
• individuelle Verbesserungen an Werkzeugen und Einrichtungen	• Qualitätszirkel
	• Gesundheitszirkel
• Kommunikation und Regulierung am Dienstweg oder System vorbei	• (TQM) Total Quality Management
• Eigenprogrammierung am PC	• Projektgruppen
	• Prototyping
• Selbstregulierung von Konflikten	• teilautonome Gruppen
• Kompensation von bürokratischen Abläufen und Vorgaben	• Betriebliches Vorschlagswesen
	• kontinuierlicher Verbesserungsprozeß (KVP)
• "Rationalisierung von unten"	

Diese Phänomene nun unter „Beteiligung" und nicht allein unter „schlechter Systemgestaltung und Führung" zu verbuchen, mag angesichts des gewohnten Sprachgebrauchs zunächst verwundern. Denn Beteiligung bzw. Partizipation wird i. d. R. nur als durch formelle Top-Down-Anweisungen gewährte und gesteuerte Aktivitäten der betroffenen EDV-Anwender bzw. des sonstigen „Fußvolks" begriffen. Diese verbreitete Auffassung von Führungskräften, Planern und Betriebsräten ist noch so tief in ihrem Selbstverständnis und Einstellungen zur Funktion und Aufgabe von Führung, Planung, Durchsetzung von formaler Organisation und Interessenvertretung verwurzelt, daß es nicht verwundert, wenn formelle Beteiligungsvorhaben, z. B. im Rahmen einer SAP-Einführung, an ihrer Arroganz bzw. ihren Ängsten und Verhaltensweisen scheitern oder aus dem Ruder laufen.

Auch Beteiligung will gelernt sein.

Wir betonen diese Probleme so stark, weil unserer Erfahrung nach die Gestaltung formeller Beteiligung in erster Linie als ein Lernprozeß und Einstellungswandel der (Projekt-)Führungskräfte, des Betriebsrates und der Mitarbeiter begriffen, geplant und entwickelt werden muß. Von daher sind auch alle Versuche zum Scheitern verurteilt, die ein SAP-Projekt als eine Art „Beteiligungsinsel" in einem Meer von autoritärer bzw. strikter anweisungs- und detailgesteuerter Organisation zu konzipieren versuchen. Vielmehr muß eine beteiligungsorientierte SAP-Einführung im Kontext einer langfristigen, auf dezentrale Steuerung und Beteiligung zielenden Organisationsentwicklung stehen. Das Projekt kann zwar in diesem Zusammenhang eine Keimzelle oder ein Auftakt sein, nicht aber ein „Treibhaus", dem nach Projektabschluß die Wärmezufuhr und die Bewässerung abgeklemmt wird.

Aber auch eine Mitarbeiterbeteiligung nach dem By-Pass-Prinzip, also beispielsweise ein Qualitätszirkel oder eine beteiligungsorientierte Projektorganisation an der Linie vorbei, hat zu kurze Beine, weil die strukturellen Probleme und Lösungsvorschläge vielfach in der konservativen Hierarchie stecken bleiben.

Eine Bestandsaufnahme sollte am Anfang stehen.

Insofern sollte im Rahmen einer "ganzheitlichen Problemanalyse" (vgl. B 4) oder am Anfang von SAP-Projekten je eine realistische und ehrliche Bestandsaufnahme der existierenden Beteiligungskultur (formell und informell) durchgeführt werden. Die Ergebnisse einer solchen Ist-Analyse können dann trefflich zur Leitbild- und Zielformulierung für die

Prozeßebene Partizipation (PA), Personalentwicklung (PE) und einer entsprechenden Projektorganisation (ORG) dienen. Zugleich kam mit einer solchen Analyse ein erster Schritt in Richtung Partizipation gemacht werden, wenn man in diese Bestandsaufnahme gleich die Betroffenen mit einbezieht.

3.1 Beispiele erfolgreicher Mitarbeiterbeteiligung in SAP-Projekten

In allen uns bekannten Einführungsfällen sind Mitarbeiter und Mitarbeiterinnen der Anwenderabteilungen im Rahmen der Projektgruppenarbeit beteiligt worden. Zumeist wurden dabei die Haupt-Wissens-Träger ausgewählt. Doch die Doppelbelastung dieser 'Auserwählten' durch die Projektarbeit und das Tagesgeschäft infolge einer unrealistischen Kapazitätsplanung im Projekt und im Fachbereich ließen die Kommunikation zwischen den zukünftigen Anwendern und dem Projekt schnell zum Erliegen kommen und endeten zumeist in einer Abschottung der Projektarbeit von der Fachbereichsbasis.

Wie die Beispiele erfolgreicher Mitarbeiterbeteiligung zeigen, ist eine realistische Kapazitäts- und Zeitplanung für das Projekt und die Fachbereiche zwar eine notwendige Beteiligungsbedingung, doch es kommen noch weitere hinzu.

Fall 1: Beteiligung als formelle Projektaufgabe: Vertrauenspersonen und Fachbereichskoordinatoren

In einem Betrieb mit über 2000 Mitarbeitern hatten in der letzten Zeit mehrere Großprojekte die Mitarbeiter, den Betriebsrat, aber auch das Management an ihre Belastungsgrenzen gebracht. Angesichts der Steuerungs- und Abstimmungsprobleme, der hohen Änderungsgeschwindigkeit sowie widersprüchlicher Effekte der vergangenen Projekte rief die anstehende SAP-Einführung keine Begeisterungsstürme hervor. Es mußte etwas Grundsätzliches geschehen, wollte man nicht schon wieder über alle Köpfe und Zeitressourcen hinweg eine gravierende Änderung durchpeitschen.

Vor diesem Hintergrund waren sich Betriebsrat und Geschäftsleitung in einem Punkt schnell einig: Das neue SAP-Projekt sollte auf der Basis

Zeit für Beteiligung

der Normalarbeitszeit geplant werden. D. h. die pauschal angenommene Freistellung der Projektmitarbeiter in Höhe von 50% sollte mit dem Kapazitätsangebot der Fachabteilungen so abgestimmt werden, daß im Zweifel Ersatzkapazitäten für den Alltagsbetrieb frühzeitig geschaffen werden könnten (Hilfskräfte, Versetzungen, Qualifizierungsmaßnahmen etc.). Einer Drohung des Betriebsrats, sich in Zukunft gegen jegliche Überstunden auszusprechen, konnte so der Boden entzogen werden.

Aber auch in einem zweiten Punkt konnten die Geschäftsleitung und der Betriebsrat ihre Interessen auf einen gemeinsamen Nenner bringen:

Die Geschäftsleitung hatte aus ihrem ISO 9000-Projekt und der letzten Reorganisationswelle in der Produktion gelernt, daß die Projektleiter mit der Aufgabe, ständigen Kontakt mit den Mitarbeitern der Fachabteilungen zu halten, also ihre Interessen, Ideen, Beschwerden wahr- und ernstzunehmen, politisch und zeitlich schlicht überfordert waren.

Auch Führungskräfte und Betriebsräte sind überfordert.

Sie plante daher auch im Hinblick auf die spätere SAP-Produktivphase, sogenannte "Fachbereichskoordinatoren" schon im Projekt zu entwickeln und sie mit speziellen Aufgaben zu betreuen.

Der Betriebsrat hatte ebenfalls aus seiner Projektpraxis gelernt. In den vergangenen Jahren hatte er immer wieder versucht, sich selbst direkt in die Projektarbeit einzumischen, war in jede Projektgruppe gegangen und hatte sich in diversen Koordinationsausschüssen aufgerieben. Mit dem Erfolg, daß er im Klein-Klein der Projektarbeit versackte, nicht mehr zu strategischen Überlegungen kam und seine Mitglieder zeitlich überforderte.

Er schlug deshalb zu seiner Entlastung sogenannte "Vertrauenspersonen" vor, die in den SAP-Projektgruppen die Belange des Betriebsrates und der späteren Anwender vertreten sollten (z. B. Datenschutz, EU-richtlinienkonforme Arbeitsgestaltung etc.). Sie sollten in Abteilungsversammlungen gewählt und über spezielle Schulungen und entsprechende Zeitbudgets für ihre Aufgaben gerüstet werden.

Geschäftsleitung und Betriebsrat einigten sich schließlich auf ein Konzept, das im Kern folgendes beinhaltete:

Das Konzept der Vertrauenspersonen

1. In jeder SAP-Projektgruppe wird eine Vertrauensperson aus dem jeweiligen Fachbereich installiert, die im Einvernehmen mit dem Betriebs-

rat bestellt wird. Sie ist über ihre speziellen Koordinations- und Vertrauensaufgaben hinaus normales Mitglied der Projektgruppe. Die Übernahme dieser Funktion ist freiwillig und soll von den Fachbereichsbeschäftigten bestätigt werden.

2. Die Vertrauenspersonen haben folgende spezielle Aufgaben:

- Die späteren Anwender kontinuierlich über den Stand und die inhaltlichen Konzepte des Projektes zu informieren,
- die Kritiken, Anregungen, Ideen der Anwender in die Projektarbeit zu tragen und ihre Berücksichtigung zurückzumelden,
- die speziellen in der SAP-Projektbetriebsvereinbarung und dem "Sozialen Pflichtenheft" fixierten Aufgaben zum Datenschutz, personenförderlicher Aufgabengestaltung, Qualifizierung etc. in die alltägliche Projektarbeit angemessen zu integrieren,
- im Projektalltag über die Einhaltung von Projektrahmenbedingungen zu wachen (z. B. Belastung der Projektmitarbeiter, Verwendung der Projektmanagementsoftware),
- den Betriebsrat über Probleme, den Stand und die Interessenkonstellationen in und um das Projekt herum zu informieren und für Diskussionen und (Fach-)Fragen zur Verfügung zu stehen.

3. Für diese besonderen Aufgaben werden den Vertrauenspersonen spezielle Schulungsmöglichkeiten eingeräumt und ein Zeitbudget für die Diskussion mit den späteren Anwendern und dem Betriebsrat zur Verfügung gestellt.

Ein steiniger Weg
zum Erfolg

So das Konzept und die Vereinbarung. Die Realität jedoch verlief zunächst nicht so.

Einigen Teilprojektleitern und Fachbereichsfürsten mußte mehrfach der Sinn und die Funktion der Vertrauenspersonen von der Geschäftsleitung und dem Betriebsrat eindringlich klar gemacht werden, bevor sie ihren Widerstand aufgaben, einlenkten und später sogar mehrheitlich die Arbeit der Vertrauenspersonen begrüßten, gar förderten.

Auch in den Projektgruppen bestand zeitweilig die Gefahr, die Ver-

**Fremdkörper
und Spitzel**

trauenspersonen zu isolieren. Es wurde versucht, ihr Insistieren auf die sozialen Pflichten des Projektes abzutun oder sie als "Spitzel" des Betriebsrats zu behandeln. Da jedoch bei den Meilensteinen "von oben" auch die Einhaltung von "sozialen Pflichten" eingefordert wurde, empfand man zunehmend die Rolle der Vertrauenspersonen als Entlastung und Anregung, zumal auch mit ihrer Hilfe die eigenen Projekt-Probleme schneller behandelt und gelöst werden konnten.

Fachliche Kompetenz

Auch die spezielle Schulung der Vertrauenspersonen zu den Themen "SAP und Datenschutz", "Ergonomische SAP-Gestaltung", "Moderation in der Projektarbeit" sowie "Arbeitsorientierte Prozeßorganisation", die vom Sachverständigen des Betriebsrates durchgeführt wurden, stärkten ihre fachliche Position in den Teams und förderten so die Umsetzung der "sozialen Pflichten" im Projektalltag.

Die Mitarbeiter in den Fachabteilungen taten sich anfangs auch schwer, sich über Beschwerden zur aktuellen Belastungssituation und allgemeine Ängste hinaus konstruktiv mit Fragen und Problemen der zukünftigen SAP-Anwendung auseinanderzusetzen. Sie waren nicht im Stoff, bislang nur unzulänglich bis gar nicht informiert und gegenüber dem plötzlichen Beteiligungsangebot eher mißtrauisch gestimmt.

**Auch Formen
sind wichtig.**

Hier brachte eine fachbereichsspezifische Demonstration des SAP-Systems im Stadium der Grobkonzeptionierung den Durchbruch. Ebenso wirkte sich die Einrichtung eines Jour-Fixe von zwei Stunden alle zwei Wochen, bei dem Informationen und Ideen ausgetauscht werden konnten, für die Projektarbeit und Akzeptanz sehr positiv aus.

**Auch Betriebsräte
müssen umlernen.**

Schließlich hatte der Betriebsrat selbst lange damit zu kämpfen, sich auf die Informationen und Problemdarstellungen der Vertrauenspersonen einzulassen - gar zu verlassen. Zum einen war er es nicht gewohnt zu delegieren, zum anderen gab es eine Fülle von Sprach- und Orientierungsproblemen, denn die Vertrauenspersonen waren keine Betriebsräte und hatten ihren eigenen Kopf. Für beide Seiten war es anfangs entsprechend schwierig, diese Unterschiede und Spannungen als Chance zu begreifen, die unterschiedlichen Sichten als konstruktive Basis einer sozialverträglichen SAP-Gestaltung zu nutzen.

Fall 2: Dezentralisierung von Entscheidung als Methode

Glaubt man der Literatur, so kann man den Eindruck gewinnen, daß im Bereich der softwareergonomischen Gestaltung von EDV-Systemen inzwischen ein Prototyping mit den Endanwendern als Vorgehensweise sich zum Standard entwickelt hat. Nur SAP-Projekte scheinen trotz wesentlich verbesserter SAP-"Stellschrauben" diesbezüglich eine Ausnahme zu bilden. Darüber hinaus gibt es aber noch weitere Problembereiche in SAP-Projekten, die aufgrund ihrer betriebspolitisch bedingten Struktur am 'grünen Tisch' kaum zu lösen sind: so z. B. die Berechtigungsvergabe, die Aufgabenverteilung, der Datenschutz.

In einem von uns beratenen Betrieb wurde von Geschäftsführung und Betriebsrat gemeinsam versucht, auch diese Aufgaben mit direkter Beteiligung der Anwender zu bewältigen:

Datenschutz sowie Leistungs- und Verhaltenskontrolle als Beteiligungsgegenstand

Beide Betriebsparteien hatten die leidvolle Erfahrung gemacht, daß eine zentrale Aushandlung der Leistungs- und Verhaltenskontrollpotentiale von EDV-Systemen und eine revisionsfähige Personaldatenverarbeitung eher zu einer bürokratischen Zementierung betrieblicher Mißtrauensverhältnisse beiträgt, als zu einer sachlichen, transparenten und einvernehmlichen Führungs-, Personal- und Leistungspolitik anregt. Dieser Einsicht folgend wurde für das SAP-Einführungsprojekt vereinbart, daß die Fülle der im System geführten und vom System produzierten Personaldaten zwar gemäß § 37.2. BDSG zu dokumentieren, doch die Frage der Verhältnismäßigkeit ihrer konkreten Verwendung (z. B. Zugriffsberechtigung, Auswertungen) mit den Betroffenen direkt abzuklären sind.

Quasi zum Üben sollten gleich zum Projektanfang die Projektmitarbeiter selbst darüber entscheiden, ob in der eingesetzten Projektmanagementsoftware detaillierte Ist-Zeit und Fertigmeldungen personenbezogen gespeichert und verarbeitet werden sollten. Die Geschäftsführung und der Betriebsrat behielten sich dabei lediglich ein Vetorecht vor. Das Ergebnis dieses 'Vorlaufs' war für alle (Teil-)Projektleiter eine Art Spiegel, in dem sie ihren jeweiligen Führungsstil und ihre Wirkung auf die Mitarbeiter erkennen konnten:

Zwei Projektgruppen hatten überhaupt keine Probleme mit einer detaillierten Ist-Zeit-Erfassung und Verarbeitung, eine lehnte sie strikt ab, und die restlichen zwei stimmten einer Erfassung zwar zu, banden ihre Zustimmung jedoch an ein Auswertungsverbot auf Projektleitungsebene, da sie die Daten nur für die Eigenkontrolle der Gruppe genutzt sehen und nach 'oben' nur aggregierte Daten zur Projektsteuerung weitergeben wollten.

Die Führungskultur wird transparent.

Angesichts dieses heterogenen und in der Mehrheit nicht gerade auf ein Vertrauensverhältnis zwischen Projektmitarbeitern und den Führungskräften im Projekt hinweisenden Ergebnisses wurde von der Geschäftsführung und dem Betriebsrat zum einen das Votum der Gruppen respektiert, zum anderen aber auch die Thematisierung des Führungsstils im Projekt verordnet. Die letztgenannte Maßnahme, zu der auf Wunsch auch ein Moderator hinzugezogen werden konnte, führte schließlich dazu, daß ein Teilprojektleiter abberufen wurde und schließlich sukzessive alle Gruppen einer detaillierten Ist-Datenerfassung zum Zweck einer einvernehmlichen Projekt-(Selbst-)Steuerung zustimmten.

Vom Symptom zur Ursache

Diese Vorgehensweise wurde nun auch auf die Leistungs- und Verhaltenskontrollprobleme und den Datenschutz im SAP-System angewendet. Auf der Grundlage der Dokumentation der Personaldaten (Stamm-, Bewegungsdaten und personenbezogene Auswertungen) diskutierte beispielsweise der Einkauf darüber, ob er es für angemessen hält, daß die Besteller über entsprechende Reporte Einsicht in das Bestellverhalten der Einkäufer nehmen können oder ihr Vorgesetzter personenbezogen (Einkäufer / Einkaufsgruppe) und ohne Einschränkungen das Einkaufsinformationssystem nutzen sollte. Hier zeigte sich schnell, daß es zwar keine gravierenden Führungsprobleme im Einkauf gab, aber die althergebrachten Spannungen zwischen den Bestellern und Einkäufern die Logistikprobleme des Unternehmens massiv verschärft hatten. All dies war in der klassischen Ist-Analyse nicht auf den Tisch gekommen, da man sie allein auf die Funktionalitäten von SAP bzw. die formalen Geschäftsprozesse beschränkt hatte.

Auch das Verhältnis Arbeitsvorbereitung, Produktionssteuerung und Werkstatt bzw. Montage konnte über diesen Beteiligungsweg betriebspolitisch und funktional neu aufgerollt werden, nur das Personalwesen selbst, also die Personaldatenverarbeitung unter SAP-HR und das Controlling (CO), ließen sich aufgrund der flächendeckenden Funktionen nicht auf diesem Wege lösen. Hier blieb es bei der zentralen Verhandlung zwischen Betriebsrat, Datenschutzbeauftragten, Personalwesen bzw. Controlling und Geschäftsführung. Doch auch für diese Problemkreise wurde eine unkonventionelle Vorgehensweise gefunden, die sich an den positiven Erfahrungen mit der direkten Bearbeitung an der Quelle bzw. an den Ursachen des Mißtrauens und der Kooperationsprobleme orientierte. Für die Bereiche Personalplanung und Controlling wurden einvernehmlich Verfahrens-, Planungs- und zielbezogene Grundsätze vereinbart. Dann wurde der Daten- und Auswertungskatalog unter dem Gesichtspunkt der funktionalen Brauchbarkeit (Datenqualität und Erforderlichkeit) gemeinsam durchforstet und abgespeckt.

Auch eine gute Lösung muß erprobt werden.

Dieses Vorgehen und das schließliche Resultat eines vergleichsweise offenen Systems vermied eine mißtrauensbedingte Kastration der SAP-Anwendungen, reduzierte den Verhandlungs- und Datenschutzaufwand (z. B. differenzierte Berechtigungsvergabe, Reportprotokollierung) und bot den Sachbearbeitern die Möglichkeit, mit den neuen Instrumenten im Rahmen der vereinbarten Grundsätze eine sozialverträgliche Personalplanung und ein beratungsorientiertes Controlling aufzubauen. Vor diesem Hintergrund, der dem Betriebsrat zudem erweiterte Informations- und Interventionsrechte einbrachte, wurden zunächst für eine Probezeit von einem Jahr den Fachabteilungen die technischen Möglichkeiten flexibler Auswertung über SAP-Query und PC-Download ohne Einschränkungen zugestanden. Damit konnte zudem der durch Betriebsvereinbarungen zum Datenschutz allzuhäufig produzierte Widerspruch zwischen Datenschutz und Arbeitsorientierung aufgelöst werden.

3.2 Zur Planung und zum Controlling von Beteiligungsprozessen

Beteiligung als politischer Lernprozeß

Die kurze Schilderung erfolgreicher Beteiligungsprozesse zeigt, daß die direkte Einbindung der Endanwender in den Entwicklungsprozeß einer SAP-gestützten neuen Arbeit nicht nur eine Vielzahl von Chancen zur Entlastung der Hierarchie, zu unmittelbarer Konfliktlösung und Prozeßkettenoptimierung beinhaltet, sondern auch ein hochsensibler betriebs-

politischer Lernprozeß ist, der ohne klare und deutliche Top-Down
-Steuerung seitens der Geschäftsführung und des Betriebsrates leicht
aus dem Ruder laufen kann.

Daher empfehlen wir, das Für und Wider vorab auf beiden Seiten der
Betriebsparteien abzuwägen, dann Beteiligung als Aufgabe und Verfahren konkret zu planen und sie schließlich zum Bestandteil einer Pro-
jekt-Betriebs- und Zielvereinbarung zu machen (vgl. dazu auch C 4).

Für diesen unternehmensindiviudellen Planungs- und Entscheidungs-
prozeß fehlen in der Regel neutrale Kriterien und Diskussionshilfen,
die es gestatten, über die klassischen Vorurteile und einseitigen Inte-
ressenstandpunkte hinaus, den personellen und politisch machbaren
"Beteiligungskorridor" auszuloten und auszugestalten.

Aber schon die konkrete Beantwortung der folgenden fünf Fragen führt
in den meisten Fällen zu einem Beteiligungsansatz, der im Rahmen der
vereinbarten Leitbilder und Projektziele einen ernsthaften Versuch sinnvoll erscheinen läßt.

Ein betriebsspezifischer Beteiligungskorridor muß entwickelt werden.

Ein solcher Versuch muß aber als möglichst offener betriebspezifischer
Lernprozeß konzipiert und organisiert werden, sonst entwickelt sich
schnell ein Beteiligungsbürokratismus mit keinem zu rechtfertigenden
Aufwand. Insofern verbietet es sich hier "best-ways" vorzuschlagen.
Gleichwohl erscheint es uns nützlich, an dieser Stelle einige typische
Detaillierungen zu den fünf Grundfragen vorzustellen, um die jeweilige
betriebliche Diskussion über die Dimensionierung des eigenen Beteili-
gungskorridors anzuregen.

Abb. 3.2-1

Grundfragen zur Anwenderbeteiligung	Rahmen-Leitbilder gesetzliche Vorgaben
1. Woran sollen und dürfen sich die Anwender beteiligen?	• robustes Unternehmen • betriebsverfassungsmäßige Beteiligung • Beteiligung gemäß EU-Richtlinien/Arbeits-schutzgesetz
2. Wie weit soll der Beteiligungs-prozeß formalisiert werden?	• robustes Unternehmen • Arbeitsorientierung • Sozialverträglichkeit
3. Wie soll und kann die Anwen-derbeteiligung in die Mitbe-stimmungskultur des Betriebs-rates eingepaßt werden?	• Sozialverträglichkeit • Betriebsverfassungsgesetz
4. Wie wird der Nutzen aus dem Beteiligungsprozeß verteilt?	• Sozialverträglichkeit • Arbeitsorientierung
5. Wie soll die Beteiligungsinitia-tive der Geschäftsführung und des Betriebsrats glaubwürdig verstetigt werden?	• robustes Unternehmen • Arbeitsorientierung • Betriebsverfassungsgesetz • EU- Rahmenrichtlinie/ Arbeitsschutzgesetz

Zu 1: Woran sollen und dürfen sich die Anwender beteiligen?

Prinzipiell lassen sich zu allen arbeitsbezogenen Fragen und Problemen einer SAP-Einführung mehr oder minder nützliche Ideen und Hinweise aus der Anwendersicht 'erheben'.

Aus Unternehmens- und Projektsicht ist es natürlich am naheliegend-sten, nur diejenigen Themen und Probleme den zukünftigen Anwendern anzutragen, bei denen davon auszugehen ist, daß sie aufgrund ihrer Arbeitserfahrung Experten sind.

Also beispielsweise

- zur Neugestaltung von Arbeitsabläufen in der Fachabteilung,
- zu Fragen der Datenqualität und Abbildung von Geschäftsprozessen aus der Fachsicht der Anwender,

- zu Fragen der softwareergonomischen Gestaltung der SAP-Anwendung (z. B. Bildschirmmasken, Bildfolgen, Menügestaltung, vgl. C 1),
- zur Reorganisation der Kooperation und Abläufe entlang von Geschäftsprozessen, also über den eigenen Fachbereich hinaus,
- zur fachlichen Weiterbildung und Qualifizierung vor dem Hintergrund der jeweiligen persönlichen Defizite und Bedarfe,
- zur Verteilung von Aufgaben und Berechtigungen auf die einzelnen Mitarbeiter und Anwender-Gruppen.

Aus Betriebsratssicht wird in der Regel dieses Themenspektrum um Probleme erweitert oder spezifiziert, die aus seiner Sicht direkte Interessenlagen der Mitarbeiter berühren, so z. B.:

- Fragen des Datenschutzes und einer Leistungs- bzw. Verhaltenskontrolle mit Hilfe des SAP-Systems sowie der damit verbundenen Probleme des Führungsstils und der Leistungspolitik,
- zu Fragen des Schutzes vor gesundheitsgefährdender Intensivierung, Dequalifizierung und vor Kompetenzverlusten im Rahmen der neuen Arbeitsweisen und der Arbeitsverteilung in und zwischen den Fachbereichen,
- zur Frage der Art und Weise der Anwenderbeteiligung selbst.

Da nun aber eine SAP-Einführung in vieler Hinsicht trotz intensiver Planung und externer Beratung ein offener Prozeß ist, sollte auch die Definition der Beteiligungsgegenstände und Themen nicht gänzlich von 'oben' vorab bestimmt werden, sondern ähnlich wie bei gut eingeführten Qualitäts- und Gesundheitszirkeln üblich, mit zu den Wahlmöglichkeiten der Mitarbeiter gehören.

Zugleich ist es natürlich auch eine Frage der Information über die Ziele, das Vorgehen des Projektes und die Software, die die realen Beteiligungsmöglichkeiten massiv beeinflußt bzw. selektiert. Darüber hinaus führt natürlich die Frage der Rechte bzw. des formellen Einflusses der Anwender auf die Arbeit und Entscheidungen des Projektes sowie die Zeitressourcen für die Anwender leider häufig zum Konflikt.

Zu 2: Wieweit soll der Beteiligungsprozeß formalisiert werden?

In vielen Betriebsvereinbarungen zu SAP-Einführungsprozessen findet man Formulierungen wie:

"Die Endanwender haben das Recht, Ideen, Verbesserungsvorschläge, Kritik und Beschwerden in die Projektarbeit einzubringen. Diese Anregungen können schriftlich formuliert oder mündlich vorgetragen werden. Das Projekt ist verpflichtet, sie zu prüfen, zu beraten und möglichst zu berücksichtigen. Über die Behandlung ihrer Anregungen sind die Mitarbeiter zu informieren."

Solche oder ähnliche Formulierungen lehnen sich im Grundsatz an die Anhörungs-, Erörterungs- und Beschwerderechte der Arbeitnehmer aus dem Betriebsverfassungsgesetz (§§ 81; 82 und 84 f.) an. Ihnen folgend ist der Arbeitgeber u. a. verpflichtet, die Betroffenen über Änderungen der Organisation und Aufgabe, Gefährdungen und neue Qualifikations-anforderungen zu unterrichten und diese mit ihnen - auf Wunsch unter Hinzuziehung des Betriebsrates - zu erörtern. Die Betroffenen sind "berechtigt, zu den Maßnahmen Stellung zu nehmen, sowie Vorschläge für die Gestaltung des Arbeitsplatzes und des Arbeitsablaufs zu machen" (§ 82.1). Insofern präzisieren obige Formulierungen nur den Ansprechpartner der Arbeitnehmer und machen die eigentlich selbstverständliche Rückkopplung von Beratungsergebnissen dem SAP--Projekt zur Pflicht.

Schon das Betriebsverfassungsgesetz verpflichtet zur Beteiligung.

Dennoch sind solche gesetzeskonformen Formulierungen in SAP-Betriebsvereinbarungen keineswegs selbstverständlich, da schon hier die Ängste und Vorurteile vor allem der Führungskräfte und der Projektverantwortlichen aufbrechen. Eine Umsetzung dieser B- Pflichten (vgl. S.46) ist entsprechend noch weniger vorzufinden.

Koordinatoren als als Beteiligungsinstanz

Der zweite Schritt in Richtung eines formellen Beteiligungsmodells besteht - wie im ersten Beispiel erfolgreicher Anwenderbeteiligung dargestellt (s. 4.1) - in der Einrichtung von Vertrauenspersonen bzw. Koordinatoren in den SAP-Projektgruppen mit der Aufgabe, die Beteiligung der Anwender und des Betriebsrates zu organisieren.

Bei einem solchen Konzept variieren die formalen Festlegungen in Betriebs- und Zielvereinbarungen sehr stark. Folgende Punkte sollten aber dabei, wenn auch 'nur' zur persönlichen Absicherung der Vertrauenspersonen, einvernehmlich bestimmt werden:

Ressourcen und Rollen definieren und vereinbaren

- die Zeit, die den Vertrauenspersonen und den Anwendern zur Information und Diskussion in der Arbeitszeit zur Verfügung steht (z. B. zwei Stunden je Woche), selbstverständlich mit der Auflage, sie in der Kapazitätsplanung des Projekts und der Fachabteilungen zu berücksichtigen,
- die Zeit für Informations- und Diskussionstreffen mit dem Betriebsrat,
- das Angebot für spezifische, ihren Aufgaben entsprechende Qualifizierung (z.B. Datenschutz, Arbeitsgestaltung, Moderationsfähigkeiten),
- die Garantie, daß den Vertrauenspersonen aus dieser speziellen Arbeit keine Nachteile entstehen.

Darüber hinaus werden zuweilen weitere Festlegungen vereinbart, die aber häufig die Ängste des Managements vor willkürlicher Ausnutzung von Beteiligungsangeboten oder Befürchtungen des Betriebsrates von einseitiger Ausnutzung der Beteiligten widerspiegeln; so z. B.:

Weitergehende Vereinbarungsinhalte

- genaue Themen und Terminvorgaben für die Diskussionen der Anwender in den Fachbereichen,
- Festlegung von Methoden und Verfahren, z. B. periodische Abteilungsversammlungen, fachbereichsübergreifende Meetings, Ablauf von Beschwerdewegen, Ideen und Vorschläge über das Betriebliche Verbesserungsvorschlagswesen einreichen, Prototyping bzw. Customizing vor Ort, Dokumentationspflicht der Ideen und Beschwerden, betriebliche Standards für Teamarbeit, Information, Präsentation etc.
- genaue Abgrenzung von betriebsrätlicher Mitbestimmung und Anwenderbeteiligung in Form von formellen Entscheidungs- und Konfliktlösungsverfahren (z. B. Vetorecht des Betriebsrats, meilensteinbezogene Freigabe der nächsten Projektschritte, innerbetriebliche Schlichtung für Projektkonflikte unter Beteiligung des Betriebsrates).

Die letzten Regelungspunkte zeigen deutlich, in welchem Dilemma eine Formalisierung von Beteiligungsprozessen und Verfahren steckt. Zum einen lebt jede konstruktive Aktivierung des Wissens und der Interessen der Mitarbeiter von einer gewissen Spontanetät, nicht planbaren Situationsgebundenheiten, Gärungsprozessen und Anlässen. Zum anderen bedarf es realistischer und einvernehmlicher Rahmenbedingungen, klarer Ziele und Verfahren, die aber leicht zu einem "Beteiligungsbürokratismus" auswachsen können.

Formalisieren oder experimentieren

Insofern besteht die Kunst, formelle Beteiligungsstrukturen und Kulturen aufzubauen darin, für alle Beteiligten einen akzeptablen Einstieg in diese Art von Organisationsentwicklung zu finden.

Entsprechend warnen wir davor, gleich zu Anfang den großen Wurf zu konzipieren und zu verschriftlichen. Wir empfehlen, zunächst Beteiligung als kontrolliertes Experiment zu verstehen. Dies bedeutet jedoch, daß die Geschäftsführung, die SAP-Projektleitung und der Betriebsrat sich darauf verständigen, im Zyklus von beispielsweise 6 Monaten offiziell die laufenden Beteiligungsverfahren zielbezogen zu überprüfen.

Zu 3. Wie kann die Anwenderbeteiligung in die Mitbestimmungskultur eingepaßt werden?

Beteiligung kann den Betriebsrat unterlaufen.

Diese Frage drängt sich allen Arbeitnehmervertretungen auf, die angesichts von Beteiligungsinitiativen des Managements - z. B. im Rahmen von TQM-Projekten - verspüren, daß sie sich mit ihrem traditionellen Vertretungshandeln von den realen Gestaltungs- und Änderungsprozessen isolieren und zuweilen sogar überflüssig vorkommen. Zum anderen umfaßt diese Frage auch das Problem eines möglichen Machtverlustes des Betriebsrates, wenn er wie im Beispiel 2 (vgl. 4.1) weitgehend die Entscheidung über die Verhältnismäßigkeit einer Personaldatenverarbeitung insbesondere von Leistungs- und Verhaltensdaten an die betroffenen Mitarbeiter delegiert. Der bisher erfolgreich genutzte "Mitbestimmungshebel" des § 87.1.6 BetrVG (Leistungs- und Verhaltenskontrolle) wird dadurch kürzer und muß im Rahmen einer neuen Mitbestimmungskultur kompensiert werden (vgl. dazu auch C 4).

Doch darüber hinaus entstehen durch eine erweiterte Beteiligung bzw. "Mitbestimmung am Arbeitsplatz" noch weitere Probleme und Herausforderungen für die Betriebsratsarbeit und seine Rolle selbst:

**Wandel der
Betriebsratsarbeit**

"Delegation an den Ort des Geschehens, die Bedürfnisse der Kolleginnen und Kollegen ernst nehmen, Konzentration auf strategische Fragen" sind leicht ausgesprochene Floskeln. Sie sind aber vielfach mit dem bewährten und gelernten Vertretungshandeln schwer zu vereinbaren. Auch hier muß, ähnlich wie beim Management, von den handelnden Betriebsräten ein Kulturbruch vollzogen werden.

- Zuhören, Ideen und Standpunkte sich vor Ort entwickeln zu lassen, erfordert Vertrauen in die Selbständigkeit der Anwender, gerade auf Seiten des Betriebsrates.
- Offensichtliche Interessenwidersprüche zwischen Anwendergruppen bzw. Fachbereichen setzen den Betriebsrat nicht nur politisch unter Druck, sondern verlangen moderative Fähigkeit und im Zweifel Entschlußkraft im Hinblick auf das Ganze.
- Offene und beteiligungsorientierte Änderungsprozesse müssen als Unsicherheit auch beim Betriebsrat politisch so verdaut werden, daß nicht bei jeder Abweichung vom allgemein vereinbarten Weg und Ziel die Notbremse der klassischen Top-Down-Regelung gezogen wird (Veto-Recht).

Wenn also lernen und lernen lassen auch auf Seiten des Betriebsrates zu einer Strategie erweiterter Anwenderbeteiligung gehört, so bedarf es doch akzeptabler Sicherheiten und Rahmenbedingungen für einen solchen Schritt.

**Die Projektorganisation
ist wesentlich.**

Unser "Vorgehensmodell der kleinen Schritte" aus Teil B 4 bietet dazu über die Parallelisierung von Projektbetriebsvereinbarungen und Zielvereinbarung, einem Meilensteincontrolling und ein Prototyping der sozialen Pflichten des SAP-Projektes und einer paritätischen Projektsteuerung eine Fülle von Strukturelementen, die nicht nur ein "aus dem Ruder laufen" verhindern, sondern auch den Betriebsrat von der Sisyphusarbeit einer umfassenden Mitarbeit im Projekt entlasten können.

Voraussetzung dafür ist jedoch, wie gesagt, eine Betriebsvereinbarung, die die Rahmenbedingungen, die Projektaufbauorganisation sowie die Ziele des SAP-Projektes festlegt.
Die Vereinbarung von Rahmenbedingungen führt uns nun zur nächsten Frage.

Zu 4. Wie wird der Nutzen aus dem Beteiligungsprozeß verteilt?

"Beteiligung kostet nichts, nur manchen kostet es den Arbeitsplatz". Dieses zugespitzte Bonmot kennzeichnet das strukturelle Dilemma aller Initiativen, eine "Rationalisierung von unten" formell zu verstetigen. Sei es das Betriebliche Vorschlagswesen, Qualitätszirkel, KVP, teilautonome Gruppenarbeit etc., alle tragen das Problem individueller und kollektiver Nutzenkalküle in sich - so auch eine erweiterte Mitarbeiterbeteiligung in SAP-Projekten. Für die ordentlichen Projektmitarbeiter ist das Problem in der Regel gelöst. Sie werden SAP-Experten, gewinnen arbeitsmarktrelevante Qualifikationen, werden u. U. für Beförderungen vorgesehen und haben entsprechend eine positive Anreiz-Beitragsbilanz. Ihr einziges Problem ist es zuweilen, ihren Fachbereichskollegen und Kolleginnen negative Projektfolgen bescheren zu müssen.

Bedenkt man aber die Erschwernisse und Belastungen eines normalen SAP-Projektes, so können die Endanwender über Beteiligung an der SAP- und Arbeitsgestaltung im Grunde ebenfalls nur gewinnen. Ihr Engagement, ihre Ideen, Kritiken und ihr Fachwissen läßt u. a. folgendes erwarten:

- verbesserte Softwareergonomie durch Prototyping, an die eigenen Erfahrungen, Fähigkeiten und Vorstellungen anknüpfende Abläufe und Tätigkeitsprofile,
- eine Reduktion der psychischen Belastung während der Projektlaufzeit durch kontinuierliche Information und transparente Entscheidungen,
- intensivere Qualifizierung und damit weniger Streß bei und nach dem Produktivstart,
- bessere Möglichkeiten, auch die eigenen materiellen Interessen einzubringen und abwägen zu können (z. B. Leistungs- und Verhaltenskontrollen).

Diese Positivbilanz im Sinne einer „attraktiveren Arbeit" stimmt jedoch nur, wenn über eine Betriebsvereinbarung die materiellen Besitzstände, also die Beschäftigung, das Gehalt, der Marktwert der persönlichen Arbeitskraft sowie das Verhältnis Arbeitsintensität und Gesundheit als abgesichert gelten können. Andernfalls werden durch entsprechende Ängste, Befürchtungen und die vermeintlich existenzsichernde Konkurrenz der Mitarbeiter untereinander nicht nur die Beteiligungsprozesse blockiert, sondern wie in Fall 1 (Teil A) geschildert, ein betrieblicher Kleinkrieg den gesamten Reorganisationsprozeß belasten.

Sozialverträgliche
Personalpolitik

Doch die Aufgabe, eine für die Mitarbeiter und das Unternehmen akzeptable Absicherung zu schaffen und sie in eine sozialverträgliche Personalpolitik umzusetzen, ist und bleibt im Grundsatz die Aufgabe von Betriebsräten und Geschäftsführungen.

Zu 5. Wie soll die Beteiligung verstetigt werden?

Auch wenn letztlich eine SAP-gestützte Reorganisation des Betriebes die Produktivität steigert und die Gemeinkosten senkt, ist noch keineswegs gesichert, daß die damit geschaffenen neuen Strukturen auch robust, d. h. kontinuierlich verbesserungsfähig sind. Die SAP-Software sollte nicht nur gemäß DIN/EN 9234 Teil II für die Anwender "lernförderlich" sein, sondern selbst einer fortschreitenden Organisationsentwicklung nicht im Wege stehen. Von daher darf weder aus arbeitsorientierter Sicht noch vom Ziel eines robusten Unternehmens aus die Beteiligung im SAP-Projekt als Strohfeuer oder Einzelaktion begriffen werden.

Ob eine Verstetigung von Beteiligung in Richtung eines kontinuierlichen Verbesserungsprozesses bzw. eines lernenden Unternehmens funktioniert, hängt unserer Erfahrung nach von 4 Faktoren ab:

Bedingungen eines
kontinuierlichen
Verbesserungs-
prozesses

1. einer glaubwürdigen und starken Top-Down-Absicherung der Ziele und Ressourcen seitens der Geschäftsführung und des Betriebsrates,

2. einer an den Fähigkeiten und Möglichkeiten der Mitarbeiter und Führungskräften orientierten Organisation und Methodik des Prozesses.

3. klaren und verbindlichen Rahmenbedingungen, insbesondere einer akzeptablen Absicherung für die Beschäftigten,

4. einem für Kreativität und Aushandlung angemessenen Zeitbudget im Alltagsgeschäft für alle Beteiligten.

Diese schon im SAP-Projekt selbst als notwendige Bedingungen einer erfolgreichen Einführung genannten Faktoren müssen also einerseits aus dem Treibhaus bzw. der Sondersituation des Projektes in den normalen Alltag überführt werden, andererseits, wenn auch in modifizierender Form, auf alle anderen betrieblichen Projekte übertragen werden.

Projektrichtlinien und Führungsgrundsätze

Eine Übertragung auf andere Projekte ist vergleichsweise einfach, wenn die positiven Erfahrungen und Probleme der Beteiligung im SAP-Projekt von allen Beteiligten ausgewertet und betriebsöffentlich diskutiert worden sind. Aus Sicht der Geschäftsleitung und des Betriebsrates ließen sich daraus für die Zukunft beispielsweise Projektrichtlinien und Führungsgrundsätze formulieren und vereinbaren. Eine entsprechende Controlling- und betriebsinterne Beratungsinfrastruktur, z. B. in Form eines "Projektbüros", könnte nicht nur in größeren Betrieben - wie schon erfolgreich praktiziert - die Entscheider entlasten, sondern auch die Synergie- und Lerneffekte der Projekte untereinander steigern helfen.

Aber auch eine Verstetigung der Anwenderbeteiligung über den Produktivstart hinaus findet in einem SAP-Projekt vielfältige Anknüpfungspunkte.

Weiterarbeit der Vertrauenspersonen

So können beispielsweise die Vertrauenspersonen nach dem Produktivstart weiterhin als Koordinatoren zwischen der EDV- und den Fachabteilungen weiterarbeiten und so die Anwenderprobleme und Verbesserungsideen kontinuierlich aufgreifen.

SAP-User-Gruppen

So ließen sich unter dem Etikett "SAP-User-Groups" die Aktivitäten und bereichsübergreifenden persönlichen Kontakte der Anwender aus den Qualifizierungs-, Projekt- und Beteiligungsgruppen verstetigen.

So ließen sich aufgelaufene Änderungsbedarfe an der SAP-Software und der Organisation unbürokratisch in kleinen "ad-hoc-Projekten" in bewährter Personenzusammensetzung organisieren oder über kontinuierliche Informationsveranstaltungen zu den Möglichkeiten eines neuen SAP-Releases die Ideen für Verbesserungen anregen etc.

Diese Liste von Anregungen ließe sich erweitern, die Erfahrung zeigt jedoch, daß die Phantasie und Erfahrung von externen Beratern nicht halb soviel Wert sind wie die Ideen der Mitarbeiter selbst. Insofern sollte auch die Verstetigung der Beteiligung über das formelle SAP-Projekt hinaus als eine Projektaufgabe für alle Beteiligten formuliert werden.

SAP und die Mitbestimmung des Betriebsrates

Die Tatsache, daß eine SAP-Einführung, Migration oder eine System-
erweiterung Mitbestimmungsrechte des Betriebsrats berührt, hat selbst
schon seinen Niederschlag in der Implementations-Ware (IMW) von
SAP gefunden (vgl. B 2). Doch in den Betrieben - so unsere Erfahrung -
ist die formale und reale Beteiligung der Arbeitnehmervertretungen
vielfach noch umkämpftes Terrain (vgl. z. B. Fall 2, Teil A). Aber auch
in den Fällen, in denen die formalen Rechte, z.B. gemäß § 87.1.6 BetrVG
(Leistungs- und Verhaltenskontrolle) akzeptiert sind und wie in Fallbeispiel 4 eine konstruktive Zusammenarbeit von beiden Betriebsparteien angestrebt wird, ergeben sich allzuhäufig noch eine Fülle von
Problemen im Detail und in den Formen der Mitbestimmungsarbeit.
Deshalb wollen wir auch dieses Kernproblem sozialverträglicher
SAP-Einführungsprozesse zum Querschnittsthema machen.

1. Dabei könnte es doch soviel einfacher gehen

Alle Erfahrungen, den Einführungsprozeß von SAP als einen rein
technisch-funktionalen Akt zu organisieren, zeigen, daß auch ohne eine

Auch ohne Betriebsrat eine
Fülle politischer Probleme

interessenbezogene Intervention des Betriebsrats innenpolitische Fragen
schnell und unerwartet die Oberhand im Projekt gewinnen können:
Berufsgruppen- und Abteilungsegoismen, Machtansprüche dienstleist-
ender Funktionen, Erbfürstentümer etc. markieren allzuhäufig den
steinigen Weg der Projektarbeit. Wenn dazu noch der Betriebsrat seine
Informations-, Beratungs-, Überwachungs- und Mitbestimmungsrechte
und Pflichten geltend macht, wird aus Projektsicht vielfach das Faß zum
Überlaufen gebracht.

Schnell breitet sich angesichts der ohne dies schon zu knappen Zeit
folgende Erkenntnis aus: Der Betriebsrat bürokratisiert die Entscheidungswege, behindert die Alltagsarbeit durch lästiges und inkom-
petentes Nachfragen, fordert zusätzliche Aufgaben oder blockiert gar
über spitzfindige Unterstellungen einer SAP-gestützten Leistungs- und
Verhaltenskontrolle die Einführung, notwendige Datenerhebungen oder
einzelne Reporte. Der "Schwarze Peter" ist alsdann schnell gefunden

und der Betriebsrat wird, in diese Ecke gedrängt, sicherlich bald vollends dem (Vor-)Urteil entsprechen: Ein unproduktiver Teufelskreis, der häufig zudem noch zeitraubend und kostentreibend in einer Einigungsstelle gemäß § 76 BetrVG mündet.

Mitbestimmung erscheint lästig.

Entsprechend wird aus der Sicht vieler Geschäftsführungen die Mitbestimmung des Betriebsrats als Anmaßung oder als lästiges Übel empfunden, dem mit Strategien der Ausgrenzung oder, wie in Fall 2 (Teil A), als begrenzter Konflikt im Sandkasten des Datenschutzes zu begegnen ist. Auch hier verhalten sich fast zwangsläufig die Arbeitnehmervertretungen erwartungskonform und versuchen auf dem Terrain juristischer Argumentation und Verfahren ihren Einfluß zu sichern.

Diese beidseitige Flucht in die juristisch dominierte Interessenauseinandersetzung geht aber in der Regel an den realen Problemen und Bedarfen der Mitarbeiter, des Unternehmens und des SAP-Projekts vorbei. Sie führt zwar formgerecht zu Betriebsvereinbarungen, die dann aber zumeist - ähnlich wie schlecht eingeführte SAP-Systeme - den Aufwand nicht wert sind, der für ihre Erstellung bzw. Einführung erbracht wurde.

Gesetze und Verordnungen als Orientierungsrahmen

Doch erfolgreiche SAP-Einführungen - gemessen an unseren Rahmenleitbildern robust, arbeitsorientiert und sozialverträglich - haben es in der Regel geschafft, die Aushandlung von Interessen und die Mitbestimmung des Betriebsrats als integrierte Projektaufgabe zu organisieren. Dabei spielten das Betriebsverfassungsgesetz, das Bundesdatenschutzgesetz und andere Gesetze und Verordnungen, die zugunsten der Arbeitnehmer gelten (z.B. das Arbeitsschutzgesetz), nur eine für alle Seiten orientierende Rolle oder wurden einvernehmlich als formale Rückfallposition betrachtet. Die Mitbestimmungsarbeit konnte so an der Sache orientiert und ihre Organisation möglichst unbürokratisch und flexibel gestaltet werden. Gleichwohl wurde sie verbindlich vereinbart.

Eine solche an gemeinsamen Leitbildern, an der Konkurrenz von sachbezogenen Konzepten, realen Interessenwidersprüchen und Konflikten orientierte Zusammenarbeit setzt aber auf Konsens ausgerichtete Entscheidungsstrukturen sowie souveräne und kompetente Akteure voraus: also eine Konstellation, die nicht einfach gegeben ist, sondern immer wieder geschaffen und erarbeitet werden muß.

Die Frage, was ein Betriebsrat für eine solche Struktur tun kann, wie er also einen solchen Lernprozeß positiv beeinflussen bzw. selbst eine entsprechende Beteiligungskultur und Organisation mitentwickeln kann, soll der rote Faden der folgenden Empfehlungen sein.

2. Zur Positionsbestimmung der Betriebsratsarbeit in SAP-Projekten

Ein Betriebsratsgremium hat prinzipiell drei Möglichkeiten, auf die Arbeitgeberabsicht, SAP einzuführen, zu reagieren:

1. nichts zu tun oder maximal auf bestehende Betriebsvereinbarungen und Richtlinien hinzuweisen,

2. die klassischen Arbeitnehmerschutzinteressen (Arbeitsplatz, Lohn-Gehalt, Qualifikation, Datenschutz) formal zu regeln. (--> Schutzorientierte Betriebsvereinbarungen),

3. sich aus Arbeitnehmersicht in den Einführungsprozeß konstruktiv einzumischen, (--> Prozeßorientierte Betriebsvereinbarungen).

Auch Betriebsräte stecken den Kopf in den Sand.

Für alle drei Aktionsweisen gibt es im Einzelfall triftige Gründe und Konstellationen. Aber nur selten werden in den Betriebsratsgremien diese Entscheidungen systematisch diskutiert und entsprechend die Chancen und Probleme des eingeschlagenen Weges realistisch abgewogen.
Die Gründe dafür sind wiederum vielfältig und reichen von Zeitdruck, anderen politischen Prioritäten bis hin zu fehlender Sachkompetenz bzw. Information über das Vorhaben und seine möglichen Auswirkungen auf die Beschäftigten.

Wir haben dieses Phänomen schon als Problem der Entscheidungsfindung auf Seiten der Geschäftsführungen u.a. in Teil B dieses Buches markiert und als Lösung eine "Ganzheitliche Problemanalyse" sowie

"SAP-Vorstudie" vorgeschlagen, an der auch der Betriebsrat beteiligt werden sollte.

Da aber derzeit Arbeitnehmervertretungen selten so in die "unternehmerischen Vorüberlegungen" einbezogen werden, müssen sie sich zunächst allein über ihre politischen und praktischen Positionen zu einem SAP-Projekt klar werden und von da aus ihre Interventionsstrategie bestimmen.

Sieben Fragen zur
Positionsbestimmung
des Betriebsrates

Wir empfehlen, sich für diese "Ziel- und Möglichkeitsanalyse" ausreichend Zeit zu nehmen und beispielsweise in einer Betriebsrats-Klausur zumindest folgende sieben Fragen im Gremium zu beantworten.

I. Welche Nutzen soll eine SAP-Einführung für die Belegschaft bzw. die SAP-Anwender bringen?

Zum Beispiel:

- eine Verbesserung der Arbeitsabläufe, d.h. weniger Abstimmungsärger, klarere Verantwortlichkeiten, mehr Eigeninitiative, weniger Streß etc.,
- eine Verbesserung der Aufgabenverteilung, z.B. in Richtung Gruppenarbeit, integrierte oder assistenzgestützte Sachbearbeitung, Mischarbeit, klarere Definition der Rolle und Aufgaben von Vorgesetzten,
- eine Verbesserung der Arbeitsplatz- und Arbeitsmittelgestaltung (präventiver Gesundheitsschutz), z.B. Hard- und Softwareergonomie, aufgabenangemessenes Informationsangebot, Belastungsreduzierung,
- sichere Arbeitsplätze und Steigerung des Qualifikationsniveaus, mehr Motivation und Arbeitszufriedenheit im Alltag, u.a. durch Beteiligung am Rationalisierungserfolg,
- besserer Schutz der Persönlichkeitsrechte vor allem im Rahmen der Personaldatenverarbeitung (Datenschutz/Leistungs- und Verhaltenskontrolle),
- Sicherung der Arbeitsplätze durch eine effizientere Organisation der Abläufe etc.?

II. Welchen Nutzen soll das SAP-Projekt für den Betriebsrat mit sich bringen?

Zum Beispiel:

- eine effektive und ganzheitliche Interessenwahrnehmung in einem Reorganisations- bzw. Rationalisierungsprojekt (Prototyping),
- Entlastung von Detailentscheidungen durch Delegation an Betroffene und das SAP-Projekt,
- Erprobung neuer Arbeitsweisen im Gremium und in Zusammenarbeit mit der Geschäftsführung und der Belegschaft,
- Erprobung des Einsatzes von Vertrauenspersonen,
- mehr Einfluß auf die Gestaltung von Arbeitsbedingungen und die Unternehmensorganisation sowie ihre Entwicklung,
- bessere Informationsbedingungen für die Betriebsrats-Arbeit (z.B. SAP-Terminal im BR-Büro)?

III. Welche Risiken sollten für die Projektmitarbeiter, die SAP-Anwender und die mittelbar Betroffenen möglichst präventiv ausgeschlossen oder minimiert werden?

Zum Beispiel:

- Entlassungen und Gehalts- bzw. Lohnverluste,
- mißbrauchsträchtige Leistungs- und Verhaltenskontrollen,
- Leistungsverdichtung mit Gesundheitsgefährdung,
- Verlust von persönlichem Erfahrungswissen ohne die Möglichkeit, Neues entwickeln zu können (Qualifikationsentwertung),
- Überforderung und Überlastung während der Projektarbeit (Qualifikation und Zeit),
- Spaltung und Ausspielen von Belegschaftsgruppen oder Isolierung des Betriebsrates,
- unkontrollierte Personaldatenverarbeitung,
- Personalselektion in Richtung "Olympiamannschaft" oder "Nasenpolitik"?

IV. Wie steht der Betriebsrat grundsätzlich zu einer humanen Rationalisierung bzw. effektiveren Organisation des Unternehmens?

Zum Beispiel:

- Welche Schutzziele sind aus BR-Sicht unverzichtbar?
- Welcher Nutzen muß mindestens für die betroffenen Mitarbeiter nachprüfbar herauskommen (Rangliste erstellen)?
- Sollte das SAP-Projekt aus Betriebsrats-Sicht eine "robuste Entwicklung" des Betriebes unterstützen?
- Ist Mitarbeiterbeteiligung über die Projektgruppenarbeit hinaus ein Betriebsratsziel?
- Hilft aus Betriebsrats-Sicht das SAP-Projekt, die aktuellen Probleme des Unternehmens wirklich zu lösen, oder gibt es eigentlich andere Prioritäten?

V. Welche Rolle will und kann der Betriebsrat im SAP-Projekt einnehmen?

Zum Beispiel:

- Analog zur Geschäftsführung in strategischen Fragen sowie bei den Projektrahmenbedingungen mitentscheiden und die Aufgabenerfüllung des Projektes kontrollieren (Meilensteine und Sozialverträglichkeits-Controlling)?
- Zusätzlich in Schwerpunktbereichen in den Projektgruppen mitarbeiten?
- Die Betroffenenbeteiligung koordinieren, orientieren und moderieren oder nur bei Konflikten eingreifen?
- Eigene Konzepte, Ideen und Lösungen erarbeiten und einbringen?
- Gemeinsam mit den Vertrauenspersonen die Arbeitsorientierung im Projekt unterstützen?

VI. Welche Bündnispartner gibt es für die Ziele und Vorgehensweisen des Betriebsrates im Betrieb?

Zum Beispiel:

* die ganze oder nur Teile der Geschäftsführung,
* Führungskräfte aus den direkt oder mittelbar betroffenen Abteilungen,
* die Projektleitung, Teilprojektleiter, Projektmitarbeiter,
* der Datenschutzbeauftragte, die Fachkraft für Arbeitssicherheit, der Werksarzt,
* bestimmte Berufsgruppen, Belegschaftsteile bzw. die SAP-Anwender und Anwenderinnen?

VII. Welche Ressourcen und Hilfen benötigt der Betriebsrat zur Ausfüllung seiner Rolle und Aufgaben?

Zum Beispiel:

* Personalkapazitäten, z.B. eine zusätzliche Freistellung für die Laufzeit des Projekts,
* Hilfe bei der Arbeits- und Verantwortungsverteilung im Betriebsrat,
* Qualifizierung (SAP-fachlich, Moderationstraining etc.),
* externen Sachverstand gemäß § 80.3 BetrVG und zur Moderation des Gremiums,
* Zugriff auf alle projektinternen Informationen und Dokumente,
* Zugang zu einem SAP-Terminal,
* Moderationsmaterial (z.B. Pinwände, Moderationskoffer),
* Auskunftsverpflichtung der Unternehmensberater gegenüber dem Betriebsrat,
* Möglichkeit, bei allen Projektsitzungen und Gremien des SAP-Projektes teilnehmen zu können?

Nach einer Beantwortung dieser Fragen und entsprechender Einschätzung der innerbetrieblichen Kräfteverhältnisse, dürfte ein Gremium in der Lage sein, seine Ziele und ihre Umsetzungschancen für den Anfang realistisch genug zu bewerten. Sofern aber im ersten Anlauf gewichtige

Fragen offenbleiben mußten, da beispielsweise der eigene Informationsstand über die Chancen und Risiken von SAP zu gering war oder keine ausreichende Einvernehmlichkeit in der grundsätzlichen politischen Orientierung bzw. Einschätzung der betrieblichen Kräfteverhältnisse erreicht werden konnte - muß man nacharbeiten, sich schulen lassen, die Erfahrungen anderer Betriebsräte nutzen oder sich einen Moderator bzw. Berater für die folgende Betriebsrats-Klausur suchen.

Müssen letztlich juristische Wege beschritten werden?

Sofern man sich - möglichst einstimmig - für den Weg einer den Einführungsprozeß begleitenden Mitarbeit und Mitbestimmung entschieden hat, stellt sich abschließend für diese "Ziel- und Möglichkeitsanalyse" die Frage,

a. ob die Geschäftsführung willens und in der Lage ist, sich über eine Projektbetriebsvereinbarung (siehe den Strukturvorschlag im Anhang) auf ein gemeinsames, verbindliches Vorgehen mit einem Zielkorridor zum Nutzen des Unternehmens und der Mitarbeiter einzulassen,

b. oder ob die Geschäftsführung erst mit Hilfe formaler juristischer Argumente und einer Androhung erzwingbarer Konsequenzen in Richtung einer Prozeßvereinbarung beeinflußt werden muß. Dabei kann es sich als notwendig erweisen, zur Sicherung einer projektbezogenen Mitbestimmung und zur 'Erziehung' des Arbeitgebers eine prozeßbegleitende Dauereinigungsstelle einzurichten.

Da leider noch allzuviele Geschäftsführungen, durch wen auch immer beraten, nicht die Souveränität aufbringen, sich verbindlich auf eine prozeßbezogene, also nur durch einvernehmliche Zielkorridore und Verfahrensregeln definierte Mitbestimmung und Mitarbeit des Betriebsrates einzulassen, werden wir im folgenden Kapitel einige juristisch gestützte Argumentationslinien aufzeigen, die eine Durchsetzung solcher Mitwirkungs- und Lernprozesse zu unterstützen in der Lage sind.

3. Zur Durchsetzung einer Betriebsvereinbarung zum SAP-Einführungsprozeß

Dieses Kapitel soll kein Rechtsgutachten zur SAP-Einführung sein. Vielmehr geht es uns darum, Argumentationslinien und strategische Orientierungen entlang der Betriebsverfassung vorzustellen. Die Konkretisierung dieser Wege verbleibt in der Praxis natürlich den Juristen der Betriebe und Verbände bzw. dem Rechtsanwalt des Betriebsrates. Zugleich verbinden wir aber mit dieser Darstellung die erfahrungsgestützte Hoffnung, daß beide Betriebsparteien eine tatsächliche juristische Konfrontation vermeiden und nach dem Abchecken ihrer Positionen, Ziele und formalen Optionen im Vorfeld zu einer prozeß- bzw. projektorientierten Betriebsvereinbarung kommen. Gleichwohl muß für den Weg aus einer Mißtrauenskultur in Richtung einer konstruktiven sozialverträglichen SAP-Gestaltung die Option des juristischen Pfades - bis hin zum Arbeitsgericht - als realistische Rückfallposition für beide Seiten offenbleiben.

Auf dem Weg aus einer Mißtrauenskultur

Deshalb werden wir im folgenden zunächst die drei u. E. wichtigsten juristischen Interventionspfade idealtypisch darstellen und im Anschluß ihr mögliches Zusammenspiel kurz beleuchten:

Juristische Interventionspfade

- den Weg über eine Betriebsänderung nach § 111 BetrVG,

- den Weg über die Leistungs- und Verhaltenskontrolle gemäß § 87.1.6. BetrVG bzw. den Datenschutz,

- den Weg über den Gesundheitsschutz u.a. gemäß § 87.1.7 BetrVG.

3.1 Der Weg über eine Betriebsänderung nach § 111 BetrVG

Die Neueinführung von SAP R/2 oder R/3 erfüllt i.d.R. aus folgenden Gründen den Tatbestand einer mitbestimmungspflichtigen Betriebsänderung gemäß § 111 BetrVG:

"Grundlegend neue Arbeitsmethode"

1. Die Einführung von SAP ist zum einen eine „grundlegende Änderung der Betriebsanlage" (Satz 2. Nr. 4) bzw. eine grundlegende neue „Arbeitsmethode" (Satz 2. Nr. 5), weil:

- bisherige EDV-Lösungen i.d.R. weder technisch noch ablauf-organisatorisch integriert waren,
- sich i.d.R. die Anzahl der Bildschirmarbeitsplätze drastisch erhöht,
- die Dispositions-, Planungs- und Steuerungs- bzw. Überwachungs-methoden mit dem Einsatz von SAP und durch die Funktionalität der SAP-Software sich i.d.R. grundlegend ändern.

"Wesentliche Nachteile"

2. Infolge der Einführung von SAP-R/2 bzw. -R/3 können sich zu-mindest mittelfristig „wesentliche Nachteile" für „erhebliche Teile der Belegschaft" entwickeln, beispielsweise:

- Verlust von Arbeitsplätzen z.B. im Bereich des mittleren Manage-ments, von Assistenzarbeit, Dateneingabetätigkeiten,
- Versetzung auf geringerwertige Arbeitsplätze, Abgruppierung, z.B. im Zusammenhang mit neuen Arbeitszuschnitten oder dem Wegfall des ursprünglichen Arbeitsplatzes,
- Leistungsverdichtung nicht nur im Sachbearbeiterbereich, sondern auch im Lager und der Produktion durch SAP-gestützte Logistik und Produktionssteuerung, aber auch durch Kostenkontrolle und generellen Druck auf die Personalbudgets,
- Entwertung bisheriger Qualifikationen, z.B. im EDV-Bereich, im Ein-kauf, der Produktionssteuerung, wenn nicht für kompensative Qualifizierung und Weiterbildung gesorgt wird,
- Zunahme von psychischer Belastung, z.B. durch verstärkte system-gestützte Leistungs- und Verhaltenskontrollen der Anwender und Betroffenen oder durch die integrationsbedingte Verantwortung für die Datenqualität am Entstehungsort bzw. durch unangemessene Arbeitszuschnitte (Über- Unterforderung, vgl. C 1),
- Zunahme von gesundheitlichen Gefährdungen, z.B. durch vermehr-te Bildschirmarbeit und soziale Isolierung in Folge systemgestützter Kommunikation (vgl. C 1).

Für den juristischen Einstieg in die Mitbestimmung bzw. die Verfahren nach § 111 ff BetrVG. ist es nicht erforderlich, daß die Änderungen und/oder die Nachteile zwingend und sofort eintreten müssen, sondern es reicht, daß der Betriebsrat plausibel darlegen kann (beispielsweise mit Bezug auf die AFOS-Bücher), daß z.B. die Nachteile für eine „erhebliche Zahl" von Beschäftigten (ca. 5% der Belegschaft) eintreten können.

Weiterhin ist es für die Feststellung des Mitbestimmungstatbestandes unerheblich, ob das SAP-System in getrennten Projektsequenzen oder in einem Zug bzw. "BIG-Bang" eingeführt wird, vielmehr sind die Auswirkungen immer auf die gesamte Maßnahme zu beziehen.

Juristische Verfahrens-möglichkeiten

Da wir hier die „Betriebsänderung" nur unter dem Blickwinkel der rechtlich gestützten Durchsetzung einer einführungsbezogenen Betriebsvereinbarung behandeln, ist es erforderlich, die folgenden juristischen Verfahrensmöglichkeiten zielbezogen und betriebspolitisch situativ abzuwägen:

a) Informationsrechte nach § 111 ff., § 106 (Wirtschaftsausschuß) und § 90 BetrVG durchsetzen, notfalls über eine Einigungsstelle gem. § 109 BetrVG,

b) eventuell Antrag auf einstweilige Verfügung zur Unterlassung, z.B. des Projektstarts, gem. § 23 Absatz 3 BetrVG,

c) Beratung eines „Interessenausgleichs" bzw. eines präventiven „Sozialplans", notfalls unter Einschaltung einer Einigungsstelle gem. § 112 Abs. 2 und 4 BetrVG.

Interessenausgleich beraten

Für die Reichweite dieses Vorgehens sei bemerkt, daß zwar die Informationsrechte und ein Sozialplan zum Ausgleich materieller Nachteile erzwingbar sind, nicht jedoch ein „Interessenausgleich", bei dem folgende Problembereiche aber beratungsfähig sind:

* Die grundsätzlichen Ziele und Leitbilder des Projektes, bis hin zu seiner generellen Infragestellung,
* die Rahmenbedingungen und Modalitäten des Einführungsprozesses, z.B. Personalkapazitäten, Beteiligung von Betroffenen, Nachteilsregelungen, Gesundheitsschutz, Personalplanung, Meilensteine bzw. der Projektablauf, Teilziele, Leitbilder der Arbeitsgestaltung etc.,
* Zeitplanung des gesamten Prozesses unter Berücksichtigung einer seriösen Umsetzung (Ressourcen) der vereinbarten Maßnahmen zum Interessenausgleich.

Kommt ein Interessenausgleich zustande, ist es für beide Betriebsparteien ratsam, diese gemeinsame Orientierung in Form einer Betriebsvereinbarung abzuzeichnen, da für jede andere Form keine Rechtswege zur Unterstützung ihrer Einhaltung offen stehen bzw. für beide Seiten in offenen Prozessen Rechtssicherheit durchaus vertrauensbildend wirken kann.

Den Lernprozeß nicht aus dem Auge verlieren

Insgesamt sollte bei diesem paragraphengestützten Einstieg von Seiten des Betriebsrates darauf geachtet werden, daß nicht das Ziel einer "Projekt-Betriebsvereinbarung", also ein gemeinsamer Lernprozeß der SAP- und Organisationsgestaltung aus dem Auge verloren wird. Auch ein Sozialplan kann und sollte im Rahmen unserer Rahmenleitbilder (robust, arbeitsorientiert und sozialverträglich) der relativen Offenheit des Einführungsprozesses Rechnung tragen. D.h. auch hier sollten Schutzbedingungen, Interessenausgleichsverfahren und Zielkorridore im Vordergrund stehen (vgl. dazu die Struktur einer Projektbetriebsvereinbarung in der Anlage zu diesem Kapitel).

3. 2 Mit § 87.1.6 BetrVG und dem Datenschutzgesetz in Richtung Projektbetriebsvereinbarung

Die Softwaresysteme SAP-R/2 und -R/3 erfüllen in vielfacher Hinsicht den Mitbestimmungstatbestand nach § 87.1.6 BetrVG (Leistungs- und Verhaltenskontrolle).

Es sind also „technische Einrichtungen", die dazu geeignet sind, „die Leistung und das Verhalten der Arbeitnehmer zu überwachen".

Abb. 3.2-1 Exemplarische Auswertungen mit Potentialen zur "Leistungs- und Verhaltenskontrolle"

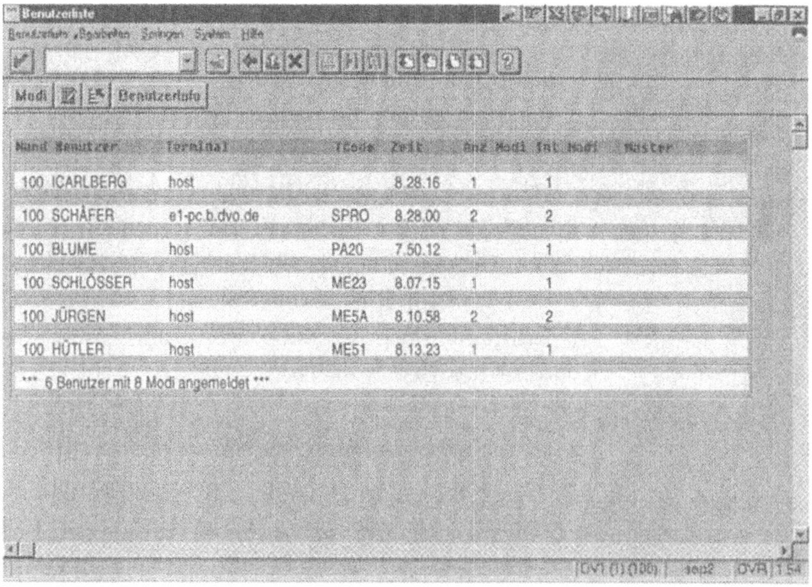

Auswertung SM 04 : Aktive Benutzer, © SAP AG

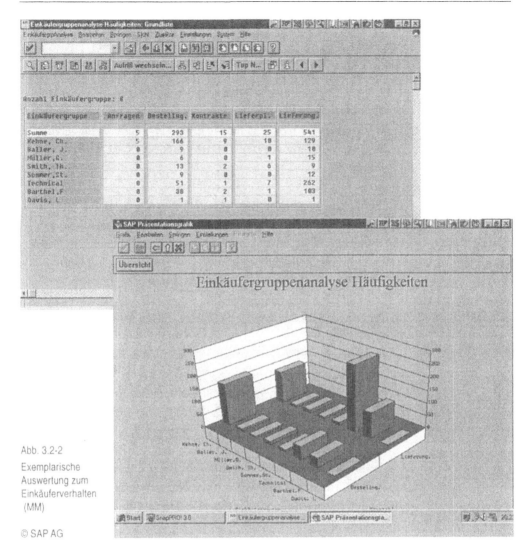

Abb. 3.2-2
Exemplarische
Auswertung zum
Einkäuferverhalten
(MM)

© SAP AG

Beispielsweise

- werden personenbezogen alle Verbuchungen der SAP-Anwender gespeichert und sind mit diversen Reporten auszuwerten,
- werden spezifische Standard-Reporte für die Auswertung der Arbeit verschiedener Sachbearbeiter(gruppen) angeboten (z.B. Einkäuferstatistiken),
- können eine Fülle von personenbeziehbaren Leistungs- und Verhaltensdaten im Rahmen der Produktionssteuerung und Planung erfaßt und ausgewertet werden (z.B. PLAN/IST-Vergleiche) ebenso in der Instandhaltung, Qualitätssicherung etc.,
- bieten die „Personalinformationssysteme" von SAP (HR und RP)

eine große Anzahl von regelungspflichtigen Daten, Verfahren und Auswertungen an,

- produzieren auch Maßnahmen zur Systemsicherheit oder zum Datenschutz personenbezogenes Datenmaterial (z.B. Protokolle / Firewalls), das in der Lage ist, über das Verhalten und die Leistung von SAP-Anwendern Auskunft zu geben und dies auf allen Ebenen der Systemkonfiguration (Netz, Datenbank, SAP, evtl. auch PC-Endgeräte).

Darüber hinaus beinhalten die meisten Softwareprogramme zur Projektplanung (z.B. IMW, ARIS, IMG, Microsoft-Project) ebenfalls mehr oder minder große Leistungs- und Verhaltenskontroll-Potentiale, sofern personen- oder gruppenbezogen eine Projektverfolgung mit Plan- und Ist-(Zeit-)Daten praktiziert werden soll.

Ein dichtes Netz von rechtlichen Bestimmungen

Weiterhin belegt das Bundesdatenschutzgesetz den Arbeitgeber mit der Pflicht, die Erforderlichkeit und Zweckbestimmung (§§ 28 und 31 BDSG) der Speicherung und Verarbeitung von Personaldaten für den betrieblichen Datenschutzbeauftragten (§ 37 BDSG) und den Betriebsrat (§ 80.1 BetrVG) zu dokumentieren und nachzuweisen sowie gemäß § 9 BDSG geeignete Maßnahmen zur Sicherung einer zweckbestimmten Personaldatenverarbeitung zu treffen, die ihrerseits häufig selbst wieder den Tatbestand des § 87.1.6. BetrVG erfüllen. Schließlich muß der Arbeitgeber laut Bildschirmarbeitsverordnung (Anhang, Punkt 22.) die Anwender darüber informieren, ob und wie mit dem SAP-System ihre Leistung und ihr Verhalten kontrolliert werden kann.

Frühzeitig dokumentieren und aushandeln

Da es sich hierbei im strengen Sinn einer Standardsoftware um Potentiale bzw. Optionen zur Leistungs- und Verhaltenskontrolle und Personaldatenverarbeitung handelt, ist der am häufigsten beschrittene Regelungsweg die Aushandlung von Daten und Auswertungen nach der „Detaillierungsphase": R/2 Task 331 und 333 „Stamm- und Bewegungsdaten definieren" bzw. R/3- 2.3, 341 bzw. 2.3. "Berichtswesen festlegen" und 383 bzw. 2.8. „Berechtigungen einrichten". Zumeist werden aber die Probleme, wenn überhaupt zu spät, also kurz vor dem Produktivstart angegangen, womit man Gefahr läuft, den Starttermin zu verzögern. Die Mitbestimmung und Regelung von projektunterstützender Software greift naturgemäß am Anfang, nämlich spätestens mit IMW Task 133 bzw. R/3 1.1.11 (Projektstandards festlegen) und kann schon

Abb. 3.2-3   Auswahlbild (IMG-Projektmanagement): Komplexe Auswertungen

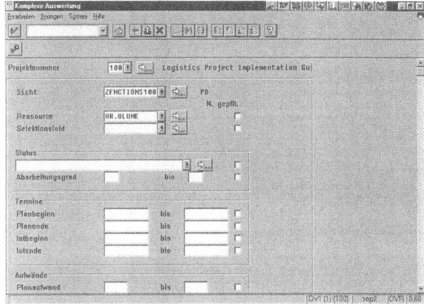

© SAP AG

hier zu massiven Konflikten, gar einer Einigungsstelle mit einer flankierenden „einstweiligen Verfügung" führen, wenn bekannt wird, daß eine detaillierte Erfassung und Auswertung von personenbezogenen Leistungsdaten (z.B. Bearbeitungszeiten, Terminabweichungen) beabsichtigt ist.

Bedingungen für
Leistungs- und
Verhaltenskontrollen

Leistungs- und Verhaltenskontrolle ist nun aber im Grunde ein höchst betriebspolitischer Sachverhalt, der in seiner Brisanz im wesentlichen von vier betrieblichen Faktoren bedingt wird.

1. Der realen Leistungs- und Personalpolitik im Unternehmen, also der Art und Weise, wie z.B. Leistungslohn, Gratifikationen, Beurteilungen, Beförderungen bzw. Personalplanung etc. formell, aber auch informell gestaltet sind;

Leistungspolitik

2. der Arbeitsplanungs- und Steuerungspolitik, also dem Detaillierungsgrad von Vorgaben bzw. der Autonomie von Personen und Gruppen bzw. den Dispositionsspielräumen am Arbeitsplatz, denn je engmaschiger die Planung ist, um so genauer und zeitnaher müssen die Rückmeldungen sein und um so differenzierter sind die Verhaltens- und Leistungsprofile, die über einzelne Mitarbeiter oder Gruppen mit SAP erstellt werden können;

Steuerungspolitik

Führungskultur

3. der Führungskultur im Unternehmen, also der Art und Weise, wie Vorgesetzte, aber auch die Geschäftsführung real die Unternehmensziele entwickeln und umsetzen, Mitarbeiter fördern, Aufgaben delegieren, Konflikte und Interessen ausgleichen, Fehlverhalten sanktionieren etc. Da diese Verhältnisse sowohl eine formelle (z.B. Beurteilungs- und Führungsrichtlinien) als auch eine informelle Seite haben (Führungspersönlichkeit, Nasenpolitik etc.), ist dieser Faktor für die Wirkung und Begehrlichkeit von EDV- gestützter Leistungs- und Verhaltenskontrolle sehr bedeutsam, aber letztlich nur von den Beteiligten selbst einzuschätzen;

Sicherheitserfordernisse
für das
EDV-System

4. dem Integrations- und Komplexitätsgrad der eingesetzten Softwaresysteme. Denn je integrierter ein System konzipiert ist, desto folgenreicher sind individuelle Fehler der Endanwender (z.B. bei der Einmaldatenerfassung) und entsprechend umfassender und lückenloser muß das System vor Mißbrauch, technischen Zusammenbrüchen und Anwendungsfehlern geschützt werden. Ein hier auch bei SAP genutztes Verfahren ist die Speicherung von Nutzdaten bzw. Belegen mit der jeweiligen Anwenderkennung.

Als Arbeitgeber und Betriebsrat hat man nun die Wahl zwischen einer Mißtrauens- oder Vertrauenslösung des Problems.

Die Mißtrauenslösung - leider der am häufigsten beschrittene Weg - führt über eine zähe Diskussion aller personenbezogenen und personenbeziehbaren Daten und Auswertungen entlang einschlägiger Horrorszenarien auf der einen und verharmlosenden Zweckbestimmungsbeispielen auf der anderen Seite zu einer Datenschutzbürokratie mit u.a. folgenden Merkmalen:

Die Mißtrauenslösung:
Datenschutz-
bürokratie

- für eine angemessene Aufgabenerledigung zu enge Zugriffsrechte,

- aufwendige und arbeitsbehindernde organisatorische und technische Sicherungsmaßnahmen,

- Verbot sinnvoller Auswertungen und Datenbestände,

- bürokratische Verfahrensregeln für die Änderung und Neuanlage von Reporten und Datenfeldern,

- hoher Revisionsaufwand auf beiden Seiten,

- Zementierung einer Mißtrauenskultur im Gewande einer Betriebs-vereinbarung.

Vertrauenslösung: bei den Ursachen ansetzen

Die Vertrauenslösung hingegen kommt zwar auch nicht ohne eine Dokumentation (§ 37 BDSG), Sicherungsmaßnahmen (§ 9 BDSG) und die Verhandlung über sinnvolle und akzeptierte Leistungs- und Verhaltenskontrollen aus. Sie versucht aber, die betrieblichen Mißtrauensfaktoren in der Leistungs- und Führungspolitik zu lokalisieren und direkt anzugehen. Gepaart mit einer generellen Vorgabe zu einer schlanken SAP-Datenstruktur, guter Qualifizierung und Akzeptanz der Anwender sowie einer dezentralen Steuerungsphilosophie können auch von Seiten des Betriebsrats flexible und arbeitsorientierte Lösungen gesucht und vereinbart werden.

Unser Rat: Das Angebot des Betriebsrates in Richtung einer Vertrauenslösung führt bei entsprechend leidvollen Vorerfahrungen aus vergangenen § 87.1.6-Regelungen auch auf Seiten der Geschäftsführung zu einer konstruktiven, prozeßbegleitenden Mitbestimmung und Gestaltung des SAP-Systems.
Darüber hinaus kann aufgrund der großen Schnittmenge von Maßnahmen zum Datenschutz und zur Systemsicherheit, nicht nur auf technischer Ebene, eine gemeinsame Sprache und Interessenlage gefunden werden.

Abb. 3.2-4
Integration von Datenschutz, System- und Datensicherheit sowie "Leitungs- und Verhaltenskontrolle"

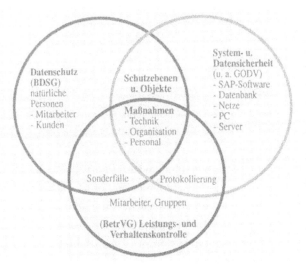

3.3 Gesundheitsschutz als neues Tor zu einer prozeßorientierten Mitbestimmung

Wie schon im Abschnitt zur arbeitsorientierten SAP-Gestaltung (C 1) entwickelt, entstehen dem Arbeitgeber vor allem aus dem Arbeitsschutzgesetz bzw. den EU-Richtlinien zum Gesundheitsschutz Pflichten, die ihn dazu anhalten, in einem SAP-Projekt präventiv und beteiligungsorientiert die Aufgabenpakete "Gefährdungs- bzw. Belastungsanalyse", "softwareergonomische Gestaltung des Systems" und "gesundheitsförderliche Tätigkeitsprofile" zu integrieren. Aus Sicht der Betriebsverfassung ergibt sich daraus für den Betriebsrat zunächst die Kernaufgabe, darüber zu wachen, daß zugunsten der Arbeitnehmer geltende Gesetze, Verordnungen, Unfallverhütungsvorschriften etc. - also auch die EU-Richtlinien bzw. deren nationale Rechtsform das Arbeitsschutzgesetz - durchgeführt werden (§ 80.1 BetrVG). Er hat also die Pflicht, im Rahmen der Information und Beratung über die Absicht des Arbeitgebers, ein SAP-Projekt aufzusetzen (gemäß § 90 BetrVG) und darauf zu bestehen, daß diese Gestaltungsaufgaben in die Projektarbeit integriert werden. Da nun aber sowohl diese Gesetze, Verordnungen und Normen betrieblich interpretiert, konkretisiert und entsprechende Maßnahmen (Arbeitsplatzanalysen, Beteiligungsformen etc.) bestimmt und dokumentiert werden müssen, steht dem Betriebsrat hierbei das erzwingbare Mitbestimmungsrecht nach § 87.1.7 BetrVG zu.

Gesundheitsschutz als Projektaufgabe

§ 87 Mitbestimmungsrechte

(1) Der Betriebsrat hat, soweit eine gesetzliche oder tarifliche Regelung nicht besteht, in folgenden Angelegenheiten mitzubestimmen:

7. Regelungen über die Verhütung von Arbeitsunfällen und Berufskrankheiten sowie über den Gesundheitsschutz im Rahmen der gesetzlichen Vorschriften oder den Unfallverhütungsvorschriften;

Erzwingbare Mitbestimmung

Dies bedeutet, im Falle einer Nichteinigung oder einer Mißachtung dieser Bestimmungen (§ 91 BetrVG) können beide Seiten die Einigungsstelle anrufen bzw. sie über ein Beschlußverfahren einsetzen lassen.

Da jedoch die nationale Umsetzung der EU-Richtlinien 3 Jahre zu spät, also erst im August 1996 im Arbeitsschutzgesetz erfolgte, ist diese massi-

ve Rechtsposition noch recht unbekannt und richterrechtlich wenig aus-
gestaltet.

Juristische
Auseinandersetzungen
vermeiden

Gleichwohl ist jedem Arbeitgeber anzuraten, von einem Rechtsstreit
z.B. um die Geltung der "Bildschirmarbeitsverordnung" in SAP-
Projekten abzusehen und sich auf die Aushandlung ihrer betrieblichen
Konkretisierung und Umsetzung mit dem Betriebsrat zu konzentrieren.

Aus Betriebsratssicht ist es jedoch vielfach noch erforderlich, seine
Rechtsposition mit dem Ziel einer arbeitsorientierten SAP-Einführung
(vgl. C 1) möglichst noch vor dem Projektstart zu behaupten und ggf.
zu sichern. Andernfalls - so unsere Erfahrung - wird es zunehmend
betriebspolitisch schwierig, die Ablauf- und Aufgabenstruktur des
Projektes arbeitsorientiert zu beeinflussen. Unsere Vorgehensmodelle
aus Abschnitt B 3 und 4 können dafür gut als Orientierung herangezogen
werden, nicht zuletzt weil sie das Integrations-, Präventions- und Beteili-
gungsgebot des Arbeitsschutzgesetzes angemessen und pragmatisch
zu berücksichtigen versuchen.

3.4   Eine situative Mischung macht den Erfolg aus

Wir haben nun die drei wichtigsten juristischen Argumentationslinien
kurz skizziert. Da jeder Weg für sich genommen aus rechtlicher und
pragmatischer Sicht eine Information, Beratung und Mitbestimmung
schon im Planungsstadium des SAP-Projektes erforderlich macht, ist

Mitwirkung im
Planungsstadium des
SAP-Projektes

es beiden Betriebsparteien anzuraten, dies auch mit dem Ziel einer
einvernehmlichen Projekt-Betriebsvereinbarung zu tun. Dabei sollte
jedoch nicht noch einmal das Betriebsverfassungsgesetz abgeschrieben,
sondern - wie im Anhang zusammengestellt - es sollten alle wesentlichen Gestaltungs- und Schutzbereiche mit Zielkorridoren benannt und
zur Konkretisierung sowie zur Lösung an das Projekt delegiert werden.
Darüber hinaus sind die Verfahren festzulegen , wie die Betriebsparteien
das Projekt gemeinsam steuern können (z.B. Meilensteine) und wie
auftretende Widersprüche und Konflikte über Verfahren aufgelöst

Prozeßorientierung

werden sollen (z.B. innerbetriebliche Schlichtung, Vertrauenspersonen,
paritätische Verhandlungskommission, vgl. B 3 und B 4 sowie C 3). Da
eine solche prozeßorientierte Vereinbarung sich erfahrungsgemäß - wie
jeder Plan - erst bewähren muß, sollte von Anfang an auch eine einver-

nehmliche Änderungsmöglichkeit der Beteiligungsverfahren und Abläufe mit in Betracht gezogen werden.

Ist jedoch ein Betriebsrat gezwungen, seine Beteiligungsrechte und die Grundlagen für seine Überwachungspflichten quasi Stück für Stück einzuklagen, so ist ihm aus sozialverträglicher Sicht anzuraten, so früh wie möglich - also am besten noch vor dem formellen SAP-Projektbeginn - für die Phase der Information und Beratung gemäß §§ 90, 106 und 111 BetrVG bzw. die Zeit danach eine projektbegleitende Einigungsstelle einzusetzen.

Projektbegleitende Einigungsstelle

Dabei ist es für den ersten Schritt zunächst unerheblich, ob die Einigungsstelle nach § 76 oder § 109 BetrVG angerufen wird, da seitens des Betriebsrats im Rahmen der Feststellung ihrer Zuständigkeit in der ersten Zusammenkunft darauf gedrungen werden kann und muß, daß möglichst alle Gestaltungsfelder und Interessenausgleichsprobleme zum Gegenstand der Einigungsstelle gemacht werden.

zum Einstieg ein §§ Mix

Insofern sind hier alle drei oben skizzierten Wege zusammenzuführen bzw. zu mischen und können zudem noch durch weitere Initiativ- bzw. Mitbestimmungsrechte ergänzt werden.

Hierzu zählen insbesondere:
- der § 98 BetrVG, der die Mitbestimmung des Betriebsrates bei der Schulung der Projektmitarbeiter und SAP-Anwender bestimmt (vgl. auch C 2),

- der § 87.1.6 BetrVG, der beim Einsatz von Projektmanagementsoftware die Mitbestimmung auslöst,

- der § 87.1.3 BetrVG, der im Falle von projektbedingter Mehrarbeit in den Projektgruppen und Fachabteilungen greift und

- der § 92 und evtl. § 95 BetrVG, die nicht nur im Rahmen der SAP-Module RP/HR bzw. ihrer Personalplanungsfunktionalitäten (PD) dem Betriebsrat ein konzeptionelles Initiativrecht und ein Recht auf Information und Beratung zuweisen, sondern auch in Verbindung mit § 99 BetrVG (personelle Einzelmaßnahmen) bei der Bildung der Projektgruppen (Versetzung) greifen können.

Externe Konflikt-
Moderation gemeinsam
organisieren

Aus diesem "Paragraphen-Mix" heraus sollte die Einigungsstelle - durchaus auch im Interesse des Arbeitgebers zur Vermeidung von unkalkulierbaren Störungen des Projektes - als projektbegleitende Instanz zur sozialverträglichen SAP-Gestaltung konzipiert und genutzt werden. Sie könnte somit quasi eine SAP-Projektbetriebsvereinbarung ersetzen. Dies ist aber sicherlich nur die zweitbeste Lösung - nicht nur aus Gründen des Aufwandes, sondern auch im Hinblick auf eine zu entwickelnde Beteiligungskultur. Ist man jedoch gezwungen, den Konflikt juristisch „moderieren" zu lassen, empfehlen wir beiden Betriebsparteien, sofern die Fronten noch nicht total verhärtet sind, eine solche Einigungsstelle ohne gerichtliches Beschlußverfahren einvernehmlich und freiwillig zu bilden bzw. anzurufen.

Dieses Verhalten hätte folgende Vorteile:

- Die Kosten und Verzögerungen eines Beschlußverfahrens ggf. mit einer flankierenden "einstweiligen Verfügung", z.B. gegen den Einsatz von Projektmanagementsoftware oder die Installation des SAP-Testsystems, entfallen.
- Beide Seiten können sich in der Einigungsstelle schneller positiv auf die Sache konzentrieren und, durch den Vorsitzenden moderiert, eher Konsens produzieren oder mit pragmatischen Entscheidungen des Vorsitzenden leben. Damit können drohende Projektverzögerungen vermieden werden.
- Beide Seiten können ohne Verzögerung für das Projekt gleichberechtigt Einfluß auf die Auswahl des Vorsitzenden nehmen, d.h. dafür sorgen, daß eine prozessorientierte und SAP-erfahrene Person gefunden wird und sich keine Seite "über den Tisch gezogen fühlt".
- Die einzelnen Regelungs- und spruchrelevanten Sachverhalte brauchen vorab nicht, wie für das Beschlußverfahren, im Detail juristisch durchformuliert und abgegrenzt zu werden. Damit entsteht die Chance, die Probleme auch in der Einigungsstelle ganzheitlicher und sachbezogen zu behandeln.

4. Das SAP-Projekt als Chance zur Reorganisation der Betriebsratsarbeit

Bislang konzentrierten sich die Empfehlungen zur Beteiligung des Betriebsrats im wesentlichen auf die juristische Unterstützung seiner

Interventionsabsichten im Rahmen eines SAP-Projektes. Dabei sind wir von zwei Grundannahmen ausgegangen:

1. Der Betriebsrat versteht es als seine Aufgabe, sich im Sinne unserer Rahmenleitbilder (robust, arbeitsorientiert und sozialverträglich) mitgestaltend und interessenorientiert am Einführungsprozeß zu beteiligen.

2. Die Mitbestimmung und Mitgestaltung soll möglichst unbürokratisch, ganzheitlich und verbindlich als gemeinsamer Lernprozeß organisiert werden (Prozeß- bzw. Projektbetriebsvereinbarung oder begleitende Einigungsstelle).

Die "Ziel- und Möglichkeitsanalyse" in Kapitel 2 sollte für diese grundsätzliche Positionsbestimmung des Betriebsrats eine erste Hilfestellung bieten. In unseren Fallstudien und Beratungen zeigte sich jedoch häufig eine große Kluft zwischen dem strategischen Wollen vieler Betriebsräte und ihrem tatsächlichen Können hinsichtlich der Umsetzung ihrer Vorstellungen. Dies lag jedoch keineswegs immer nur am Verhalten des Arbeitgebers oder des SAP-Projektes, sondern war bisweilen sogar hauptsächlich in der Organisation der Betriebsratsarbeit, seiner Führungs- und Sachkompetenz oder zeitlichen Überlastung begründet.

Der Betriebsrat als Problemfeld effektiver Mitbestimmung

Deshalb wollen wir in diesem Abschnitt über die allgemeinen Ratschläge, Schulungen zu besuchen und sich eines Sachverständigen gemäß § 80.3 BetrVG zu bedienen, aufzeigen, daß sich zumeist nicht allein die Projektorganisation und das Führungsverhalten der Geschäftsführung ändern muß, sondern auch der Betriebsrat als Gremium die Chance ergreifen sollte, seine Arbeitsweise im Rahmen einer SAP-Einführung zu überdenken und falls notwendig zu reorganisieren.

Dazu werden folgende Problembereiche kritisch zugespitzt beleuchtet:

- Rolle des Betriebsrats
- Mitarbeit in Projektgremien
- Interne Arbeitsteilung und Verantwortung
- Delegation und Zusammenarbeit mit der Belegschaft und mit betrieblichen Experten

- Zusammenarbeit mit einem Sachverständigen bzw. Betriebsratsberater.

Zur Rolle des Betriebsrats im Rahmen einer SAP-Einführung

Wie schon mehrfach betont (z.B. B 3 und 4 und C 3), steht der Betriebsrat - nicht nur gesetzlich - im Prinzip auf derselben Ebene wie die Geschäftsführung. Er hat also die Aufgabe, interessenbezogen strategische Ziele zu formulieren, sie mit allen Ebenen auszuhandeln, zu kontrollieren und top-down ihre Umsetzung zu unterstützen. Der Betriebsrat ist also eine Art "Geschäftsführung der Belegschaft". Dazu bedarf er - wie schon im Erfolgsfaktor 1 benannt (Kapitel A 1) - selbst einer Führungskompetenz, die es ihm erlaubt, sich einerseits gegenüber den Einzelinteressen von Berufsgruppen, Mitarbeitern und Fachabteilungen ausgleichend zu verhalten, andererseits aber auch Kollektivinteressen im Zweifel gegen Einzelinteressen durchzusetzen. Diese Rolle muß in der formalen Aufbauorganisation des Projektes Berücksichtigung finden. Das heißt z.B., daß es nicht genügt, im SAP-Lenkungskreis mit einer Stimme unter vielen anderen zu sitzen, sondern daß in Mitbestimmungsfragen die Parität der Betriebsparteien gesichert sein muß (siehe Kapitel B 4).

Darüber hinaus - und diese Führungsaufgabe wird in der Regel leider (auch) von Geschäftsführungen vernachlässigt - sollte die gesetzliche Arbeitnehmervertretung den beteiligungs- und arbeitsorientierten Gestaltungsprozeß aktiv und konzeptionell unterstützen. Diese u.U. neue Aufgabe beinhaltet gegenüber der Belegschaft zwei wesentliche Rollen; einmal die des "Lernenden und Zuhörenden", zum anderen die des "Initiators und Geburtshelfers" von Ideen und Konzepten. Da beide Rollen häufig im krassen Widerspruch zur traditionell verfolgten Interessenvertretungspraxis stehen, gleichwohl zum Gelingen eines sozialverträglichen offenen SAP-Gestaltungsprozesses erforderlich sind, wird es in der betriebsrätlichen Projektpraxis an dieser Stelle zu verstärkten Verhaltens- und Selbstverständnisproblemen des Gremiums und einzelner Betriebsratspersonen kommen.

Aber gerade in einer solchen beteiligungsorientierten und damit auch "Verantwortung an die Basis" delegierenden Betriebsratsarbeit liegt die große Chance und Herausforderung. Ihr müßte selbstverständlich auch in der Projektorganisation Rechnung getragen werden (vgl. dazu Kapitel C 3).

Marginalien:
Geschäftsführung der Belegschaft

Zuhören und initiieren

Delegieren

Zur Mitarbeit des Betriebsrats in den Projektgremien

Wer kennt nicht die unzähligen Abstimmungsmeetings, formellen Sitzungen des Lenkungskreises, der Projektkoordinationsgruppe, der einzelnen Projektteams und das viele Informelle zwischendurch. Hier überall als Betriebsrat präsent und kompetent vertreten zu sein, überfordert ihn erfahrungsgemäß nicht nur zeitlich, sondern häufig genug auch fachlich. Deshalb muß analog zur Geschäftsführung ein Weg gefunden werden, der dem Betriebsrat einerseits erlaubt, inhaltlich über die für ihn relevanten Konzepte, Entwicklungen und Entscheidungen des Projektes informiert zu sein, sich aber andererseits nicht in Terminen und Details zu verzetteln. In der Praxis hat sich dafür - wie schon in C 3 beschrieben - das Modell der "Vertrauenspersonen" des Betriebsrats und der betroffenen Mitarbeiter bewährt, die ihn nicht nur in periodischen Besprechungen (Jour Fixe) auf dem laufenden halten, sondern auch z.T. in der konkreten Projektarbeit seine Ideen und Ansprüche transportieren können. Insofern sollte der Betriebsrat von einer generellen Teilnahme an der Projektarbeit absehen, nicht zuletzt auch deshalb, weil er durch nur sporadische Mitarbeit die Projektarbeit behindert oder nicht mehr ernstgenommen wird.

Bezieht sich diese Empfehlung auf die Mitarbeit des Betriebsrats vor Ort, so bedarf es über diese Entlastung durch Delegation hinaus einer weiteren generellen Organisationsmaßnahme zugunsten einer aufgabenangemessenen Betriebsratsbeteiligung. Wie bereits oben angesprochenen und in B 4 als alternative Projektaufbauorganisation empfohlen, muß zumindest meilensteinbezogen ein gesondertes paritätisches Entscheidungs- und Controllinggremium zusammentreten, das die Kompetenz besitzt, dem Projekt einvernehmlich Auflagen, Aufgaben und Ziele verbindlich vorzugeben. Der klassische Lenkungskreis ist dazu - wie schon in B 4 bemerkt (z.B. Hofhaltung der Fürsten) - nicht nur aus politischen Gründen ein ungeeignetes Gremium. Auch in formaler Hinsicht ist dieses Gremium zumeist ungeeignet (der Betriebsrat ist i.d.R. nur mit einer Person vertreten), es sei denn, er wird formell für bestimmte Entscheidungssituationen paritätisch umfunktioniert. Dabei ist jedoch zu beachten, daß ein Lenkungskreismitglied in seinem Votum durch Betriebsratsbeschluß legitimiert zu sein hat, was in der Regel zu Verzögerungen über die Vertagung mitbestimmungsträchtiger

(Marginalien:)

Überforderung durch konkrete Projektmitarbeit

Paritätisches Entscheidungsgremium

Tagesordnungspunkte führt oder eine strikte Synchronisierung der Gremienarbeit mit den Lenkungskreissitzungen erfordert.

C 4-2
Projektauf-
bauorganisation

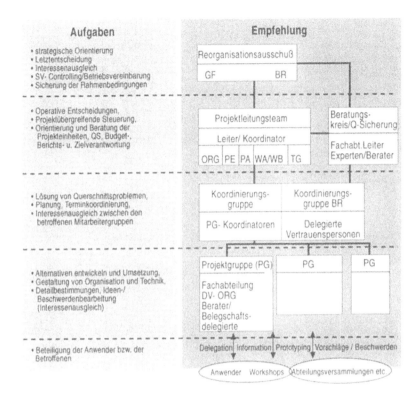

Zur internen Verteilung von Arbeit und Verantwortung

Teamarbeit auch
im Betriebsrat

"Das ist die Aufgabe des EDV-Ausschusses" oder "Paul! Du machst das schon - Du warst ja schon mal auf einer SAP-Schulung", so oder ähnlich lauten häufig die Betriebsratsentscheidungen zur internen Aufgabenverteilung in Richtung SAP-Projekt. Die Folge ist zumeist eine Überforderung der Auserwählten, aber auch eine wenig effektive Arbeit des Gesamtgremiums. Ein SAP-Projekt ist nun mal nicht nur ein EDV--Problem, sondern eine Querschnittsaufgabe und erfordert eine Orientierung und Steuerung durch den gesamten Betriebsrat.

Wir empfehlen daher aus Erfahrung, im Betriebsrat ein SAP-Team zusammenzustellen, daß sich nicht allein aus den klassischen EDV- oder neue-Technologie-Spezialisten zusammensetzt, sondern personell folgende Anforderungen erfüllt:

- Die Leitung des Teams sollte von dem bzw. der Vorsitzenden oder seiner/ihrer Stellvertretung übernommen werden, da, wie auch auf Seiten der Geschäftsführung, ein SAP-Projekt „Chef-Sache" sein muß.

- Aus fachlicher Sicht sollten dem Team neben einem EDV- und Datenschutz-Spezialisten des Betriebsrates ein Mitglied des Personalausschusses, der Kollege oder die Kollegin, die sich mit gesundheitlichen Fragen befaßt (Arbeitssicherheitsausschuß) und ein Kollege bzw. eine Kollegin angehören, die aus dem Verwaltungsbereich Geschäftsprozesse kennt, die mit SAP unterstützt werden sollen.

- Alle SAP-Teammitglieder sollten bereit und in der Lage sein, die vor Ort betroffenen Mitarbeiter einzubeziehen und sich genügend Zeit zu verschaffen.

Dieses SAP-Team des Betriebsrats sollte sich als Arbeitsgruppe verstehen, die

- mit Hilfe der "Vertrauenspersonen" alle wichtigen Projektinformationen und Dokumente herausfiltert und bewertet,

- meilensteinbezogen die (Vor-)Verhandlungen mit dem Arbeitgeber im Rahmen des vorgegebenen strategischen Zielkorridors aus der Projektbetriebsvereinbarung führt und so die Gremienentscheidungen vorbereitet,

- falls erforderlich und vorhanden, mit dem Berater des Betriebsrats (§ 80.3 BetrVG) zusammenarbeitet, ihm also Aufgaben zuweist und seine Empfehlungen politisch prüft,

- und schließlich, falls erforderlich und sinnvoll, kontinuierlich in den SAP-Projektgremien mitarbeitet und den Beteiligungsprozeß der Mitarbeiter aktiv unterstützt.

C 4-3
"Eierlegende Wollmilchsau"

Zur Delegation und Zusammenarbeit mit der Belegschaft und den betrieblichen Experten

Wie schon vielfach bemerkt, ist für Betriebsräte zumeist die Ressource Zeit das Hauptproblem im Rahmen einer aktiven Mitgestaltung einer SAP-Einführung. Ähnlich wie für eine Geschäftsführung gibt es ja noch andere Projekte und Probleme, die bearbeitet, verhandelt und entschieden sein wollen. Da aber die gesetzliche Interessenvertretung über keine Stäbe, wenig Projektressourcen und Delegationsmöglichkeiten in die Linie verfügt, wird die Delegation von Aufgaben in das SAP-Projekt, die Zusammenarbeit mit den Betroffenen, den Vertrauenspersonen sowie den betrieblichen Experten zur Überlebensfrage für die Idee der Mitgestaltung und für die Glaubwürdigkeit des Betriebsrats.

Delegation wird zur Überlebensfrage

Leider stehen sich der Betriebsrat bzw. die Mitglieder des SAP-Teams dabei allzuhäufig selbst auf den Füßen; denn Delegieren will genauso gelernt sein wie die Zusammenarbeit mit zukünftigen SAP-Anwendern und beispielsweise der Fachkraft für Arbeitssicherheit gem. § 9 Arbeitssicherheitsgesetz oder den Vertrauenspersonen im SAP-Projekt.

Und muß gelernt werden

Der Kern dieser Probleme liegt dabei zumeist in den eigenen Verhaltensweisen aus der gewohnten Vertretungspraxis bzw. des ständigen Verhandelns und Taktierens. Die persönliche Haltung und Einstellung, die zum Delegieren und zu einer akzeptierten Zusammenarbeit gehört, muß entsprechend häufig erst persönlich entwickelt werden.

Wie schon in Kapitel C 3 bemerkt, müssen beispielsweise die Vertrauenspersonen aus den Fachabteilungen von den Problemen und Standpunkten des Betriebsrats erst überzeugt werden, andernfalls werden sie schnell ihre Kooperation einstellen oder den Betriebsrat auflaufen lassen. Ähnlich dürfte es dem SAP-Team des Betriebsrats im Kontakt mit der Fachkraft für Arbeitssicherheit, dem Werksarzt, den SAP-Experten aus den DV-Abteilung und dem Datenschutzbeauftragten ergehen. Auch hier stehen Überzeugungsarbeit, eigene Lernbereitschaft und das Akzeptieren anderer Standpunkte bzw. Blickwinkel sowie ihrer Verhaltensgrenzen und Kompetenzen auf der Tagesordnung. Erst dann kann eine Delegation von Aufgaben bzw. eine Arbeitsteilung funktionieren.

Kooperation mit den betrieblichen Experten

Schulmeisterei und das Vorführen formaler Rechte und Pflichten aus Gesetzen oder der SAP-Projektbetriebsvereinbarung nützen hier wenig. Gleichwohl gibt es natürlich Personen und Konstellationen mit oder in denen eine konstruktive Zusammenarbeit und Aufgabenteilung nicht möglich ist. Hier müssen andere Formen, Umwege gefunden, u.U. auch formaler Druck über die Geschäftsführung eingesetzt werden.

Das zweite, hier schon vielfach angesprochene Hemmnis für eine effektivere Delegation und Zusammenarbeit ist die Zeit, aber nicht nur auf Seiten des Betriebsrats, sondern vor allem auch auf Seiten der Experten und der betroffenen Belegschaftsmitglieder.

Zeitbudgets und formelle Treffen vereinbaren

Hier hat es sich bewährt, schon in der Projektbetriebsvereinbarung ein grobes Zeitbudget abzustimmen und in der detaillierten Projektplanung fixe Termine auch für Abteilungs- bzw. Mitarbeiterversammlungen, Treffen der Vertrauenspersonen (Koordinationskreis) und Besprechungstermine mit den anderen betrieblichen Experten verbindlich einzusetzen. Solch eine Planung kann die Kooperationspartner stärker aneinander binden, weil so die „neue Arbeitsteilung" als eigenständige Aufgabe des SAP-Projektes im Sinne eines verbindlichen Lernprozesses nicht nur formal legitimiert wird, sondern auch bei der Kapazitätsplanung angemessen berücksichtigt werden muß.

Zur Zusammenarbeit mit einem Sachverständigen bzw. Betriebsratsberater

Gemäß § 80.3 BetrVG kann der Betriebsrat - falls erforderlich - nach näherer Vereinbarung mit dem Arbeitgeber einen Sachverständigen hinzuziehen, um eine ordnungsgemäße Erfüllung seiner Aufgaben zu gewährleisten. Unabhängig von den jeweiligen Aushandlungs- und

Berater müssen geführt werden.

Verfahrensproblemen über Kosten, Dauer, die Person etc. mit dem Arbeitgeber (z.B. innerbetrieblicher Sachverstand, Beschlußverfahren) ist der Wunsch eines Betriebsrats, sich über einen externen Sachverständigen zu entlasten, zweischneidig. Zum einen können überhöhte Entlastungserwartungen zu einer unangemessenen Rolle des Beraters als eines „SAP-Betriebsrats auf Zeit" führen, zum anderen ist der Aufwand und die Anforderung, dem Berater seine Aufgaben und seine Rolle zuzuweisen sowie ihn in die eigene Arbeit effektiv zu integrieren, nicht zu unterschätzen.

Folgende Rollen/Aufgaben können erfahrungsgemäß mit jeweils unterschiedlicher Gewichtung und Dauer von professionellen Betriebsberatern übernommen werden:

Mögliche Beraterrollen bzw. Aufgaben

- Der SAP-Experte: z.B. zu Fragen des Datenschutzes, der Beschaffung und Durchsicht sowie Aufbereitung von Projektinformationen, Überprüfung des SAP-Systems, z.B. des Customizings gemäß getroffener Vereinbarungen,

- Der Organisations-Experte: z.B. zur SAP-Projektorganisation, zur Betriebsratsarbeit, zur geplanten Aufbau- und Ablauforganisation der Geschäftsprozesse im Interesse der Beschäftigten (Arbeitsorientierung),

- Der Anreger von Ideen und der Referent: z.B. zur SAP-bezogenen Qualifizierung der Betriebsratsmitglieder und Vertrauenspersonen, zur Vermittlung von SAP-Erfahrungen aus anderen Betrieben, zur Entwicklung von Alternativen und Szenarien zu Zielen, Auswirkungen und Strategien,

- Der Moderator und die Verhandlungsstütze: z.B. zur Konfliktlösung im Betriebsrat bei unterschiedlichen Interessen- und Zielvorstellungen, Vorbereitung und Teilnahme an Verhandlungen zu Betriebsvereinbarungen, Projektmeilensteinen, als Beisitzer in der Einigungsstelle,

- Der Durchführer: z.B. von Gefährdungsanalysen, von formellen Gutachten bzw. Expertisen im Rahmen der Neugestaltung von SAP-Arbeitsplätzen.

Dieses exemplarische Rollen- bzw. Aufgabenspektrum muß nicht nur vom Betriebsrat präzisiert und mit einem geeigneten Berater abgestimmt werden, sondern bedarf auch einer Akzeptanz auf Seiten der Geschäftsführung sowie der für das SAP-Projekt Verantwortlichen. Im Sinne eines gemeinsamen Lernprozesses sollte der Berater als Person und in seiner jeweiligen Funktion möglichst auch von der anderen Betriebspartei als konstruktives Element des Einführungsprozesses verstanden werden.

Beratung im Interesse der Beschäftigten

So gesehen ist ein Betriebsratsberater immer in die jeweilige betriebliche Interessen- und Kräftekonstellation eingebunden, wobei jedoch das Vertrauen und die Interessengebundenheit auf Betriebsratsseite unbedingte Voraussetzung ist. Da letzteres keineswegs von vornherein gegeben oder eingeschätzt sein kann, sollte der Betriebsrat sehr nüchtern zuvor seine Fähigkeiten und Kenntnisse prüfen sowie die persönliche „Chemie" austesten. Dies kann beispielsweise gut im Rahmen eines z.B. auf 3 Beratungstage begrenzten Auftrages geschehen. Dies kann dann, je nach Erfolg, Bedarf und Nutzen auf der Basis eines mit allen abgesprochenen Arbeitsplans verlängert und budgetiert werden kann. Dafür sollte dem SAP-Team des Betriebsrats die Führungs-, Beurteilungs- und Entscheidungskompetenz zugewiesen werden.

Abschließend möchten wir jedoch noch darauf hinweisen, daß nahezu aus denselben Gründen, aufgrund derer Geschäftsführungen bei SAP-Projekten externe Beratungsunternehmen engagieren, auch der Betriebsrat in der Regel nicht ohne externe Hilfestellung auskommt. Der Bedarf entsprechender Dienstleistungen steht dabei zumeist in einem umgekehrt proportionalen Verhältnis zum Entwicklungsstand einer effektiven Kooperationskultur mit der Geschäftsführung, den Vertrauenspersonen und den betrieblichen Experten sowie der fachlich-politischen Kompetenz des Betriebsrates selbst, die in der „Ziel- und Möglichkeitsanalyse" zum Projektbeginn realistisch bewertet werden sollte.

Beratung als Hilfe zur Selbsthilfe

Entsprechend empfehlen wir dringlich, den Einsatz von externen Beratern von Anfang an als „Hilfe zur Selbsthilfe" zu konzipieren, da anderenfalls allzuleicht ungesunde Abhängigkeiten entstehen, in deren Folge zwar der Berater viel lernt, nicht aber der Betriebsrat in Zukunft seine eigene neue Rolle besser und effektiver auszufüllen in der Lage sein wird. Gleichwohl ist es auch legitime Praxis, z.B. für EDV- technische Spezialfragen, Systemrevisionen, also nur "für gewisse Stunden", einen Sachverständigen zu engagieren.

Anhang zu C 4

Strukturvorschlag zu einer SAP-Projektbetriebsvereinbarung (BV)

Die folgenden Empfehlungen zu einer SAP-Projektbetriebsvereinbarung sind bewußt nicht im Stil einer „Musterbetriebsvereinbarung" verfaßt, sondern beinhalten wie eine Checkliste wesentliche Regelungspunkte mit exemplarischen Beispielen und Verweisen zum Text. Sie müssen jeweils betrieblich ergänzt, ausgehandelt und präzisiert werden.

1. Geltungsbereich

➜ **sachlich:**

Für alle Projektaufgaben, Gestaltungs- und Auswirkungsbereiche des SAP-Projektes und damit verbundenen Maßnahmen und Planungen, sofern sie unmittelbar und mittelbar Interessen der Mitarbeiter sowie Rechte und Pflichten des Betriebsrats berühren: Insbesondere auch die Ziele, Verfahren und Planungen des SAP-Projektes sowie alle System-ebenen und Schnittstellen.
Für die Diskussion empfiehlt es sich, eine erste Liste der Regelungsbereiche und Aufgaben zu erstellen, die u.U. auch als Anlage mit der Möglichkeit zur Erweiterung der BV beigefügt, zumindest aber für die Konkretisierung und Gewichtung der folgenden Regelungspunkte genutzt werden kann (vgl. u.a. B 2 Taskbeschreibungen).

➜ **zeitlich:**

Für die geplante Dauer des SAP-Projektes eventuell zuzüglich einer Erprobungszeit (z.B. halbes Jahr) des Systems im Produktivbetrieb.
Da für den Produktivbetrieb eine gesonderte Betriebsvereinbarung angestrebt werden sollte, kann die Regelung der Erprobungsphase auch dort geschehen (vgl. u.a. B 3 u. 4).

→ **örtlich/persönlich:**

- Für alle unmittelbar und mittelbar betroffenen Unternehmensteile,
- für alle Projektbeteiligten, auch die Führungskräfte im Sinne ihrer Bindung an die Bestimmungen dieser BV,
- für alle Mitarbeiter, die vom zeichnenden Betriebsrat vertreten werden und vom SAP-Projekt betroffen sind.

Sofern von Unternehmensteilen, die nicht im Vertretungsbereich des zeich-nenden Betriebsrats liegen (z.B. Konzernstellen, ausländische Werke), das SAP-Projekt beeinflußt werden soll, sind diese Stellen (z.B. Datenschutz, Projektablauf) mit einzubeziehen.

2. Ziele und Leitbilder

→ **Generelle Ziele: z.B.**

- zukunftssichere Software und erweiterte EDV-Unterstützung von betrieblichen Aufgaben,
- Verbesserung der Arbeitsbedingungen der Mitarbeiter/ Anwender gemäß Arbeitsschutzgesetz bzw. EU-Richtlinien und DIN/EN 24941 (vgl. u.a. C 1),
- Nutzung der angestrebten Rationalisierungseffekte für verbesserte interne Dienstleistungen, Zeit für Kommunikation und Innovationen im Unternehmen (vgl. u.a. A 3.1.).

→ **Leitbilder: z.B.**

- personenförderliche Arbeitsbedingungen,
- Kernprozeßorientierung der SAP-gestützten Dienstleistungen, beispielsweise auch der Kostenrechnung,
- mehr Selbststeuerung in Gruppen oder Teams vor Ort,
- Beteiligung und kontinuierlicher Verbesserungsprozeß,
- robuste und sparsame Integration über SAP-Software, (vgl. u.a. A 3.2.).

Hier können - falls schon vorhanden - betriebliche Konzeptleitbilder aufgeführt werden. So z.B. ein beratungsorientiertes Controlling oder eine dezentrale Produktionssteuerung mit Dispositionsspielraum auf Wochenbasis.

→ **Spezielle Ziele und Grundsätze der SAP-Projektorganisation** (z.B.)

- das SAP-Projekt als Experiment zu einer erweiterten Beteiligung der betroffenen Mitarbeiter (vgl. u.a. C 3),
- unbürokratische Mitwirkung des Betriebsrats und entsprechende Erprobung von geeigneten Verfahren (vgl. u.a. A 1 u. C 4),
- das Projekt als relativ offener Prozeß mit sukzessiven Detaillierungs- und Aushandlungsphasen (z.B. Meilensteine, vgl. u.a. B 3 u. 4),
- Geschäftsführung und Betriebsrat als oberste Steuerungs- und Entscheidungsinstanz (vgl. u.a. A 2 und B 4.2.),
- sozialverträgliche Arbeitsbedingungen für das Projekt selbst (vgl. u.a. C 2 u. 3).

3. Zur Aufbauorganisation des SAP-Projektes: z.B.

- Paritätisches Letztentscheidungs- und Controlling-Gremium („Reorganisationsausschuß" Geschäftsführung und Betriebsrat, vgl. u.a. B 4.2.),

- Teilnahmerecht des Betriebsrates in allen Gremien des Projektes und Zugriff auf alle Projektdokumente,

- "Vertrauenspersonen" des Betriebsrates und der SAP-Anwender, nebst Wahlverfahren, Aufgabenbeschreibung und Zeitbudgets (evtl. in einer Anlage präzisieren, vgl. u.a. C 3),

- Einbeziehung von betrieblichen Experten (Datenschutzbeauftragter, Personalplaner, Werksarzt, Fachkraft für Arbeitssicherheit, vgl. u.a. B 4.2 u. C 1),

- Beteiligungsrechte der betroffenen Mitarbeiter mit Zeitbudget für Information und Diskussion sowie geeigneter Verfahren (evtl. in einer Anlage präzisieren, vgl. u.a. C 3),

- Planung und Steuerung der Personalkapazitäten innerhalb des Projektes sowie in den Fachabteilungen, die in das Projekt Mitarbeiter entsenden, auf der Basis der betriebsüblichen bzw. tariflichen

Arbeitszeit, Ausnahmen bedürfen des Einverständnisses der Mitarbeiter, des Betriebsrats und der Geschäftsführung (Anlage zu B 4),

- Auswahl geeigneter Projektmitarbeiter sowie deren Qualifizierung im Kontext einer Personalentwicklungsplanung (vgl. u.a. B 2 und C 2).

4. Zur Ablauforganisation des SAP-Projektes: z.B.

- Meilensteinplanung, z.B. soziales Pflichtenheft, verabschieden (in einer Anlage mit Prüfinhalten auflisten, vgl. u.a. B 3 u. B 4),

- Kooperations- bzw. Lieferbeziehungen zu parallelen betrieblichen Projekten bestimmen (vgl. u.a. B 4.1.),

- projektphasenbezogen grobe Aufgabenverteilung festlegen (Vorgehensmodell), vor allem der für die Sozialverträglichkeit und Arbeitsorientierung wichtigen Aufgaben (vgl. B 2, 3 u. 4),

- sukzessive Dokumentation der gespeicherten personenbezogenen- und personenbeziehbaren Daten mit Zweckbindung, Feldname und Reportbezug für eine zeitnahe Information der Mitarbeiter, des Datenschutzbeauftragten (§ 37 BDSG) und des Betriebsrats,
- Ist-Aufnahme der Belastungen und Gefährdungen an schon bestehenden EDV-gestützten Arbeitsplätzen gem. Arbeitsschutzgesetz und Bildschirmarbeitsverordnung (vgl. C 1),
- Überprüfung der Humankriterien im Rahmen eines Prototypings und beispielsweise nach einem halbes Jahr Echtbetrieb (vgl. C 1),
- Erstellung und Abstimmung von Qualifizierungsplänen für die Projektmitarbeiter und -anwender auf der Basis einer Bedarfsanalyse im Hinblick auf die fachlichen, sozialen und SAP-technischen Kompetenzen (vgl. speziell C 2),
- kontinuierliche Überprüfung der Belastungen der Projektmitarbeiter und Fachabteilungen,

- Information der Mitarbeiter zum Projektstand, z.B. je Meilenstein, in Abteilungsversammlungen (vgl. u.a. C 3),

- Erstellung, Abstimmung und Fortschreibung des sozialen Pflichten- bzw. Lastenheftes (vgl. u.a. Anlage 2 zu B 4),
- projektbegleitende Vorausplanung von Detailverhandlungen zwischen Betriebsrat und Geschäftsführung, evtl. auch zwischen den Meilensteinterminen.

Der geplante Produktivstart sollte dabei kein festgesetztes Datum darstellen, sondern in Abwägung verschiedener Ziele und Interessen (z.B. Belastung, Qualität des Projektfortschrittes, Aufgabenumfang, Personalkapazität, sachlich günstige Termine) zu jedem Meilenstein neu überprüft werden (vgl. u.a. B 4.2.).

5. Spezielle Rahmenbedingungen des SAP-Einsatzes und des Einführungsprojektes: z.B.

→ **Nachteilsregelungen** mit entsprechenden Verfahren für die Anwender und mittelbar Betroffenen zur

- Lohn- und Gehaltssicherung,
- Arbeitsplatzsicherung bzw. Versetzung und Weiterbildung,
- Augenuntersuchung und Sehhilfsmittel,
- Qualifikationserhalt/-entwicklung mit Arbeitsmarktbezug etc. (vgl. u.a. A 3.2 und C 2 ff.)

→ **Einsatz von Projektmanagement-Software**

- Leistungs- und Verhaltenskontrolle (z.B. Plan/Ist-Zeiten),
- Personaldatenspeicherung/-verarbeitung,
- Zugriffs- und Nutzungsrechte,
- Beteiligung der Projektmitarbeiter (BR/GF-Veto- Recht, vgl. C 3),
- Überprüfungsmöglichkeiten und -verfahren.

→ **Aufgaben und Budgets für einen Berater/Sachverständigen des Betriebsrats**

6. Weitere Spielregeln im SAP-Projekt: z.B.

- Vorsorglich einvernehmliche Benennung eines betrieblichen Schlichters oder Einigungsstellenvorsitzenden für eine schnelle Konfliktregelung bei einer Nichteinigung im „Reorganisationsausschuß".

- Die eingesetzten Unternehmensberater sollen auch mit dem Betriebsrat kooperieren (z.B. Information).

- Keine Rückdelegation von Aufgaben des Projektes nach oben bzw. Eigenverantwortung des Projekts im Rahmen der Ziel- und Betriebsvereinbarung.

- Durchsetzungshilfen und Ressourcenbereitstellung seitens der Geschäftsleitung.

- Einvernehmliche Änderungsmöglichkeit dieser Betriebsvereinbarung nebst ihrer Anlagen.

Stichwortverzeichnis

Ausgewählte Literatur

1.   **Zu SAP- und integrierter Standardsoftware**

AFOS (Hrsg.): SAP-Arbeit Management – Durch systematische Arbeitsgestaltung zum Projekterfolg; Braunschweig / Wiesbaden, 1996

BANCROFT, NANCY H.: Implementing SAP R/3. How to introduce a large system into a large organisation, Manning Publications Co; Greenwich, Conneticut, 1996

BARBITSCH, CHRISTIAN E.: Einführung integrierter Standardsoftware; In: Handbuch für eine leistungsfähig Unternehmensorganisation; München; Wien, 1996

BLUME, ANDREAS: Gruppenarbeit mit integrierter Standardsoftware am Beispiel von SAP; In: Binkelmann et. al. (Hrsg.), Entwicklung der Gruppenarbeit in Deutschland; Frankfurt/New York, 1993

BLUME, ANDREAS: SAP-Integrationstraining für Betriebsräte; In: Computer-Information, Heft 11. und 12. 1994

BRENNER, WALTER, KELLER, GERHARD (Hrsg.), Business Reengineering mit Standardsoftware; Frankfurt, 1995

CDI: SAP-R/3 Einführung. Grundlagen, Anwendungen, Bedienung; Haar bei München, 1996

ENGELS, A.; GRESCH, J.; Nottenkämper, N.:SAP R/3 kompakt – Einführung und Arbeitsbuch für die Praxis; München, 1996

HOHAUS, WOLFRAM: R/3-Geschäftsprozessorganisation; Bedingt einsatzbereit; In: Diebold-Management Report; August/September 1994

KELLER, GERHART; TEUFEL, THOMAS: SAP R/3 prozeßorientiert anwenden; Bonn, 1997

KELLER, G.; MEINHARDT, S.: SAP R/3 Analyzer - Optimierung von Geschäftsprozessen auf der Basis der R/3-Referenzmodelle; SAP AG, Walldorf (Baden), 1994

KONRAD-KLEIN, JOCHEN; FICKERT, JÜRGEN: Einführung von SAP-Programmen. Begrifflichkeiten – Strukturen – Regelungsansätze. Weiterbildungskonzepte für Beschäftigte; Informationen zur Technologieberatung 13, Oberhausen, 2. Auflage 1997

SCHEER, A.-W.: Architektur integrierter Informationssysteme - Grundlagen der Unternehmensmodellierung; 2. Aufl. 1992, Berlin/ Heidelberg/ New York, 1992

THOME, R.; HUFGARD, A.: Continuous System Engineering – Entdeckung der Standardsoftware als Organisator; Würzburg, 1996

WENZEL, PAUL (Hrsg.): Betriebswirtschaftliche Anwendungen des integrierten Systems SAP-R/3; Braunschweig / Wiesbaden, 1995

WENZEL, PAUL (Hrsg.): Geschäftsoptimierung mit SAP-R/3; Braunschweig / Wiesbaden, 1995

WICKE, WALTER: SAP-Einsatz ganzheitlich gestalten – Leitfaden zur Gestaltung von Einführungsprozeß, Organisation und Technik (mit Beispielen aus Verkehrs- und Versorgungsunternehmen); Dortmund/ Stuttgart, September 1996

2. Zu Projektmanagement und Teamarbeit

BECKER, HORST; LANGOSCH, INGO: Produktivität und Menschlichkeit – Organisationsentwicklung und ihre Anwendung in der Praxis; Stuttgart, 1995

BLUME, ANDREAS: Gestalten heißt Lernen – Ein Arbeitsheft für Betriebsräte für den Umgang mit integrierter EDV im Betrieb; Ministerium für Arbeit und Gesundheit und Soziales NW (Hrsg.), München, 1994

BÖSTERLING, BURGHARD: Visualisierung, EDV-Landschaften kreativ gestalten; Frankfurt, 1994

GAITANIDES, MICHAEL, et. al.: Prozessmanagement – Konzepte, Umsetzungen und Erfahrungen des Reengeneering; Münster/ Wien, 1994

HORMEL, R.: Arbeitspsychologische Unterstützung betrieblicher Planungs- und Problemlöseprozesse, Entwicklung und Einsatz arbeitspsychologischer Methoden des Planungskonzepts Technik – Arbeit – Innovation (P-TAI); München, 1993

IDS PROF. SCHEER GMBH (Hrsg.): ARIS-Toolset Handbuch. Version 2.1; Stand 10/94, Buch 1-5, Saarbrücken,1994

KANNHEISE, W.;HORMEL, R.; AICHNER, R.: Planung im Projektteam, Bd. 1, Handbuch zum Planungskonzepts Technik – Arbeit – Innovation (P-TAI)", München, 1993

KLEINE, PETER; SAUNDERS, BERNHARD: Zehn Schritte zur Lernenden Organisation; Paderborn, 1996

KUNZ, HANS ULRICH: Team-Aktionen, Ein Leitfaden für kreative Projektarbeit; Frankfurt a. M./New York, 1996

LITKE, HANS-DIETER: Projektmanagement, Methoden, Techniken, Verhaltensweisen, 3. Aufl., München, Wien, 1995

MEHRMANN, ELISABETH, WIRTZ, THOMAS: Effizientes Projektmanagement – Erfolgreich Konzepte entwickeln und realisieren; 2. Aufl., Düsseldorf, 1996

SCHEER, A.-W.: Papierlose Beratung - Werkzeugunterstützung bei der DV-Beratung. In: Scheer, A.-W. (Hrsg.), Veröffentlichung des Instituts für Wirtschaftsinformatik; Heft 81,Saarbrücken, 1991

3.   Zu Datenschutz, Daten- und Systemsicherheit

ABEL, HORST, SCHMÖLZ, WERNER: PC-Sicherheit im Unternehmen; München, 1990

BUNDESAMT FÜR SICHERHEIT IN DER INFORMATIONSTECHNIK (Hrsg.): IT-Grundschutzhandbuch 1996 - Maßnahmenempfehlungen für den mittleren Schutzbedar; BSI-Schriftenreihe Bd. 3, Köln, 1996

BUNDESAMT FÜR SICHERHEIT IN DER INFORMATIONSTECHNIK (Hrsg.): IT-Sicherheitshandbuch - Handbuch für die sichere Anwendung der Informationstechnik; Bonn, 1992

FOHR, DIETER: Datenschutz im Betrieb, Ratgeber für die Unternehmensführung; Berlin/München, 1993

GAEBERT, HANS-JOACHIM: Über SAP, DV-Wartung und DV-Planung. In: Zeitschrift für Kommunikations- und EDV-Sicherheit; Nr. 1 1996

GARFINKEL, SIMSON, SPAFFORD, GENE: Practical Unix & Internet Security, Cambridge; Sebastopol, 2. Auflage, 1996

HANISCH, HEINZ, KEMPF, DIETER: Revision und Kontrolle von EDV – Anwendungen im Rechnungswesen; München, 1990

HERRMANN, GABY, PERNUL, GÜNTHER: Zur Bedeutung von Sicherheit im interorganisationellen Workflows. In: Zeitschrift für Wirtschaftsinformatik, 39/3, 1997

KOCH, FRANK A.: Datenschutz – Handbuch für die betriebliche Praxis; Freiburg im Breisgau, 1997

SAP-AG: Sicherheitsleitfaden R/3 – für Systemadministratoren mit Sicherheitsbeauftragte; Walldorf, Oktober 1996

SAP-AG: SAP-Prüfleitfaden R/3, Walldorf, März 1996

SCHUPPENHAUER, RAINER: Grundsätze für eine ordnungsgemäße Datenverarbeitung (GoDV) – Handbuch der IDV-Revision; 4. Aufl., Düsseldorf, 1996

SHAFFER, STEVEN L.; SIMON, ALAN R.: Network Security; London, 1994

4.   Zu Arbeits- und Organisationsgestaltung

BINKELMANN, PETER; BRACZYK, HANS-JOACHIM; SELTZ, RÜDIGER (Hrsg.): Entwicklung der Gruppenarbeit in Deutschland; Frankfurt/New York, 1993

BLAXHILL, M. F.; HOUT, T. M.: Hersteller brauchen vor allem robuste Produktionsverfahren; In: Harvardmanager, Heft 1, S. 84 – 93, 1992

EICHENER, VOLKER; MAI, MANFRED; KLEIN, BARBARA (Hrsg.): Leitbilder der Büro- und Verwaltungsorganisation; Wiesbaden, 1995

FREI, FELIX, et. al.: Die kompetente Organisation – Qualifizierende Arbeitsgestaltung – die europäische Alternative; Stuttgart, 1993

GANTER, DIETER: Gruppenarbeit in Verwaltungs- und Dienstleistungsbereichen; In: Binkelmann u.a. (Hrsg.), Entwicklung der Gruppenarbeit in Deutschland, Frankfurt/ New York, 1993

HACKER, W.; BÖGER, S.: Arbeitspsychologische Hilfsmittel zur Gestaltung von Arbeitsaufgaben und Organisationsformen. In: Scheel, J. (Hrsg.), Fabrikorganisation neu begreifen. Mit ganzheitlichen Gestaltungsprozessen zu Wettbewerbsvorteilen, Köln, 1994

HASE, DETLEF, et. al.: Handbuch, Interessenausgleich und Sozialplan; 2. Aufl., Köln, 1996

HILF, E.; HACOBSEN, H.; MESCHKUTAT, B.; WILZ, S.: Arbeitsgestaltung in der Sachbearbeitung, Schriftenreihe der Bundesanstalt für Arbeitsschutz (Hrsg.), Fb 751, Berlin, 1996

KIESMÜLLER, T.; WELTZ, FRIEDRICH; BOLLINGER, HEINRICH; EHRMÜLLER, F.; SAHELIJO, T.: Arbeitsstrukturierung in typischen Bürobereichen eines Industriebetriebes (ASTEX), Schriftenreihe der BAU, Fb 512, Bd. 1, Bremerhaven, 1987

ORTMANN, ROLF G.: Lean oder Learn Management?; In: Eichener, Volker u.a. (Hrsg.), Leitbilder der Büro- und Verwaltungsorganisation, Wiesbaden, 1995

SCHEEL, J. et al. (Hrsg.): Fabrikorganisation neu begreifen. Mit ganz-heitlichen Gestaltungsprozessen zu Wettbewerbsvorteilen; Köln, 1994
WESTERHUS, ECKHARD: Gestaltung einer neuen Fabrik, Hans-Böck-ler-Stiftung (Hrsg.), Düsseldorf, 1996

5. Zu Gesundheitsschutz im Bürobereich

ALTENBURG, PETER: Heute wieder Streß gehabt ... ? – Umgang mit psychischen Belastungen im Arbeitsleben; Arbeitshilfen für Betriebs- und Personalräte, Sicherheitsfachkräfte, Arbeitsmediziner, Vorgesetzte, Referenten; Technologie und Innovationsberatung für Arbeitsnehmer e. V. (Hrsg.); Hamburg, 1996

BÜCKER, A, FABER, U., FELDHOFF, K.: Handbuch zum betrieblichen Arbeits- und Gesundheitsschutzrecht – Ein Leitfaden für die Praxis nach Inkrafttreten des Arbeitsschutzgesetzes; Hans-Böckler-Stiftung (Hrsg.), Graue Reihe Bd. 120, Düsseldorf/ Bochum, 1997

DÖBELE-MARTIN, C.; MARTIN, P: Ergonomie Prüfer - Handlungshilfe zur ergonomischen Arbeits- und Technikgestaltung. In: Technik und Gesellschaft; Technologieberatungsstelle beim DGB-Landesbezirk Nordrhein-Westfalen e. v. (Hrsg.), Heft 14, 1993
DUNCKEL, H.; VOLPERT, W.; ZÖLCH, M.; KREUTNER, U.; PREISS, C.; HENNES, K.: Kontrastive Aufgabenanalyse im Büro – Der KABA-Leitfaden; Arbeitsblätter, Zürich, 1993

ERTEL ET AL.: Gesundheit am Bildschirmarbeitsplatz (GESBI); Schrif-tenreihe der Bundesanstalt für Arbeitsmedizien, Berlin 1994

HAHN, H.; KÖCHLING, A.; KRÜGER, D.; LORENZ, D.; Arbeitssystem Bildschirmarbeit; Schriftenreihe der Bundesanstalt für Arbeitsschutz, (FA 31); Dortmund, 1995

JÜRGEN, KARIN, et. al.: Arbeitsschutz durch Gefährdungsanalyse - Eine Orientierungshilfe zur Umsetzung eines präventiven, integrierten und beteiligungsorientierten Arbeits- und Gesundheitsschutzes; Berlin, 1997

MARTIN, HANS: Grundlagen der menschlichen Arbeitsgestaltung; Handbuch für die betriebliche Praxis; Köln, 1994

PRÜMPER, J.; ANFT, M.: Die Evaluation von Software auf Grundlage des Entwurfs zur internationalen Ergonomie-Norm ISO 9241; Teil 10 als Beitrag zu partizipativen Systemgestaltung – ein Fallbeispiel. In: Rödiger, K. H. (Hrsg.), Software Ergonomie, Stuttgart, 1993

RICHENHAGEN, GOTTFRIED: Bildschirmarbeitsplätze, Eine praktische Einführung für Arbeitnehmer; Neuwied/ Kriftel/ Berlin, 1995

RÖDIGER, K. H.: Sotfware-Ergonomie – Von der Benutzeroberfläche zur Arbeitsgestaltung; Berichte des German Chapter of the ACM, Bd. 39, S. 330 ff, Stuttgart, 1993

SORGATZ, SCHEURER DIETRICH WEISSENSTEIN: Multimodale Arbeitsplatzanalyse für Bildschirmeinheiten; Darmstadt, o. J. (Psychologisches Institut der TH-Darmstadt)

TBS OBERHAUSEN; ERGO DESK BERGISCH GLADBACH: ErgoOffice – Zwei praxisnahe Software-Lösungen zur Bildschirmarbeit für Arbeitnehmer; Bergisch Gladbach, 1996

Mensch und SAP-Technologie

AFOS

SAP®, Arbeit, Management

Durch systematische
Arbeitsgestaltung zum
Projekterfolg

1996. 228 S. (Business Computing) Br.
DM 68,00
ISBN 3-528-05536-7

Inhalt: Besonderheiten der SAP-
Produkte - Auswirkungen auf die
Arbeitsorganisation - Leitbilder der
Arbeitsgestaltung - Technisch-orga-
nisatorische Ansatzpunkte der Ar-
beitsgestaltung - Gestaltung als
Prozeß

Dieses Buch informiert über die
technischen Besonderheiten der
SAP-Systeme und gibt Hinweise darauf, welche Konsequenzen sich ergeben hinsichtlich der Organisation
und Arbeitsgestaltung im Unternehmen. Es erläutert die organisatorischen Auswirkungen von SAP-Software vor dem Hintergrund der technischen Grundkonzepte. Dabei geht
es den Autoren um eine bewußte Gestaltung auch der sozialen Dimensio-
nen der Systemanwendungen, ausgehend von klar formulierten Leitbildern der Arbeitsgestaltung. Als Hilfe
für die praktische Umsetzung von
Leitbildern stellen die Verfasser unter dem Titel „Stellschrauben" die
technischen Ansatzpunkte der SAP-
Systeme dar, die für arbeitsorientierte Technikgestaltung genutzt
werden können.

vieweg

Abraham-Lincoln-Straße 46
D-65189 Wiesbaden
Fax (0611) 78 78-400
www.vieweg.de

Stand 1.6.99. Änderungen vorbehalten.
Erhältlich im Buchhandel oder beim Verlag.

Praxisnah und aktuell

Paul Wenzel (Hrsg.)

Betriebswirtschaftliche Anwendungen mit SAP®R/3®

3., überarb. Aufl. 1998. XXXII, 1082 S. mit 680 Abb. + CD-ROM (Edition Business Computing; hrsg. von Wenzel, Paul) Geb. DM 98,00
ISBN 3-528-25509-9

Inhalt: Einführung in SAP R/3® (Firmen- und Produktdaten, Hard- und Softwarearchitektur, Einstieg und Hilfesysteme) - Customizing - Finanzbuchhaltung - Anlagenbuchhaltung - Kostenrechnung/ Controlling - Materialwirtschaft - Fertigungswirtschaft - Instandhaltung - Vertrieb - Personalwirtschaft

- SAP Business Workflow - Internetanbindung - Ausbildung in und mit der Modellfirma LIVE AG - ABAP/4®-Programmierung

Auf der beiliegenden CD wird der praktische R/3®-Einsatz zu den im Buch beschriebenen Anwenderszenarien und R/3®-Komponenten/- Modulen in Form von visuellen Darstellungen (Video-Verfilmung & Präsentationen) und Hilfe-Texten didaktisch geführt wiedergegeben.

Das Buch vermittelt umfassend alle praxisrelevanten Begriffe und Techniken des R/3®-Systems und demonstriert diese an praktischen Beispielen und Szenarien. Der Leser erfährt außerdem, welche neuen Möglichkeiten das R/3®-System, z.B. mit den neuesten Internetanwendungen oder dem Business Workflow, bietet. Das Werk ist die ideale Ausgangsbasis für den SAP®-Einsteiger und ein kompetentes, umfassendes Nachschlagewerk für den professionellen Anwender.

Abraham-Lincoln-Straße 46
D-65189 Wiesbaden
Fax (0611) 78 78-400
www.vieweg.de

Stand 1.6.99. Änderungen vorbehalten.
Erhältlich im Buchhandel oder beim Verlag.

Das erste Werk zu SAP®-EIS

Bernd-Ulrich Kaiser

**Unternehmens-
information
mit SAP®-EIS**

Aufbau eines
Datawarehouses und einer
inSight®-Anwendung

3., verb. Aufl. 1998. XI, 187 S. mit 44 Abb.
(Zielorientiertes Business Computing;
hrsg. von Fedtke, Stephen) Geb. DM 198,00
ISBN 3-528-25564-1

Inhalt: Informationsbedarf und Informationsquellen - Data Ware-
housing - inSight für SAP-EIS von
arcplan - Aufbau und Betrieb eines
Management-Informationssystems
(MIS)

Das Standardwerk zur Unterneh-
mensinformation mit SAP®-EIS -
bereits in der 3. Auflage - ist eine
praxisorientierte, professionelle An-
leitung zum Aufbau eines Management-Informationssystems (MIS).
Professionalität bedeutet dabei insbesondere, daß das zu realisierende
Management-Informationssystem
auf allen Hierarchieebenen eines Unternehmens zuverlässige, verständliche und übersichtliche Informationen bereithält. Deshalb stehen die
Anforderungen hinsichtlich einer
eingängigen Benutzerführung an erster Stelle, verbunden mit einem Informationsangebot, das gesicherte
Rückschlüsse auf die betriebswirtschaftliche Situation und die jeweilige Marktgegebenheit zuläßt. Die mo-
dulare und damit flexible Architektur soll dabei eine günstige Kosten-
Nutzen-Relation gewährleisten.

Abraham-Lincoln-Straße 46
D-65189 Wiesbaden
Fax (0611) 78 78-400
www.vieweg.de

Stand 1.6.99. Änderungen vorbehalten.
Erhältlich im Buchhandel oder beim Verlag.

Made in the USA
Las Vegas, NV
24 October 2024

10219331R00249